航天科技图书出版基金资助出版

通信广播卫星运营管理概论

姚发海　等　编著

中国宇航出版社
·北京·

图书在版编目(CIP)数据

通信广播卫星运营管理概论 / 姚发海等编著. -- 北京 : 中国宇航出版社, 2019.9

ISBN 978-7-5159-1668-2

Ⅰ.①通… Ⅱ.①姚… Ⅲ.①卫星通信系统—运营管理—概论 Ⅳ.①V474.2

中国版本图书馆CIP数据核字(2019)第175142号

责任编辑 马 航　　封面设计 宇星文化

出版发行 中国宇航出版社

社 址 北京市阜成路8号 邮 编 100830

(010)60286808 (010)68768548

网 址 www.caphbook.com

经 销 新华书店

发行部 (010)60286888 (010)68371900

(010)60286887 (010)60286804(传真)

零售店 读者服务部 (010)68371105

承 印 河北画中画印刷科技有限公司

版 次 2019年9月第1版

2019年9月第1次印刷

规 格 787×1092

开 本 1/16

印 张 21.25

字 数 517千字

书 号 ISBN 978-7-5159-1668-2

定 价 158.00元

航天科技图书出版基金简介

航天科技图书出版基金是由中国航天科技集团公司于2007年设立的，旨在鼓励航天科技人员著书立说，不断积累和传承航天科技知识，为航天事业提供知识储备和技术支持，繁荣航天科技图书出版工作，促进航天事业又好又快地发展。基金资助项目由航天科技图书出版基金评审委员会审定，由中国宇航出版社出版。

申请出版基金资助的项目包括航天基础理论著作，航天工程技术著作，航天科技工具书，航天型号管理经验与管理思想集萃，世界航天各学科前沿技术发展译著以及有代表性的科研生产、经营管理译著，向社会公众普及航天知识、宣传航天文化的优秀读物等。出版基金每年评审1～2次，资助20～30项。

欢迎广大作者积极申请航天科技图书出版基金。可以登录中国宇航出版社网站，点击“出版基金”专栏查询详情并下载基金申请表；也可以通过电话、信函索取申报指南和基金申请表。

网址：http：//www.caphbook.com

电话：(010) 68767205，68768904

《通信广播卫星运营管理概论》编委会

前　言

卫星通信在电视广播与数据传输、远程教育、企业应用、应急救灾等方面发挥着越来越重要的作用。作为卫星通信产业链中核心环节的卫星运营管理，对卫星通信整个产业起着承上启下的关键作用。

中国卫通集团股份有限公司（下称中国卫通）作为我国成立最早的商业卫星运营商之一，经多次整合重组，集中了大量卫星运营管理方面的技术专家，在卫星运营领域积累了丰富的知识和经验。中国卫通作为我国拥有商用通信广播卫星资源且唯一能够自主可控的卫星运营企业，不但肩负着保障国家卫星通信广播安全的任务，而且承担着让卫星通信广播服务惠及更多社会民生的企业使命，同时也有责任、有义务将相关技术、经验和知识进行沉淀、推广并传承。

编写本书的目的，旨在对通信广播卫星运营业务所涉及领域长期积累的业务知识、工作流程、制度规范及相关政策法规等进行梳理，为卫星通信广播运营行业内技术及管理人员的日常工作提供参考和借鉴。

在内容范围和定位上，基本限定为基于静止轨道的通信和广播类卫星的运营和管理。各章内容以介绍通用知识、方法和技术应用为主，同时适度结合中国卫通个案进行阐述，以利于读者对本书内容的理解。

本书章节的排列，是按照卫星运营商完成卫星运营管理全过程中各项元素的顺序而设定的，包括频率轨道资源、卫星建设、卫星测控、地球站建设、转发器管理以及卫星网络管理。除以上技术内容外，考虑到客户服务也是卫星运营商的重要组成部分，在第 8 章对客户服务进行了描述。

在编写人员的选定及组织方式上，本书以中国卫通科学技术委员会委员为核心编写力量，适当吸收各部门业务骨干，每章确定负责人，由负责人组织若干编写人协调完成。全书由姚发海统筹并核稿，各章的编写负责人为：第 1 章贾玉仙，第 2 章高晓阳，第 3 章蒋龙城，第 4 章杨学猛，第 5 章宁业强，第 6 章范国江、栗欣，第 7 章段平平，第 8 章沈永言。

随着高通量卫星的逐渐普及，其天地一体化设计的特点对传统卫星运营商的运营服务模式产生了较大的影响，由传统的向政府和企业出售或出租转发器带宽（B2B）的商业模式转化为向最终用户出租流量或提供信息服务（B2C）的新模式，这种新模式所涉及的知识以及运营经验、工作流程等也发生了很大变化。考虑到我们在B2C领域的知识和经验尚待积累，并为了使内容尽量集中，本书未包括高通量卫星天地一体化系统方面的相关内容。

在本书编写过程中，作者参考了很多国内外著作和文献，在此对这些参考文献的作者表示感谢！

在本书编审及整理过程中，闵长宁与陆绥熙两位专家给出了许多有益的意见和建议，在此深表感谢！

由于书中涉及的内容范围较广，书中难免存在疏漏和错误，敬请读者批评指正。另外由于参加编写的人员较多，在行文风格上也难免有所差异，敬请读者谅解。

编　者

2019年8月

目 录

第1章　概述

1.1　卫星通信基础

1.1.1　卫星通信系统组成

卫星通信是在地球上（包括地面和低层大气中）的无线电通信站之间利用卫星作为中继而进行的通信方式，这些无线电通信站称为地球站。

从用户使用的角度而言，一个卫星通信系统通常由空间段和地面段两部分组成。作为空间段的卫星在空中起中继站的作用，即把地球站发来的电磁信号放大后传送到另一地球站。地面段则指系统内的各个地球站，通常包括系统主站和终端站。其中，主站是卫星系统与地面公众网的接口，并通过它对整个卫星网络进行管理。主站也称中心站。终端站即各种用户终端的通称，如 VSAT 小站、车载站、船载站等，也称远端站。

从卫星的运营管理方面而言，地面段还包括地面卫星控制系统与业务监测管理系统，前者对卫星进行遥测遥控，后者对卫星上工作的卫星通信系统进行监测管理。

卫星通信系统组成示意图如图 1－1 所示。

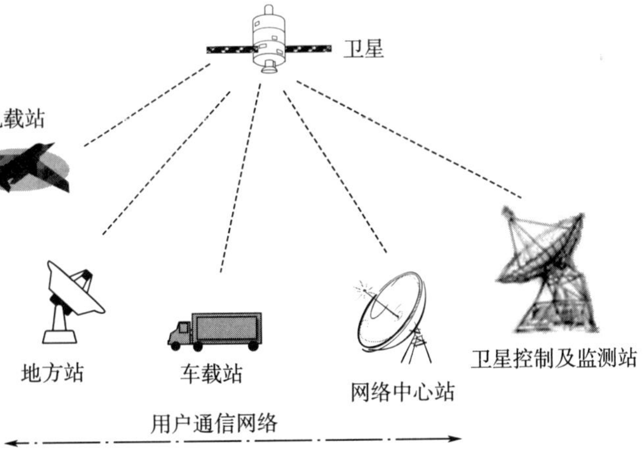

图 1－1　卫星通信系统组成示意图

卫星通信系统中，主站对远端站的管理通过一定的网络拓扑结构实现。拓扑结构有单向广播和双向通信两种。双向网又包括星状网、网状网、混合网等多种类型。星状网利于中心站对远端站进行集中管理，网状网有利于各远端站之间的直接通信，减少时延。混合网是根据用户特殊需求设计的同时包括上述两种网络结构的混合方式。

不同于地面光纤通信中点对点专用信道的通信方式，紧缺的卫星频率资源需要采用频率共用的方式，即地球站间以某种多址链接方式同时接入卫星通信系统，如频分多址（FDMA）、时分多址（TDMA）、码分多址（CDMA）以及空分多址（SDMA）等。

1.1.2 卫星轨道

按卫星与地球的相对位置及轨道高度，卫星运行的轨道通常分为地球静止轨道（Geostationary Orbit，GSO）、中轨道（Medium Earth Orbit，MEO）及低轨道（Low Earth Orbit，LEO），这三种轨道形式都为圆轨道。此外还有一种椭圆轨道。

地球静止轨道是在地球赤道上空约 36 000 km 的太空中围绕地球的圆形轨道，在该轨道上的卫星绕地球运行周期为 1 恒星日，与地球自转同步，因而与地球之间处于相对静止状态，故称为静止轨道卫星，其运行轨道称为地球静止轨道。目前大部分通信广播卫星都使用这种轨道。

离地球高度在 500～5 000 km 的轨道称为低轨道，离地球高度在 5 000～20 000 km 的轨道称为中轨道。根据卫星运行的物理特性，离地球越近的卫星其与地球的相对运动速度越快。地球静止轨道上的卫星与地球自转同步，绕行地球周期为 24 h，中轨道卫星绕行地球周期为 4～12 h，低轨道卫星绕行地球周期为 2～4 h。中轨和低轨卫星在不同时间覆盖地球的位置不同，所以通过在中轨道和低轨道上部署多颗卫星组成星座，可形成对地球的全角度覆盖。中轨道和低轨道又统称为地球非静止轨道（non - GSO）。

椭圆轨道是根据卫星以椭圆轨道方式运转时，在长半轴远地点方向距离地球远、照射地球时间长的特点，专门设计的一种轨道使用方式，以满足深空探测或地球特定区域长时间覆盖的需要。如俄罗斯 Molniya - 1 卫星工作的莫尼亚（Molniya）轨道则是为解决同步轨道覆盖俄罗斯困难而选择的一种高倾角（倾角 63°）大椭圆（500 km × 35 790 km）轨道。

卫星轨道类型示意图如图 1 - 2 所示。

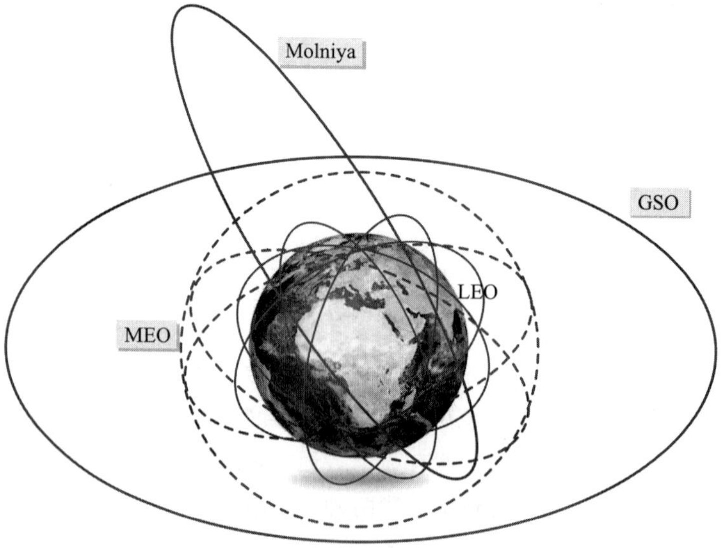

图 1 - 2 卫星轨道类型示意图

传统的通信广播卫星大都使用地球静止轨道。随着技术的发展，逐渐有通信广播卫星开始使用非静止轨道。如已投入使用的美国 O3b 宽带星座网络，目前已发射在轨的十多颗卫星都部署在赤道上空 7 830 km 高度处。由于该轨道上的卫星运行速度较地球自转速度快，通过星上波束自动切换技术，O3b 宽带星座网络能为全球南纬 45°至北纬 45°范围内的地区提供服务。

本书内容将主要涉及在地球静止轨道上运行的通信广播卫星系统。

1.1.3　卫星通信频率

卫星通信广播通常使用 L，S，C，Ku，Ka 频段，各频段的频率及特点见表 1-1。

表 1-1　各个卫星频段的特点对比

频段代码	标称频段	使用特点
L	1.5 GHz	波长长，波束宽度宽，用于移动业务
S	2.5 GHz	波长长，波束宽度宽，用于移动和数字广播业务
C	4/6 GHz	覆盖范围大，卫星 EIRP 较小，天线口径较大，抗地面微波干扰差，受雨衰影响较小，用于通信业务
Ku	12/14 GHz	相对 C 频段其覆盖范围较小，卫星 EIRP 较大，天线口径较小，目前无地面微波干扰，受雨衰影响较大，适用于通信业务
	12/17 GHz	用于广播业务，使用 ITU 规划的广播卫星业务轨道位置及频段
Ka	30 GHz	适用于高通量卫星宽带多媒体业务，得益于多点波束、高阶调制和多次频率复用技术等优势，虽雨衰大，但传输容量可达数百 Gb/s 至 1 Tb/s

从表 1-1 可以看出，各个频段各有其特点，因而也决定了相应的业务适用类型。C 频段雨衰小且传输稳定，适合对传输质量要求高的业务，如我国各省电视台到有线电视前端的高质量电视节目传送；Ku 频段雨衰较大，但接收天线较小，适合小天线发射或接收的业务，如广播电视村村通业务、动中通业务等；Ka 频段频谱资源丰富但雨衰大，系统可用度低，更适合实时性要求不太高而传输速率高的业务，如互联网接入。

随着卫星通信业务以及地面应用技术的发展，空间频率资源将会越来越紧缺，卫星通信所使用的频率正逐渐向更高的 Q 频段（30～50 GHz）、V 频段（50～75 GHz）发展。发达国家已经开始计划，当 Ka 频段资源也趋于紧张后，高通量卫星固定业务馈电链路将使用 Q 频段与 V 频段。

1.1.4　卫星通信业务类型

国际电联（ITU）颁发的无线电规则（Radio Regulations）中，将卫星通信业务分为卫星固定业务（Fixed - Satellite Service，FSS）、卫星广播业务（Broadcasting - Satellite Service，BSS）与卫星移动业务（Mobile - Satellite Service，MSS），并对三种业务进行了相应的频率划分。

卫星固定业务指利用一个或多个卫星实现处于给定位置的地球站之间的无线电通信业

务。卫星宽带业务和卫星动中通业务均隶属于卫星固定业务的范畴。此类系统如我国较新发射的中星 16 号（110.5°E）、亚太 9 号（142°E）、亚洲 8 号（105.5°E）等，通常使用 C、Ku、Ka 频段。

卫星广播业务指利用卫星发送或转发信号，以供公众直接接收（包括个体接收和集体接收）的无线电通信业务。卫星广播业务包括卫星视频广播业务和卫星数字声音广播业务两种。针对卫星视频广播业务，ITU 为了保障各个国家视频广播业务的权益，为各国规划了专门的频率和轨道资源，实用系统如美国的 DirectTV 系列卫星，我国的中星 9 号（92.2°E）、亚洲 4 号（122°E）等。同时，由于广播规划专用轨位和频率资源有限，实际应用中另有大量视频广播业务在固定业务卫星上进行传输，如 Eutelsat 位于 13°E 轨位的热鸟（Hot Bird）系列卫星、SES 位于 19.2°E 轨位的 Astra 系列卫星。基于广播规划卫星的系统通常被称为直播系统（Direct Broadcasting System，DBS），基于非广播规划卫星的系统被称为直播到户（Direct - to - Home，DTH），它们通常使用 Ku 和 Ka 频段。卫星数字声音广播系统通常使用国际电联划分的 L 频段和 S 频段，如美国世广公司（WorldSpace）使用 L 频段的亚洲之星（AsiaStar）和非洲之星（AfriStar），美国天狼星 XM 公司（SiriusXM）使用 S 频段的 Sirius 系列卫星和 XM 系列卫星。

卫星移动业务指在移动地球站和一个或多个空间电台之间的一种无线电通信业务。实用系统如铱星（Iridium）、全球星（Globalstar）、海事卫星（Inmarsat）和轨道通信（Orbcomm）系统，以及我国发射的天通 1 号卫星系统。这类业务由于要求接收端移动性强、接收天线波瓣宽，通常使用 L 频段、S 频段或更低的 VHF/UHF 频段。

在上述三种卫星通信业务中，有一部分卫星是专用卫星，但另有大量卫星同时用于其中两种或三种业务的传输，卫星运营商也多有同时运营多种卫星的情况。

1.1.5 卫星通信特点

卫星通信与其他通信方式相比较，有以下几个方面的特点。

1）通信距离远，且费用与通信距离无关。利用静止卫星，在地球上可实现的最远通信距离可达 18 100 km 左右。而且建站费用和运行费用不因通信站之间的距离远近、两通信站之间地面上的自然条件恶劣程度而变化。这在远距离通信上，卫星通信比微波接力、电缆、光缆、短波通信有明显的优势。

2）广播方式工作，可以进行多址通信。通常，其他类型的通信手段最多只能实现点对点通信，而卫星通信是以广播方式进行工作的，在卫星天线波束覆盖的整个区域内的任何一点都可以设置地球站，这些地球站通过可共用一颗通信卫星来实现双边或多边通信，即进行多址通信。

3）无缝覆盖能力。利用卫星移动通信，可以不受地理环境、气候条件和时间的限制，建立覆盖全球的海、陆、空一体化通信系统。

4）广域复杂网络拓扑构成能力。卫星通信的高功率密度与灵活的多点波束能力加上星上交换处理技术，可按优良的价格性能比提供宽广地域范围的点对点与多点对多点的复杂的网络拓扑构成能力。

5）安全可靠。在面对抗震救灾或国际海底光缆的故障时，卫星通信是一种重要通信手段。

1.1.6 卫星通信业务领域

卫星通信凭借其覆盖范围广、不受地理条件影响、建设快捷灵活等优势，广泛应用于地面通信系统不易覆盖或建设成本过高的领域，已成为地面通信系统有效的延伸与补充。主要业务应用领域如下。

（1）视频广播

卫星视频传输及广播是卫星通信中应用最广泛的领域。目前全球运营中的商用卫星中，约2/3的转发器资源用于视频信号的传输与广播，其中包括视频信号的单点传送、节目源向多个有线电视前端点之间的信号传输以及把电视信号直接向最终家庭用户进行广播等多种应用方式。

（2）公众通信

在公众通信领域，将地面移动通信系统中的基站通过卫星接入移动通信网络，有效地解决了偏远地区由于光纤无法到达而导致的基站连接困难问题，使得地面移动通信业务实现了完整覆盖。目前我国的村村通等工程就是该应用的典型案例。

（3）企业专网

卫星通信也为各行业用户提供了一种灵活可靠的通信手段，如在石油行业，利用卫星广覆盖特点，在不同国家不同地域的油井、油站及管理机构间，通过卫星实现了灵活安全的通信。在新闻媒体领域，新华社通过多颗不同覆盖区域的卫星，实现了新闻版面的全球实时传送。

（4）远程教育

通过卫星将课件内容实时地向覆盖区内的所有学员传送，并结合互联网的应用，实现了教员与远程学员之间的互动，远程教育方式得到普及应用，教学资源得到了有效利用，解决了偏远地区的教学资源短缺问题，有利于缩小数字鸿沟。

（5）应急通信

随着各国对于公共安全、自然灾害中紧急救援的重视，卫星通信基于其建设快、铺设灵活的特点，在应急领域越来越成为主力军。在我国，公安、武警、消防、森林、水利等领域都配备有卫星通信系统，进行日常监测以及应急情况下的指挥救援。与移动通信网、固网、互联网相互补充和支撑，形成综合的立体保障格局。

1.2 通信广播卫星发展情况

1.2.1 通信广播卫星发展历程

1958年，美国发射了斯科尔（Score）卫星，全球首次通过人造地球卫星实现话音通信。1963 年美国发射了电星-1 卫星，首次实现跨洋通信；1964 年发射的辛康-3 卫星成为全球首颗地球静止轨道卫星；1965 年国际卫星组织（Intelsat）的首颗卫星，成为全球首颗实用通信卫星。

20 世纪 70 年代，通信卫星向商业化快速发展，成为跨洋通信和电视广播的常规手段，一些国家和地区成立了运营通信卫星的商业公司和组织。这个时期的通信卫星多采用自旋稳定方式，通信能力有限。

20 世纪 80 年代是通信卫星技术快速发展和广泛应用时期，通信卫星广泛采用三轴稳定和太阳翼技术，整星尺寸、质量和功率大大提高；点波束和极化复用技术广泛应用，卫星可支持万路话音传输。

20 世纪 90 年代，通信卫星开始向移动通信和数字电视直播方向发展，通信卫星采用模块化发展，形成了可满足多种任务的卫星公用平台系列。

进入 21 世纪，人们对大容量、高速率的要求越来越高，通信广播卫星向高功率、长寿命和高可靠的大型静止轨道通信卫星发展。整星质量超过 6 t、功率超过 15 kW，转发器个数达到三位数。高通量卫星宽带多媒体业务将是目前及未来卫星通信的发展热点和发展方向。

1.2.2 我国通信广播卫星研制情况

我国自行研制的通信广播卫星从工程研发角度通称“东方红”系列，主要指卫星平台。

（1）东方红 1 号卫星

1970 年 4 月 24 日，我国成功发射了第一颗人造地球卫星——东方红 1 号，卫星播送《东方红》乐曲。该卫星质量为 173 kg、直径 1 m 的 72 面球形体，卫星的近地点 439 km，远地点2 384 km，由中国空间技术研究院自行研制，孙家栋为东方红 1 号卫星技术负责人。图 1-3 为东方红 1 号和东方红 2 号卫星外形图。

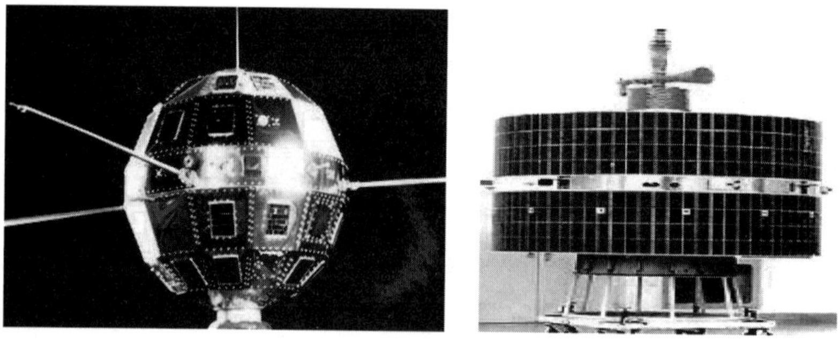

图 1-3　东方红 1 号和东方红 2 号卫星外形图

（2）东方红 2 号卫星

1975 年 3 月 31 日，国家批准了通信广播卫星工程（331 工程）。该工程包括 3 颗东方红 2 号卫星和 4 颗东方红 2 号甲卫星。

1984年4月8日，中国成功发射第一颗通信广播试验卫星——东方红2号，定点125°E，卫星携带2路C频段转发器，开展1路彩色电视和15路广播节目的传输试验。1986年2月发射首颗实用通信卫星，命名为中星1号，定点103°E，携带2路C频段转发器，设计寿命3年。

1988年3月和12月、1990年2月连续成功发射3颗东方红2号甲实用通信广播卫星，分别定点87.5°E、110.5°E和98°E。各配置4个C转发器，设计寿命4.5年。3颗卫星的在轨服务推动了中国卫星通信广播电视的发展，改变了广播电视边远地区收视难的状况。

（3）东方红3号卫星（862工程）

1986年2月，国家批准了东方红3号卫星工程。该工程包括两颗卫星，计划定点轨位125°E和115.5°E。卫星设计24个C转发器，其中6路为中功率转发器（电视），其他18路为低功率转发器（通信）。服务区域为中国全境，寿命末期输出功率≥1 700 W，有效载荷质量达170 kg 。

首颗卫星于1994年11月30日发射，但由于推进剂泄漏故障未能定点。第二颗星1997年5月12日发射升空，并于5月20日成功定点125°E，命名为中星6号卫星。中星6号卫星24个转发器全部使用，其中有23个转发器承担国家公网卫星IDR业务，另外1个转发器开展临时传输业务。2003年3月31日退出在轨服务。

（4）东方红4号卫星平台（东四平台）

东四平台是我国大型地球静止轨道卫星公用平台，2000年立项研制，采用模块化、系列化、集成化、先进性和可扩展性设计思路，是我国通信广播卫星主用卫星平台，并使我国通信卫星走向世界。

2006年首次发射东四平台卫星鑫诺2号。2007年5月14日在西昌利用长征3号乙运载火箭成功发射尼日利亚1号卫星，卫星设计寿命15年，载有4个C波段转发器，14个Ku波段转发器，8个Ka波段转发器和2个L波段转发器，这是我国首次向国外用户提供整星出口和在轨交付服务。至2017年年底，已出口的在轨东四平台卫星有委内瑞拉1号卫星、巴基斯坦1R卫星、尼日利亚1R卫星、玻利维亚1号、白俄罗斯1号、阿尔及利亚和亚太9号等卫星。中国卫通拥有并运营的在轨卫星包括中星6A、中星6C、中星9A、中星10号、中星11号、中星15号等均采用东四平台。

（5）东方红3号B平台、东方红4号E平台和东方红5号平台

东方红3号B平台（东三B平台）采用综合电子体系构架，应用具有国际先进水平的锂离子蓄电池、高效热控和氙离子电推进等技术，以满足我国未来中、大容量同步轨道卫星的需求。东三B平台实现了整星功率7 800 W，有效载荷功率4 000 W，标称载荷承载能力450 kg，起飞质量3 800 kg，在轨服务寿命15年的研制要求。老挝1号和中星16号卫星均采用东三B卫星平台。

不久，中国空间技术研究院启动了东方红4号E平台（东四E平台）研制工程，通过关键技术攻关与工程验证，有效提升卫星平台服务寿命、载荷容量、整星功率等主要技术

指标。东四E平台卫星最大整星输出功率达13.5 kW，载荷功率大于10 kW，最大有效载荷质量1 000 kg，可承载60～80路转发器，其发射质量提高到5 500 kg。卫星正常模式下姿态控制精度为0.04°（滚动和俯仰），0.1°（偏航）。亚太6D和中星18号卫星均采用东四E平台。

东方红5号卫星平台是我国正在研制中的新一代大型地球静止轨道卫星公用平台，其发射质量提高到8 000 kg，最大整星输出功率达21 kW，最大有效载荷功率达18 kW，有效载荷质量1 500 kg，可承载120路转发器，卫星正常模式下姿态控制精度为0.03°（滚动和俯仰），0.1°（偏航）。

1.2.3 我国通信广播卫星重要工程

我国民用通信广播卫星运营的发展伴随着若干国家重要卫星工程的实施。

（1）我国民用通信广播卫星运营发展初期情况

20世纪70年代初，国家开始启动东方红2号通信卫星的研制工作，同时，国内利用北京、上海等地已有的卫星地球站租用Intelsat卫星，开始进行卫星国际电视传输试验和通信试验。

1984年4月8日，东方红2号通信卫星发射成功，中央电视台开始利用该卫星传送CCTV－1电视节目。邮电部同时租用Intelsat－57E卫星，为国内公众网和专网进行通信和电视节目传输。此后，我国卫星通信公司和地面卫星专用通信网站如雨后春笋般建立，如石油VSAT网、中国广播卫星公司等。

1986年2月，国家批准东方红3号卫星工程，卫星由中国空间技术研究院制造，中国通信广播卫星公司运营。卫星设计24个C频段转发器，全部用于传播广播电视节目，这对中国卫星制造和广播电视应用有着深远影响，自此中国卫星广播电视全面进入C频段传输时代。

（2）中星5号、中星5A和中星5B卫星

20世纪80年代初期起，中国通信广播卫星公司、鑫诺卫星通信有限公司、中国东方卫星通信有限责任公司等国内卫星公司相继成立，并分别拥有自己的卫星资源。中国通信广播卫星公司拥有中星5号卫星，鑫诺卫星通信有限公司拥有鑫诺1号卫星（中星5B），中国东方卫星通信有限公司拥有中卫1号（中星5A）等卫星资源。国内企业还在香港成立了亚洲卫星通信公司（1988）和亚太卫星通信公司（1992）。40多家VSAT公司运营远程教育、卫星医疗、VSAT通信、数据通信等业务。

1993年中国通信广播卫星公司从美国GTE公司引进了一颗在轨运行卫星，命名为中星5号，漂星定点115.5°E，这是中国通信广播卫星公司首次全面提供测控和监测服务的商业卫星。该星拥有18个C频段转发器（6个72 MHz用于国内干线IDR通信，12个36 MHz用于电视传输），中央和多数省台卫视节目纷纷上星传输，中国卫星广播电视业务发展进入新阶段。

中星5A卫星为中国东方通信卫星有限责任公司从美国洛克希德·马丁公司采购的

A2100A 型卫星，1998 年 5 月发射，卫星承载的主要业务为国家公网卫星 IDR 业务、中国移动卫星通信网和广播电视业务等。2012 年，中星 12 号卫星发射，接替中星 5A 卫星业务。至 2018 年，中星 5A 卫星在轨服役已超过 20 年，继续承担新业务开拓等任务，是我国目前运营寿命最长的卫星。

中星 5B 卫星为鑫诺卫星通信公司从法国采购的 SB3000 卫星，1998 年 7 月发射，广电部门使用该卫星 Ku 频段转发器开展国家广播电视村村通工程。2011 年，中星 10 号卫星接替了中星 5B 卫星业务。

（3）直播卫星工程

2000 年，我国广播电视卫星直播项目正式列入国家“十五”计划高新技术工程。2005 年 1 月，国家批准我国直播卫星空间段系统由鑫诺 2 号卫星和中星 9 号卫星组成，两颗星同轨运行、互为备份。

2006 年 10 月，鑫诺 2 号卫星发射失败，随后启动研制其替代星鑫诺 4 号（中星 9A）卫星。2008 年 6 月 9 日，中星 9 号卫星成功发射到 92.2°E，7 月 5 日上行 4 个转发器业务，8 月 6 日正式运行中国直播卫星村村通业务。

2011 年 10 月，广电总局成立卫星直播管理中心，推进有线未通达地区的广播电视公共服务，从此，户户通业务发展迅速。2017 年 3 月，户户通和村村通终端数超过 1.2 亿。

2017 年 6 月，中星 9A 卫星发射到 101.4°E，主要功能是异轨备份中星 9 号卫星、新增南海地区直播业务、拓展付费平台和各省区定向覆盖业务等。

（4）广播电视 C 频段专用星工程

2002 年 6 月 23 日起，境外非法邪教组织疯狂攻击鑫诺 1 号、亚洲 3S 和亚太 6 号等卫星上的国家广播电视节目。国内相关单位通力合作，与敌对势力积极斗争，坚守阵地，取得了阶段性成效。2005 年 6 月 30 日，国家批准启动 3 颗广播电视 C 频段专用卫星工程，由中国航天及中国卫通负责具体实施。

2007 年 6 月 1 日，鑫诺 3 号抗干扰卫星发射成功；7 月 5 日，中星 6B 抗干扰卫星发射成功。8 月 1 日，我国 C 频段广电业务从亚洲 3S、亚太 6 号、鑫诺 1 号和中卫 1 号等卫星转到两颗抗干扰专用卫星。鑫诺 3 号和中星 6B 抗干扰卫星有效保障了党的十七大召开，从根本上解决广电卫星空间段恶意干扰问题。

2010 年 9 月 5 日，中星 6A 卫星发射成功，10 月 20 日接替鑫诺 3 号卫星广电业务，中星 6A 卫星装载 24 个 C 频段转发器和 8 个 Ku 频段转发器及 1 个 S 频段转发器，转发器资源较鑫诺 3 号卫星（配置 10 个 C 转发器）有较大的增加。

1.3　卫星通信产业链

经过半个多世纪的发展，全球卫星通信产业已实现了规模化发展，形成了非常完整的产业链，主要板块分为卫星制造、卫星发射、卫星地面设备研制、卫星运营管理、卫星网络集成及管理、卫星应用服务。

卫星制造包括卫星部件、分系统及卫星的研制、总装、集成和测试（AIT）。主要制造商有美国、欧洲、中国、俄罗斯等国家约 20 家大中型卫星系统集成商，为卫星运营商提供通信卫星。我国的卫星制造商主要有中国空间技术研究院、上海航天技术研究院等。

卫星发射含运载火箭制造和发射服务。我国的运载火箭制造商主要有中国运载火箭技术研究院等。

卫星地面设备制造包括网络设备和终端设备制造。网络设备如信关站、控制站、VSAT 主站等，终端设备如直播卫星终端、卫星移动终端、数字音频广播服务设备等。提供商主要有美国卫讯公司、休斯公司，以色列的吉莱特公司等，以及我国的航天恒星公司、中国电子科技集团有限公司 54 所等。

卫星运营管理主要包括通信广播卫星的管理及运营，将卫星转发器资源向使用者出租或出售，以供使用者利用卫星转发器资源为自己或其他单位或个人用户提供服务，包括转发器租赁与网络管理服务。国际上主要有 Intelsat、SES、Eutelsat、Inmarsat 等 40 家左右的运营商。我国的卫星运营商主要有中国卫通、亚太卫星公司、亚洲卫星公司。

卫星网络集成及管理主要包括卫星通信网络及卫星地球站的设计、集成和建设，并提供相关的网络管理、运营过程的运维服务，是国际国内存在的一种服务形式。

卫星通信应用服务主要包括卫星固定业务（卫星宽带通信业务亦属于卫星固定业务的一个重要组成部分）、卫星电视广播业务、卫星数字声音广播业务及卫星移动业务等。

在上述产业链各板块之间的业务，可以由一个企业同时提供多种业务，如卫星运营商在经营卫星运营管理的同时，也从事卫星网络集成与管理服务；或者由一家企业既负责卫星运营，同时又为最终用户提供卫星电视广播等卫星通信、广播业务服务。

在本书中，将针对卫星通信与广播业务的运营管理及相关专业技术领域进行详述。

1.4 行业发展趋势

传统的通信广播卫星多数使用地球同步轨道，覆盖方式主要采用全球覆盖、区域覆盖或国内覆盖，频段使用 C 频段与 Ku 频段为主，业务形式有广播电视、VSAT 通信等，大多为政府或企业专属网络。

随着国际国内产业环境的变化，以及各项技术的不断发展，卫星通信的发展呈现如下趋势。

（1）卫星通信宽带化

通信行业的全面宽带化促进了卫星通信的宽带化，进而催生了高通量卫星的出现。普通通信卫星的容量只有 1 Gb/s 左右，而目前国际上先进的高通量卫星容量可超过 100 多 Gb/s。高通量主要来自于频率资源更为丰富的 Ka 频段，以及频率可以重复使用的多点波束技术两个方面。从目前全球发展现状和趋势看，高通量卫星以 Ka 频段为主，以 Ku 频段为辅，主要包含专用、搭载、星座三种形态。部分发达国家已经使用频率更高、频率资源更加丰富的 Q 频段与 V 频段进行通信试验，这或将成为未来卫星宽带通信的主要频段。

（2）直播电视高清化

得益于视频压缩、编码技术（H.264/AVS、H.265/AVS2），以及信道编码、调制技术（DVB-S、DVB-S2、DVB-S2X）的飞速进步，以及大量高通量卫星的涌现，卫星直播电视正在由过去的2K级高清向4K级、8K级超高清电视发展。在卫星直播电视最为发达的美国，DirecTV公司于2014、2015年发射的DirecTV14和15 Ka卫星就被专门用于直播4K级电视，而且通过点波束实现本地化覆盖、个性化服务。8K级卫星直播电视也已经问世。在2016年8月1日里约夏季奥运会期间，日本NHK电视台已开始用8K级卫星转播奥运赛事。

（3）多种业务融合化

融合是卫星通信另一发展趋势，有网络融合、天地融合、产业融合、军民融合等多种形式。

卫星直播电视（DTH）、动中通通信是典型的网络融合形式。前者模糊了卫星通信与卫星电视之间的界面，高功率的通信卫星同样可以用于电视直播；后者拉近了卫星固定通信与卫星移动通信之间的距离，“动中通”天线使得C、Ku、Ka频段卫星固定通信可以广泛应用于各类移动平台，如飞机、轮船、列车、汽车等。在全球化、陆海空时代，必然要求卫星通信网络与地面通信网络互联互通，即天地融合。高通量卫星与传统卫星相比，不仅容量更大，而且全部都是IP化、天地一体化设计，通过关口站与地面网络互联互通。

（4）小卫星星座兴起

小卫星组成的星座正在成为通信卫星领域新兴的布局及应用方式。小卫星基于其成本低、研制周期短、发射灵活等突出优点，通过组成星座、编队或卫星群完成单颗大卫星难以实现的任务，在研发和应用上都具备一定的优势。

O3b已经在赤道上空7 830 km的中轨道部署了12颗700 kg级的卫星，未来将共部署20颗卫星，覆盖范围为南北纬45°范围内的所有地球表面。此外，O3b第二代卫星星座也即将开始建造，旨在实现每秒太比特传输，覆盖范围也将扩大到近全球覆盖。OneWeb正在筹备部署一个近地轨道“电信级微卫星群”，计划首先将648颗卫星送入太空，如果一切顺利的话，下一步还将把2 400颗卫星送入太空，目的是为数十亿还没有互联网接入条件的人们提供价格合理的互联网服务。这种卫星质量约150 kg，轨道高度在1 200 km。

质量更小、建设周期更快的微小卫星、皮纳卫星已经在遥感与科研领域大量使用，未来或可在通信领域也发挥一定的作用。

1.5 国内政策环境

我国对电信业务的经营实行分类管理制度。对于卫星通信业务市场的经营，以国家相关政策及《中华人民共和国电信条例》等行业管理政策为依据，以《电信业务分类目录》为基础，实行经营许可管理。

根据我国现行的电信条例第七条的规定："国家对电信业务经营按照电信业务分类，实行许可制度。""未取得电信业务经营许可证，任何组织或者个人不得从事电信业务经营活动。"

《电信业务分类目录》（2015 版）将卫星通信业务定义为基础电信业务。其中第一类基础电信业务中的卫星通信业务包括卫星移动通信业务（A13－1）和卫星固定通信业务（A13－2）两种。第二类基础电信业务中的卫星通信业务包括卫星转发器出租、出售业务（A23－1）和国内甚小口径终端地球站通信业务（A23－2，简称国内 VSAT 通信业务）。此外，第一类基础电信业务中与卫星通信相关的业务还包括国际通信设施服务业务（A11－4），如卫星地球站、卫星空间段资源用于实现国际通信业务的情况。上述 5 种卫星通信业务中，除国内 VSAT 通信业务按照增值电信业务管理外，其余四项均按基础电信业务进行管理。

经营相关类型的卫星通信业务，需根据上述业务分类取得相应的经营许可证。当使用卫星开展其他业务时，如公众互联网接入等，则需按照业务类型获得相应业务的许可证。

在频率资源使用方面，我国根据国际电联《无线电规则》《中华人民共和国无线电管理条例》及我国实际情况，制订了《中华人民共和国无线电频率划分规定》，按照业务分类分别进行了频率划分和指配。在卫星通信领域，卫星轨道位置、频率的使用、干扰的国际协调等由主管部门统一分配并集中管理。此外，卫星通信网的建设、卫星地球站的使用也都需要根据相关制度履行审批手续。

以上政策法规对卫星通信业务的经营进行严格的管理，同时也为合法合理经营提供了基础制度保障。

在产业发展环境方面，近年来国家及相关政府部门根据我国的发展战略规划陆续出台的系列文件，为促进卫星通信的发展提供了新的生态环境。

2013 年 8 月 1 日，国务院发布了《"宽带中国"战略及实施方案》；2015 年 8 月，习近平总书记在互联网大会上提出，"宽带中国"战略目标是打通网络基础设施"最后一公里"，让更多人用上互联网。

2015 年 10 月 29 日，发改委、财政部和国防科工局三部门联合下发了《国家民用空间基础设施中长期发展规划（2015—2025 年）》，要求"坚持天地一体化发展，空间系统与地面系统同步规划、同步研发、同步建设、同步使用"。对于卫星通信，提出了"面向行业及市场应用，以商业化模式为主，保障公益性发展需求……形成宽带通信、固定通信、电视直播、移动通信、移动多媒体广播业务服务能力，逐步建成覆盖全球主要地区、与地面通信网络融合的卫星通信广播系统，服务宽带中国和全球化战略，推进国际传播能力建设"的发展要求。

2016 年 3 月 7 日，"十三五"规划纲要正式发布，明确将"天地一体信息网络工程"列入重大工程项目，要求"加快空间互联网部署，实现空间与地面设施互联互通"。

2016 年 7 月 27 日，中办、国办印发《国家信息化发展战略纲要》，提出“要加快构建陆地、海洋、天空、太空立体覆盖的国家信息基础设施”，“建设天地一体化信息网络，增强接入服务能力，推动空间与地面设施互联互通。”

中共十九大报告提出，加强应用基础研究，拓展实施国家重大科技项目，突出关键共性技术、前沿引领技术、现代工程技术、颠覆性技术创新，为建设科技强国、质量强国、航天强国、网络强国、交通强国、数字中国、智慧社会提供有力支撑。

2017 年 12 月 4 日，国务院办公厅发布了“关于推动国防科技工业军民融合深度发展的意见”，在“推进网络空间领域建设”部分，要求“促进通信卫星等通信基础设施统筹建设。大力发展网络安全、电磁频谱资源管理等技术、产品和装备。推动天地一体化信息网络工程实施。”

这些国家战略为我国卫星通信服务业的发展指出了明确的方向，描绘出了清晰的蓝图。它们强调天地一体、互联互通，为卫星通信的蓬勃发展提供了新的发展机遇。通信广播卫星的运营和管理作为产业链中的核心部分，也将为实现我国的发展战略发挥重要作用。

1.6　通信广播卫星运营管理

本书集中讨论的通信广播卫星运营管理所涉及领域包括如下 7 个方面。

（1）卫星频率轨道资源管理

卫星及通信网络的使用须符合 ITU 及我国政府发布的相关频率政策法规，以期卫星频率轨道资源的合法使用权益得到保障。具体包括频谱资源管理、卫星网络申报、维护和协调以及台站管理等。

（2）卫星项目建设管理

以严谨、规范的项目管理程序对卫星的研制过程进行控制管理，使卫星制造商研制的卫星满足设计指标要求，并按时投入使用。具体包括向卫星制造商提出卫星系统及有效载荷的设计要求、签署卫星采购合同，并开展采购全过程的项目监造、评审、在轨交付等。

（3）卫星在轨测控管理

对卫星本体进行精细的在轨测控管理，确保卫星工作状态良好、性能稳定、工作正常。具体包括卫星状态的监测、分析与管理、卫星轨道分析与控制等。

（4）地球站建设及维护

根据卫星测控、监测和业务特性建设地球站，并定期进行维护，使测控站、监测站和业务站能够有效精准地进行工作。具体包括地球站建设、运维、供配电等。

（5）卫星转发器资源及业务运行管理

对卫星有效载荷及其在转发器上运行的卫星通信业务进行监测与管理，确保用户卫星通信业务正常、可靠、稳定地运行。具体包括转发器资源管理、卫星网络管理、载波管理、干扰排查、链路计算等。

（6）卫星通信网建设及管理

利用在轨卫星搭建卫星通信网，并进行日常运维管理。具体包括卫星与地面网络一体化设计、实施、应用，以及卫星网、关口站、终端、地面配套设施的运行管理等。

（7）客户服务管理

理解客户需求，建立客服机制，为客户提供技术咨询、系统设计、业务监测等系列售前、售后技术服务，确保为用户提供优质高效的服务。具体包括了解客户服务理论，建设合理的客户服务流程等。

参考文献

[1] 卫星通信，http：//baike.baidu.com/link? url＝hhiJHQxli580F2CBniYEX9blatJdhfjI0cyT8z9ryqaaobnEtyb9aTdI1g－FD8PoboVopIDLcPhPFG1c19v6UK.

[2] 卫星产业链专题讲解，http：//www.360doc.com/content/11/1229/20/7849045_175922858.shtml.

[3] 闵士权．卫星通信系统工程设计与应用［M］．北京：电子工业出版社，2015.

[4] 刘悦．世界卫星通信产业发展综述，第七届卫星通信产业发展研讨会文集，2016.

[5] 江澄．我国卫星广播影视的应用与发展历程回顾，2014.

[6] 吕海寰，等．卫星通信系统（修订本）［M］．北京：人民邮电出版社，1994.

第 2 章　卫星频率轨道资源管理

2.1　卫星频率轨道资源概述

卫星频率轨道是研制各类航天系统的基础，是开展卫星通信广播、导航定位、遥感探测和载人航天等空间业务不可缺少的基础资源，也是我国启动国家空基系统发展规划和建设十分重要的前提条件。我国目前在用卫星频率轨道已成为国家空间资产和保障国家安全和生存空间的战略性、基础性资源。随着我国经济实力的增强和国防建设的需要，对发射不同类型、不同用途卫星系统的需求大大增加。要发射并使一个卫星系统投入使用之前，首先需要解决的问题就是按照国际规则向国际电联申请、协调并拥有可供使用的卫星频率轨道资源。

根据世界不同区域针对频率轨道资源的使用需求，并结合频率轨道资源的有效利用，国际电联在《无线电规则》中将世界分成如图 2-1 所示三个区域，并进一步将频率进行划分，形成无线电规则频率划分表。

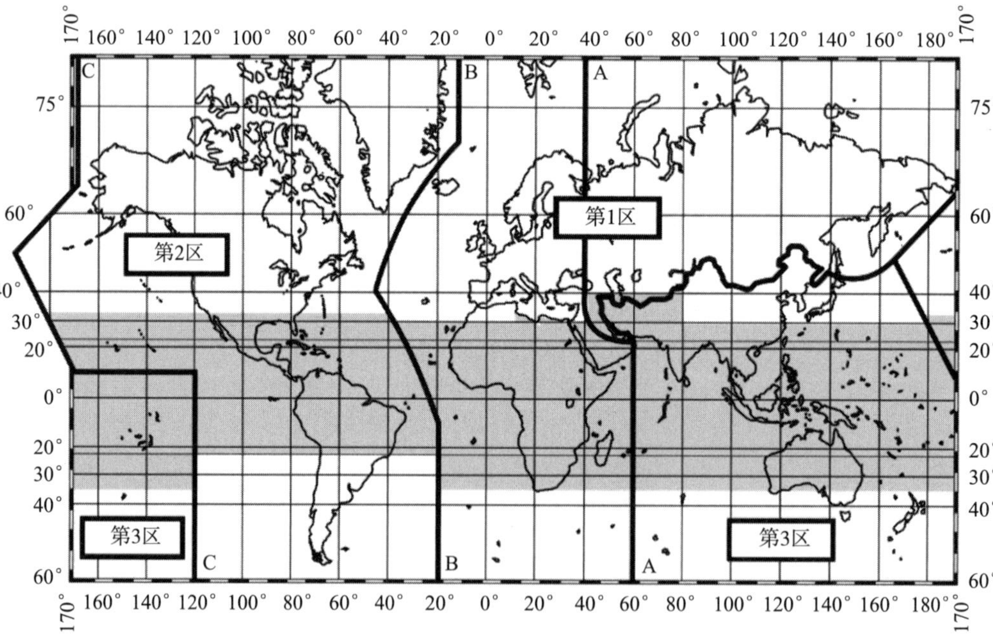

图 2-1　国际电联划分的三个区域

第 1 区：包括向东至 A 线（A，B，C 线定义于后）和向西至 B 线所划定的地区，但位于两线之间的任何伊朗伊斯兰共和国领土除外。该区亦包括亚美尼亚、阿塞拜疆、格鲁吉亚、哈萨克斯坦、蒙古、乌兹别克斯坦、吉尔吉斯斯坦、俄罗斯、塔吉克斯坦、土库曼斯坦、土耳其和乌克兰的整个领土以及位于 A、C 两线间俄罗斯以北的地区。

第 2 区：包括东限于 B 线和西限于 C 线之间的地区。

第 3 区：包括东限于 C 线和西限于 A 线之间所划定的地区，但亚美尼亚、阿塞拜疆、格鲁吉亚、哈萨克斯坦、蒙古、乌兹别克斯坦、吉尔吉斯斯坦、俄罗斯、塔吉克斯坦、土库曼斯坦、土耳其和乌克兰的任何领土部分和俄罗斯以北的地区除外。本区亦包括伊朗伊斯兰共和国位于两线以外的那部分领土。

常规通信广播卫星业务分为三类，即卫星固定业务（FSS）、卫星移动业务（MSS）和卫星广播业务（BSS）。国际电联对常规 FSS、MSS 和 BSS 在三个区域的频率使用情况做了具体划分，详见表 2－1。

表 2－1　3 区通信卫星常用频段

业务特性	常用频段(上行)	常用频段(下行)
卫星固定业务	5 850～6 725 MHz	3 400～4 200 MHz
	13.75～14.8 GHz	10.95～11.7,12.2～12.75 GHz
	27～31 GHz	17.7～21.2 GHz
	42.5～43.5,47.2～50.2,50.4～51.4 GHz	37.5～42.5 GHz
卫星广播业务	14.5～14.8,17.3～18.1 GHz	11.7～12.2 GHz
	24.65～25.25 GHz	21.4～22 GHz
卫星移动(及卫星无线电导航)业务	1 668～1 675,1 626.5～1 660.5 MHz	1 518～1 525,1 525～1 559 MHz
	1 610～1 626.5 MHz	2 483.5～2 500 MHz
	1 980～2 010 MHz	2 170～2 200 MHz

为实现对地静止轨道（GSO）卫星通信，我国于 1983 年 10 月开始向国际电联申报卫星网络，第一颗对地静止轨道试验通信卫星于 1984 年 4 月发射成功并定点于 125°E 赤道上空。1986 年 2 月，实用通信广播卫星的发射与成功定点，标志着我国的卫星通信开始由试验阶段逐步进入到实用阶段。目前我国卫星行业正以其独有的优势和能力服务于社会生活的各个领域，并已成为政府、工商企业和社会各行各业重要的通信手段之一，卫星网络成为国家重要的通信基础设施。与起步较早的国际性卫星运营企业相比，如 Intelsat，SES，Eutelsat 和 SJC 等国际性公司一般卫星运营商实际在轨卫星数量相对较少，可供使用的卫星频率和轨道资源相对短缺，这种资源短缺相对地制约了一般卫星运营商的发展。

卫星频率和轨道资源不同于一个国家所拥有的森林、矿产等自然资源，其使用亦与地面通信业务存在不同之处，既要符合国家卫星业务管理规定，又要遵守国际电联的《组织法》（Constitution）、《公约》（Convention），特别是要服从国际电联《无线电规则》规定的“先登先占”等国际程序。然而，“先登”并不意味着一定“先占”，“先占”也未必能够充分保障卫星系统的使用权利，因为卫星网络及其系统应用场景复杂多样，协调形势各不相同。

国际电联《无线电规则》特别在第 1 条中的第 3 节就各种无线电业务进行了定义，42

种无线电业务所涉及空间业务包括卫星固定业务、卫星移动业务、卫星广播业务、卫星地球探测业务、卫星气象业务、空间操作业务、卫星导航业务、卫星无线电测定业务、星间业务、卫星航空移动业务、卫星水上移动业务、空间研究业务和卫星业余业务等。针对射电天文业务，无线电规则第4.6款规定：就解决有害干扰而言，应将射电天文业务作为无线电通信业务处理。但是，其他频段内的各种业务给予射电天文业务的保护只能达到这些业务间实现兼容的保护程度。

要实现“先占”目的，如果是通过申报属于各成员国自己的卫星网络资料并通过协调磋商程序获取频率资源，成员国主管部门需首先启动国际电联的“先登”程序，即依据计划使用的卫星业务类别和应用需求，填写含有卫星系统空间电台和地面电台传输特性的电子数据库，形成卫星网络资料，该资料通过有效性验证后由成员国主管部门报送国际电联，相应建立一个新的或修改的卫星网络。国际电联收到卫星网络申报与应用申请后，将开展技术及规则审查并通过国际频率信息周报形式公布审查结果，其中既包括卫星网络特性，亦包含该卫星网络的协调要求。成员国主管部门或其卫星业务应用单位在收到国际频率信息周报后，需要针对协调要求启动卫星网络兼容性协调工作，该协调工作在相应的主管部门之间或相关操作者之间进行，通过技术干扰协调谈判，消除频率指配之间可能存在的有害干扰。谈判需基于国际电联《无线电规则》规定的通用技术标准进行，也可采用双边认可的其他标准。卫星网络协调常常涉及国家或卫星网络操作者的关切，利益冲突性强、技术难度大、时间跨度长、相互关系常常十分复杂。通过协调磋商建立卫星系统兼容应用条件后，卫星网络需在国际电联《无线电规则》规定的七年时间内投入使用，实际应用过程中需要遵从达成的频率轨道资源共用条件，并承担相应的业务应用兼容性风险。然而，在卫星频率轨道资源异常稀缺的形势下，按照正常程序完成协调、建立兼容共用条件，进而完成卫星研制并发射卫星，最终实际投入使用卫星网络的例子少之又少。常常是国际电联《无线电规则》规定的七年截止时间已到，而需要的兼容磋商协调工作尚未完成。由此，卫星网络维护，即在卫星网络投入使用后继续卫星网络协调工作，回答国际电联函件询问，或向相关国家主管部门就其新申报卫星网络提出协调意见等，就显得尤为必要，并成为卫星频率轨道资源异常稀缺形势下卫星网络应用的常规状态。

卫星频率和轨道资源异常稀缺的形势，不仅体现在GSO卫星系统之间的频率共用，还体现在GSO和对地非静止轨道（non-GSO）卫星系统之间、non-GSO卫星系统之间，以及GSO和non-GSO系统与地面业务特别是国际移动通信（IMT）系统之间如何实现频率共用及兼容，这些卫星频率和轨道资源应用中的竞争态势充分体现在卫星业务拓展、国家S频段卫星移动业务系统建设，以及L频段卫星移动业务和卫星广播业务系统建设之中。国家卫星系统及卫星产业的发展对频率和轨道资源存在大量迫切需求，如何按照国际规则有效获取卫星频率和轨道资源，保证各型号卫星系统的顺利研制、发射和投入使用，并按照国际规则据理力争、妥善解决卫星系统应用中可能出现的干扰问题，是各卫星业务操作与应用单位面临的非常迫切和棘手的问题，也迫使卫星业务在应用模式、技术限制，以及国际规则框架等诸多方面，寻求通过创新驱动发展。

2.2　无线电规则主要内容及相关修订

2.2.1　国际电联简介

国际电联是主管信息通信技术（ICT）事务的联合国专门机构，于 1865 年在巴黎成立，始称“国际电报联盟”，1934 年改用现名，负责规划全球无线电频谱和卫星轨道资源的使用，制定技术标准以确保网络和技术的无缝互连，并努力为世界欠发达社区提供信息通信技术接入。目前拥有 193 个成员国和 700 多家私营部门实体和学术机构，总部设在瑞士日内瓦，在世界各地设有 12 个区域代表处和地区办事处。国际电联的最高权力机构是全权代表大会（Plenipotentiary Conference，简称 PP 或 PP 大会）。全权代表大会下设理事会（Council）、总秘书处（General Secretariat）、电信标准部门（ITU－T）、无线电通信部门（ITU－R）和电信发展部门（ITU－D）等。其中，ITU－R 负责协调内容广泛且日益发展的电信业务，并在国际层面管理无线电频谱和卫星轨道资源。

国际电联的宗旨是维持和扩大国际合作以改进并合理地使用电信资源；促进电信技术、设施的更新、发展和有效利用，提高电信业务的效率，实现公众普遍服务，并协调各国行动。它每年召开 1 次理事会；每间隔 4 年左右时间召开 1 次全权代表大会、世界电信标准大会、世界电信发展大会，以及世界无线电通信大会。

我国于 1920 年加入早期的国际电报联盟，1932 年派代表参加了于马德里召开的国际电联全权代表大会，1947 年在美国大西洋城召开的全权代表大会上被选为行政理事会的理事国和国际频率登记委员会委员。中华人民共和国成立后，我国的合法席位一度被非法剥夺。1972 年 5 月 30 日国际电联第 27 届行政理事会才正式恢复了我国在国际电联的合法权利和席位，并先后由原邮电部、信息产业部及目前的工业和信息化部代表国家参加国际电联的各项活动。

国际电联的主要管理手段是它的宪章和协定，包括《组织法》《公约》《国际电信规则》(International Telecommunication Regulations)、《无线电规则》、各类决议（Resolutions）和技术建议书（Recommendations）等等，这些规则、决议和技术建议书是由历次全权代表大会、世界无线电通信大会（WRC）和无线电通信全会（RA）等制定和补充修订形成的。

2.2.2　《无线电规则》简介

大量业务对有限频率资源的需求正在日益增加，包括确保陆地、水上和空中生命安全的固定和移动业务，以及广播、气象、空间研究、射电天文、卫星地球探测、无线电导航、无线电定位和业余业务等。无线电通信部门通过举行世界和区域无线电通信会议，由国际电联各成员国根据《组织法》和《公约》等共同建立了一套在国际间管理各种无线电业务的契约性法规，即《无线电规则》及相关支持性文件。它是国际电联用来管理无线电通信、调整各国在无线电管理活动中的相互关系，规范其权利和义务的最重要的规范性文件。各成员国共同遵守《无线电规则》是国际电联促进世界无线电管理，维护空中无线电波正常秩序的必要条件，其主要内容介绍如下：

1）规定各类无线电业务可用的频段。《无线电规则》将不同的频率分配给不同的业务，使各种业务各行其道，互不干扰，并对不同业务相互重叠的频段制定频率共用条件。无线电频率划分规定，明确每一个频段上无线电业务划分的具体情况、不同无线电业务的定义和相互间的关系，它是对各种无线电业务使用频率进行管理的基础，成员国均应遵守，如果某国使用的频率与频率划分表不一致，则必须事先征得受影响的按照规定使用的主管部门的同意。

2）规定各国使用无线电频率所必须遵守的程序和规则。包括无线电频率申请、协调和登记程序，频率的技术特性及其使用原则、建议、决议，干扰处理程序，电台的识别和许可，各种无线电台的操作要求和使用规定等等，以便用来保障成员国使用无线电频率和轨道资源的权利和义务。

3）记录并公布各国卫星网络的国际地位。凡是按照《无线电规则》履行了规定的程序、符合要求的频率指配，均可记录到国际频率登记总表（简称 MIFR），并获得国际认可与保护。需要说明的是，《无线电规则》中一些条款有较深内涵，某些特定条款通过《程序规则》予以澄清或补充。国际电联还就一些专门问题发布通函，并通过世界无线电通信大会制订一些补充的决议和建议。这一切使《无线电规则》某些条款的应用变得非常复杂。

4）无线电频率资源的管理。概括地说，《无线电规则》对无线电频率资源的管理分为规划和非规划两种。规划是将预先划分出的频率和轨道资源分配给各个成员国，使得各成员国在想要使用该无线电频率资源时即可使用，具体分为卫星固定业务规划和卫星广播业务规划。而对于非规划的频率资源，国际电联实行“先登先占”原则，即先向国际电联成功登记的卫星网络频率指配具有优先使用权，后登记的卫星网络需要采取措施，保证不对先行成功登记卫星网络频率指配的正常使用产生有害或不可接受的干扰。

根据《无线电规则》，凡是希望得到国际承认并要求国际保护的卫星网络，都要按照《无线电规则》规定程序，使用国际电联规定的软件（BR SOFT）和数据格式（无线电规则附录 4），按照规定的技术范围向国际电联无线电通信部门提出应用申请。国际电联会根据相应的技术标准判断是否需要协调，并将所需协调的国家和网络清单公布在国际电联无线电通信局出版的相应国际频率信息周报（BR IFIC）上。对于潜在干扰问题，相关成员国需通过双边协调和会谈等形式解决，并将结果反馈给国际电联。各国需在规定时限内向国际电联报送通知资料，缴纳成本回收费用，有些网络还需相应申报应付努力信息等。只有符合国际电联程序和规定的卫星网络才会被登入国际频率登记总表。各成员国有义务遵照规则不对先期申报的卫星网络产生有害或不可接受干扰，以满足卫星网络间的兼容性需求。

以下从规则、时限、申报内容、地位以及行政/财政等五个方面简要介绍一下《无线电规则》的主要要求。

（1）规则要求

频率规划是将预先划分出的频率和轨道资源分配给各个成员国，使得各成员国在想要使用该无线电频率资源时即可使用，具体分为卫星固定业务规划和卫星广播业务规划。而对于非规划的频率资源，国际电联实行“先登先占”原则，即先向国际电联登记的网络地位优先，具有优先使用权，后登记的网络需要采取措施，保证不对地位优先网络的正常使用产生有害或不可接受的干扰。

①“非规划”程序

对于非规划的频率资源，2015 年世界无线电通信大会决定，取消履行协调程序卫星网络提前公布资料的申报，即履行协调程序的卫星网络不再报送提前公布资料，可直接报送协调资料，并由协调资料自动生成提前公布信息，新规则自 2017 年 1 月 1 日生效。2016 年 12 月 31 日前履行协调程序的卫星网络申报程序如图 2－2 所示，2017 年 1 月 1 日后履行协调程序的卫星网络申报程序如图 2－3 所示。

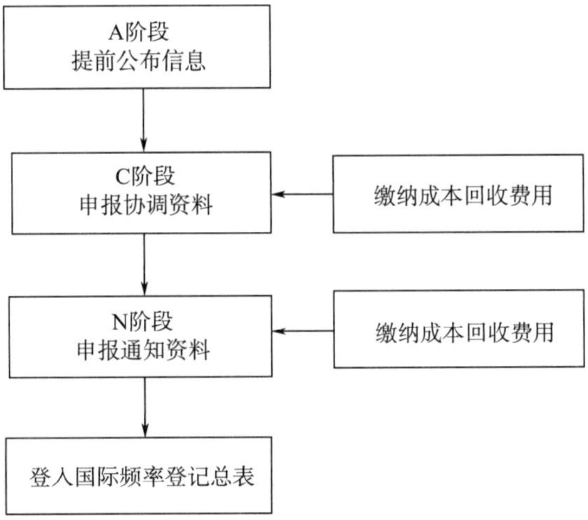

图 2－2　履行协调程序的卫星网络申报程序（2016 年 12 月 31 日前）

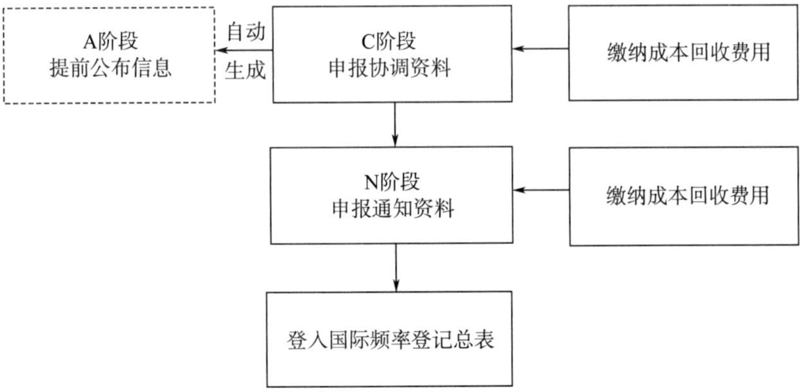

图 2－3　履行协调程序的卫星网络申报程序（2017 年 1 月 1 日后）

针对不需履行协调程序的卫星网络，原规则不变，即在报送提前公布资料之后，不需像原来履行协调程序的卫星网络那样报送协调资料，可在开展协调、磋商后直接报送通知资料进入通知登记程序。具体参见《无线电规则》第 9 条协调程序、第 11 条通知和登记程序，如图 2-4 所示。

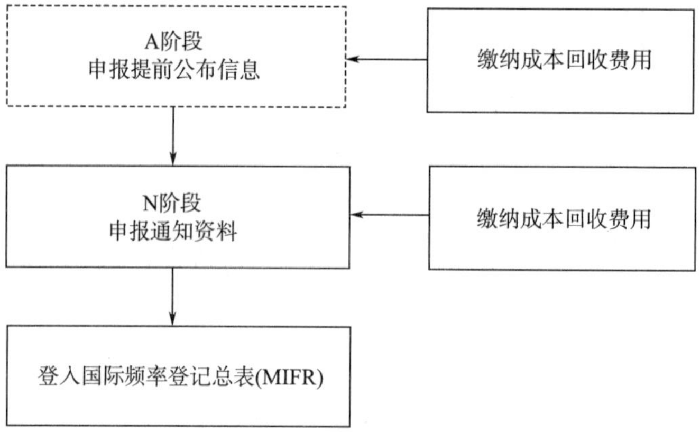

图 2-4　不履行协调程序的卫星网络申报程序

②“规划”程序

为防止少数发达国家借助其技术和经济实力，抢占所有的卫星频率和轨道资源。应大多数发展中国家的强烈要求，《无线电规则》通过“公平”规划的手段，对特定频段进行了规划：

卫星广播业务规划频段：11.7～12.2 GHz（3 区），11.7～12.5 GHz（1 区），12.2～12.7 GHz（2 区）；

卫星广播业务馈线业务频段：14.5～14.8 GHz，17.3～18.1 GHz（1 区和 3 区），17.3～17.8 GHz（2 区）；

卫星固定业务规划频段：4 500～4 800 MHz（下行）和 6 725～7 025 MHz（上行），以及 10.7～10.95 GHz（下行）、11.2～11.45 GHz（下行）和 12.75～13.25 GHz（上行）。

规划程序为世界各国相对公平地分配了一定数量的卫星频率和轨道资源。规划的实质，是为发展中国家预留卫星频率和轨道资源，保障发展中国家在将来有能力时，有最低限度的卫星频率和轨道资源可用，详见《无线电规则》附录 30、30A（AP30/30A）和 30B（AP30B）。

针对卫星广播业务规划，即《无线电规则》附录 30/30A，如果需要对原始规划进行修改或申报 1、3 区附加使用卫星网络，需根据第 4 条相关条款申报 PART-A 资料，之后针对 1、3 区根据第 4 条相关条款申请进入列表，即申报 PART-B 资料，完成这些程序后即可根据第 5 条报送通知资料，从而进入国际频率登记总表；如果对原始规划不做任何修改即投入使用，也可直接报送通知资料，进入频率登记总表；如果仅涉及保护带的卫星操作功能，则根据第 2A 条报送资料，经协调后，报送通知资料，如图 2-5 所示。

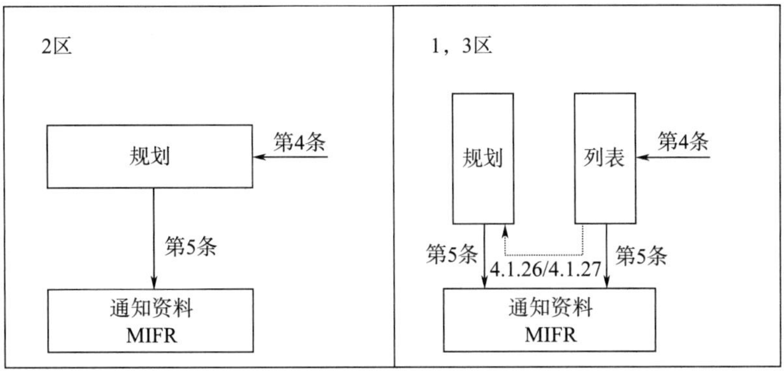

图 2-5　卫星广播业务规划申报程序

针对卫星固定业务规划，即《无线电规则》附录 30B，如果需要将规划中的分配转指配或申报附加系统，需根据第 6 条相关条款申报 PART-A 资料，之后根据第 6 条相关条款进入列表，即申报 PART-B 资料，完成这些程序后即可根据第 8 条报送通知资料，从而进入国际频率登记总表，如图 2-6 所示。

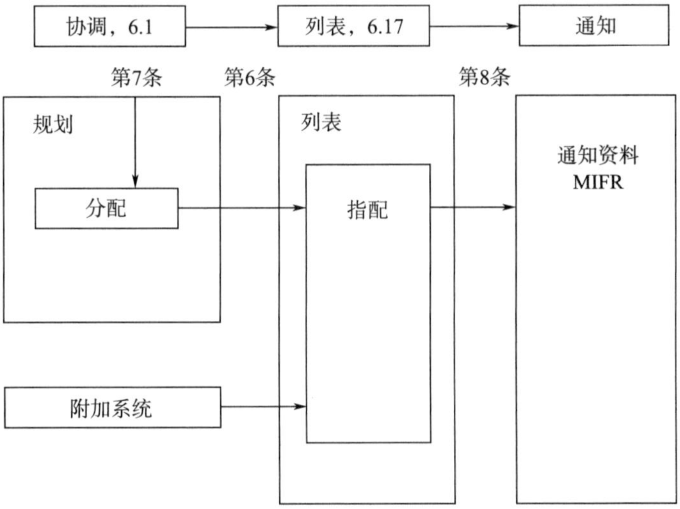

图 2-6　卫星固定业务规划申报程序

关于“规划”程序详见《无线电规则》附录 30 和附录 30A 卫星广播业务规划和《无线电规则》附录 30B 卫星固定业务规划中的相关细则。

（2）时限要求

国际电联的规定中包括很多时间要求，所有工作必须在相应时间机制范围内完成，如果超出限制时间就会导致权力、地位的丧失以及行动无效等，必须引起足够的重视。现举例如下：

1）对于履行协调程序的提前公布资料（API），主管部门无需单独报送该信息，该资料由协调资料自动生成；但对于不需履行协调程序的提前公布资料，其申报需要在卫星网络计划启用日期前 7 年，最好不迟于该日期前 2 年向国际电联无线电通信局（BR）报送。

2）通知资料不能早于投入使用日期 3 年前报送。

3）非规划卫星固定业务网络的有效期为 7 年，即自提前公布资料收到日期起（对于履行协调程序的卫星网络，该日期与协调资料收到日期相同），7 年内必须报送通知资料和第 49 号决议行政应付努力措施，且必须报送该网络投入使用的通知，否则会被删除。

4）对于卫星广播业务规划和卫星固定业务等规划频段卫星网络，分为启用规划或者申报附加使用或规划修改两种情况，对于后者，则有 8 年内启用的要求。

5）各国主管部门需在网络资料公布后要求的时限内（如 4 个月）及时提出意见。尤其对于走某些特定协调条款的非静止轨道卫星网络，如第 9.11～9.14 款和第 9.21 款等，如果没有在规定期限内向国际电联反馈干扰意见，则被视为同意该申请，不反对其使用。此时，如果技术分析认为该网络可能对已有地位优先的卫星网络产生有害干扰，但因负责地位优先的网络维护人员未在限制时间内提出干扰意见，则会丧失其优先地位而不受后来者保护。

6）各国主管部门如要延长已登记在国际频率登记总表内卫星网络的使用寿命，则必须在该网络使用期满前至少三年通知国际电联，否则视为未履行国际电联决议。

7）对于各项资料申报，如果内容不完整或有必要作进一步澄清，国际电联会给相关国家发函并相应要求在限定期限内回复。如果没有按期回复，国际电联会采取函中所述的相应行动，包括默认某种情况或者删除等。

（3）申报内容要求

国际电联对各种卫星网络资料的申报内容都有明确规定，见《无线电规则》附录 4 所述，各国主管部门必须按照国际电联指定的软件（BR SOFT）和格式进行申报，且申报内容必须完整，否则，可能会影响该网络的签收时间，并可能进一步影响网络的申报地位。

另外，国际电联在技术方面，对一些特定频段和特定业务的申报也有特殊规定。简介如下。

①参数内容要求

1）不需履行协调程序的提前公布资料主要内容包括频段、轨道特性、业务类型、覆盖范围、计划启用日期、业务和台站类型、天线类型、功率谱密度等；履行协调程序的提前公布资料由协调资料自动生成，主管部门不需额外报送。

2）卫星网络协调资料内容包括轨道位置、启用日期、具体频率分配计划、业务和台站类型、带宽、噪声温度、极化、天线类型、功率谱密度、覆盖区等值线图等。

3）通知资料申报的内容与协调资料内容类似，应含有且不能超出协调资料申报的参数特性范围，重要的是需补充与该网络中各频率指配涉及国家的频率协调状态。

4）对于第 49 号决议应付努力信息，申报方需明确卫星网络标识、卫星制造者、运载火箭供应商、合同执行日期、将启用的频率范围等。

②技术特性要求

1）国际电联对无线电频率进行划分，不同业务申报不同频段，各种网络申报要想受到国际保护，必须符合国际频率划分表。

2）对地面电台的功率限制，如第 21.3 款固定或移动业务电台的最大等效全向辐射功率（EIRP）不应超过＋55 dBW（见第 21 条第Ⅱ节）。

3）对地球站的功率限制，如某一地球站在水平任意方向发送的等效全向辐射功率（EIRP）不应超过一定限值（见第 21 条第Ⅲ节）。

4）对空间电台的功率通量密度限值，如某一空间电台的发射在地球表面所产生的功率通量密度（PFD）不应超过规定限值（见第 21 条第Ⅴ节）。

5）对静止轨道卫星系统的干扰控制，如非对地静止卫星系统不得对按照规定工作的卫星固定业务和卫星广播业务中的对地静止卫星系统产生不可接受的干扰（见第 22.2 款），非对地静止卫星系统的所有空间电台的发射在对地静止卫星轨道可视的地球表面任何点产生的等效功率通量密度（EPFD）在给定的百分比时间内不得超过 22 条中给定的限值（见第 22 条第 II 节）。

（4）行政、财政要求

国际电联对卫星频率轨道资源的使用制定了一些行政和财政要求。

①行政要求——行政应付努力信息（第 49 号决议）

在网络登入国际频率登记总表前，还有一项必不可少的工作，就是申报第 49 号决议行政应付努力信息。该措施是 1997 年世界无线电通信大会（WRC－97）决定设立的，是为了防止“纸卫星”没有实际应用而占用轨道和频谱资源的一种措施。这个措施虽然不算一个阶段，但可称作通知和登记阶段中的一个重要环节。国际电联规定，对于申报卫星广播业务、卫星固定业务和卫星移动业务并需经协调阶段的，包括相应规划频段的卫星网络，申报国需在网络有效期内按照第 49 号决议要求向国际电联报送行政应付努力信息。国际电联无线电通信局会在卫星网络到期前六个月发出提醒，在周报的 RES49/特节中予以公布。

②财政要求——成本回收决议（理事会第 482 号决定）

为弥补国际电联财政经费的不足，考虑到卫星网络不是每个成员国都申报，为此，国际电联向申报卫星网络资料的国家征收卫星网络资料的处理审查费用。为此，国际电联理事会制定了第 482 号决定。该决议中规定，各卫星网络申报国需在限定时间内按照规定缴纳相应网络成本回收费用。国际电联无线电通信局会至少在期限前两个月发出提醒函。每个会员国每年可以为一份卫星网络申请享受免费待遇。

现行规则，对于不履行协调程序的 API 资料，不按第 9.21 款协调的非静止轨道卫星网络的通知资料和规划频段的网络资料同样收取网络处理费用。而对履行协调程序的 API 资料，则不收取网络申报费用，对其他经协调阶段的协调资料和通知资料，其收费标准按照申报的类别和单元数等确定，其中单元数为综合考虑所申报的频率指配、台站类别、发射类别以及申报频段等的数值。原则上：大于等于 100 单元的，只收取固定的网络资料费

(flat fee)；小于 100 单元的，收取启动费（start fee）＋ 单元费（fee per unit）。

具体规定见理事会第 482 号决定，该信息可从国际电联官方网站获得。2018 年年底理事会对此做了进一步修改，现行第 482 号（2018 修订版）决定简介见表 2-2。

表 2-2 卫星网络资料成本回收费用（单位：瑞士法郎）

提前公布资料费

A 资料	网络资料全费(CHF)(≥100 元)	启动费（CHF)(<100 单元)	每单元费用(CHF)(<100 单元)
A1	570		—

协调资料费

C 资料	网络资料全费(CHF)(≥100 单元)	启动费（CHF)(<100 单元)	每单元费用(CHF)(<100 单元)
C1	20 560	5 560	150
C2	24 620	9 620	150
C3	33 467	18 467	150

通知资料费

N 资料	网络资料全费(CHF)(≥100 单元)	启动费（CHF)(<100 单元)	每单元费用(CHF)(<100 单元)
N1	30 910	15 910	150
N2	57 920	42 920	150
N3	57 920	42 920	150
N4	7030（不履行协调阶段的 N-GSO）		—

规划的网络资料费

Plan 资料	内容	网络资料费(CHF)(≥100 单元)	启动费（CHF)(<100 单元)
P1	AP30/30A 阶段 A 或 B	28 870	
P2	通知资料(Art. 5)，AP30/30A	11 550	
P3	协调资料，Art. 2A，AP30/30A	12 000	
P4	No. 6. 1，6. 17，AP30B	25 350	
P5	通知资料（Art. 8）AP30B	20 280	

以下情况不收取费用。

1）不需进行技术或规则性审查的网络资料；

2）在国际电联收到日起 15 日内删除的资料；

3）卫星业余业务网络；

4）报送地球站的通知资料；

5）在规划范围内的卫星固定业务规划和卫星广播业务规划卫星网络；

6）卫星固定业务规划中给新成员国增加划分的网络资料。

（5）申报地位

经协调阶段的卫星网络，其协调资料的收到日期非常重要，代表“先登先占”的顺序，决定着卫星网络投入使用的地位。地位优先的网络具有优先使用的权力，地位落后网络的使用不能对地位优先的网络造成有害干扰。所属卫星网络地位落后的国家应向可能受影响的网络地位优先的国家发出协调请求，商讨解决干扰问题的方法，以征得他们的同意。各国均应尽一切可能的努力，通过双方认可的办法解决干扰问题。

完成全部协调的卫星网络系统可以正式地作为合格记录登入国际频率登记总表。至此，才算最终完成卫星网络的登记。对于未完成协调程序的卫星网络，尽管国际电联允许其频率指配登入国际频率登记总表，但是一旦地位领先且正常使用的卫星网络提出有干扰产生且有证据表明确有干扰，地位落后的网络应无条件给予解决。对于来自地位优先网络且符合双边协议的干扰，地位落后网络需自行承担。主要协调条款如图 2－7 所示。

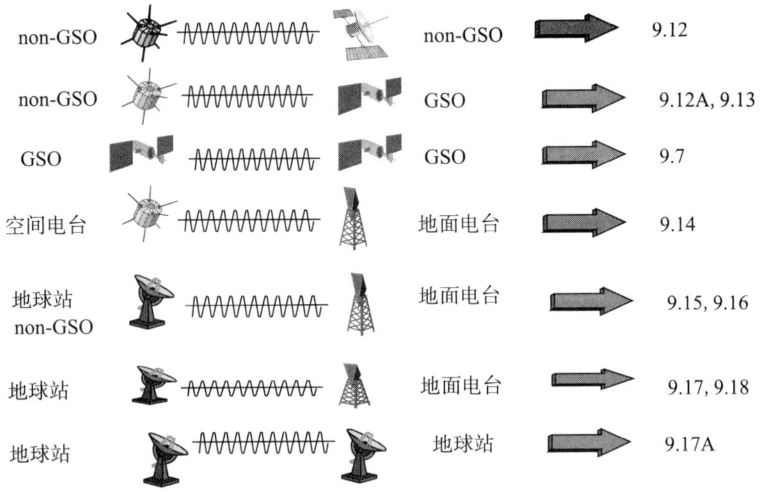

图 2－7　无线电规则主要协调条款

只有符合上述卫星网络提前公布、协调、通知和登记程序，符合各项无线电规则规定，如期申报了第 49 号决议行政应付努力信息，并按第 482 号决定缴纳了成本回收费用的通知资料才会被记录在国际频率登记总表内。

2.2.3　程序规则和通函

《程序规则》由国际电联无线电规则委员会（RRB）批准，通过澄清现行《无线电规则》（RR）特定条款的应用或针对现行《无线电规则》可能尚未规定的必要实用程序对该现行《无线电规则》予以补充。因此，在实际应用《无线电规则》某些特定条款时，也需要特别注意相关条款所涉及的《程序规则》，才能更好地了解国际电联如何实施并执行相关条款。

通函是由国际电联就特定事宜给各主管部门发出的函件，通常有以下形式：

1）CCRR 通函：主要关于与 RRB 直接相关的问题，如《程序规则》修改草案（补遗＋勘误）；

2）CM 通函：主要关于水上业务；

3）CR 通函：主要关于《无线电规则》频率登记，如《无线电规则》条款的应用，已获批准的 RRB 会议纪要等；

4）CTITU 通函：主要关于《无线电规则》应用方面，如关于第 9.5D 款提前公布资料（API）的应用及关于第 11.44/11.44.1 款和第 49 号决议（WRC－07，修订版）的应用等；

5）LCCE 通函：主要关于工作组和任务组会议邀请；

6）CA 行政通函：关于无线电通信部门的一般性业务，如世界无线电通信大会、大会筹备会议（CPM）、无线电通信顾问组（RAG）、世界无线电通信研讨会（WRS）及无线电通信全会和研究组工作方法等；

7）CACE 行政通函：如通过或批准的建议书和课题、研究组会议邀请函等。

2.2.4 建议书报告书和手册

ITU－R 研究组为世界无线电通信大会通过的决定奠定技术基础，制定与无线电通信事宜相关的全球标准（建议书）、报告和手册。

（1）建议书

ITU－R 建议书由国际电联成员国批准，虽然多数建议书的实施并非是强制性的（由《无线电规则》引证归并的建议书除外），但建议书由来自世界各地主管部门、运营商、业界和其他处理无线电通信事宜的组织机构的专家制定，因此享有很高的声誉，并在全世界范围内得到实施。分为以下几大类：

1）BO 卫星传送；

2）BR 用于制作、存档和播出的录制，电视电影；

3）BS 广播业务（声音）；

4）BT 广播业务（电视）；

5）F 固定业务；

6）M 移动、无线电定位、业余和相关卫星业务；

7）P 无线电波传播；

8）RA 射电天文；

9）RS 遥感系统；

10）S 卫星固定业务；

11）SA 空间应用和气象；

12）SF 卫星固定业务和固定业务系统间的频率共用和协调；

13）SM 频谱管理；

14）SNG 卫星新闻采集；

15）TF 时间信号和频率标准发射；

16）V 词汇和相关问题。

作为卫星固定业务操作者，需特别关注卫星固定业务相关的建议书，如涉及卫星固定业务干扰计算的建议书 ITU－R S.741、涉及 30GHz 以下频段时变干扰情况下最大容许累积干扰电平分配的建议书 ITU－R S.1432、涉及天线旁瓣特性的建议书 ITU－R S.465 和 ITU－R S.580 等，其他与卫星固定业务相关的建议书，如 M 系列、SF 系列、SNG 系列相关建议书等。

（2）报告书

报告书是由研究组就特定主题（涉及现行课题或 ITU－R 第 1 号决议第 3.3 段所述研究结果）制定的技术、操作或程序说明，其分类与上述建议书基本相同。需说明的是报告书与建议书相比，效力更弱。

（3）手册

ITU－R 手册就无线电通信某些方面的现有知识、研究现状或良好的运营或技术做法作出说明，其对象应是负责无线电业务或系统规划、设计或使用的无线电工程师、系统规划人员或运营官员，手册特别关注发展中国家的要求。手册内容自成一体，不要求使用者熟悉国际电联其他的无线电通信规则条款或程序，但手册的范围和内容不应重复国际电联出版物的范围和内容。手册主要包括以下几类：

1）SG00ITU－R 特别补充；

2）SG01 频谱管理；

3）SG03 电波传播；

4）SG04 卫星业务；

5）SG05 地面业务；

6）SG06 广播业务；

7）SG07 科学业务。

2.2.5　无线电规则及技术标准修订

如前所述，《无线电规则》等国际规则、决议和技术建议书是由各种不同层级的会议制定和修改的，因此积极参与和跟踪国际电联会议及相关领域的研究工作，参与国际规则的制定及修改，才能使相关规则和标准更好地反映我方观点和意见，同时也能更好地理解这些规则和标准，从而更好地加以应用。国际电联主要会议介绍如下：

（1）全权代表大会和理事会

国际电联由 PP 大会和理事会进行管理。PP 大会是国际电联的最高政策制定机构，每四年召开一次。PP 大会是国际电联成员国决定本组织未来作用的关键性活动，并由此确定本组织在影响全球信息通信技术发展中的能力，它能够：

1）确定国际电联的总体政策，审议过去四年工作报告；

2）通过国际电联未来四年的战略规划和财务规划；

3）选举国际电联高层管理人员（5 名）、理事国（成员国总数的 25%）和无线电规则委员会委员（12 名）；

4）修订《组织法》和《公约》；

5）通过相关决议和决定；

6）审查核准国际电联账目等。

应主管部门要求，卫星操作单位亦可能会参加 PP 大会，负责选举的助选及与空间业务相关议题研究有关方面的工作。2014 年，PP 大会在韩国釜山召开，赵厚麟当选为国际电联新任秘书长。

理事会在两届全权代表大会之间作为国际电联的管理机构行事，其作用是审议内容广泛的电信政策问题，以确保国际电联的活动、政策和战略充分适应当今充满活力且变化迅速的电信环境。理事会还起草有关国际电联政策和战略规划的报告，并负责确保国际电联日常工作的顺利进行、协调工作计划、批准预算以及控制财务和支出。理事会亦采取一切步骤，促进国际电联《组织法》、国际电联《公约》《行政规则》（《国际电信规则》和《无线电规则》）和全权代表大会各项决定及（酌情）国际电联其他大会和会议各项决定的实施。

理事会三驾马车领导班子是根据理事会改革工作组的建议，于 2001 年按照理事会第 1181 号决议（附件 A）设立的。这个领导班子由前任、现任及下任理事会主席组成。这个承上启下的三驾马车领导班子的职责是，“为主持理事会的工作提供更为平稳的过渡”并“与秘书处保持联络，确保理事会会议的有效筹备”。2015—2016 年三驾马车由 Aboubakar ZOURMBA 先生（喀麦隆）、闵元基先生（Wonki MIN，韩国）和 Julie ZOLLER 女士（美国）组成。三驾马车领导班子主要采用电子方式工作。工作内容包括审议由秘书处建议的理事会时间管理计划并为提高理事会的效率进行修改，确保未来会议的顺利进行。

最近一次的理事会于 2019 年 6 月 10 日至 2019 年 6 月 20 日在瑞士日内瓦召开，主要关注成本回收等相关问题。

（2）世界/区域无线电通信大会

WRC 大会每 4 年左右举行一次，会议议程由国际电联理事会根据大会决议最终确定。根据《组织法》规定的职责范围，WRC 能够：

1）修订《无线电规则》和相关的频率划分及规则；

2）研究世界性无线电通信问题；

3）向 RRB 和无线电通信局做出指示，并审议其活动；

4）确定未来无线电通信大会的议程。

RRC 大会是指国际电联划分的 3 大区域或者某些国家群体，他们通过召集会议就特定业务或特定频段进行研究，其研究结果写入区域共同提案供 WRC 大会参考。

（3）无线电规则委员会

无线电规则委员会 12 名委员由全权代表大会选出，在独立和非全职的基础上履行职责，通常每年在日内瓦召开 4 次会议。无线电通信局主任任无线电规则委员会执行秘书。RRB 能：

1）批准无线电通信局实施《无线电规则》条款等所用的《程序规则》；

2）处理无线电通信局转交采用《无线电规则》和《程序规则》无法解决的问题；

3）审议无线电通信局应主管部门要求就未解决的干扰问题进行调查的报告，并编制建议书；

4）向无线电通信大会和无线电通信全会提供咨询意见；

5）审议对无线电通信局的频率指配决定的异议；

6）履行相关大会或理事会规定的所有附加职责。

（4）无线电通信全会

无线电通信全会（RA）负责无线电通信研究组的结构、计划和批准，通常每 4 年左右举行一次。全会负责：

1）向研究组分配大会筹备工作和其他课题；

2）应对国际电联大会的其他要求；

3）就适宜的议题向未来的 WRC 提出建议；

4）批准和发布 ITU－R 建议书以及研究、制定的 ITU－R 课题；

5）确定研究组的工作计划，并根据需要解散或成立研究组。

（5）无线电通信顾问组

根据《组织法》和《公约》的规定，无线电通信顾问组研究的内容如下：

1）审议部门内部通过的工作重点和战略；

2）跟踪研究组的工作进展；

3）为研究组的工作提供指导；

4）就与其他机构和国际电联其他部门加强合作与协调提出建议。

无线电通信顾问组就这些问题向无线电通信局主任提供咨询意见。

（6）大会筹备会议

大会筹备会议将各主管部门、特别委员会、无线电通信研究组及其他来源提交并供其审议的有关规则、技术、操作和程序问题的文稿综合，尽可能将原资料中的不同方法折衷，包括不同意见及其理由汇成一份综合性的报告，以支持世界无线电通信大会的工作。

（7）研究组和工作组会议

2015 年无线电通信全会决定设立如下 ITU－R 研究组及相关工作机构：

1）第 1 研究组：频谱管理（Spectrum management）；

2）第 3 研究组：无线电波传播（Radiowave propagation）；

3）第 4 研究组：卫星业务（Satellite services）；

4）第 5 研究组：地面业务（Terrestrial services）；

5）第 6 研究组：广播业务（Broadcasting service）；

6）第 7 研究组：科学业务（Science services）；

7）词汇协调委员会［Coordination Committee for Vocabulary（CCV）］。

其中第 4 研究组（SG 4）下设三个工作组，即：4A 工作组（WP 4A）负责卫星固定业务（FSS）和卫星广播业务（BSS）轨道/频谱的有效利用；4B 工作组（WP 4B）负责 FSS、BSS 和卫星移动业务（MSS）系统的空中接口、性能和可用性指标，包括基于 IP 的应用和卫星新闻采集；4C 工作组（WP 4C）负责 MSS 和卫星航空定位业务（RDSS）轨道/频谱的有效利用。

（8）无线电通信研讨会

无线电通信局每两年在日内瓦组织召开一次有关频谱管理的国际研讨会，同时特别针对发展中国家的具体需要组织召开区域性研讨会。研讨会的主要目标是通过培训、情况通报、研讨、制定手册和提供频谱自动化管理工具等手段在频谱管理活动方面向成员国提供帮助，在频率指配的协调和登记以及在《无线电规则》应用方面扩大为成员国提供的帮助范围，同时特别关注发展中国家以及新近加入国际电联的国家的需要。

（9）国际电联电信展

国际电联电信展始于 1971 年，全球巡回举办，至今已成功举办了 16 届，是全球规格最高、规模最大的信息通信展览会之一，因其权威性、大规模和广泛代表性倍受各国政府和全球信息产业界的关注。中国国家展团通常由工信部牵头组织，参展企业包括中国电信、中国移动、中国联通、中国普天、大唐电信集团、中兴通讯等国内企业。

每届电信展通常都会设立一个主题，如 2013 年主题“迎接数字世界的变革”，2015 年主题“加速 ICT 创新，使生活更美好”。电信展期间通常还会举办系列论坛会议，探讨诸如“卫星宽带业务的机遇与挑战”、“亚洲频谱之争暨技术融合对卫星行业的挑战”、“频谱资源的未来发展”等业界热点问题。国际电联通常邀请各公司高层管理人员参加论坛讨论。

（10）ITSO 会议

原国际通信卫星组织（Intelsat）是一个全球性政府间通信卫星组织，成立于 1964 年 7 月，总部设在美国华盛顿。其宗旨是在全球范围内和一视同仁的基础上，为世界各国提供高质量、高可靠的公众卫星通信服务。该组织现有缔约国 149 个，通常每两年召开一次缔约国大会。2001 年 7 月经改革后成立了私有化的国际通信卫星有限公司（Intelsat Ltd.），简称卫星公司，同时保留了一个小规模的政府间组织——国际通信卫星组织（International Telecommunications Satellite Organization，ITSO），简称卫星组织，负责监督卫星公司履行“确保全球普遍连接”、“保护生命线连接”和“允许各缔约国一视同仁接入卫星公司卫星系统”三项公共服务义务，同时该组织负责管理原国际通信卫星组织（Intelsat）的公共遗产，如频率轨位资源等。

我国于 1977 年 8 月 16 日成为该组织缔约国之一，也是该组织顾问委员会成员。由于 ITSO 涉及公共遗产处置等问题，技术性非常强，工信部国际合作司也根据会议议题，提议国内相关单位作为议题研究单位，为我国参与 ITSO 活动提供技术支撑。

（11）SFCG 会议

国际空间频率协调工作组（SFCG）致力于 ITU《无线电规则》分配给空间研究、空间操作、地球探测和气象卫星业务的频率有效使用和管理问题，是基础性研究会议。SFCG 主要的支撑机构为欧洲空间局（ESA）和美国国家航空航天局（NASA），由各国航天和用户成立的组织，每年在 ITU - R 第 7 研究组会议召开之前开会，先行讨论空间频率的资源使用，以减少频谱资源使用争议，为部门成员争取各自利益。

参加 SFCG 会议可以了解该工作组对于 WRC－19 空间研究、空间操作、地球探测和气象卫星业务等相关议题的立场和观点，同时还能获知各相关国家及部门现在和未来卫星发射、轨道规划、频谱使用等信息，开展频谱使用预协调工作，避免相同及相关行业对频谱和轨道资源的竞争，这些信息可为未来公司开展常规卫星通信业务与这些业务的频率共用及其咨询研究工作打下基础。

（12）亚太区域 APG 和 AWG 会议

亚太地区是世界上增长较快，发展潜力巨大、合作较为活跃的地区。亚太电信组织（APT）作为亚太地区政府间开展信息通信业务交流合作的重要平台，在加强区域信息通信领域合作、推动区域信息通信协调发展、促进区域在相关全球议题上达成共识等方面发挥了重要作用。自 1996 年亚太电信组织设立亚太电信组织世界无线电通信大会亚太区筹备会议（APG）以来，APG 会议在协调各成员国的 WRC 参会立场、形成亚太区域共同提案等方面发挥了十分重要的作用，成为亚太区域国家筹备 WRC 大会的重要平台。

亚太无线工作组（AWG）会议是亚太地区各国相关主管部门、企业和研究机构进行无线电管理和技术交流的平台，为推动无线电新技术新业务在亚太地区的应用和发展发挥了积极作用。AWG 作为区域性会议，在地面业务间影响力很大，通常一年召开两次。随着地面业务的迅猛发展，一些新兴业务对卫星业务的潜在干扰影响很大，同时部分卫星运营商也希望借助这一平台进行卫星应用方面的交流和沟通，因此卫星运营商也越来越多地参与该会议，以加强地面业务和空间业务间的沟通和交流，减少空地冲突。

为加强国内各业务间的磋商与协调，形成我国对外统一的观点和立场，通常在国内还将开展以下两方面工作。

1）国内大会准备工作。无线电轨道和频谱资源已成为事关各国国防、经济和社会发展的基础性、战略性资源。WRC 大会根据议题研究情况通常将决定航空、航天、气象、广播、水上、智能交通、宽带移动等多个重要业务领域的无线电频率划分，修订频率和卫星轨道资源使用的程序。其结果事关各国无线电频率和卫星轨道资源的使用权益，对各国经济社会和国防建设各领域无线电应用的发展产生直接影响。与此同时，WRC 大会准备周期长、技术性强，为切实做好大会准备工作，加强组织和指导，在大会准备工作之初，工信部办公厅通常会下发关于建立 WRC 大会准备工作机制的通知，确定工作架构和职责分工，设立研究工作组、子工作组和议题研究组。

以中国卫通为例，WRC－15 大会期间牵头负责了 Ku 频段新增频率、卫星业务国际规则和卫星业务协调弧三项议题，WRC－19 大会期间牵头负责卫星业务国际规则、L 频段 BSS 与 IMT 系统的兼容共用研究和 C 频段新型非对地静止系统的规则问题研究等三项议题。作为议题研究负责单位，主要职责是调研国内相关的基本情况，参与国际研究活动和对外交流，全面跟踪并掌握国际电联、区域电信组织、主要国家和业界的研究进展和主要观点，定期组织国内相关单位开展议题研究活动，及时通报议题研究工作进展，协调各有关单位立场，研究提出我国立场和观点建议，做好国际会议参会工作，组织起草参会文稿，研究提出参会预案，及时报告参会情况，同时完成大会准备工作组交予的各项任务。

2）国内对口组工作。国内对口研究组是根据国际电联研究组设置而对应成立的，目的是组织对口组成员单位充分利用国际电联研究组的研究成果，积极开展对口研究，为政府主管部门制订相应的技术政策提出建议，维护国家权益。对口组的主要职责包括组织对国际电联研究组文件、通函进行研究和回复；组织提出对口研究计划并开展对口研究；组织审查我国向国际电联提交的文稿，包括以主管部门名义和以部门成员名义提交的文稿；组织对口组信息交流活动；建议或推荐成员单位参加国际电联研究组会议。

多年来中国卫通一直是工业和信息化部科技司确定的空间业务研究组对口组组长单位，负责组织制定对口组的研究期工作重点及年度工作计划；组织处理国际电联研究组的通函；组织审议对口组拟向国际电联提交的文稿，提出审议意见；召集主持对口组会议，向成员单位提供国际电联研究组的重要文件；建立健全对口组活动的管理制度，吸收和发展对口组成员等工作。

2.3 卫星网络申报协调及维护方法

卫星网络的申报、协调及维护是获取和使用卫星频率轨道资源的必要条件，卫星网络资料的申报奠定卫星频率轨道资源协调的规则基础，卫星网络的协调明确卫星频率轨道资源的可用性，卫星网络的维护确保卫星频率轨道资源应用的有效性，三者一脉相承，密不可分。

2.3.1 卫星网络申报方法

卫星频率轨道资源是战略性、稀缺性资源，记入国际频率登记总表的卫星网络得到国际承认和保护，是实际使用卫星频率轨道资源的规则基础，卫星网络资源为国家所有，卫星网络资料的申报由各国主管部门向国际电联提交。各国主管部门对于申报卫星网络资料有各自相关管理规定。据了解，日本各卫星操作者在每年年底向主管部门提出各自未来一年申报卫星网络资料的考虑和建议，主管部门经统筹考虑就未来一年申报卫星网络资料做出决定，并直接负责申报卫星网络资料的具体工作，申报卫星网络资料的成本回收费用由主管部门承担；在美国，申报卫星网络资料由各卫星操作者负责，在向主管部门提交申报卫星网络资料申请的同时缴纳一定费用；在我国，各卫星操作者向国家主管部门提出申报申请，在得到批准的情况下，由主管部门向国际电联进行申报，卫星网络资料的成本回收费用由操作者承担；在香港特别行政区，卫星网络操作者申报卫星网络资料首先向香港特别行政区通信管理局（Office of the Communications Authority，OFCA）提出申请，对于对地静止轨道卫星网络的协调和通知资料，还需一并向主管部门支付相应的成本回收费用，OFCA 在审批同意申报后向国家主管部门提出申报要求，并经国家主管部门向国际电联进行申报。待卫星网络资料被国际电联公布后，香港卫星操作者根据国际电联发出的成本回收费用通知向国际电联进行缴费，缴费完成后，OFCA 将申报卫星网络资料时缴纳的费用退还给卫星操作者。

2.3.1.1　卫星网络申报国际程序

卫星网络根据申报的频率分为规划频段卫星网络和非规划频段卫星网络。非规划频段卫星网络又根据轨道类型分为对地静止轨道卫星网络和非对地静止轨道卫星网络。其中，规划频段卫星网络常用于对地静止轨道卫星网络。不同类型的卫星网络申报程序不同。针对规划卫星网络，在前文第 2.2.2 节已有介绍。针对非规划对地静止轨道卫星网络，根据 2015 年世界无线电大会（WRC－15）对《无线电规则》（2012 版）第 9 条相关条款的修改，在 2016 年 7 月 1 日以前，申报非规划卫星网络通常需经历三个主要阶段，即提前公布阶段（A 阶段）、协调阶段（C 阶段）和通知及登记阶段（N 阶段）。自 2016 年 7 月 1 日至 2016 年 12 月 31 日，国际电联将不再接收新的提前公布资料。2017 年 1 月 1 日起，申报阶段将正式变为两个阶段，即协调阶段和通知登记阶段。国际电联收到协调资料后将自动生成提前公布资料，该卫星网络资料的有效期将从协调资料收到的日期起算 7 年内有效。

针对 non－GSO 卫星网络，申报程序分为需履行协调程序和不需履行协调程序两种。是否需履行协调程序主要根据所申报频段涉及的相关脚注确定。例如 non－GSO 通信广播类星座使用的 Ku 频段及部分 Ka 频段，以及常用的 C 频段、S 频段测控等，不需履行协调程序，即走 A＋N 程序，但卫星移动星座常用的 L、S 等频段，则需履行协调程序，即走 A＋C＋N 程序。《程序规则》表 9.11A－1 列出了适用第 9.11A～9.15 款空间电台相关的频率划分及脚注列表，表 9.11A－2 列出了适用第 9.15 和第 9.16 款地面业务电台和 non－GSO 卫星网络地球站相关的频率划分及脚注列表。

2.3.1.2　卫星网络申报国内程序

我国国家无线电管理主管部门为工业和信息化部，具体负责处理对口国际电联有关事务，其职责包括审查、批准并向国际电联申报卫星网络资料，具体负责的部门为无线电管理局（以下简称无管局）。

根据当前国内申报卫星网络程序，无线电管理局在收到卫星操作者申报卫星网络资料的申请后，将申报材料转至监测中心，由其进行申报资料的完整性审查。通过审查后，监测中心将在一定工作日内通过邮件告知国内其他卫星操作者申报卫星网络资料的数据库和申报特性说明，要求各卫星操作者与申报资料单位积极沟通、协调，并在 10 个工作日内回复沟通意见，逾期未回复的视为同意申报。在按时收集反馈意见后，监测中心将各卫星操作者意见进行汇报并报告无线电管理局，无线电管理局将视情况组织召开国内卫星网络申报协调会，通过会议进一步讨论明确协调要求，形成申报意见。如有必要，卫星操作者需按照会议意见修改卫星网络资料，并由监测中心进行技术审查。经主管部门内部审批，包括征求国内地面业务意见，无管局将卫星网络资料（数据库和有关申报特性说明及承诺（Notes））报送国际电联。

由于 WRC－15 大会就卫星网络申报相关条款进行了修改，卫星网络国际申报程序发生较大变化，为适应国际申报程序要求，我国主管部门正在加紧研究修改、完善国内《卫星网络申报协调与登记维护管理办法》。

2.3.1.3 卫星网络填报方法

卫星网络申报前，一般需对在轨卫星系统及卫星网络申报形势进行分析，并根据业务应用特性和未来使用需求，对计划申报的卫星网络技术参数进行研究。使用国际电联专用资料填报软件 SpaceCap，按照《无线电规则》附录 4 等相关条款要求编制卫星网络数据库（. mdb 格式）并根据波束覆盖考虑使用专用绘图仪或绘图软件如 SATSOFT 等绘制各波束覆盖赋形图和增益遮挡图，用审查（Validation）软件就申报数据库进行初步检查（包括完整性及硬限制检查）。此外，还需准备有关主管部门申报说明（Notes），例如，说明该数据库已是用 Validation 软件检查；对于某些特性频段的可移动波束，将采用例如参考《程序规则》第 21.16 款附件 1 的 PFD 控制方法来满足《无线电规则》第 21.16 款有关 PFD 要求。

针对 GSO/non - GSO 卫星网络，《无线电规则》包括很多限制条件，硬限值主要包括第 21 条、第 22 条限制条件，以及频率划分脚注中的特别限制条件，协调触发条件主要在《无线电规则》附录 5 中规定，详见附录 5 中表 5 - 1 和附录 5 中附件 1。

卫星网络资料数据项除包括卫星基本信息（主要包括轨道类型、倾角以及轨控范围等）、资料信息（主要包括资料类型、收到日期和依据条款等一般信息外），体系架构主要分为三层，分别为波束层（Beam Level）、组层（Group Level）以及子组或频率指配层（Sub - Group or Frequency Assignment Level），如图 2 - 8 所示。

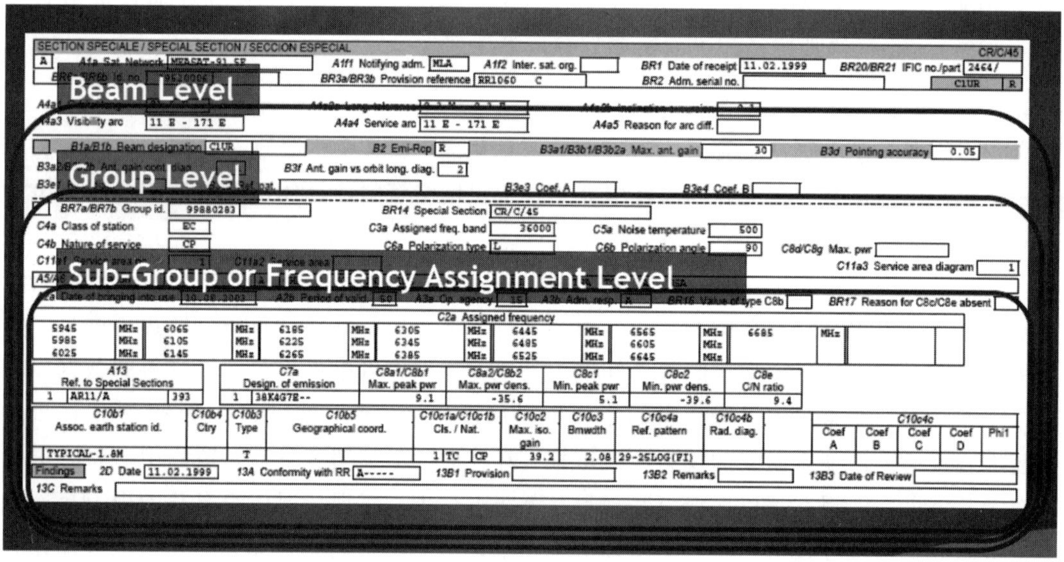

图 2 - 8　卫星网络资料构架体系

对于波束层，主要数据包括卫星波束特性，例如波束增益值、指向经度、移动特性、波束天线辐射特性等。组层在波束层之下，主要包括业务类型、台站类型、极化方式、业务区、指配频率带宽，接收噪声温度等。在包含更为具体信息的子组或频率指配层，主要包括具体频率、载波发射最大和最小功率、最大和最小功率密度，链路保护要求、相应地球站类型、地球站天线特性如天线尺寸、最大增益、波瓣宽度、最大集总功率、集总带宽、天线旁瓣辐射特性等。

2.3.2　卫星网络协调方法

2.3.2.1　卫星网络协调需求的判定

国际电联在收到新申报的卫星网络协调资料后，根据申报卫星网络资料的类型进行相应的完整性、一致性和技术性审查，判定潜在受影响的国家和卫星网络，并将卫星网络资料和审查结果公布在 BR IFIC 周报中，对于审查不合格的指配将不再有效。BR IFIC 周报每半个月公布一期，已申报卫星网络资料的国家对于新申报的卫星网络需在 4 个月内向申报卫星网络资料的主管部门和国际电联提出协调意见，包括依据的规则条款和受影响的卫星网络。如果某主管部门认为其潜在受影响的卫星网络不包含在国际电联的判定里，根据《无线电规则》第 9.41 款，还需提交 $\Delta T/T$ 大于 6%的干扰计算以证明受到潜在干扰的证明材料。国际电联 BR IFIC 周报公布 4 个月后国际电联将结合收集到的各主管部门意见，在 BR IFIC 周报中正式公布新申报卫星网络需根据相应条款开展协调的国家和卫星网络，申报卫星网络的国家/操作者将据此开展国际协调。

此外，在我国，根据国内《卫星网络申报协调与登记维护管理办法》，在申报卫星网络资料时将确定卫星网络国内协调要求，卫星操作者需据此开展国内协调，在报送国际电联后，还需根据《内地与香港卫星网络申报协调登记办法》相关条款，开展与香港卫星操作者的两地协调，并且依据主管部门申报网络资料审批要求必要时开展与国内地面业务的协调。

2.3.2.2　卫星网络协调方式

开展协调的方式一般有召开卫星网络协调会谈（包括主管部门间和卫星操作者间）、信函协调或电话会议等。不同方式的协调方法如下。

对于召开主管部门间或卫星操作者间协调会谈的方式，一般双方先就协调的具体问题交换意见，制定协调的议程和日程安排。参考以往协调状态，确定协调谈判重点，特别是双方卫星网络轨位间隔较小、涉及卫星系统参数和实际业务的兼容问题，需结合实际卫星特性、业务安排和使用要求，明确具体协调要求和解决潜在干扰的办法建议。针对协调议题，提前准备干扰计算。在实际开展协调谈判时，按照预案进行磋商。根据会谈情况，对于达成协议的，形成协议文本，未达成的形成会谈纪要留待下次会议进一步磋商。协调会谈后，一般需就协调会谈情况进行总结，归纳遗留问题，归档协调纪要、协调协议等文件。业务运行部门需按照协议达成的使用条件安排业务应用。对于操作者间卫星网络协调会谈形成的协议和纪要，一般情况是在双方卫星公司管理层批准后，需进一步向主管部门进行报告，双方主管部门批复后生效。

对于信函协调的方式，卫星操作者可直接通过邮件或信件开展协调，也可通过主管部门发函启动并开展协调。选择通过主管部门信函协调方式的情况包括但不限于以下几种：

1）双方卫星操作者协调渠道不畅通，包括不知对方卫星网络负责维护的具体操作者、不了解对方卫星操作者的联系方式或多次主动联系未得到对方回应等；

2）协调涉及对方多个卫星操作者卫星网络；

3）协调问题突出，需得到双方主管部门帮助的；

4）有实际业务干扰问题，需主管部门协助解决的；

5）需要请求国际电联帮助解决的；

6）国际电联周报处理意见。

主管部门间信函协调一般由卫星操作者发起，并且可视具体情况将协调函抄送国际电联无线电通信局知悉。在我国，开展主管部门间信函协调需卫星操作者致函主管部门，包括协调背景、协调问题和协调意见以及给对方主管部门发函的代拟内容，主管部门同意后致函/回复对方主管部门。卫星操作者间的信函协调，一般也可选择邮件进行沟通、磋商，对于重要问题也可通过双方高层进行信函协商解决。

电话会议的方式一般在卫星操作者间进行，对于协调需求迫切但难以短期内组织召开卫星网络协调会谈时可选择该方式。该方式可提高解决实际干扰问题和具体卫星系统兼容问题的效率。

2.3.2.3 卫星网络协调中的干扰计算

在庞杂的国际电联《无线电规则》和建议书、报告书体系中，有几个重要的技术指标，是在卫星频率与轨道资源共用分析及卫星网络协调过程中需要特别关注的。他们分别是：国际电联用于判定、启动卫星网络国际协调关系的 $\Delta T/T$ 方法；详细计算评估卫星网络间干扰情况的 C/I 计算方法；对卫星系统上、下行指标进行限制的上行偏轴 EIRP 密度和下行通量密度等技术参数要求，概要介绍如下。

（1）$\Delta T/T$ 方法

该方法主要用于评估卫星系统之间存在潜在干扰的可能性，是启动协调程序的技术参数指标。

国际电联根据《无线电规则》附录 5 表 5－1 中定义了用于判定一般情况下 GSO 轨道卫星网络间在不同频段的协调关系标准。对于有协调弧概念的，通过协调弧来确定卫星网络间的协调关系，在协调弧不适用的其他情况下，国际电联基于 $\Delta T/T$ 计算作为衡量由于干扰引起接收噪声温度增加的一般性方法来确定协调关系。各主管部门也可依据 $\Delta T/T$ 计算结果根据第 9.41 款要求国际电联无线电通信局将某个卫星网络加入或排除在协调要求外。根据《无线电规则》附录 8，$\Delta T/T$ 的一般计算方法示意图如图 2－9 所示。

$\Delta T/T$ 计算公式如下

$$\frac{\Delta T}{T}=\frac{P'\times g_t'\times g_r'}{K\times L\times T}$$

为方便计算，可使用如下计算公式

$$10\log\left(\frac{\Delta T}{T}\right)=P'+g_t'+g_r'-K-L-T$$

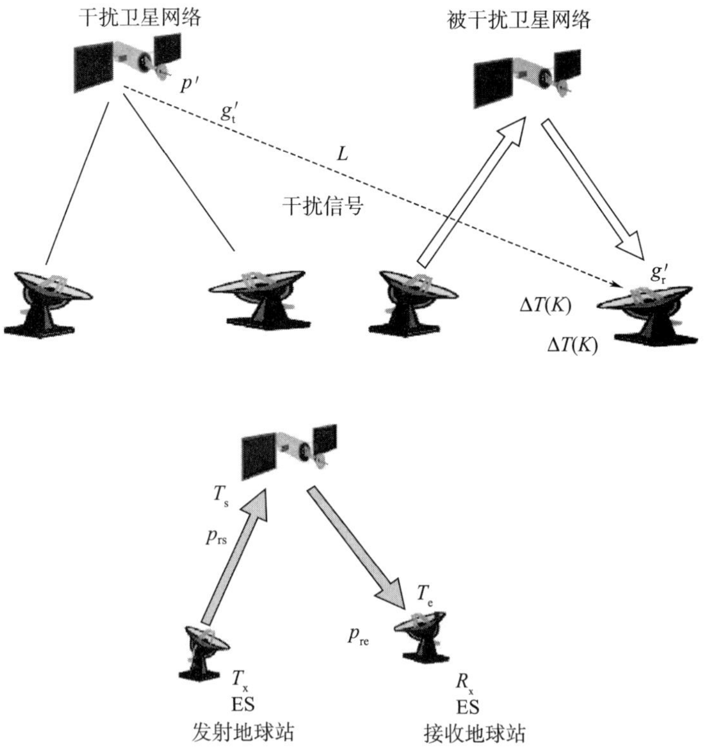

图 2-9　计算 $\Delta T/T$ 链路示意图

式中　P' ——干扰卫星的最大发射功率密度，dB（W/Hz）；

$g_t{}'$ ——干扰卫星发射天线在指向被干扰地面接收天线方向上的增益，dBi；

$g_r{}'$ ——被干扰地面接收天线在收到干扰卫星发射载波方向上的增益，dBi；

K ——波尔兹曼常数，$K=-228.6$，dB（J/K）；

L ——从干扰卫星到被干扰地面接收天线路径距离 d 的损耗，计算公式如下

$$L=20\times(\log f+\log d)+32.45 \quad \text{(dB)}$$

式中，f 的单位是 MHz，d 的单位是 km，T 是等效卫星链路噪声温度，单位是 K，计算公式如下

$$T=T_e+\gamma\times T_s \quad \text{(K)}$$

$$\gamma=\frac{p_{re}}{p_{rs}}$$

式中　T ——等效卫星链路噪声温度，K；

T_e ——接收地球站噪声温度，K；

T_s ——卫星接收噪声温度，K；

γ ——传输增益因子（当卫星采用星上信号处理时不适用）；

p_{re} ——接收地球站接收到的功率，W；

p_{rs} ——卫星接收天线接收到的功率，W。

在《无线电规则》附录 8 中规定如果两个卫星系统间的 $\Delta T/T$ 门限值如果没有超过 6%，则不存在潜在干扰可能性，不需开展进一步的干扰计算分析和协调；如果超过 6%这个门限值，则存在潜在干扰可能，需根据《无线电规则》相关条款，如第 9.7 款，启动相应的国际协调程序。

（2）卫星网络协调评估干扰程度的重要技术指标 C/I

① C/I 计算的必要性

当通过 $\Delta T/T$ 或协调弧的方法判定两个卫星网络之间需要协调时，相关主管部门应利用载波功率与干扰功率的比值 C/I 来具体评估潜在干扰程度。需要注意的是，对于不同的共用形势，当 $\Delta T/T$ 同样超过 6%限值时，不一定都会产生不可接受的 C/I 的计算结果。这是因为 $\Delta T/T$ 是按最坏情况进行评估计算的，并没有将干扰载波具体的频谱特性考虑进去。在实际协调中，特别是操作者间实际业务协调，可采用 $C/(N+I)$ 大于业务系统 C/N 门限的方法。

②计算方法

如建议书 ITU－R S.740 中所述，在卫星网络的设计阶段，计算计划网络和现存网络之间的潜在干扰程度是十分必要的；确定卫星网络之间需要协调的方法已经在《无线电规则》附录 8 和建议书 ITU－R S.738 和 ITU－R S.739 中给出；一旦协调需求确定，就需要通过技术手段来评估卫星网络之间的潜在干扰；建议书 ITU－R S.446，ITU－R S.671，ITU－R S.483，ITU－R S.523 和 ITU－R S.735 等都提供了卫星固定业务卫星网络之间允许的干扰值；在没有其他公认方法的情况下，经相关主管部门同意也可采用其他达成一致的干扰评估方法。C/I 干扰网络与被干扰网络链路关系如图 2－10 所示。

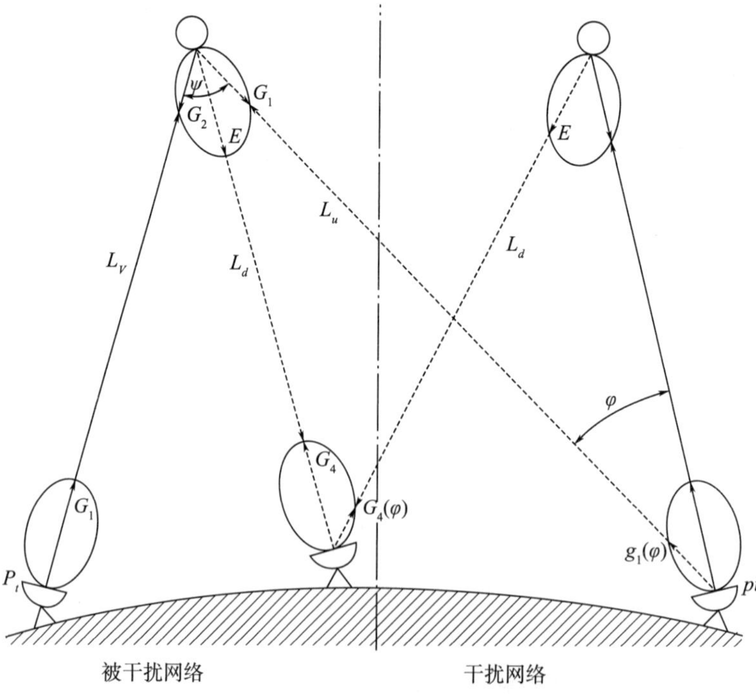

图 2－10　干扰网络与被干扰网络链路示意图

$$\left(\frac{C}{I}\right)_u = P_t + G_1 - \Delta L_u - M_u - p_t - g_1(\varphi) + \Delta G_2 + Y_u \quad (\mathrm{dB})$$

$$\left(\frac{C}{I}\right)_d = E + G_4 - \Delta L_d - e - G_4(\varphi) + Y_d \quad (\mathrm{dB})$$

式中　$\left(\frac{C}{I}\right)_u$，$\left(\frac{C}{I}\right)_d$——上下行的载波干扰比，dB；

P_t，p_t——从被干扰地球站发出的载波功率和干扰地球站发出的载波功率，dBW；

G_1，G_4——被干扰上行发射地球站天线增益和被干扰接收地球站天线增益；

ΔL_u——上行干扰地球站和被干扰地球站到达被干扰卫星的路径损耗差。

$$\Delta L_u = L_{被干扰} - L_{干扰} \quad \mathrm{dB}$$

ΔL_d——下行干扰卫星和被干扰卫星到被干扰地球站的路径损耗之差，ΔL 同上，dB；

M_u——被干扰卫星网路的上行余量；

$g_1(\varphi)$——干扰地球站在被干扰卫星方向上的天线发射增益，dBi；

φ——对于同方向传输干扰情况，φ 是在考虑卫星经度方向上轨位保持容限后，干扰地球站指向干扰卫星与指向被干扰卫星之间的夹角，单位为（°），计算公式可参考从一给定的地球站来确定两个对地静止卫星间的顶心角间隔 θ_t，具体如下

$$\theta_t = \arccos\left[\frac{d_1^2 + d_2^2 - \left(84\ 322\sin\frac{\theta_g}{2}\right)^2}{2d_1 \cdot d_2}\right]$$

θ_g——考虑卫星经度方向上轨位保持容限后的两颗卫星经度差值，（°）；

d_1——干扰地球站到达干扰卫星的距离，km；

d_2——干扰地球站到达被干扰卫星的距离，km；

ΔG_2——被干扰卫星的接收天线对干扰和被干扰地球站的增益差。

$$\delta\Delta G_2 = G_{2被干扰} - G_{2干扰} \quad (\mathrm{dB})$$

Y_u——上行干扰载波和被干扰卫星之间最小极化差；

Y_d——下行干扰载波和被干扰地球站接收天线之间最小极化差；

E，e——被干扰载波和干扰载波在被干扰地球站方向上的 EIRP，dBW；

$G_4(\varphi)$——被干扰地球站在干扰卫星方向上的天线增益，dB。

对于两个卫星系统间仅在上行或下行出现干扰的情况，系统集总 C/I 分别如下式计算

$$\left(\frac{C}{I}\right)_{\mathrm{tot}} = \left(\frac{C}{I}\right)_u (\mathrm{dB}) \quad 或 \quad \left(\frac{C}{I}\right)_{\mathrm{tot}} = \left(\frac{C}{I}\right)_d (\mathrm{dB})$$

对于两个卫星系统间，在上行和下行都存在干扰的情况，其系统集总 C/I 计算公式如下

$$\frac{C}{I} = -10 \times \log\left[10^{-\frac{\left(\frac{C}{I}\right)_u}{10}} + 10^{-\frac{\left(\frac{C}{I}\right)_d}{10}}\right] (\mathrm{dB})$$

基于链路所需 C/N 门限值和干扰及被干扰载波业务类型，根据 ITU－R S.741－2 建议书和程序规则第 B3 节表 2，并结合国际电联培训教材，可得出链路 C/I 值要求，即 C/I_{required}，见表 2－3。

表 2－3 链路所需 C/I 计算

<table>
<tr><td>干扰信号
有用信号</td><td>TV/FM 或其他</td><td>数字</td><td>模拟
(除 TV/FM)</td></tr>
<tr><td>TV/FM</td><td colspan="3">$\frac{C}{N}+14$ (dB)</td></tr>
<tr><td rowspan="2">数字</td><td>如果 $BW_W \leqslant BW_{\text{eqi}}$ 时，$\frac{C}{N}+5.5+3.5\times\log BW_W$ (dB)</td><td colspan="2" rowspan="2">$\frac{C}{N}+12.2$ (dB)</td></tr>
<tr><td>如果 $BW_W > BW_{\text{eqi}}$ 时，$\frac{C}{N}+12.2$ (dB)</td></tr>
<tr><td>模拟
(除 TV/FM)</td><td>$11.4+2\times\log(BW_W)$ (dB)</td><td colspan="2">$\frac{C}{N}+12.2$ (dB)</td></tr>
<tr><td>其他</td><td>$11.4+2\times\log(BW_W)$ (dB)</td><td colspan="2">$\frac{C}{N}+14$ (dB)</td></tr>
</table>

其中，BW_W 是被干扰载波必要带宽（MHz），BW_{eqi} 是干扰载波等效带宽（MHz）。

根据 C/I 要求值和计算所得的 C/I，可基于如下公式计算得出链路余量

$$\text{Margin}=\frac{C}{I}-\frac{C}{I}_{\text{required}}\ (\text{dB})$$

如果链路余量大于 0，则说明没有有害干扰，如果链路余量小于 0，则说明存在潜在干扰。

（3）卫星系统上行和下行指标的限制

①上行偏轴 EIRP 密度

为了防止固定卫星业务的地球站发射载波对邻近卫星形成干扰，《无线电规则》对其载波的上行偏轴辐射功率谱密度提出了限制性要求。例如，在 6 GHz 频段上，ITU－R S.524 建议针对不同的业务类型，对各地球站发射天线在其偏离主轴 2.5°以上的范围及在对地静止卫星轨道位置 3°范围内，对其最大偏轴 EIRP 辐射功率进行了限制。此限制条件是对功率谱密度的限制，与发射功率、天线旁瓣增益包络、载波信号带宽等参数都有着密切的关系，现举例说明如下。

FSS 中，以 5 725～7 075 MHz 工作频带发射的 GSO 网络内的地球站应设计为，在偏离地球站天线主瓣轴 2.5°或更大的任何角度 φ 上，在对地静止卫星轨道的 3°范围内，除话音激活 SCPC/FM 电话系统和话音激活 SCPC/PSK 电话系统中所考虑之外的各系统的辐射，任何方向的 EIRP 密度不得超过下列数值：

偏离轴线角度每 4 kHz 的最大 EIRP

$2.5° \leqslant \varphi < 48°$　$(35-25\times\log\varphi)$ dB(W/4 kHz)

$48° \leqslant \varphi \leqslant 180°$　-7 dB(W/4 kHz)

对于使用除话音激活 SCPC/FM 电话系统和话音激活 SCPC/PSK 电话系统所考虑之外的辐射的、以 5 725～7 075 MHz 频带发射的、在 1988 年以后安装的新型地球站天线，其 EIRP 密度应不超过下列数值：

偏离轴线角度每 4 kHz 的最大 EIRP

$2.5° \leqslant \varphi \leqslant 7°$　$(35-25\times\log\varphi)$ dB(W/4 kHz)

$7° < \varphi \leqslant 9.2°$　11 dB(W/4 kHz)

$9.2° < \varphi \leqslant 48°$　$(35-25\times\log\varphi)$ dB(W/4 kHz)

$48° < \varphi \leqslant 180°$　-7 dB(W/4 kHz)

②下行功率通量密度

《无线电规则》规定了空间通信系统在地面产生“功率通量密度”的国际标准，以防止对地面微波通信等地面业务的干扰。空间电台（站）对地面业务的干扰控制，是通过对空间电（站）最大功率通量密度的限制完成的。详细的技术限制条件在《无线电规则》第 21 条、第 22 条及其他特别限制条件规定中都有详细的界定。例如，根据《无线电规则》第 21.16 款，某一空间电台发射到地球表面所产生的功率通量密度，包括从某一反射卫星的发射，在所有条件和各种调制方法下均不得超过规则中表 21-4 所规定限制，摘要常用 C，Ku，Ka 频段限值见表 2-4 和表 2-5，尚未涵盖脚注进一步参考《无线电规则》。

表 2-4　C 和 Ku 频段功率通量密度限值

频段	业务	水平面上到达角(δ)的限值 dB(W/m²)			参考带宽
		0°～5°	5°～25°	25°～90°	
3 400～4 200 MHz	卫星固定 (空对地) (对地静止轨道卫星)	-152	$-152+0.5(\delta-5)$	-142	4 kHz
3 400～4 200 MHz	卫星固定 (空对地) (非对地静止轨道卫星)	$-138-Y$ [22,23]	$-138-Y+(12+Y)(\delta-5)/20$ [22,23]	-126 [23]	1 MHz
10.7～11.7 GHz	卫星固定 (空对地) (对地静止轨道卫星)	-150	$-150+0.5(\delta-5)$	-140	4 kHz
10.7～11.7 GHz	卫星固定 (空对地) (非对地静止轨道卫星)	-126	$-126+0.5(\delta-5)$	-116	1 MHz

表 2－5　Ku 和 Ka 频段功率通量密度限值及说明

<table>
<tr><th rowspan="2">频段</th><th rowspan="2">业务</th><th colspan="4">水平面上到达角(δ)的限值 dB(W/m²)</th><th rowspan="2">参考带宽</th></tr>
<tr><th>0°～5°</th><th colspan="2">5°～25°</th><th>25°～90°</th></tr>
<tr><td>12.2～12.75 GHz①
(3 区)
12.5～12.75 GHz①
(第 5.494 和 5.496 款中所列 1 区国家)</td><td>卫星固定
(空对地)
(对地静止轨道卫星)</td><td>−148</td><td colspan="2">−148+0.5(δ−5)</td><td>−138</td><td>4 kHz</td></tr>
<tr><td rowspan="2">13.4～13.65 GHz
(3 区)</td><td rowspan="2">卫星固定
(空对地)
(对地静止轨道卫星)</td><td>0°～25°</td><td>25°～80°</td><td>80°～84°</td><td>84°～90°</td><td rowspan="2">4 kHz</td></tr>
<tr><td>−159+0.4δ[19]</td><td>−149[19]</td><td>−149−0.5(δ−80)[19]</td><td>−151[19]</td></tr>
<tr><td rowspan="2">17.7～19.3 GHz①,②</td><td rowspan="2">卫星固定
(空对地)
卫星气象
(空对地)</td><td>0°～5°</td><td colspan="2">5°～25°</td><td>25°～90°</td><td rowspan="2">1 MHz</td></tr>
<tr><td>−115[14,15]
或
−115−X[13]</td><td colspan="2">−115+0.5(δ−5)[14,15]或
−115−X+[(10+X)/20]
(δ−5)[13]</td><td>−105[14,15]
或
−105[13]</td></tr>
<tr><td rowspan="2">17.7～19.3 GHz①,②</td><td rowspan="2">卫星固定
(空对地)</td><td>0°～3°</td><td>3°～12°</td><td>12°～25°</td><td rowspan="2">−105[16]</td><td rowspan="2">1 MHz</td></tr>
<tr><td>−120[16]</td><td>−120+(8/9)(δ−3)[16]</td><td>−112+(7/13)(δ−12)[16]</td></tr>
<tr><td rowspan="2">19.3～19.7 GHz</td><td rowspan="2">卫星固定
(空对地)</td><td>0°～3°</td><td>3°～12°</td><td>12°～25°</td><td rowspan="2">−105[16]</td><td rowspan="2">1 MHz</td></tr>
<tr><td>−120[16]</td><td>−120+(8/9)(δ−3)[16]</td><td>−112+(7/13)(δ−12)[16]</td></tr>
</table>

除在《无线电规则》和建议书方面对上行偏轴 EIRP 密度和下行功率通量密度提出了使用限值外，在实际协调中为满足两个卫星网络兼容共用，一种常用的方法是协商双方可以接受的“上行偏轴 EIRP 密度”与“下行通量密度”限值作为卫星操作条件。

2.3.2.4　卫星网络兼容共用方式

通常情况下，在进行卫星网络协调时，需要考虑的协调双方卫星网络的技术参数有：卫星网络使用的频率范围、频率重叠波束的覆盖区域、业务类型、极化方式等。根据上述技术参数的不同情况，协调双方卫星系统之间能够共用的措施可分如下几种：

(1) 轨道位置隔离

《无线电规则》中有“协调弧”的概念。其理论出发点就是对于 GSO 卫星网络常规通

① 21.16.1　第 4.8 款规定了在不同区域内把某一类的各个频率划分给同一类别的各种业务时的同等使用权利。因此，各主管部门都应尽实际可能遵守可能发表在 ITU－R 建议书内的有关区域之间的干扰的任何限制。

② 21.16.2　除表 21－4 所给的限值以外，卫星地球探测（无源）和空间研究（无源）业务在 18.6～18.8 GHz 频段内操作的共用条件由卫星固定业务的操作下述限值确定：在假定的自由空间传播条件下，由空间电台以200 MHz 和 18.6～18.8 GHz 的频率发射到地平面产生的平均功率通量密度不得超过－95 dB（W/m²），但在限值可能超过 3 dB 时，低于 5％的时间除外。第 21.17 款的规定不适用于该频段（WRC－2000）。

信频段，如常规 C，Ku，Ka 频段，只要在轨卫星之间有足够的轨道间隔，即便两个卫星系统同频同覆盖，也是能够满足系统共用要求的。只有当轨道间隔小于一定范围的时候，卫星系统之间才存在潜在干扰的可能性，这时需要进行协调。这个启动协调的范围被称为“协调弧”。根据 WRC－15 大会对《无线电规则》附录 5 表 5－1 的最新修订，根据第 9.7 款针对地球同步轨道卫星网络间 C，Ku 和部分 Ka 频段的“协调弧”分别定为 7°、6° 和 8°。

除上述频段外，对于其他频段，如 L，S 等，即使有超过几十度的轨道间隔，卫星网络间仍会存在潜在干扰问题。目前针对一些特定频段，国际上采取以专门国际会议组织的形式来讨论和解决。“上行偏轴 EIRP 密度”与“下行通量密度”限值通常应用于轨位间隔兼容方法中。

(2) 分频使用

在轨道位置邻近，小于上述通常情况下的共用轨道间隔时，分频使用这种方式是比较理想的共用状态，即两个相邻的卫星系统各自使用不同的频率。如 A 卫星使用 14～14.25/12.25～12.5 GHz，B 卫星使用 13.75～14/10.95～11.2 GHz，则它们的上/下行频率不重。此种情况下，这两个卫星系统之间通常产生相互干扰的可能性很小，不需要进行卫星网络协调，可以共存共用，如图 2－11 所示。

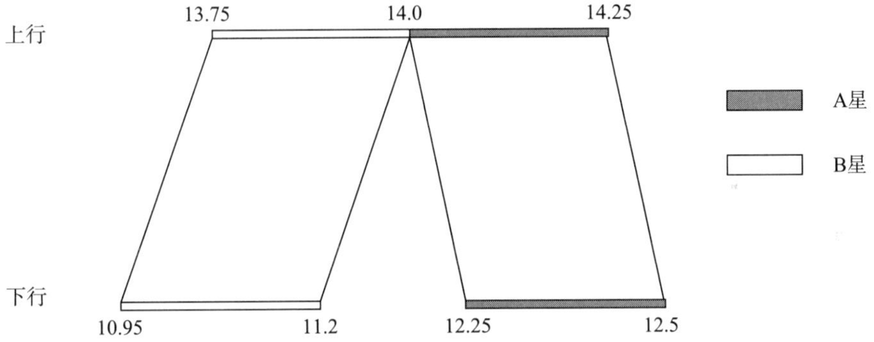

图 2－11　分频使用示意图

(3) 地理隔离

这是在频率相同的情况下，两个相邻的卫星系统能够实现兼容、共存的另一种情况。即各自卫星在相同频段内的波束覆盖范围不同，形成一定的地理隔离，其系统间也不会产生有害干扰。在协调过程中，协调双方相互提供各自的卫星波束覆盖图，如果协调双方共同确认在重叠频段的波束覆盖区域完全不同，则协调也可以完成，实现系统共存。如果两个波束覆盖区紧密相邻，则需要通过本章第 2 节中介绍的方法计算相应的载干比 C/I 来确定干扰程度，如果超出可以接受的程度，则协调地位落后的一方需要采取相应的技术措施，如对发射功率进行限制、对下行功率谱密度进行限制等，来满足协调地位优先卫星网络的使用要求，签订协议并遵照执行，如图 2－12 所示。

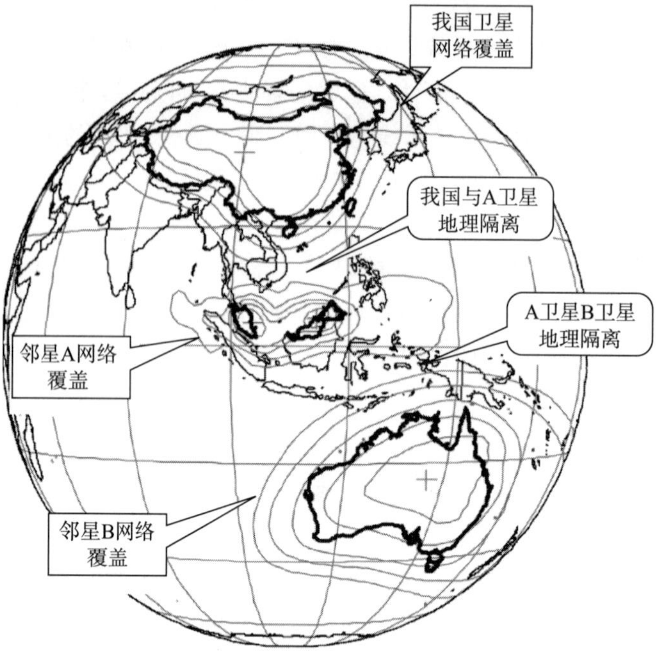

图 2-12 地理隔离兼容使用示意图

（4）极化隔离

对于同频、同覆盖并处于同一轨道位置的两个卫星网络，如果其天线的极化方式不同，如线极化的两个卫星系统，一个是用垂直极化发射、用水平极化接收，而另一个用水平极化发射、用垂直极化接收，则在各自的天线极化隔离度调整好之后，可以实现双方系统之间的共存共用。

（5）其他措施

除上述情况外，还可以通过限制天线的方向性，天线赋形等技术措施减少邻星干扰的程度。对于极轨卫星等 non-GSO 卫星，可以通过分时、分轨等方式实现系统共用，也可以通过定义规避操作弧段来避免对 GSO 卫星系统的干扰。

2.3.3 卫星网络维护方法

申报卫星网络只是使用卫星频率轨道资源的前提条件，通过开展必要的协调，获取可用的频率轨道资源，还要依据国际电联《无线电规则》相应条款，维护卫星网络资料的有效性。卫星网络的维护工作主要包括如下几个方面。

1）制定卫星网络维护计划，履行《无线电规则》规定的相关程序，确保卫星网络资料的有效性。例如，向国际电联报送第 49 号决议等有效性文件；根据实际在轨卫星运行情况，对于卫星网络报送投入使用信息、暂停使用和恢复使用信息；向国际电联报送决议 4，延长卫星网络使用期等。

2）根据国际电联周报的公布，向工信部无线电管理局报送对周报处理意见，即就公布的卫星网络提出协调要求和意见，对业务区覆盖我国的卫星固定业务、卫星广播业务规划频段卫星网络提出反对覆盖我国领土的意见等。

3）及时处理国际电联、其他国家主管部门或卫星操作者间相关函件，特别是国际电联就申报卫星网络的完整性、有效性等有回复时限要求的来函，通过无线电管理局回复国际电联或其他主管部门。

4）就协调会谈相关文件（包括协调预案、纪要、总结、协议）、国际电联周报、主管部门转发的国际电联和其他主管部门的来函及我方回函、操作者间协调信函等进行纸质和电子版归档。

2.4　卫星业务无线电台（站）执照申请及管理

2.4.1　我国无线电台（站）执照管理相关法律法规

现行《中华人民共和国电信条例》于 2000 年 9 月 20 日经由国务院第 31 次常务会议通过并于 2000 年 9 月 25 日公布施行。根据 2014 年 7 月 29 日《国务院关于修改部分行政法规的决定》（国务院令第 653 号）第一次修订，根据 2016 年 2 月 6 日《国务院关于修改部分行政法规的决定》（国务院令第 666 号）第二次修订。在中华人民共和国境内从事电信活动或者从事与电信有关的活动，必须遵守该条例要求。条例中所称电信，是指利用有线、无线的电磁系统或者光电系统，传送、发射或者接收语音、文字、数据、图像以及其他任何形式信息的活动。

现行《中华人民共和国无线电管理条例》是由中华人民共和国国务院、中华人民共和国中央军事委员会于 2016 年 11 月 11 日发布，自 2016 年 12 月 1 日起施行。在中华人民共和国境内设置、使用无线电台（站）和研制、生产、进口无线电发射设备以及使用辐射无线电波的非无线电设备，必须遵守该条例要求。它是我国无线电管理若干具体规定的基本法律依据。

中华人民共和国工业和信息化部作为我国无线电频率管理的主管部门，为保证无线电业务的正常运行，防止各种无线电业务、无线电台和系统之间的相互干扰，根据《中华人民共和国无线电管理条例》、国际电联《无线电规则》和我国无线电业务发展的实际情况，相继颁布了一系列与空间业务频率使用、空间电台和通信网与地球站台站设置相关的管理法规和办法。其中与卫星业务无线电台站相关的法规如下。

《中华人民共和国无线电频率划分规定》，作为我国无线电管理的重要法律基础，是一部无线电管理的行政法规。该规定一般每四年根据世界无线电通信大会对《无线电规则》条款的修订结果进行适应性修订。同时，根据我国实际情况，特别规定了中国无线电频率划分脚注，就具体频段的特定业务的使用进行了明确的要求。

《无线电台执照管理规定》是为了加强对无线电台（站）的管理，保护合法无线电台（站）的正常工作，根据《中华人民共和国无线电管理条例》所制定，已于 2009 年 2 月 4 日由中华人民共和国工业和信息化部第 6 次部务会议审议通过，2009 年 3 月 1 日公布，自

2009 年 4 月 10 日起施行。

《无线电频率使用许可管理办法》是为了加强无线电频率使用许可管理，规范无线电频率使用行为，有效利用无线电频谱资源，根据《中华人民共和国无线电管理条例》及其他法律、行政法规的规定，制定的办法。该办法由工业和信息化部第 40 号令，于 2017 年 7 月 3 日发布，自 2017 年 9 月 1 日起施行。

《设置卫星网络空间电台管理规定》，由工信部无［1999］835 号文于 1999 年 9 月 13 日发布。是我国目前发布的有关空间电台的管理规定。为适应空间业务逐渐变化和发展的新情况，该管理规定正处于酝酿修改中。

《建立卫星通信网和设置使用地球站管理规定》，由中华人民共和国工业和信息化部第 7 号令于 2009 年 3 月 1 日发布，自 2009 年 4 月 10 日起施行。该规定就卫星通信网及地球站的设台管理进行了具体规定。

《卫星移动通信系统终端地球站管理办法》，由中华人民共和国工业和信息化部第 19 号令于 2011 年 4 月 21 日公布，自 2011 年 6 月 1 日起施行。该管理办法主要规范管理我国卫星移动通讯系统终端地球站。

《卫星固定业务通信网内设置使用移动平台地球站管理暂行办法》，由工信部无［2013］29 号令发布，即通常所说的动中通管理规定或 29 号令。该规定也是应业务发展需要，对使用卫星固定业务开展动中通业务制定了相关管理规范。

2.4.2 无线电台（站）执照及无线电频率使用许可申请及管理

各卫星操作者、业务运行使用单位须规范其通信网和无线电台（站）的设置及使用，避免与其他通信网和无线电台（站）间产生不可接受的干扰，促进卫星通信业务的健康发展。各相关单位应遵照上述国家及无线电管理主管部门的有关法令、法规及管理规定，进行通信网和无线电台（站）执照的申请及管理。根据各单位的实际使用需求，进行相关技术配套资料及申请文件的准备，向工业和信息化部或地方无线电管理机构申请办理通信网或无线电台（站）执照，同时需进行申领执照后的更新维护及保管。

2.4.2.1 卫星网络空间电台执照申请

设置、使用卫星网络空间电台所使用的无线电频率和卫星轨道位置应当按照有关规定进行国内、国际协调，履行国际、国内规则规定的程序。完成相关国内协调并报送相应卫星网络通知资料后，方可向工业和信息化部申请卫星网络空间电台执照。根据我国民用航天发射项目许可证办理程序要求，该执照或用频许可是国内卫星操作者申请卫星发射许可办理的必要条件，在卫星项目实施和市场开展中是十分重要的先决条件。

设定依据：

1）《中华人民共和国无线电管理条例》（国务院、中央军事委员会令第 128 号）；

2）《国务院对确需保留的行政审批项目设定行政许可的决定》（中华人民共和国国务院令第 412 号）；

3）《工业和信息化部行政许可实施办法》（中华人民共和国工业和信息化部令第 2 号）；

4）《信息产业部关于重新发布〈卫星网络空间电台管理规定〉的通知》（信部无［1999］835 号）。

申请条件：

中华人民共和国境内单位设置使用的卫星网络空间电台，或境外卫星网络空间电台需要在中国境内使用频率提供服务的，均应经工业和信息化部审批。申请人应具备如下条件：

1）具有法人资格；

2）有与操作空间电台相适应的专业人员和必要的设施、资金；

3）有履行国家无线电管理机构和国际相关规则规定义务的能力；

4）符合国家无线电频率划分的空间无线电通信业务的无线电频率和卫星轨道规划及相关管理规定；

5）按照有关规定完成国内、国际无线电频率和卫星轨道的协调，并达成协议；

6）近三年内没有违反无线电管理规定的重大违法记录；

7）法律、行政法规规定的其他条件。

申请材料：

设置、使用卫星网络空间电台需向工业和信息化部提出书面申请，在申请文件中就项目背景、立项批复情况、频率使用情况、协调情况等进行说明并提供相关材料，具体如下：

1）设置卫星网络空间电台申请函；

2）申请人资格证明；

3）申请人技术人员和管理人员基本情况说明；

4）拥有必要资金的证明材料；

5）卫星网络空间电台项目背景和批复情况说明；

6）对于开展特定空间业务的卫星网络空间电台，应提供相关部门批准文件或证明材料（如：开展卫星广播业务需要广电部门的批准；开展卫星气象业务需要气象部门的批准等）；

7）无线电台（站）设置申请表；

8）空间电台技术资料申报表；

9）与国内、国际相关卫星频率和轨道资源完成协调的证明材料。

待申请批复后，凭据批文到国家无线电监测中心办理执照领取手续。

2.4.2.2　无线电频率使用许可申请

在中华人民共和国境内使用无线电频率的，需要申请无线电频率使用许可。设定依据如下：

1）《中华人民共和国无线电管理条例》（国务院、中央军事委员会令第 128 号，2016 年 11 月 11 日国务院、中央军委令第 672 号修订）；

2）《工业和信息化部行政许可实施办法》（中华人民共和国工业和信息化部令第 2 号）。

申请条件：

1）所申请的无线电频率符合无线电频率划分和使用规定，有明确具体的用途；

2）有可用的无线电频率，使用无线电频率的技术方案可行；

3）有相应的专业技术人员；

4）对依法使用的其他无线电频率不会产生有害干扰；

5）法律、行政法规规定的其他条件。

申请材料：

1）使用无线电频率的书面申请（原件，两份）及申请人身份证明材料（复印件，两份）；

2）申请人基本情况，包括开展相关无线电业务的专业技术人员、技能和管理措施等（原件，两份）；

3）拟开展的无线电业务的情况说明，包括功能、用途、通信范围（距离）、服务对象和预测规模以及建设计划等（原件，两份）

4）技术可行性研究报告，包括拟采用的通信体制和标准、系统配置情况、拟使用系统（设备）的频率特性、频率选用（组网）方案和使用率、主要使用区域的电波传播环境、干扰保护和控制措施，以及运行维护措施等（原件，两份）；

5）依法使用无线电频率的承诺书（原件，两份）；

6）法律、行政法规规定的其他材料。

无线电频率拟用于开展射电天文业务的，还应当提交具体的使用地点和有害干扰保护要求（原件，两份）；无线电频率拟用于开展的有关无线电业务，依法需要取得有关部门批准的，还应当提供有关部门的批准文件（附件，两份）。

2.4.2.3　通信网申请

针对自行构建的通信网，需参照《建立卫星通信网和设置使用地球站管理规定》，按照通信网的设置使用范围，向工业和信息化部无线电管理局或省、自治区、直辖市无线电管理机构提出书面申请。

设定依据：

1）《中华人民共和国无线电管理条例》（国务院、中央军事委员会令第128号，2016年11月11日国务院、中央军委令第672号修订）；

2）《工业和信息化部行政许可实施办法》（中华人民共和国工业和信息化部令第2号）；

3）《建立卫星通信网和设置使用地球站管理规定》（中华人民共和国工业和信息化部令第7号）；

4）《卫星移动通信系统终端地球站管理办法》（中华人民共和国工业和信息化部令第19号）；

5）《工业和信息化部关于印发〈卫星固定业务通信网内设置使用移动平台地球站管理暂行办法〉的通知》（工信部无［2013］29号）；

6)《工业和信息化部关于印发〈地球站国际协调与登记管理暂行办法〉的通知》(工信部无［2015］33 号);

7)《工业和信息化部关于调整卫星通信网网络编号格式的通告》(工信部无［2013］99 号)。

申请条件:

申请建立卫星通信网的，申请人应具备如下条件:

1）所申请的无线电频率符合无线电频率划分和使用规定，有明确具体的用途。

2）使用无线电频率的技术方案可行。

3）有与卫星通信网建设、运营相适应的资金和专业人员。

4）对依法使用的其他无线电频率不会产生有害干扰。

5）有可利用的、由合法经营者提供的卫星频率资源。拟使用的国内空间电台经工业和信息化部批准，并取得空间无线电台执照或频率使用许可；拟使用的国外空间电台已完成与我国相关卫星网络空间电台和地面电台的频率协调，其技术特性符合双方主管部门之间达成的协议要求，并已取得工业和信息化部的频率使用许可。

6）法律、行政法规规定的开展有关业务应当具备的其他条件。

7）建立涉及电信业务经营的卫星通信网的，还应当持有相应的电信业务经营许可证。

申请材料:

申请建立卫星通信网的，应当向工业和信息化部提出书面申请，并提交下列材料:

1）使用无线电频率的书面申请及申请人身份证明材料（原件，两份）;

2）申请人基本情况，包括开展相关无线电业务的专业技术人员、技能和管理措施等（原件，两份）;

3）拟开展的无线电业务的情况说明，包括功能、用途、通信范围（距离）、服务对象和预测规模以及建设计划等（原件，两份）;

4）技术可行性研究报告，包括拟采用的通信技术体制和标准、系统配置情况、拟使用系统（设备）的频率特性、频率选用（组网）方案和使用率、主要使用区域的电波传播环境、干扰保护和控制措施以及运行维护措施等（原件，两份）;

5）可利用的、由合法经营者提供的卫星频率资源使用证明材料（原件，两份）;

6)《建立卫星通信网和设置使用卫星地球站管理规定》附录所列基本资料（含《无线电频率使用申请表》）（原件，两份）;

7）依法使用无线电频率的承诺书（原件，两份）;

8）实际传输链路设计方案和计算等信息（原件，两份）;

9）无线电频率拟用于开展的有关无线电业务，依法需要取得有关部门批准的，还应当提供有关部门的批准文件（原件，两份）;

10）申请建立涉及电信业务经营的卫星通信网的，还应当提交相应的电信业务经营许可证复印件（原件，两份）;

11）法律、行政法规规定的其他材料（原件，两份）。

2.4.2.4　地球站申请

针对已申请卫星通信网内的地球站或卫星测控站的申请，应参照《建立卫星通信网和设置使用地球站管理规定》，按照地球站的业务性质和所处地区，向工业和信息化部无线电管理局或省、自治区、直辖市无线电管理机构提出书面申请。

设定的依据：

同通信网申请。

申请条件：

设置使用属于某个卫星通信网的地球站的，申请人应具备如下条件：

1）地球站所属卫星通信网频率使用许可已获得批准；

2）所使用的空间电台、频率和极化等技术参数与所属卫星通信网获得的批准文件一致；

3）设置卫星地球站所使用的无线电发射设备依法取得无线电发射设备型号核准证且符合国家规定的产品质量要求；

4）有熟悉无线电管理规定、具备相关业务技能的人员；

5）有明确具体的用途，且技术方案可行；

6）有能够保证无线电台（站）正常使用的电磁环境，拟设置的无线电台（站）对依法使用的其他无线电台（站）不会产生有害干扰；

7）卫星地球站的技术特性、站址选择应当符合国家规定的标准和有关规定；

8）如所设卫星地球站涉及国际协调，应完成相关国际协调工作；对于确实难以完成国际协调的，应做出相应承诺；

9）法律、行政法规规定的开展有关业务应当具备的其他条件。

设置不属于某个卫星通信网的地球站，除符合上述第3、4、5、6、7、8、9项规定的条件外，还应当符合下列条件：

1）有可利用的、由合法经营者提供的卫星频率资源；

2）拟使用的国内空间电台经工业和信息化部批准，并取得空间电台执照或频率使用许可；

3）拟使用的国外空间电台已完成与我国相关卫星网络空间电台和地面电台的频率协调，其技术特性符合双方主管部门之间达成的协议的要求，并已取得工业和信息化部的频率使用许可；

4）无线电频率的使用符合国家无线电频率划分、规划和有关管理规定。

申请材料：

申请设置使用属于某个卫星通信网的卫星地球站的，应当向地球站所在地的省、自治区、直辖市无线电管理机构提交书面申请，并提交下列材料：

1）使用卫星地球站的书面申请及申请人身份证明材料（原件，两份）；

2）申请人基本情况，包括开展相关无线电业务的专业技术人员、技能和管理措施等（原件，两份）；

3）设置无线电台（站）申请表（原件，两份）；

4）卫星地球站技术资料申报表（原件，两份）；

5）卫星地球站站址电磁环境测试报告（原件，两份）。

申请设置不属于某个卫星通信网的卫星地球站的，除应向工业和信息化部提交上述申请材料外，还应当提交下列材料：

1）可利用的、由合法经营者提供的卫星频率资源使用证明材料（原件，两份）；

2）拟开展的无线电业务的情况说明，包括功能、用途、通信范围（距离）、服务对象、干扰保护和控制措施，以及运行维护措施等（原件，两份）；

3）卫星传输链路计算材料（原件，两份）；

4）申请设置涉及电信业务经营的卫星地球站的，还应当提交相应的电信业务经营许可证复印件（原件，两份）；

5）国家规定的开展有关业务所需提供的其他材料（原件，两份）。

设置卫星移动通信系统终端卫星地球站的，向卫星地球站所在地的省、自治区、直辖市无线电管理机构提交书面申请，应提交下列资料：

1）使用无线电频率的书面申请及申请人身份证明材料（原件，两份）；

2）申请人基本情况，包括开展相关无线电业务的专业技术人员、技能和管理措施等（原件，两份）；

3）《移动卫星地球站注册登记申请表》（原件，两份）；

4）已办理相关卫星移动通信系统入网手续的证明材料的原件、复印件或者扫描件（原件，两份）。

2.4.2.5　频占费缴纳及减免

目前，工业和信息化部委托国家无线电监测中心，依据原国家计划委员会、财政部、原国家无线电管理委员会联合发布的关于印发《无线电管理收费规定》（计价费（1998）218 号）的通知进行频率占用费收取工作。

根据上述无线电管理收费规定第十条，下列电台免收频率占用费：

1）党政领导机关设置的专用公务电台；

2）国防领域用于军事、战备的专用电台；

3）公安、武警、国家安全、检察、法院、劳教、监狱、渔政部门设置的专用公务电台；

4）防火、防汛、防震、防台风、航空营救等抢险救灾专用电台和水上遇险值守、安全信息发播及安全导航电台；

5）广播电视部门设置的实验台及对外广播电台、电视台；

6）业余无线电台；

7）农民集资办的电视差转台。

上述部门和单位设置的电台用于从事经营活动的部分，要按规定缴纳足额频率占用费。

卫星固定业务收费标准为发射 500 元/MHz/年。

2.4.2.6 执照管理及维护

各用频单位需确定部门和人员对口工业和信息化部办理申请及领取手续。并将已获得的技术类无线电台（站）执照安排专人统一保管，如果遗失应立即报告原核发机构。

在无线电台（站）执照期满前，需结合自身应用情况评估是否延期使用。对于有效期满后仍需继续使用的无线电台（站），必须在期满前将要求延长使用期限的申请及相关申报资料向原核发机构办理电台执照更新手续。

国家规定对已领取电台执照，2 年以上不使用的无线电台（站），应将该执照交由原核发机构收回或注销，并报告其设备处理情况。

如有注销台站要求，需在到期前将相关执照原件、要求注销的文件及相关设备处理情况说明等资料按照国家规定统一办理撤销手续。

无线电台执照不得转借他人使用，严禁仿制、涂改或伪造。

各相关部门应配合无线电管理局的例行检查。

各用频单位需按照国家规定定期缴纳频率占用费和/或台站费。

2.4.2.7 监管责任与义务

主管部门通过定期及不定期的调研、核查了解运营商频率使用状态。作为卫星运营商，有责任和义务对主管部门有关频率使用和业务安排的调查和问询进行答复。

答复形式包括函文答复、技术参数表格填写及其他形式的答复。

上报内容需符合主管部门有关法律法规要求。

2.4.2.8 干扰申诉与排查处理

作为频率申请单位，在获得用频许可和/或台站执照后，即享有合法用频权利，并可要求保护。遇到实际业务干扰，用频单位可按照有关规定，向主管部门和实际监管部门进行干扰投诉。必要时可利用自身能力和设备进行干扰排查及取样，配合主管部门进行相应查处工作。

2.5 卫星项目频率轨位支持及运行支撑

卫星项目频率轨位支持工作贯穿卫星从设计建设到实际运行的整个周期，在卫星项目建设方面，频率轨位支持部门应提供潜在可用频率轨位资源分析，参与卫星建设，按照协调限制条件或协调形势对卫星载荷设计、优化提出建议，评估在轨测试（IOT）方案合理性，提供频率轨位相关支持工作；在轨运行阶段，主要对与频率轨位协调相关干扰问题的解决提供支撑。

2.5.1 设计建造阶段支持

由于频率轨位是卫星项目启动的先决条件之一，项目前期设计往往需基于卫星网络协调情况，对频率计划和波束覆盖的设计进行支持。频率轨位支持部门因此需在项目前期参与相关的设计论证工作，主要包括以下内容。

1）兼容性分析。兼容性分析是频率轨位选择的参考依据。根据兼容性分析结果，确定卫星项目的可用轨位和对应可用频段及其适用范围。

2）技术参数指标初步建议。根据兼容情况，提出卫星设计边界技术条件要求。特别需注意与协调相关的波束边界滚降要求指标及覆盖性能指标，含峰值及边界值。测控频点和信标频点选择需注意与被接替星和邻星的兼容。

3）优化技术参数指标。与项目、市场、卫星测控、运行等部门及卫星制造厂商反复讨论，根据讨论得出的相关意见对技术参数进行多次修改优化。

4）卫星有效载荷相关建议。按照优化后的频率相关使用建议，对确定卫星有效载荷转发器具体配置和天线设计进行支持。

5）参加相关项目各阶段评审。按照项目进展参加初步设计评审（PDR）及关键设计评审（CDR）等相关评审。

2.5.2　在轨测试阶段支持

卫星 IOT 轨位选择在考虑满足卫星在轨测试工作要求的同时还要避免因测试载波造成邻星干扰，尤其是输入/输出特性、天线方向图等在转发器工作饱和点开展的测试项目。具体内容如下。

1）了解 IOT 测试大纲。通过卫星项目部门了解 IOT 测试相关工作的目的、任务、过程和要求。

2）轨位选择。根据 IOT 具体操作要求，寻找适合轨位，避免与邻近卫星重频、重覆盖的测试环境。

3）IOT 协调。根据 IOT 测试计划和轨位初步选择，提前启动与相关卫星操作者的协调工作，获取邻近轨位卫星系统应用信息，初步确定我方 IOT 测试的具体频点等，通过频率隔离或地理隔离等满足兼容性要求。但由于 IOT 临时操作的性质，被协调方容易向后拖延协调，需注意把握好推进进度。

4）优化测试计划。在布置实施 IOT 操作之前，结合轨位选择和协调因素，与卫星项目相关部门进行沟通协商，为保证测试要求优化计划。

2.5.3　漂星转轨阶段支持

卫星转移轨道和漂星转轨协调涉及与经过的所有同频卫星的干扰协调问题，需结合相关时间进度和操作，在保证卫星安全的情况下，避免因卫星漂移操作对途经卫星测控及其业务载波的干扰，针对无法避免干扰的情况，及时开展协调磋商。同时，针对其他卫星操作者的卫星转移轨道和漂星操作，我方在接到相关信函后，也应在保护己方业务及测控载波安全的基础上，对其提出相应的保护要求。具体操作流程如下。

1）建立协调联系人列表。对卫星操作者建立联系人列表，根据潜在干扰情况对转移轨道和漂星协调所涉及的卫星操作者发送协调通知（包括测控频点、上行地点、测控天线尺寸等关键信息），获得反馈意见。

2）发起转移轨道和漂星协调。根据我方转移轨道、漂星计划和测控频段信息，结合上述反馈意见，综合分析干扰影响。对确实存在潜在干扰的情况，向轨控单位提出干扰消除要求和操作建议，由其参考执行，避免实际干扰的发生。

针对新发射卫星转移轨道的协调，以上流程根据国际惯例常由卫星制造商负责实施，卫星网络操作者提供必要的支持。在某些特定条件下，该协调工作也有通过卫星操作者负责实施的情况。

3）转移轨道和漂星协调响应。在收到其他卫星操作者转移轨道和漂星协调要求后，向各相关业务部门转发协调信息，收集干扰反馈意见，汇总后统一答复对方。

2.5.4 卫星运行阶段支撑

卫星网络实际运行要基于其频率轨位协调状态所确定的限制条件进行，因此频率轨位支持部门要向业务部门提供各在轨卫星已达成的邻星协调限制条件，供其安排实际业务参考，协助处理实际业务干扰投诉。

对于实际业务干扰的处理，按情况区分如下。

情况一：协调人员收到邻星实际业务干扰投诉后，应立即将其转发业务部门负责领导及相关负责工程师进行处理，同时上报，并向业务部门相关人员了解干扰实际情况及解决办法，并由协调人员统一进行答复。

情况二：业务部门收到某颗卫星涉及协调问题的实际干扰投诉后，向频率轨位支持部门寻求帮助，频率轨位支持部门应向业务部门了解投诉情况及实际业务情况后，提供答复建议，必要时向有关部门请示报告。

附录：缩略语

GSO：对地静止轨道

non－GSO：对地非静止轨道

PP：全权代表大会

WRC：世界无线电通信大会

CPM：世界无线电通信大会筹备会议

RA：无线电通信全会

MIFR：国际频率登记总表

BR：国际电联无线电通信局

BR IFIC：国际频率信息周报

RRB：国际电联无线电规则委员会

RAG：无线电通信顾问组

OFCA：香港特别行政区通信管理局

PFD：功率通量密度

EPFD：等效功率通量密度

EIRP：等效全向辐射功率

APG：亚太电信组织世界无线电通信大会筹备组

AWG：亚太电信组织无线工作组

ITSO：国际通信卫星组织

SFCG：国际空间频率协调工作组

参考文献

[1] Radio Regulations，Edition of 2016，ITU.

[2] Collection of the Basic Texts Adoptedby the Plenipotentiary Conference 2015，ITU.

[3] DECISION 482（MODIFIED 2017）（adopted at the tenth Plenary Meeting）Implementation of Cost Recovery for Satellite Network Filings，Document C17/135 - E，26 May 2017.

[4] Rules of Procedure，Edition of 2017.

[5] ITU Study Groups：http：//www. itu. int/ITU - R/index. asp? category＝study - groups&link＝rsg&lang＝en.

[6] ITU - R Recommendations：https：//www. itu. int/pub/R - REC.

[7] ITU - R Reports：https：//www. itu. int/pub/R - REP.

[8] 国内法律法规文件：http：//www. srrc. gov. cn/law. aspx.

第3章　卫星项目建设管理

3.1　卫星项目建设概述

项目是指一系列独有的、复杂的并相互关联的活动，这些活动有着一个明确的目标或目的，必须在特定的时间、预算、资源限定内，依据规范完成。项目参数包括项目范围、质量、成本、时间、资源。项目通常有以下一些基本特征：项目开发是为了实现一个或一组特定目标；项目受到预算、时间和资源的限制；项目有其复杂性和一次性；项目是以客户为中心的。

项目管理是基于被接受的管理原则的一套技术方法，这些技术或方法用于计划、评估、控制工作活动，以按时、按预算、依据规范达到理想的最终效果。项目管理的主要内容有范围管理、时间管理、费用管理、质量管理、人力资源管理、风险管理、沟通管理、采购与合同管理和综合管理。

通信卫星项目作为当今世界技术最复杂、难度最大的航天系统工程之一，是典型的复杂项目，与一般项目相比，通信卫星项目具有如下特点：

1）技术难度大。通信卫星项目知识密集、技术复杂、涉及的领域众多。

2）项目成本高。通信卫星项目投入巨大，项目成本额度可达十几亿或几十亿，加强成本管理与控制非常重要。

3）产品保证要求严格。通信卫星在轨后维修性差，产品保证要求极其严格，基本遵循各行业内的最高质量标准。

4）高风险。通信卫星项目因其复杂、庞大、不可控因素繁多，潜在的风险较大。

中国卫通已从国内和欧美等国家的卫星制造商购买了二十余颗卫星，并针对国内外不同的项目研制体制，形成了一套完善的卫星项目管理制度。在卫星项目的执行过程中，中国卫通除了作为采购方，提出卫星项目需求建议书（RFP），评审和确定卫星方案，驻厂对卫星研制全过程进行监管，检查测试数据等工作外，同时还担负了卫星轨位频率的确定和协调，组织策划项目各系统间协调，负责建设测控系统与通信地面站，负责采购配套火箭、发射服务、保险等任务。总之，在一个卫星项目中，中国卫通不仅担当着项目采购方的角色，同时也是项目的组织者、协调者，同时还是项目的建设者。

3.1.1　通信卫星组成

通信卫星包括有效载荷和平台两部分，如图3-1所示。其中有效载荷完成通信任务，一般由转发器和通信天线组成；对于跟踪与数据中继卫星，有效载荷还包括捕获跟踪分系统。卫星平台为有效载荷系统正常工作提供各方面支持和保障，一般包括结构、热控、姿态与轨道控制、推进、供配电、测控及数据管理等分系统。

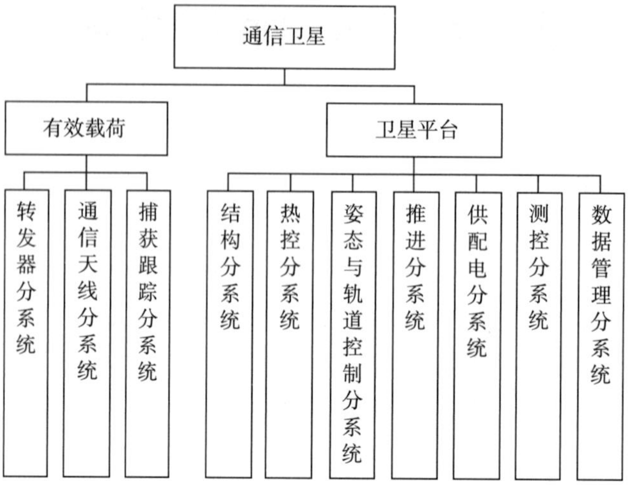

图 3-1　通信卫星组成

转发器分系统，主要任务是将接收的上行信号经过放大和变频等处理后向地面转发。转发器按信号处理方式分透明型转发器（只进行低噪放大、变频和功率放大，也称作弯管式）和信号处理型转发器。

通信天线分系统，用于从覆盖区接收上行信号，向服务区发送下行信号，主要完成空间电磁波信号和导行电磁波信号之间的转换，卫星收天线给转发器分系统提供电信号，转发器输出信号到卫星发天线。一般情况，常规通信卫星收发天线共用，广播卫星收发天线分离。

结构分系统，用于支承、固定仪器设备，保持卫星各分系统完整。

热控分系统，控制卫星内外热交换过程，使其平衡温度处于所要求的范围内。

姿态与轨道控制分系统，控制卫星的轨道和姿态。

推进分系统，提供卫星轨道变换和保持、卫星指向变换和保持所需的力和力矩。

供配电分系统，用于产生、储存、交换、调节和分配电能，为整星提供能源。

测控分系统，包括遥测、遥控和测距三部分，实现地面对卫星状态的监视、对卫星控制和测定卫星轨道参数。

数据管理分系统，用于存储各种程序、采集、处理数据并协助卫星各分系统工作。

3.1.2　通信广播卫星主要性能指标

通信广播卫星主要性能指标包括通信服务性能指标参数和平台能力参数（见表 3-1），通信服务性能指标包括轨道指标和有效载荷指标。

表 3-1　通信卫星总体性能指标

参数分类	性能参数项目	性能参数主要内容
通信服务性能参数	轨道指标	定点位置，南北位保精度，东西位保精度
	覆盖特性	波束类型及数量
	通信容量	通信频段及带宽
		频率复用特性
		等效全向辐射功率(EIRP)
		接收系统增益噪声温度比(G/T)
		饱和功率通量密度(SPFD)
	通信质量	频幅特性、相频特性、幅度非线性、相位非线性、变换频率及其准确度、杂波输出和相位噪声、稳定性等
	通信安全与防护能力	上下行链路抗干扰能力
		加固防护能力
		数据保密能力
平台能力参数	寿命	设计寿命，工作寿命
	可靠度	转移轨道可靠性，寿命末期可靠性
	姿态轨道控制能力	姿态控制精度，长期和短期姿态偏置能力，轨道控制精度
	供电能力	输出功率，母线电压，母线电压调节体制及配电体制
	测控指标	测控频段及带宽，天线覆盖，发射等效全向辐射功率，接收系统增益噪声温度比，上行捕获门限值，上下行调制方式，遥控遥测码速率(遥测参数容量、遥控指令容量)，抗干扰能力
	数据处理及存储能力	数据计算处理能力，数据存储能力
	结构承载及散热能力	结构刚度，有效载荷承载质量，星内外设备布局能力，散热能力
	卫星质量	卫星发射质量，卫星干质量
	卫星尺寸	卫星本体尺寸，收拢状态尺寸，展开状态尺寸

有效载荷主要性能指标可分为覆盖区域、通信容量和通信质量。与通信容量相关指标包括等效全向辐射功率、天线增益/噪声温度比、饱和功率通量密度、通信频段和带宽、频率和波束复用特性；通信质量相关指标通道幅频特性和相频特性、幅度和相位非线性、变换频率机器准确度、杂波、相位噪声、功率及频率稳定性。主要性能指标介绍如下。

(1) 覆盖区

覆盖区也称服务区，是重要的用户任务要求。覆盖区设计与卫星通信业务类型和技术指标有关，通信广播卫星多采用单一区域波束实现要求的区域覆盖。

(2) 频率规划

频率规划包括通信频段选取和带宽确定。频率选取需要考虑信号受大气层的影响、当前技术实现水平以及与现有通信系统的相互干扰等。为合理利用有限的频率资源，国际电信联盟对卫星通信频段作了行政性规定。卫星固定通信业务通常采用 C，Ku 或 Ka 频段。

（3）等效全向辐射功率

等效全向辐射功率（EIRP）是指卫星定向天线在辐射方向实际所辐射的功率等效为一个各向同性辐射的设备所能发出的功率。EIRP 是天线方位角和频率的函数。

（4）天线增益/噪声温度比值

天线增益/噪声温度比（G/T）即接收系统品质因数，是折算到接收天线和转发器接口面上天线增益与整个有效载荷系统的噪声温度之比。

在卫星上行链路计算中，应保证 G/T 足够大，天线噪声温度主要来自于接收方向上的热辐射，主要受到地面噪声、大气噪声和降雨噪声等的影响。

（5）饱和功率通量密度

饱和功率通量密度（SPFD）是指使卫星转发器达到饱和或额定工作点，到达卫星接收天线的上行信号功率通量密度。

3.1.3 通信卫星工程系统与卫星项目建设管理

3.1.3.1 通信卫星工程系统

通信卫星工程系统包括通信卫星系统、运载火箭系统、发射场系统、测控系统和地面应用系统等五大系统，如图 3－2 所示。

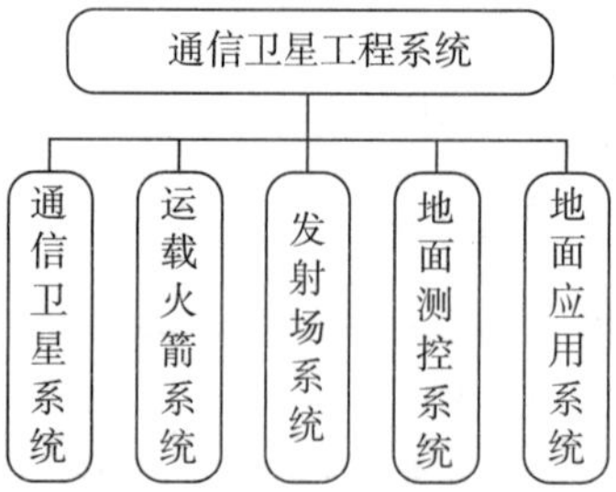

图 3－2 通信卫星工程系统组成

运载火箭系统是卫星工程很重要的约束条件。通信卫星是运载火箭的有效载荷，卫星的发射质量、轨道及入轨精度受运载火箭系统能力的限制；卫星外形受运载火箭整流罩有效空间的限制；卫星的结构和星上产品要能承受运载火箭起飞、飞行和分离所产生的过载、振动、噪声和冲击等力学环境；卫星与火箭还需满足电磁兼容性等。

发射场系统是运载火箭和卫星在发射前总装、测试、加注和发射场所。

地面测控系统负责卫星发射、定点、直至交付后的长期测控管理。一般来说，商用卫星的长期测控由卫星运营商自行测控管理。

地面应用系统主要包括通信终端、链路设备及业务管理单元，通过卫星实现终端用户间的信息交互应用。

五大系统之间关系以卫星与运载火箭间最为复杂，包括运载火箭能力约束、星箭分离点的轨道参数和入轨精度要求、发射窗口要求、星箭机械接口、环境条件、整流罩约束、电性能接口和电磁兼容性等。

3.1.3.2　卫星项目建设阶段划分

卫星项目建设是中国卫通的核心工作，重要的卫星项目建设同时也是国家重点建设工程。卫星项目建设管理工作可分成四个阶段。

（1）可行性研究与立项阶段

项目可行性研究可分为需求分析、总体技术方案、项目可行性研究三方面内容，项目可行性分析是项目立项的重要依据，是客观评价项目建设是否可行的分析报告。

（2）合同谈判与签署阶段

此阶段完成卫星合同及技术附件谈判，技术附件包括《性能规范》《工作陈述》《试验计划》《产品质量保证大纲》《在轨测试计划》和《动态模拟器性能规范》。

（3）卫星研制生产与监造阶段

卫星采购合同签署后，卫星承制方按合同规定的交付周期和合同技术附件的规定开展卫星研制生产工作，卫星研制生产过程包括技术方案细化、系统设计、平台和通信舱总装测试、整星测试及大型环境试验、出厂测试及评审等环节。卫星采购方对卫星研制全过程进行监督管理，参与天线设计优化、整星设计评审、总装测试、大型环境试验及出厂评审等阶段工作，并从总装测试阶段开始派驻场人员进行现场监造，对卫星研制进度、质量进行把关。

（4）发射定点、在轨测试与验收阶段

在此阶段，首先进行卫星出厂运输、发射场测试及准备工作。在卫星发射并定点后，卫星平台各分系统在地面测控系统配合下完成卫星平台在轨测试，使用用户测试站完成卫星载荷在轨测试，对载荷经过发射阶段后性能进行确认，在轨验收后交付使用，并交付在轨使用文件，包括有效载荷使用说明和卫星使用手册。

3.1.3.3　卫星项目建设管理内容

卫星项目建设管理内容主要包括项目进度管理、项目费用管理、项目质量管理、项目风险管理（在3.1.5节重点介绍）和项目人力资源保障等内容。

（1）项目进度管理

项目进度管理是保证项目最终能按时完成的一系列管理过程，包括具体活动界线、进度管理计划制定，进度计划的执行和控制，进度管理的总结和评价。

项目成功的基本条件是以科学合理的项目计划和严密的进度管理为核心的。

（2）项目费用管理

项目费用管理是保证完成项目的实际成本费用不超过预算成本费用的管理过程，包括经费管理计划的制定、成本分解结构的确定、项目经费控制、项目经费审计和经费管理的总结和评价。在立项论证与立项阶段，要有清晰的项目成本概算，在项目执行阶段确保质量的情况下按照合同约定进行里程碑付款。

（3）项目质量管理

项目质量管理目标，是在合同规定的研制周期、经费和系统性能指标的约束条件下，通过对卫星研制生产过程中有效控制，确保研制出满足合同及技术附件要求的卫星产品。

卫星项目管理部门应组织相关技术人员和专家参加设计和测试评审、测试过程监控、产品状态监督等。

(4) 项目人力资源保障

卫星项目建设部门全程负责卫星可行性研究分析、项目立项、合同谈判、卫星研制生产监造、发射定点与在轨测试验收等过程，但不同阶段需要公司相关人员和公司内外专家参加。如在可行性研究阶段，需要相关人员进行市场需求分析、轨道频率可用性分析、卫星初步方案研究和经济可行性分析等；在卫星研制生产与监造阶段就需要卫星测控和业务运行工程师介入，以便卫星在轨测试验收后可平稳接收。

3.2　可行性研究与立项

卫星项目可行性研究可分为需求分析、总体技术方案、项目可行性研究三个阶段，项目可行性分析是项目立项的重要依据，是客观评价项目建设是否可行的分析报告。

3.2.1　可行性研究

卫星项目可行性研究主要流程如下：

1) 频率资源、市场销售、卫星及业务运行管理部门共同开展的需求分析；

2) 根据需求分析编制卫星建设项目总体技术方案；

3) 确认总体技术方案；

4) 编制可行性研究报告。

3.2.1.1　需求分析

需求分析与需求确认是指依据战略发展、市场销售及频率资源对卫星配置的要求进行详细的分析，转化为对卫星项目的要求和要解决的问题。由于受到项目工程实际条件的限制，往往需求是不可能全部满足的，需求分析应了解到需求的核心内容。

需求是动态变化的，随着需求分析的深入或其他的一些原因，需求产生一定的变化是正常的过程，需求分析应尽可能地留有应变的空间。

卫星项目需求分析的输入主要包括 3 个方面的内容，具体如下：

1) 要明确全局战略对新研卫星项目的要求，及项目的运作模式等内容，如：卫星的轨道位置、频率、主要针对的市场、项目的投入资金模式等。

2) 要明确市场销售的需求，主要是对波束覆盖区的需求，同时提供市场分析、竞争者（含空间段、地面段）态势分析等内容。

3) 要明确待研卫星轨位的频率资源限制条件。

分析人员需要对来自不同方面的输入材料进行归纳和整理，如发现需求中有矛盾之处，如频率资源的限制不支持覆盖需求等，就需要进一步协调，采取调整需求或其他一些方法来统一、优化需求，并形成待研卫星项目的最终需求，通过会议或其他正式的形式对最终需求进行确认，并作为下一步工作的依据。需求确认的过程可能需要反复多次。

卫星项目建设属于重大投资项目，应使卫星项目整个过程做到有记录、可追溯，应从宏观上把握对卫星项目的要求，澄清需求和要求中的疑点，尽可能多的了解项目的背景材料。

3.2.1.2　项目总体技术方案

依据已确认的需求制订初步的卫星方案和配套系统建设方案，主要是波束的覆盖和频率资源的使用等情况，同时方案中应阐述需求分析的内容。

在初步方案制定过程中，要依据卫星覆盖地区的重要性和工程经验合理估算各卫星波束的性能指标。

在初步方案编制完成后，组织相关方讨论初步方案的合理性和正确性，并依据讨论的情况来完善方案，最终正式确认初步方案。

初步方案确认的过程可能需要反复多次。

3.2.1.3　项目可行性研究

可行性研究是项目立项的重要依据，是客观评价项目建设是否可行的分析研究。

可行性研究应主要包括以下内容：

1）概述。主要包括项目背景，项目建设的必要性和可行性，简要结论等。

2）业务预测。分析市场宏观情况，提出业务定位，预测用户发展等。

3）业务发展计划。制定包括业务种类划分、明确目标客户、拟定收费方案等在内的市场运作方案，同时提出与目前其他相关业务的关系。

4）工程建设方案。包括系统建设原则、组网方案、各系统建设计划、配套工程情况及实施进度等。

5）人力资源配置。制定项目建设及运维中需要的人员计划并分析人员保障情况。

6）投资估算及经济评价。编制项目建设投资估算表，并对项目进行经济评价，需引进设备的应提出用汇额度。

7）其他需要说明的问题。

卫星项目可行性分析报告一般的结构如下：

第一章总论（项目背景、项目概况）。

第二章市场预测（市场前景分析、产品市场需求预测）。

第三章产品方案（设计原则、发射日期的选择和确定、有效载荷方案）。

第四章卫星轨道位置及频率资源条件分析（频段可用性分析、邻星使用情况、轨道频率资源使用可行性分析）。

第五章产品技术方案、建设方案（卫星方案、运载火箭分析、发射与测控服务支持、测控站技术方案、长期卫星管理站址选择及站址环境分析）。

第六章组织机构与人力资源配置（人员配置、工作人员培训）。

第七章项目实施进度。

第八章投资估算与资金筹措（估算依据、建设投资估算、流动资金估算、工程建设投资分年用款计划）。

第九章融资方案。

第十章财务评价（财务评价基础数据与参数选取、销售收入估算、成本费用估算、财务评价指标）。

第十一章社会效益评价。

第十二章研究结论与建议。

由于卫星项目的可行性分析涉及项目的技术可行性、财务可行性等内容，通常情况下，分析论证成员包括：项目建设、频率资源、市场销售和财务等相关工作人员。分析论证成员除完成项目可行性分析外，还将继续支持项目的立项工作。

可行性研究完成后，形成可行性研究报告。可研报告经审查评审通过后，项目主管单位负责办理项目审批手续。

3.2.2 立项

在完成卫星项目可行性分析报告审批后，按照公司及国家相关规定进行项目立项。

1）根据项目规模和特点，委托具备相关工程咨询单位资质的单位在已经公司审批的项目立项报告的基础上，并依据国家、行业等相关规定和专业立项报告格式要求编写。项目可行性分析小组负责给咨询公司提供支持并审核报告，并上报批准（向国家申报的项目可行性研究报告或项目申请报告均须委托具备工程咨询单位资格的单位编写）。

2）上报国家批准的卫星项目须附相关环境影响评估报告。应聘请有相应资质的单位出具环境影响评估报告，并获环保部门批复。

通常，卫星项目立项报告具体如下：

第一章总论（项目背景、项目概况）。

第二章市场预测（市场前景分析、产品市场需求预测）。

第三章产品方案（设计原则、发射日期的选择和确定、有效载荷方案）。

第四章卫星轨道位置及频率资源条件分析（频段可用性分析、邻星使用情况、轨道频率资源使用可行性分析）。

第五章产品技术方案、建设方案（卫星方案、运载火箭分析、发射与测控服务支持、测控站技术方案、长期卫星管理站址选择及站址环境分析）。

第六章主要原材料、燃料供应。

第七章节能（节能措施、能耗指标分析）。

第六章组织机构与人力资源配置（人员配置、工作人员培训）。

第七章项目实施进度。

第八章环境影响评价（空间段环境、地面段环境）。

第九章劳动安全卫生与消防（劳动卫生、消防安全）。

第十章组织机构与人力资源配置（人员配置、工作人员培训）。

第十一章项目实施进度。

第十二章投资估算与资金筹措（估算依据、建设投资估算、流动资金估算、工程建设投资分年用款计划)。

第十三章融资方案。

第十四章财务评价（财务评价基础数据与参数选取、销售收入估算、成本费用估算、财务评价指标)。

第十五章社会效益评价。

第十六章研究结论与建议。

向国家申报的项目报告或项目申请报告均应附环保评估及批复。

立项申请文件包括项目申请报告和可行性研究报告两部分。

3.3　卫星采购合同谈判与签署

3.3.1　合同谈判前期准备

在卫星项目可行性研究报告和立项报告批准之后，将组建合同技术和商务谈判小组。合同谈判前期准备重点沟通内容主要包括卫星用户需求以及围绕卫星用户需求形成卫星项目建议书。

3.3.1.1　卫星用户需求

卫星用户需求主要内容应包括：卫星轨位，卫星寿命要求，卫星轨位频率资源状况，频率计划，切换矩阵，覆盖服务区和隔离区。

1）卫星轨位和寿命，提供卫星在轨测试轨位及工作轨位，提供卫星寿命要求。

2）卫星轨位频率状况和覆盖区，包括可使用频率资源和不可用频率资源。

可用频率资源涉及服务区覆盖数量、固定可用服务区覆盖和可移动服务区覆盖，固定可用服务区覆盖范围及其使用上下行频段、极化方式、上下行极化、服务区业务类型、上行 G/T 、下行 EIRP 指标、交叉极化隔离度指标要求；通常情况基于可移动波束具备移动灵活性，建议采用极化开关，使可移动波束具备极化切换能力。

不可用频率资源包括涉及不可用服务区覆盖数量、不可用服务区覆盖、不可用服务区覆盖范围及其使用上下行频段、极化方式、上下行极化、上行 G/T 隔离、下行 EIRP 隔离指标、交叉极化隔离度指标要求。

3）频率计划，明确每个波束所使用的上、下行频率及极化，指定转发器带宽、保护带宽及配置使用的转发器数量。

4）切换矩阵，针对多波束卫星设计方案，要求转发器可以在多波束间进行选择切换应用需求，明确表述转发器在波束间切换使用关系以及波束间铰链使用关系。

3.3.1.2　卫星项目建议书

卫星研制厂商根据卫星用户需求，提供项目技术建议书。技术建议书应包括卫星项目概述、平台选型、卫星总体参数指标预算、有效载荷波束描述、波束性能、运营条件、工作内容及分工。

1）卫星总体参数指标预算，包括卫星质量（有效载荷和平台各分系统质量）预算及分配，卫星功率预算及分配，卫星推进剂预算，卫星遥控指令和遥测参数预算及分配，卫星刚度指标分配，天线指向精度预算及分配。

2）有效载荷描述，描述各类载荷波束配置，波束数量、波束覆盖要求服务区、转发器配置、转发器数量、波束转发器使用数量，具备波束切换能力的转发器需说明最少最多转发器使用数量，载荷配置框图，频率计划、切换矩阵。针对多波束通信载荷还应明确前向、返向转发器配置、关口站波束位置、波束宽度。载荷配置框图应包括从输入端天线、接收机或变频器、输入滤波器、转发器配置、输出滤波器、射频输出等。

3）运营条件，考虑到在轨运营使用限制条件，对有效载荷的限制使用条件，通常情况下有效载荷使用限制条件多来自于卫星功率限制。针对功率限制，给出整星转发器饱和工作状态下配置数量和转发器回退条件工作状态下的配置数量。

4）波束性能，各波束服务区和隔离区性能。服务区性能指标包括最坏条件下 EIRP、G/T 及上下行交叉极化隔离度，服务区性能最坏条件包括不确定性、无故障状态、隔离限制、最差通路和天线指向偏差。针对多馈源频率复用波束还应该提供 C/I 性能。

5）工作内容及分工，进行卫星项目工作内容分工定义，针对卫星平台和有效载荷合作项目要进行平台工作、载荷工作及平台载荷接口工作的详细定义。

3.3.2 技术谈判

3.3.2.1 技术谈判内容

合同技术谈判文件包括：《卫星工作陈述》《卫星性能规范》《卫星在轨测试计划》《卫星试验计划》《卫星产品保证大纲》《卫星模拟器性能规范》和《卫星培训计划》。

（1）《卫星工作陈述》

《卫星工作陈述》阐述了卫星承包商对卫星合同须承担的工作和责任，通常承包商所需承担的工作和责任包括：设计、开发、制造、组装、集成、测试、运送至发射场，发射操作，在轨测试，交付卫星及相关设备。

提供相关联的服务：技术资料和项目管理文件，工程技术支持包括运载火箭接口及发射支持活动，对发射及在轨保险购买的技术支持，培训，地面控制系统开发支持（可选用），地面测控备份服务（可选用），以及卫星项目管理。

（2）《卫星性能规范》

卫星性能规范涉及卫星总体性能要求、卫星运行要求、卫星设计要求和卫星有效载荷性能要求。卫星总体性能要求包括平台选型、任务要求、寿命、卫星质量、控制精度、天线指向精度、姿态偏置能力等主要性能指标。

（3）其他技术附件

《卫星试验计划》。通过试验、分析或者二者相结合的方法在系统级、分系统级或组件级按照卫星试验计划的详细要求在模拟最坏情况下验证卫星的性能是否满足设计要求。试验计划包括鉴定、准鉴定、验收试验。试验产品分为组件级、分系统级和系统级。

《卫星模拟器性能规范》。卫星模拟器作为地面设备的重要组成部分，它在地面可以模拟卫星的工作状态，配合卫星测控站完成测控设备的测试、系统联试和联调工作，从而保证地面测控工作的顺利进行。设置卫星模拟器的目的是为了满足用户卫星测控站进行卫星管理的需要，使其顺利完成对卫星的长期运行管理。卫星模拟器的各项指标将通过卫星模拟器性能规范进行要求和定义。

《卫星产品保证大纲》。为满足卫星用户的要求，卫星产品保证计划提出了承包商及其分承包商针对用户的产品质量保证要求需执行的产品保证程序。文件要求定义项目执行中有关产品质量保证组织机构的形式和职责，以及在卫星设计、制造、装配、试验、交付和发射场活动全过程中产品质量控制、风险识别、风险控制的方法、措施、工作活动和工作内容。

《卫星在轨测试计划》。在轨测试（IOT）的目的是验证卫星在经历发射、分离、变轨、在轨测试以及初始的空间辐照情况下，卫星性能与地面测试数据及规定性能指标的一致性。在轨测试包括平台测试和有效载荷测试两部分。

《卫星培训计划》。定义了用户人员进行卫星及卫星操作相关培训的要求及内容，包括培训计划、培训方法、培训内容、培训课时等。

（4）其他

卫星有效载荷设计要充分考虑兼容空间链路环境、系统设计指标市场需求等总体要求。卫星有效载荷波束覆盖设计是一个迭代过程。通常需要经历初步设计、研制单位仿真、再仿真生成等多次迭代演进的过程，天线优化过程可以持续到卫星合同签署后到天线优化阶段完成截至。

波束设计要考虑轨位频率协调条件，可以结合波束隔离、波束切换技术开展有效载荷设计，增强载荷设计灵活性，规避轨位频率使用风险。在载荷灵活性设计方面亦可以考虑使用单波束多馈源，天线甩点，星上交换等多种技术。

3.3.2.2　卫星性能指标要求

3.3.2.2.1　总体性能指标

总体性能指标要求包括平台选型、任务要求、寿命、卫星质量（含推进剂填装量）、控制精度、天线指向精度、姿态偏置能力等主要性能指标。

（1）平台选型

综合有效载荷任务需求，考虑卫星平台功率、天线、转发器布局等能力情况选择卫星平台。卫星平台选型的基本原则主要包括；平台的承载能力和设备的布局空间必须大于载荷需求；平台的供电及调节能力尽量不低于载荷需求；做好平台的技术状态控制，尽量减少平台的更改设计。

（2）任务要求

火箭运载和发射要求卫星与运载火箭的接口应满足运载火箭的接口规范；卫星轨道和定点位置要求明确同步卫星运转的地球静止轨位；稳定性方面要求卫星应保持姿态稳定及失去姿态后应有能力重新获得正常的操作姿态。

（3）卫星寿命

卫星寿命包含发射和上升、转移轨道操作、漂移轨道、在轨测试、再定点、服务寿命和离轨阶段。卫星的服务寿命定义为以卫星在轨验收交付日为起始日，一直到卫星不能按照合同及附件规定的性能指标为用户提供正常的服务之日为止。

（4）卫星质量

卫星发射质量，包括卫星干重和寿命周期内所需的推进剂应和指定运载火箭的承载能力兼容。推进剂填装量，应足够并满足卫星的发射和早期的轨道操作，直到获得最终的轨道位置，满足位保要求和寿命期间姿态控制要求以及寿命末期脱离轨道需求。

（5）控制精度

正常模式下姿态的指向精度：滚动、俯仰、偏航方向上的指标要求。

（6）天线指向精度

在整个服务寿命期内，最坏条件下由各种误差源造成的卫星天线波束指向精度误差值。

（7）姿态偏置能力

在静止轨道工作期间，通过地面遥控可以改变卫星姿态的能力。包括短期俯仰、滚动偏置能力，长期俯仰、滚动偏置能力，偏置量分辨率，姿态控制实现方式。

3.3.2.2.2　卫星运行要求

卫星运行要求包括轨位保持精度、在轨卫星天线方向图测试能力、卫星共轨技术、兼容性。兼容性确保有效载荷、测控和平台的其他分系统应能相互兼容。

（1）轨位保持精度

在考虑多种误差，如测距误差、地面站系统误差、推进误差以及由于太阳、月球和光压所产生扰动等因素的条件下，卫星在整个服务寿命期内，卫星轨道位置须保持（东西和南北）的精度。

（2）在轨卫星天线方向图测试能力

应能使在不损失遥控和遥测能力的情况下，天线的方向图能通过地面站进行验证测试，决定在寿命初期天线的实际性能。

（3）卫星共轨技术

为确保与共轨卫星共同工作，提供多星共位技术支持，指定多星共位方案，消除卫星之间有可能产生的碰撞、遮挡等不利事件，确保待建卫星与共位卫星在同一轨位上正常工作。

3.3.2.2.3　卫星设计要求

卫星设计要求包括卫星构成、稳定方式、自主运行、可靠性、ITU 要求、卫星安全性、电磁兼容性、构型、卫星地面存储运输、零重力试验、供配电任务要求。

（1）卫星构成

通常同步轨道通信卫星的组成包括转发器分系统、天线分系统、测控分系统、数据管理分系统、供配电分系统、姿态与轨道控制分系统、推进分系统、结构分系统、热控分系统等。

（2）稳定方式

定义卫星在转移轨道和同步轨道稳定工作方式。现阶段同步轨道通信卫星在转移轨道和同步轨道，整个卫星全寿命期间都采用三轴稳定方式。在卫星服务寿命期间，提供满足要求的姿态控制能力。

（3）自主运行

定义如果地面测控失效，卫星平台和载荷应至少能够自主运行指标要求。

（4）可靠性

卫星设计尽可能采用经过飞行验证的成熟技术和部件，避免单点失效。卫星可靠性要求分两个阶段：阶段1：在完成卫星在轨测试并在轨交付时平台和有效载荷可靠性要求；阶段2：从阶段1结束开始，到卫星设计寿命末期，平台和有效载荷可靠性要求。按照卫星产品保证要求，承制方应提供可靠性、失效模式和FMEA分析。

冗余设计将用于所有级别上，用于消除关键的失效模式、避免单点失效。

（5）ITU要求

卫星的性能应符合国际电信联盟的无线电规则（ITU-R）和相关建议。

（6）卫星安全性

卫星安全性应考虑到如下状况。

故障隔离：卫星设计应采取故障隔离措施或自动保护措施，以防止星内任一元件、部件或设备发生故障而导致其他元件、部件或设备不能正常工作。

推力器点火控制异常：卫星设计应有禁止推力器自发点火的措施和避免推力器点火后因故不能按时熄火的应急措施。

自动切换异常：当星上任何自动切换功能失效时，应能由地面遥控切换来替代；当星上任何自动切换功能误动作时，应能由地面遥控来解除或禁止其自动切换。

上行线路信号中断：要求地面测控上行线路信号中断持续时间12 h内，卫星不管运行于何种状态其工作性能和寿命都不应受到影响。

（7）电磁兼容性

卫星发射时电磁相容性要求卫星从起飞到入轨定点过程中星内各电子设备应满足系统的电磁兼容要求，互不干扰；卫星与运载火箭、发射场设备之间也应电磁兼容互不干扰。

（8）构型

姿态敏感器的安装充分考虑结构与附件的遮挡关系，包括卫星及其辅件的各种运动状态，确保其视场要求；推进分系统的推力器安装位置和角度充分考虑避免羽流造成对卫星的干涉、损坏以及产生干扰力矩。

采取的热控措施充分考虑减小各种季节性变化或周期性的温度梯度；热控硬件的构型应充分考虑避免与其他可展开部件的机械干涉。

卫星设计充分考虑避免卫星的姿态控制与帆板天线等部件的动力学耦合；充分考虑避免天线波束的干涉或遮挡而引起天线性能的改变，对此进行建模分析或仿真。

（9）卫星地面存储运输

地面存储：卫星在通过出厂准备评审后，允许在规定的环境条件下储存合同规定年限，经过储存的卫星在进行相应的测试后可以交付发射，保证满足卫星在轨性能和寿命要求。

卫星运输：卫星设计便于卫星总装操作和起吊运输，满足卫星运输条件的包装箱具有测量和记录力学、温度和湿度的设备和能力。

(10) 零重力试验

卫星设计考虑卫星在轨的零重力环境，具有热管、展开机构的部件以及推进剂管理装置的试验采取等效的零重力措施。

(11) 供配电任务要求

电源功率满足设计寿命期间星上设备不间断工作的要求。通常情况下，预计的卫星寿命末期太阳翼功率输出在太阳电池阵两串失效的条件下，具有不小于5%的余量。

3.3.2.2.4 有效载荷性能指标

卫星有效载荷性能指标要求：载荷配置、频率计划、服务区覆盖、信标、EIRP、G/T 、交叉极化隔离或 C/I 、卫星饱和功率通量密度及增益档、转发器配置和切换功能、频率稳定度和准确度、带内频率响应、群时延、幅频特性、相移、AM/PM 转换因数、幅度线性度、带外频率响应、谐波功率、带内杂散、带外杂散、相位噪声、被动交调(PIM)、TWTA 自动重启、微放电等指标。

(1) 载荷配置和频率计划

载荷配置包括通信天线配置和转发器配置状况。

频率计划通常包括各服务区覆盖所使用的上下行频率、带宽、保护带、极化方式、使用极化，通常汇总形成频率极化图。

带宽是影响通信容量的重要参数。每个转发器通道间需要留有一定的频率间隔，一般为通道带宽的1/10。为增加有用带宽，常采用极化复用和空间复用两种方式。

(2) 服务区和隔离区覆盖

服务区覆盖需明确波束服务区覆盖范围，有服务区覆盖对应隔离区覆盖要求的，要同时明确隔离区覆盖范围，隔离区覆盖范围定义要结合所用频率滚降特性、对服务区覆盖范围影响及波束研制能力综合考量。

(3) 信标

信标需定义使用频点及极化方式，信标机主备份数量，信标 EIRP 指标要求。

(4) EIRP 和 G/T

根据波束服务区内实际开展业务类型及性能要求，定义波束服务区域内的 EIRP、G/T 性能指标，根据隔离指标要求定义隔离区的 EIRP、G/T 性能指标。服务区域性能指标通常定义为最坏情况下的 EIRP、G/T 指标值，考虑天线指向误差、不确定性、卫星姿态偏置。

交叉极化隔离或 C/I 应针对波束服务区逐个确定，保证反极化泄露对主极化业务不受影响；在多波束设计频率复用使用条件下定义为 C/I 。

(5) 饱和功率通量密度和增益档。

饱和功率通量密度定义为，当转发器被推到饱和工作点时，上行载波在接收天线口面所达到的通量密度。包括固定增益模式（FGM）和自动电平控制模式（ALC），须定义满足两种不同饱和通量密度要求，两种要求的控制范围和增益控制分辨率。

（6）转发器配置和切换

转发器配置和切换功能应包括主备用转发器数量、转发器备份环设计、接收机主备份、变频器主备份，冗余设计要兼容系统可靠性要求；切换功能要分别对上行通道之间、下行通道之间和上下行通道之间的切换关系进行详述。

（7）频率稳定度和准确度

频率稳定度和准确度分别定义为，在卫星整个寿命期内，转发器的频率转换稳定度要求；在一个月内频率转换稳定度要求；在一天内频率转换稳定度要求。

（8）带内频率响应特性

带内频率响应特性包括增益平坦度和增益斜率，增益平坦度定义在信道有效带宽内，当功率通量密度低于饱和 15 dB 时，射频信道的功率变化要求。

（9）群时延、相移、AM/PM 转换

群时延定义为，当功率通量密度比饱和低 15 dB 时，射频信道的群时延特性、群时延纹波、群时延稳定性。

相移定义为，由于转发器转移特性导致的相位在饱和到输入回退 20 dB 范围内可接受的相移范围。

AM/PM 转换定义为放大器输出信号由于输入信号产生幅度变化而产生的相位变化量。

（10）幅度线性

幅度线性度包括接收端幅度线性度和发射端幅度线性度。

接收端幅度线性度主要考量接收机和变频器的幅度线性度，定义为，在整个的接收频段内，每个射频载波对三阶互调产物的电平比符合性。

发射端幅度线性度考量线性放大器和转发器的幅度线性度，定义为，在每个转发器频带内，每个三阶互调产物的电平符合性。

（11）带外频率响应特性

带外频率响应特性包括接收端宽带带外响应特性和转发器信道带外响应特性。

（12）谐波功率、带内杂散、相位噪声

谐波功率定义为由开关电源纹波和频率变换部分产生的离散杂波调制限制要求。

带内杂散要求定义在卫星转发器输出端测量的带内杂散功率要求，单位可为 dBc/4 kHz 或 dBm/4 kHz。

带外杂散要求定义为，由于输出信号谐波导致杂波信号在任意 4kHz 带宽内输出功率要求。

相位噪声对非调制载波上产生的寄生相位噪声普密度进行限制。

（13）开关机时间和 TWTA 自动重启

开关机时间：任何单机状态改变或切换至备份时，单次开关机时间进行限定，通常要求低于 750 ms。

TWTA 自动重启定义为，TWTA 因过功耗而第一次自动关机后，自动重启时限及不再重启时限。通常情况下要求在 300 ms 时间内，应能自动重启。

（14）无源交调（PIM）和微放电

无源交调（PIM）定义为，在常温条件下的转发器输入端 PIM 值限制要求。

微放电，通常是由部件中传输射频电场所激发，在射频电场中被加速而获得能量的电子，撞击表面产生二次电子而形成。

3.3.2.2.5 平台子系统要求

平台子系统包括：遥测遥控分系统、结构分系统、供配电分系统、姿态与轨控分系统、推进分系统、热控分系统、数据管理分系统。

（1）遥测遥控分系统

定义遥测遥控使用频段，测控分系统载波测控体制，包括遥测子系统、遥控子系统、跟踪子系统（含测控天线）等部分。在整个寿命期内测控分系统工作在全向天线状态。测控分系统工作在卫星的各研制阶段和整个寿命期间，包括地面各阶段测试、发射前、发射时、转移轨道和卫星定点后等阶段。

测控分系统的设计尽可能采用经过飞行验证的成熟技术和部件，采取冗余设计，避免单点失效，以提高分系统的可靠性。在卫星出现异常和紧急状态时，测控分系统应尽量保证工作正常。测控分系统还应能与卫星的有效载荷保持良好的电磁兼容。

目前，我国同步轨道民用通信卫星采用 C 频段测控，采用国际统一载波测控体制。在合同技术谈判中应确定项目和参数：

1）应确定遥测、遥控频点及极化方式及极化。

2）转移轨道和定点后的下行 EIRP 以及 EIRP 稳定度。

3）遥控接收灵敏度，定义遥控接收的最小信号电平。

4）频率稳定度及频谱纯度：频率日稳定度，频率准确度指标。

5）遥控通量密度要求，链路设计中应保证至少有 3 dB 的余量。

6）最大不损坏功率，指定接收机的最大不损坏功率，单位为 dBm。

7）测距功能，通过测量地面发射的测距音与地面接收到的该转发测距音的相位延时而实现的。

8）测距音频率和测距精度。

9）测距信号应可以交叉连接工作，由地面指令控制切换。

（2）结构分系统

卫星的结构分系统应具有以下功能：形成卫星完整构型；承受在整个制造、试验、操作、运输、发射和轨道机动期间的静力和动力载荷，提供合理的传力路径；提供星箭对接接口；为卫星内部的仪器部件和外部的通信天线、太阳帆板及推力器等提供安装面，并且保证仪器设备处在良好的力学环境中；为有安装精度要求的关键部件，如敏感器、天线反射面和馈源等提供一个能够保持良好精度的稳定平台；为热控分系统的 OSR 片贴装和热管埋装等提供必须的条件。

(3) 供配电分系统

供配电分系统的任务是负责在卫星各个飞行阶段，包括主动段、转移轨道及同步轨道工作寿命期间给卫星的有效载荷及服务舱各分系统提供和分配电能。

(4) 姿态与轨控分系统

控制分系统在转移轨道和同步轨道完成对卫星的姿态和轨道控制。控制系统采用三轴稳定控制，由敏感器、控制器和执行机构组成。通过太阳敏感器、地球敏感器和陀螺进行姿态测量；四套反作用轮和 14 个 10 N 推力器和一个 490 N 发动机作为执行机构提供控制力矩和速度增量；所有的控制算法由控制计算机实现。

(5) 推进分系统

卫星推进分系统完成远地点机动、同步轨道定点捕获、位置保持和作为控制分系统的执行部件完成卫星各阶段姿态控制和调整。提供整星姿态控制力矩，提供整星轨道控制推力。

(6) 热控分系统

卫星的热控分系统要求采用成熟的热设计方法和技术，以被动热控技术为主，辅以电加热器和热管，提供一个安全可靠的热控分系统。卫星热设计的基本要求是保证从发射前到寿命终了的卫星全寿命期间内，在各种环境条件下、各种转发器分系统工作模式下，星上仪器、设备的温度均在规定的范围内。

(7) 数据管理分系统

数据管理分系统以一台星务计算机（SMU）为核心，平台综合业务单元（PFISU）、载荷综合业务单元（PLISU）为远置测控和配电终端，构建了一套集散型分布式网络系统，提供标准总线接口与电气接口，实现卫星平台电子系统的中心计算机控制、遥测参数采集、遥控指令输出、仪器设备配电、加热器配电、加热器控制、能源管理、火工品管理、载荷管理、FDIR 等综合服务功能，系统同时具有扩展性和适应性。数据管理分系统管理着卫星平台和载荷的被控终端。

3.3.3　商务谈判

《卫星采购合同》明确了卫星采购过程中用户与承包商的权利和义务，通常卫星商务合同内容包括：合同价款及支付，工作进度，质量保证，检查、评审和验收，政府批准与许可，不可抗力，推迟交付、发射活动、LEOP、在轨测试、管理服务和培训，所有权和损失风险，证赔付计划，卫星存储，责任限度，方便终止，知识产权，承包商的过失导致的终止，用户责任，信息披露和保密，法律和仲裁，责任限制，合同生效日，其他等内容。

卫星采购合同的主要条款与卫星研制要求和卫星技术特性密切相关，卫星项目经理应负责在谈判过程中及时沟通技术、商务两部分谈判进展情况、遇到的问题。总体顺序是先确定技术状态，再进行商务谈判。由于卫星采购活动异常复杂，技术与商务问题相互牵连，因此，通常的作法是：

1) 先开展技术谈判，商务谈判在主要技术条件确定的情况下开展。此时商务经理应参加技术未关闭项的讨论，充分了解技术需求，沟通谈判余地和底线。

2）技术谈判多数问题解决后，谈判的重心转移到商务。此时卫星项目经理应参与商务谈判，配合商务经理实现谈判目标。

里程碑付款同卫星项目工作陈述项目进展状态结合紧密，要求合同里程碑和工作陈述保持一致。常规里程碑付款节点如下：

1）合同签署；

2）完成初步设计评审；

3）完成整星关键设计评审；

4）完成三舱对接；

5）完成热、力学试验和评审；

6）完成卫星紧缩场测试及评审；

7）完成卫星出厂评审；

8）完成卫星发射就绪评审；

9）完成卫星在轨测试评审及交付；

10）卫星发射后3个月。

3.3.4　合同审批与签署

由于卫星采购合同是公司与卫星承制方谈判商议的结果，可能存在与公司原始需求的偏差；且从确定需求到谈判结束周期较长，市场、运行维护部门可能提出新的要求。企发、财务、法律部门的意见可能引起合同内容的重大变化；另外卫星采购合同内容庞杂、文件量大，全部依赖合同审批流程控制合同质量存在一定风险。因此，卫星项目经理应在谈判过程中和谈判结束时向有关部门沟通谈判情况，确保谈判过程及结果符合公司的主要需求且具较好的性价比。

沟通的内容可分为几个方面：谈判进展情况，项目进度，合同商务条件，有效载荷性能主要指标情况和存在的分歧，平台主要指标情况和存在的分歧等。沟通结果在总体技术、商务条件方面不能违背立项批复。

卫星采购合同技术谈判的成果为合同技术附件。经历招投标阶段后，卫星承包商在谈判中会趋向于放宽对卫星功能和性能指标的限制，以利其顺利履约。卫星项目经理应根据项目的特点，抓住公司的主要需求兼顾次要及商务条件需求，尽量挖掘承包商的技术能力。技术谈判中遇到与谈判预案偏离的情况，卫星项目经理应编写谈判情况及结果汇报，上报公司审查批准。合同商务谈判结果审批应按公司《采购合同管理办法》执行。

卫星采购合同商务及技术谈判及审批完成后，会形成《卫星商务合同》及合同技术附件，形成的合同技术附件包括：《卫星工作陈述》《卫星性能规范》《卫星在轨测试计划》《卫星试验计划》《卫星模拟器性能规范》《卫星产品保证大纲》。

《卫星商务合同》应该在谈判及审批完成后即具备签署条件，通常情况下《卫星商务合同》的签署可视为卫星项目启动的标志节点。

3.4　卫星研制生产与监造

卫星采购合同签署后，卫星承制方按合同规定的交付周期和合同技术附件的规定开展卫星研制生产工作。卫星研制生产过程包括卫星技术方案细化和天线覆盖优化设计，卫星设备鉴定状态评审、初步设计评审和关键设计评审，平台和通信舱总装测试、整星测试及整星大型环境试验、紧缩场测试、出厂测试及评审等环节。卫星采购方对卫星研制全过程进行监督管理，参与天线设计优化、整星设计评审、总装测试、整星大型环境试验及出厂评审等阶段工作，并从总装测试阶段开始派驻场人员进行现场监造，对卫星研制进度、质量进行把关。

3.4.1　技术方案细化和天线覆盖优化

合同签署后承制方开始进行卫星技术方案细化，启动项目设计工作。包括与卫星采购方一起进行波束覆盖特性优化设计。

一般卫星采购方和承制方约定在合同签署后三个月内，对天线进行多轮设计优化，充分挖掘天线的能力，提高覆盖性能，并按用户的要求优化天线能量的分布，取得最优的结果。

3.4.2　卫星设计评审

根据卫星采购合同约定，卫星采购方应参加卫星承制方组织的一系列卫星设计评审，包括：设备鉴定状态评审、有效载荷初步设计评审、卫星初步设计评审、有效载荷关键设计评审、卫星关键设计评审等。

卫星设计评审是卫星采购方把关卫星设计质量的重要手段之一，通常由卫星采购方项目组组织公司内部有关专家和工程人员并视需要邀请外部专家参加设计评审。

此外，卫星项目组可根据本卫星项目需要要求参加承制方组织的分系统、单机及其他专项设计评审，通常是与用户指标直接相关或特别关注的分系统，包括：天线分系统设计评审、转发器分系统设计评审、电源分系统、控制推进分系统及可靠性设计评审等。

3.4.2.1　设备鉴定状态评审

（1）评审目的

设备鉴定状态评审的主要目的是评估承制方对星上拟使用的单机所定义的鉴定状态分类是否合理，对确定须进行鉴定试验的产品评估其鉴定试验等级、判定准则是否合理，试验方法和计划是否合理充分。通常，设备鉴定工作应在关键设计评审前完成。

（2）评审工作流程

1）组织内外部专家（主要是单机设备专家）对卫星承制方提供的鉴定设备研制报告进行审查，对其技术状态、性能需求、风险识别和风险控制等进行评估，并对报告内容的完整性、合理性进行审查。

2）参加卫星承制方组织的设备鉴定状态评审会。

3.4.2.2　初步设计评审（PDR）

（1）评审目的

1）检查卫星初步设计与合同约定的卫星功能、性能指标要求的符合性，设计的合理性、可靠性。

2）对研制技术流程是否符合行业规范和特定卫星承制方自身的研制规范、是否满足本项目进度、质量和风险管控的需求等进行分析判断。

3）决定是否允许卫星承制方继续进行卫星及其分系统和产品的详细设计。

（2）评审工作流程

1）组织内部专项会议，对文件数据包进行审阅，填写《PDR 文件评审意见表》，提交卫星承制方。

2）组织相关专家和人员参加卫星承制方召开的卫星初步设计评审会。

3.4.2.3　关键设计评审（CDR）

（1）评审目的

1）比照卫星采购合同中对卫星功能、性能指标的要求，检查、确认最终设计满足合同规定的性能规范。

2）检查设备鉴定试验是否按先前评审的“设备鉴定试验报告”要求完成。

3）对研制技术流程是否符合行业规范、特定卫星承制方自身研制规范、是否满足本项目进度、质量和风险管控的需求进行分析判断。

4）决定是否批准卫星工程设计，是否允许其开展产品齐套、分系统组装、测试等后续工作。

（2）评审工作流程

1）组织内部专项会议，对文件数据包进行审阅，填写《CDR 文件评审意见表》，提交卫星承制方。

2）组织相关专家和人员参加卫星承制方组织召开的卫星关键设计评审会。

3.4.3　卫星组装、总装、试验（AIT）监造

卫星采购方的主要监造工作围绕卫星分系统级和系统级总装测试环节开展，从通信舱和服务舱（平台）总装开始派人参与驻厂监造。

图 3-3 给出卫星各组成部分图示。

卫星总装完成后进行卫星性能测试及整星大型试验，包括卫星性能测试、力学环境试验、热试验、紧缩场试验、出厂前测试、卫星质量特性测试与检漏试验。

3.4.3.1　监造工作职责

1）掌握卫星合同附件《性能规范》中相关的卫星指标要求。掌握各阶段卫星总装和测试计划流程、试验方法。

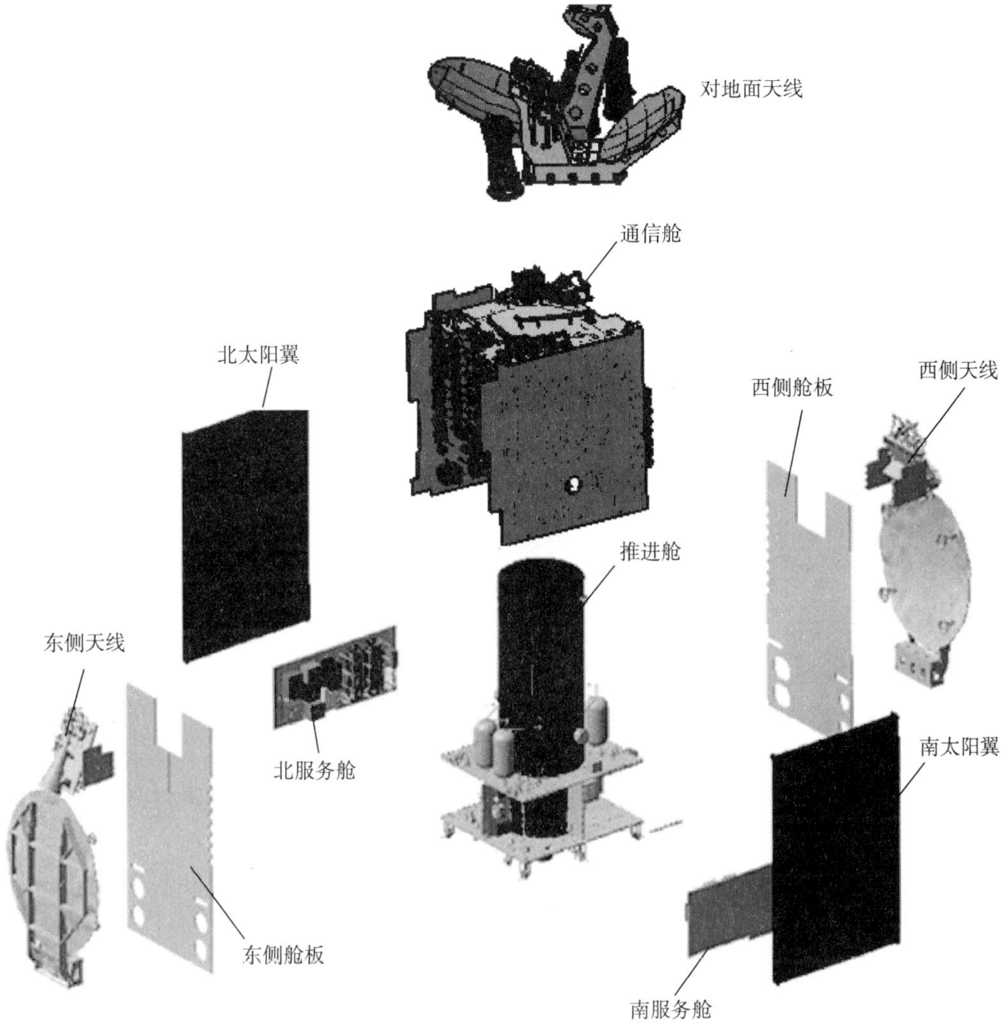

图 3－3　通信卫星各组成部分

2）测试前，审查测试大纲和细则，重点检查测试覆盖性、测试方法等。参加卫星测试大纲、测试细则及测试准备就绪等评审会。

3）现场了解卫星总装测试情况，跟踪测试进程，把握测试进度。参加卫星测试及现场测试数据判读。

4）跟踪各阶段卫星质量状态，确保测试过程中质量受控和出现的问题闭环管理，对测试中出现的异常现象和质量问题可视情况要求承制方组织专项审查，并跟踪质量问题直到问题归零。

5）测试后，负责审查卫星承制方提供的测试总结报告，检查测试结果、测试数据的完整性、有效性。参加测试/试验总结评审会。

3.4.3.2　监造工作重点

1）掌握合同条款：卫星监造活动是在卫星合同及其合同附件的基础上开展的，监造人员应在监造前掌握卫星合同及其附件的条款内容，作为监造活动的依据。

2）计划节点控制：参与卫星工程项目的监造人员应掌握卫星研制的计划流程，结合合同要求对整个测试进度进行评估。

3）质量问题跟踪：对于测试中出现的问题，应关注问题的进展情况，及时就相关问题和卫星承制方进行沟通，并评估问题可能会给项目带来的影响，应对出现的问题实行闭环管理。

4）监造工作侧重点：根据卫星各系统的情况，有重点的开展监造工作，主要监造活动应在系统级、分系统级及关键部件的范畴内开展，同时根据卫星项目合同的要求及卫星研制自身特点，有效载荷、推进、控制、电源分系统应作为重要的监造对象。

5）关键分系统和系统级试验。

a）现场监造：对于关键分系统和系统级试验应有专人进行现场监造活动，全面掌握测试进展和测试情况。

b）测试覆盖性检查：在参与和监督阶段性测试过程中，应根据合同附件中《试验计划》的相关规定，参与测试项目的制定，并根据测试大纲检查测试项目的情况，确保卫星承制方的测试项目完整、全面。

c）测试格式检查：在有效载荷测试前应和卫星研制方共同制定测试数据格式，并在测试中检查测试数据格式的正确性、一致性。

d）测试数据检查：在测试中，依据卫星合同附件《性能规范》中的指标要求，并对数据逐一检查。

3.4.3.3 卫星重要试验阶段监造

（1）卫星A状态工厂电测

①概述

卫星A状态工厂电测为服务舱与推进舱完成对接工作后卫星平台部分的测试。主要检查验证整星工作状态下，卫星平台系统及各分系统电性能是否满足设计指标要求，功能是否正确。

②测试目的

1）检查验证卫星服务舱各分系统仪器设备之间、星地设备之间电性能接口的正确性和匹配性。

2）检查验证服务舱各分系统在整星工作状态下电性能是否满足设计指标要求和功能是否正确。

3）完成服务舱各分系统在部件级和分系统级测试中无法考核的项目。

4）检查验证A状态测试文件的正确性，测试项目的完整性。

5）获得一套A状态电性能测试的基本数据，作为卫星后续测试的参考。

③测试完成标志

1）按测试大纲要求各个分系统完成测试，测试项目完整、测试方法正确、测试数据正确。

2）完成相关数据和文件的审查，测试总结评审通过。

3）具备与通信舱对接（三舱对接）条件。

4）测试中出现的问题已按照归零标准完成归零工作或有明确的一致意见。

（2）转发器分系统（通信舱）测试

①概述

转发器分系统性能测试在所有组件装到通信舱之后进行，测试时通信舱工作在室温、大气环境下。转发器的性能测试（不包括增益档测试）是在某一特定的增益档上测试，但要求分系统设计性能在所有的增益档上应满足要求。

转发器的射频连接应满足设计要求，包括低噪声放大器、接收机、多功能组件和行波管放大器等，信标机备份方式及接收波束切换方式应满足要求。

②主要测试项目

1）固定增益模式的输入输出特性；

2）小信号频响/增益斜率；

3）带外抑制；

4）群时延/群时延斜率/群时延纹波；

5）频率转换精度/稳定度；

6）ALC 电平控制；

7）三阶互调；

8）带内杂波；

9）带外杂波；

10）噪声系数；

11）RF 泄露和干扰；

12）通道噪声功率谱；

13）信标输出功率；

14）信标频率精度/稳定度。

③测试目的

1）检查验证卫星通信舱和平台之间的机械、电性能、热接口的正确性和匹配性；

2）检查验证转发器（信标）性能是否满足指标要求。

④完成标志

1）按验收大纲要求完成验收测试，测试项目完整、测试方法和测试数据正确；

2）完成相关数据和文件的审查，测试总结评审通过，通信舱通过验收；

3）通信舱具备三舱对接条件；

4）测试中出现的问题已按照归零标准完成归零工作或有明确的一致意见。

（3）天线分系统紧缩场验收测试

①概述

天线分系统紧缩场验收测试在紧缩场测试大厅内完成，测试状态为正样天线和模拟卫星壳体。

②测试目的

1）测试卫星正样天线性能，完成天线分系统辐射性能测试验收；

2）完成卫星有效载荷性能测试。

③测试完成标志

1）按验收大纲要求分系统完成验收测试，测试项目完整、测试方法正确、测试数据正确；

2）完成相关数据和文件的审查，测试总结评审通过；

3）测试中出现的问题已按照归零标准完成归零工作或有明确的一致意见。

（4）卫星 B/C 状态工厂电测

①概述

卫星平台 A 状态及通信舱验收完成后，进行三舱对接，进入整星 B、C 状态测试阶段。B 状态为卫星平台与通信舱对接，服务舱南北板仪器安装板合拢的状态，即服务舱＋推进舱＋通信舱。B 状态测试时，转发器为有线测试状态，上行测试电缆通过波同转换与转发器输入口连接，下行电缆与转发器输出测试耦合器耦合口连接。

C 状态为 B 状态下与收拢的天线对接后状态，即服务舱＋推进舱＋通信舱＋通信天线。C 状态测试时，地面测试上行电缆连接地面测试用天线，构成转发器无线上行发射，地面测试下行电缆连接地面测试用天线，构成转发器无线下行接收。

②测试目的

1）检查验证卫星平台与通信舱之间、星地设备之间电性能接口的正确性和匹配性；

2）完成整星各分系统在部件级和分系统级测试中无法考核的电性能测试项目；

3）检查验证 B、C 状态测试文件的正确性，测试项目的覆盖性；

4）B 状态测试，定量检查验证整星工作状态下转发器分系统电性能是否满足设计指标要求；

5）C 状态测试，定性检查验证整星工作状态下转发器分系统与天线分系统之间的连接匹配性、转发器分系统内部分机间的电磁兼容性以及有效载荷分系统与其他分系统之间的电磁兼容性。

6）获得一套整星电性能测试的基本数据，作为卫星在轨测试及大型试验的参考。

③完成标志

1）按测试大纲要求完成测试，测试项目完整、测试方法正确、测试数据正确；

2）完成相关数据和文件的审查，测试总结评审通过；

3）测试中出现的问题已按照归零标准完成归零工作或有明确的一致意见。

（5）整星力学环境试验

①概述

整星力学环境试验包括噪声试验、正弦振动试验、对接分离冲击试验等三项。卫星结构、有效载荷、控制、推进、测控和数管分系统均采用正样件，供配电分系统除蓄电池采用工艺件外均采用正样件，卫星推进剂贮箱不装模拟工质，贮箱和气瓶充高纯氦气。太阳翼和天线安装真实火攻品，推进分系统安装工艺电爆管。

②测试目的

1）检查卫星在准鉴定级正弦振动环境和噪声环境下性能是否满足要求，暴露卫星工艺、质量缺陷；

2）测量卫星正弦振动和噪声振动响应参数；

3）通过力学试验前、中、后的卫星电性能测试，检验卫星经过力学环境试验后性能是否满足设计指标要求；

4）通过天线展开、解锁试验检验天线展开机构和锁定机构解锁在经过力学环境试验后性能是否满足设计指标要求；

5）通过太阳翼展开试验检验太阳翼展开机构及火攻品管理器经过力学环境试验后性能是否满足设计指标要求。

③测试完成标志

1）按测试大纲要求完成测试，测试项目完整、测试方法正确、测试数据正确；

2）完成相关数据和文件的审查，测试总结评审通过；

3）测试中出现的问题已按照归零标准完成归零工作或有明确的一致意见。

（6）整星真空热试验

①概述

整星真空热试验包括热平衡和热真空试验两部分。卫星结构、星上仪器、电缆网均为正样产品，星上不安装天线分系统。星体外装工艺多层隔热组件，远地点主发动机隔热屏用工艺件。所有星表部件（如太敏、地敏、推力器）的保护罩在试验时均去掉。做太阳翼第一次展开后转移轨道工况时，南、北太阳翼折叠安装在星体上来模拟太阳帆板和摇臂架；做太阳翼全展开后准同步轨道工况和同步轨道工况试验时，不安装太阳翼。推进剂贮箱不充模拟工质，贮箱、气瓶充氦气。

热真空试验温度：

高温温度（T_{VH}）＝热平衡试验同步轨道高温温度（T_{BH}）＋温度余量（10 ℃）。

低温温度（T_{VL}）＝热平衡试验同步轨道低温温度（T_{BL}）－温度余量（5～10 ℃）。

热真空试验示意图如图 3－4 所示。

②测试目的

1）验证整星正样热设计的正确性；

2）验证整星正样热分析计算，并根据试验结果对热数学模型进行修改，根据修正后的热学数学模型预示卫星飞行温度；

3）由热平衡试验提供热真空试验的边界温度；

4）在模拟轨道工况条件下考核卫星的工作性能，特别是热控产品的性能；

5）在热真空循环温度条件下考核卫星的工作性能。

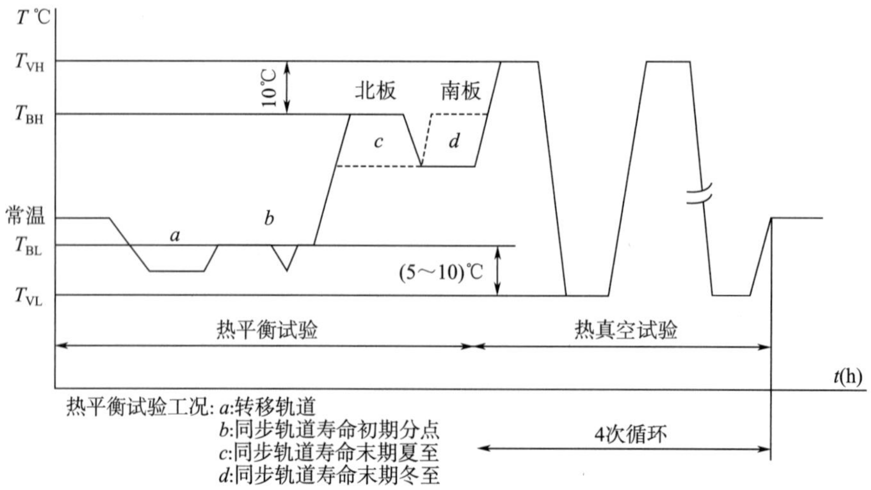

图 3－4　热真空试验示意图

③测试完成标志

1）按测试大纲要求各个分系统完成测试，测试项目完整、测试方法正确、测试数据正确；

2）完成相关数据和文件的审查，测试总结评审通过；

3）测试中出现的问题已按照归零标准完成归零工作或有明确的一致意见。

（7）转发器分系统热真空测试

①概述

转发器分系统的热真空试验在整星热试验期间完成。热试验时，转发器分系统及天线分系统的各分机均为正样件（天线主反射面不进罐）。

②测试目的

在热试验过程中，有效载荷分系统在热循环的高温和低温两个极端环境下进行性能测试、功能检查及遥测监视（天线分系统仅进行功能检查及遥测监视），从而获取有效载荷分系统在实际工作环境下的性能，并作为有效载荷分系统出厂验收、在轨使用及维护的重要依据。

③主要测试项目

1）固定增益模式的输入输出特性；

2）小信号和饱和状态带内幅频特性测试；

3）带外抑制特性测试；

4）群时延/群时延斜率/群时延纹波；

5）频率转换精度/稳定度；

6）ALC 电平控制；

7）三阶互调；

8）带内杂波；

9）带外杂波；

10）通道噪声功率谱；

11）信标输出功率；

12）信标频率精度/稳定度。

④测试完成标志

1）按测试大纲要求完成测试，测试项目完整、测试方法正确、测试数据正确；

2）完成相关数据和文件的审查，测试总结评审通过；

3）测试中出现的问题已按照归零标准完成归零工作或有明确的一致意见。

（8）整星紧缩场测试

①概述

整星紧缩场测试是卫星出厂前整星级的有效载荷测试，主要测试有效载荷的总体性能和指标。整星紧缩场测试是在紧缩场测试大厅内完成。

卫星在紧缩场测试时，紧缩场与卫星通过空间建立射频链路。测试时转发器的配置由地面测试设备通过发遥控指令完成，并通过下行遥测观察转发器各个设备的状态。卫星遥测遥控为有线通道。

②测试目的

验证性测试卫星正样天线性能，完成天线分系统辐射性能测试。

③主要测试项目

1）EIRPs（卫星等效全向辐射功率，如图 3－5 所示）——天线反射器展开至飞行状态，然后进行每个通道的 EIRP 测量（含备份）。

2）G/T 值——在紧缩场中对处于展开状态的各个不同天线相应的转发器通道中心频率的接收 G/T 值（含备份）进行测试。

3）极化隔离度验证测试——在紧缩场中，每个反射面中的一个波束进行极化隔离度验证测试。

④测试完成标志

1）按测试大纲要求完成测试，测试项目完整、测试方法正确、测试数据正确；

2）完成相关数据和文件的审查，测试总结评审通过；

3）测试中出现的问题已按照归零标准完成归零工作或有明确的一致意见。

3.4.4　大总体协调会

在卫星项目工程各系统研制过程中，从卫星完成正样设计至卫星出厂前，应择机召开两至三次工程大总体协调会，组织卫星系统、运载火箭系统、发射场系统、发射测控系统、运控系统和应用系统（用户）协商以下事宜：

1）卫星、火箭对发射场、发射测控系统和运控系统的技术要求；

2）发射场和发射测控系统初步方案，包括卫星发射工位的确定、测量船布船方案及工作计划安排；

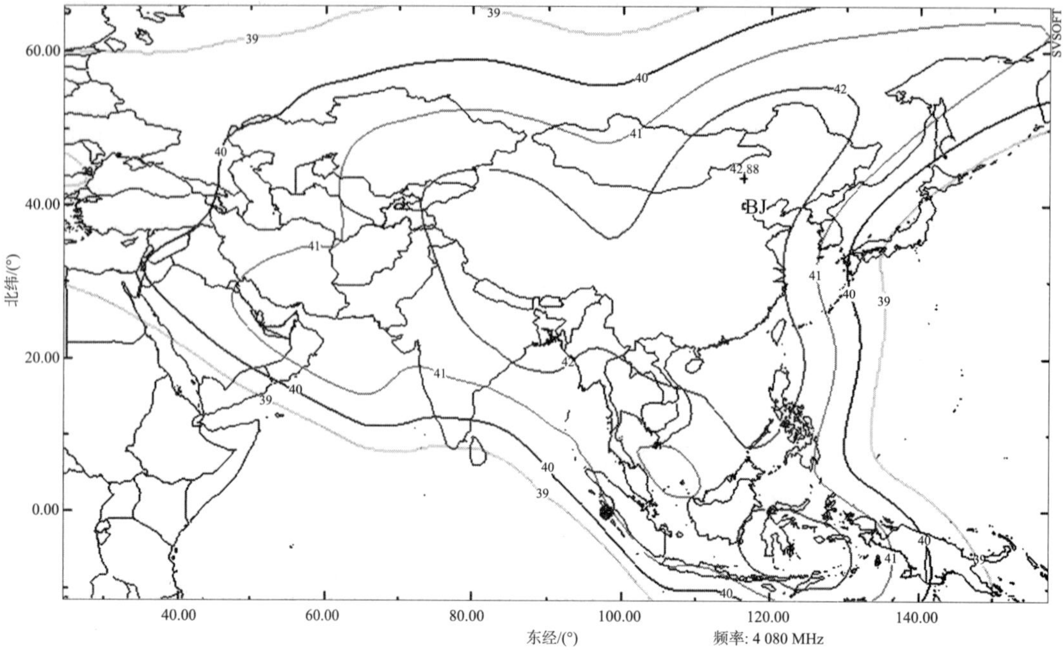

图 3－5　EIRP 测试数据图例（单位：dBW）

3）卫星发射日期和工程重要的计划节点；

4）各系统之间接口协调、各系统的后续工作及进度要求。

3.4.5　卫星出厂评审

1）为保证卫星研制质量、进度，视情况商卫星承制方组织出厂前质量复查工作，对项目研制全过程控制情况进行检查，重点对生产过程记录、检验检测、关键重要点控制、外协管理的支撑材料及文件等进行检查复核，确保不带问题出厂。

2）卫星出厂前质量复查工作具体包括以下内容：

a）检查卫星产品质量与可靠性数据包的完整性、正确性。

b）包括对各单机产品的技术状态（含质量问题归零和举一反三）、工艺状态（含产品开盖检查情况）、产品最终状态、单机验证充分性进行检查确认。

c）单机风险分析及控制情况，包括单机的风险项目检查，对控制措施的落实情况、记录情况等。

d）检查过程数据（原始数据）。

e）对火工品、焊缝等需重点进行复查。

f）对应用了禁限用工艺的产品的风险分析。

3）出厂评审应具备的必要条件包括：

a）卫星承制方是否已按照合同要求完成了研制、测试等工作。

b）质量问题已完成归零工作，且采取了有效措施。

c）对于与合同要求的性能有超差的项目已给出不影响使用的分析，并已全部办理了让步接收单。

d）按照合同要求交付的文档已正式交付。

4）评审工作流程

a）组织内部专项会议，对出厂评审文件数据包进行审阅。

b）组织相关专家和人员参加卫星承制方组织召开的卫星出厂评审会。

3.4.6　卫星发射场测试及评审

卫星出厂前成立驻发射场工作组，并制订卫星发射工作计划。

发射工作计划包括卫星及火箭出厂前的所有工作、项目风险管理工作、卫星及火箭在发射场的工作、卫星在轨测试及交付工作等内容。计划以卫星、火箭在发射场工作计划为主线，明确卫星采购方在此过程需完成的工作内容、时间及其他要求。

卫星运到发射场后进行一系列检查和测试，证明卫星经过运输后性能没有发生变化，在技术区和发射区完成总装、对接、加注、转场、火箭总检查等工作，证明卫星具备发射条件。卫星在发射场的工作大约历时 1～1.5 月时间。

技术区工作内容主要有：

1）在卫星容器内检漏；

2）天线、太阳翼展开试验；

3）卫星电性能测试；

4）卫星加注推进剂、质量特性测量、计算。

发射区工作内容主要有：

1）星/箭对接；

2）卫星电测；

3）参加火箭总检查。

卫星发射场工作计划通常见表 3－2。

表 3－2　卫星发射场工作计划

序号	重点工作内容	时间区段或完成时间
1	卫星运输至西昌发射场	T 发射－1.5 个月
2	卫星发射场技术测试及评审	T 发射－1.5 个月～T 发射－25 天
3	卫星加注前暨转场评审	T 发射－25 天
4	卫星转场及星箭对接	T 发射－10 天
5	发射阵地卫星电测	T 发射－9 天～T 发射－4 天
6	卫星发射就绪评审	T 发射－3 天
7	卫星发射指挥部决策会议	T 发射－3 天
8	卫星发射	T 发射

发射场工作组参与发射场驻厂工作，全程跟踪卫星在发射场的测试、转运、指挥调度、问题处置等，负责与卫星承制方、运载火箭承制方、发射测控服务提供方的协调工作，配合确保卫星发射场各项工作的顺利实施。

运载火箭发射场工作计划通常见表 3－3 和表 3－4。

表 3－3 技术区（火箭测试厂房）工作（约 10 天）

序号	工作内容	天数
1	火箭卸车、转入测试厂房	1
2	产品状态恢复	1
3	电气系统仪器单元测试	5
4	产品转运至发射区前状态准备	2

注：以上工作同时进行，发射场各地面发射支持系统的工作准备、测试和检查，并完成星箭支架对接

表 3－4 发射区工作（约 20 天）

序号	工作内容	天数
1	火箭转场、起竖对接	1
2	测试准备	1
3	分系统测试	5
4	第一、二次总检查	2
5	卫星转场至发射区，星箭对接、卫星测试	3
6	第三、四次总检查	2
7	测试结果评审	1
8	加注前功能检查、贮箱置换	2
9	常温推进剂加注	1
10	低温推进剂加注、择机发射	1

注：以上工作为运载方人员配合发射场实际操作人员完成

3.5 卫星发射定点、在轨测试与验收

3.5.1 卫星发射和定点

3.5.1.1 发射基地简介

目前，中国著名的四大卫星发射基地为：位于甘肃的酒泉卫星发射中心，创建于 1958 年；位于四川西昌卫星发射中心，始建于 1970 年；位于山西的太原卫星发射中心，始建于 1967 年；位于海南的文昌卫星发射中心，始建于 2009 年。

美国著名的卫星发射基地：肯尼迪航天中心发射塔，位于美国东部佛罗里达州东海岸的梅里特岛，成立于 1962 年 7 月。美国西部航天和导弹试验中心，位于美国西部洛杉矶北面的西海岸，成立于 1964 年 5 月。范登堡空军基地（Vandenberg AFB）位于美国加利福尼亚州南部海边，建成于 1985 年。

法属圭亚那库鲁航天发射场位于南美洲北部法属圭亚那库鲁地区，建成于 1971 年，是目前法国唯一的航天发射场所，也是欧空局（ESA）开展航天活动的主要场所。

3.5.1.2　卫星发射和定点一般过程

卫星和火箭在分别完成发射基地技术区和发射区测试任务后，就进入到卫星发射和前期转移轨道阶段。地球静止轨道通信卫星一般采用轨道转移方式发射。发射飞行控制从火箭点火起飞到进入工作轨道并建立正常工作状态为止。

卫星发射飞行中的主要事件可大致分为两个阶段，运载火箭发射和卫星早期轨道段。卫星发射一般从火箭点火开始到星箭分离为止。前期轨道阶段是从星箭分离到卫星定点于预定工作轨位结束。如果火箭将卫星直接送入地球同步轨道，可以称为直接入轨方式，我国发射地球静止轨道通信卫星目前尚未采用直接入轨方式。

第一个阶段是运载火箭发射段，该阶段从运载火箭起飞开始至星箭分离结束，以起飞时刻为零点，飞行时间约 1 543 s，运载火箭完成出塔、程序转弯、一级飞行（含助推段飞行）、二级飞行、抛整流罩、三级第一次飞行、三级滑行、三级第二次飞行、末速修正、火箭调姿以及星箭分离。

第二个阶段是卫星早期轨道段，该阶段从星箭分离开始至五次变轨结束，这一阶段主要工作有：推进管路排气；星箭分离时卫星姿态捕获；太阳翼展开；天线展开；变轨；定点位置捕获；工作状态设置。典型通信卫星的飞行程序如图 3－6 所示。

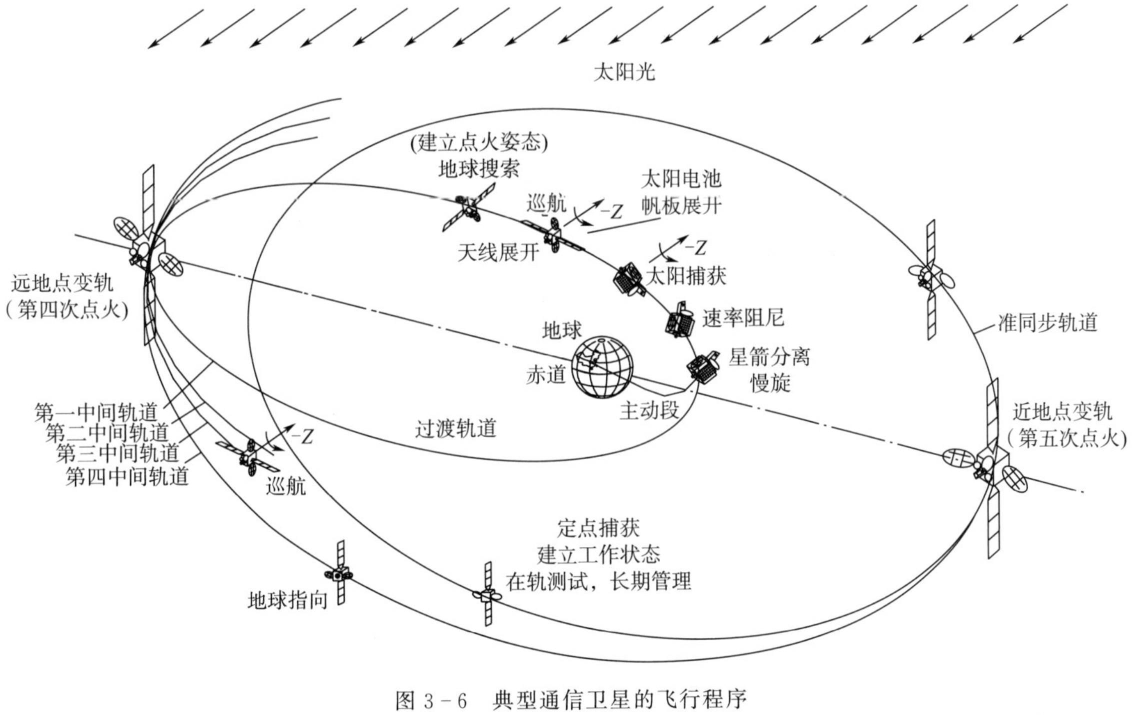

图 3－6　典型通信卫星的飞行程序

3.5.1.3　卫星发射

卫星的发射是一项需要多个单位协同工作的复杂任务，各个环节都需要有紧密的配合。目前，国内卫星发射次数已经超过了百次，发射技术已经十分成熟，卫星发射前状态如图 3－7 所示。

图 3－7　卫星发射前状态

国内发射地球静止轨道通信卫星的任务一般从射前 12 h（火箭点火前 12 h）开始，相关单位，如：指挥系统、发射系统（控制、测量、动力、加注、塔勤）、测量系统（测量站、测量船）、通信系统、火箭研制、卫星研制方等，就要全部投入发射工作。

发射前的工作大致需要经历以下重大事件，以长征 3 号乙（增强型）发射东方红 4 号平台的通信卫星为例：

射前 12 h 至射前 8 h，主要进行各系统的检查。

射前 8 h 至射前 3 h，卫星充电、设置起飞状态，发射活动塔撤离、精瞄，火箭低温燃料加注。

射前 40 min，发射塔架等现场岗位的人员撤离。

射前 10 min，卫星外部的连接电缆脱插，转为自供电、遥测数据通过无线接收。

射前 30 s，发射塔架的摆杆全部摆开。

0 s，发射（图 3-8）。

图 3-8　卫星发射

要把卫星送上地球同步轨道，必要条件就是火箭飞行速度须达到 7.9 km/s 的第一宇宙速度。1903 年，俄国科学家齐奥尔科夫斯基在他的论文《用火箭推进器探索宇宙》一文中提出了著名的“齐奥尔科夫斯基火箭理想速度公式”。根据这个公式，有两种方法能提高火箭的末速度：一是采用高能量的推进剂，即采用高比推力的推进剂；二是采用高强度的结构材料，尽量减轻火箭的结构质量。

但当时的科学家们最终发现，单级火箭无论采用性能多么好的固体或液体燃料，所能达到的最大速度也只有 6 km/s。而增加推进剂质量就要求火箭贮箱要造得更大、更厚、更结实，否则，火箭就会变成一个又薄又脆的“鸡蛋”，完全应对不了飞行时的恶劣环境。也就是说，在当时的技术条件下，单级火箭根本达不到发射卫星的要求，更别提用更快的速度飞向月球，飞向深空了。

最终，齐奥尔科夫斯基自己提出了一种解决方案：建造被称为“火箭列车”的多级火箭。这种多级火箭由两节以上的火箭串联组成。“火箭列车”从地面开出时，先是第一节火箭点火，达到一定速度后燃料耗尽自动脱落。接着，第二节火箭点火，加大速度继续飞行，燃料用完后关机并自行脱离。然后第三节火箭接着点火飞行，直到速度提高到所需数值，把卫星或飞船等有效载荷送入预定轨道。

火箭分级提高火箭飞行的速度，还能增加运载能力。1949 年，美国人制造出了世界上第一枚多级火箭。世界各国也纷纷使用多级火箭作为运载工具。中国第一枚长征 1 号运载火箭就是一枚三级运载火箭。

目前，国内通信卫星发射主要采用长征 3 号乙（加强型）运载火箭，从发射到星箭分离期间经历的主要事件有：

火箭起飞：0 s；

火箭助推器分离：141 s；

火箭一、二级分离：159 s；

火箭抛整流罩：235 s；

火箭二、三级分离：344 s；

星箭分离：1 543 s。

通信卫星也可采用超同步轨道方式发射，可以采用远地点高度超过静止轨道高度的转移轨道（比如 42 000 千米），最高高度不能超过卫星地球敏感器允许的高度。采用超同步轨道可以节省星载推进剂，增加卫星在轨使用寿命。

3.5.1.4 前期轨道阶段

星箭分离后卫星进入地球同步转移轨道，由星载变轨发动机提供推力，卫星姿态控制确保推力方向，完成从转移轨道到地球静止轨道控制，这一过程称为飞行控制。

发射飞行控制的目标是将转移轨道近地点高度提高到静止轨道高度，轨道倾角减小到 0°左右，使卫星成功定点在预定的地球同步轨道位置上。在成功定点预定工作轨位后，将卫星状态设置为用户使用的正常工作状态。

卫星在前期轨道阶段的主要工作如下（火箭点火为 0 时），以东方红 4 号平台的通信卫星为例。

卫星太阳翼展开：60 min；

卫星天线展开：90 min；

卫星第一次至第五次变轨：从第一天至第六天；

卫星定点捕获：第七天。

3.5.2 在轨测试

3.5.2.1 概述

在轨测试的目的是为评估卫星在经历发射、分离、变轨、在轨测试以及初始的空间辐照情况下，处于真实环境下的性能，及与地面测试数据及规定性能指标的一致性，同时作为卫星在轨交付的重要依据。

地球静止轨道通信卫星的在轨测试一般分为卫星平台测试和有效载荷测试两部分，在轨测试方法为测试卫星转移轨道期间和定点之后的功能及性能，参考卫星地面测试结果，对卫星在轨工作状态进行评估。图 3 - 9 为卫星在轨示意图。

图 3-9　卫星在轨示意图

3.5.2.2　卫星平台在轨测试

卫星平台在轨测试是评价卫星使用的性能和能力，例如供电能力、姿态控制精度对服务区影响、轨道保持控制精度及剩余推进剂支持全生命期间的位置保持能力、整星温度场及温度控制能力、卫星测控能力等。测试数据包括发射飞行控制过程的数据和定点以后特别安排的测试数据，必要时可以与发射前地面试验测试数据比对分析。卫星平台的在轨测试工作一般是在从星箭分离到卫星定点期间的转移轨道操作阶段完成的。

卫星平台在轨测试应在确保卫星安全的前提下进行，一般在自然条件不具备时不刻意进行。例如，蓄电池支持 72 min 地影的供电能力，在没有地影时，不建议将太阳翼转动设置人造地影；控制系统备份控制模式一般不进行测试等。

卫星平台在轨测试一般包括以下内容，以东方红 4 号卫星平台为例。

(1) 姿态和轨道控制分系统

①姿态精度测试

给出卫星定点后 24 h 的姿态角数据，以此进行卫星姿态精度和长期俯仰方向偏置能力的测试分析。

②轨道控制精度测试

定点以后，以测轨数据为依据，分别提供一次东西和南北位置保持控制后的轨道实测数据，与控制目标比较，说明轨道控制精度。通过轨道测量监视卫星按控制要求在漂移环内的漂移情况。

③控制模式及使用情况

列出自星箭分离起星上使用过的控制模式及使用效果。

④地球敏感器保护功能测试

卫星定点后，地面测控中心根据卫星轨道实时做出“地球敏感器太阳干扰预报”，在干扰前发送“地球敏感器星上自动保护”指令序列，完成整个地球敏感器受干扰保护过程。记录给定时间段内的指定波道数据，并列出地球敏感器受太阳或月球干扰时段，卫星姿态数据，根据数据考核地球敏感器自动保护性能，验证卫星地球敏感器保护功能。

（2）推进分系统

①剩余推进剂的估算

根据定点以后的剩余推进剂和一次东西、一次南北保持的推进剂的消耗量，估算卫星的推进剂寿命。

②说明推力器的使用情况

使用效果分析，说明健康情况、推力性能以及使用次数等。

（3）供配电分系统

①电源供电能力测试

定点以后，卫星工作在正常模式时，监视 24 h 的遥测参数，计算太阳帆板的总输出功率，根据测试时的日期换算为可比对的指标值。

②电源分流功能测试

定点以后，根据有效载荷开通前后的负载总功率的变化，检验一次电源分流能力；每天统计、记录一组能源系统母线电压，母线电流，并根据测试数据给出分流功能是否正常的结论。

③蓄电池性能测试

用地影中电源数据说明蓄电池的电源切换、充放电等功能。

④太阳帆板跟踪太阳的能力测试

卫星定点以后，每小时记录一次太阳帆板角度数据并与理论计算结果进行比较，得到跟踪太阳的误差。

（4）测控分系统

①跟踪信标 EIRP 值测量

卫星定点以后，全向天线工作方式下，测量下行 EIRP 值。

②跟踪信标的频率、EIRP 稳定度测试

对跟踪信标的频率、EIRP 进行 24 h 稳定度测试。

③遥测传输格式切换试验

地面测控站发切换格式的指令序列，监视遥测格式切换的情况。以此验证遥测传输格式切换功能。

④遥控灵敏度测试

地面降低上行功率直至遥控灵敏度的门限值，发送遥控指令，监视遥控指令的执行情况；再将上行功率调至低于遥控灵敏度门限值，发送遥控指令，监视遥控指令执行情况，给出遥控灵敏度的实际指标。

⑤指令功能检查

罗列自星箭分离以来所发的全部遥控指令及其星上执行情况，判定遥控子系统的工作效果。

⑥测控/通信干扰试验

由测控站发上行载波信号，通信地球站检查通信转发器的频谱，记录有无干扰信号；

由通信转发器发上行载波（工作带宽内扫频），在测控站检查测控频带内有无干扰信号；

根据上述测试结果判断测控与通信的干扰情况。

（5）热控分系统

①热控功能检查

列出装星仪器的温度数据，说明热控功能。

②加热器功能测试

列出已经用过的加热器的使用情况。

（6）数管分系统测试

①分系统设备状态监测

分系统设备状态监测包括各设备的工作状态检测、总线通信状态、主备份工作的设置状态、自主工作状态设置和检测等。

②遥测遥控功能

正常方式下的指令处理功能包括：硬件指令和软件指令；立即指令和时标指令。

正常方式下的遥测处理功能包括：常规遥测格式、内存下载格式和快采格式。

③自主管理功能

自主管理功能包括：热控自主管理功能和电源自主管理功能。为控制分系统提供重要数据，包括控制计算机重要数据的设置、下传。

3.5.2.3　*有效载荷在轨测试*

在卫星发射定点之后测试有效载荷性能，并作为卫星交付验收的重要依据。

有效载荷的在轨测试是在卫星定点和天线展开后，在运营单位地面站内进行，一般由卫星制造商提供在轨测试设备，利用运营单位地面站射频通道，包括标校过的天线及与其相连的射频设备，组成完整的卫星有效载荷在轨测试系统并完成测试，如图 3－10 所示。

卫星制造商在出厂前完成在轨预算和测试不确定性分析并形成在轨测试验证准则，并根据地面及在轨测试结果完成有效载荷在轨测试报告。

在轨测试前，运营单位和卫星制造商对卫星和地面测试系统的相关状态进行确认。首先，确认卫星是否在正常工作模式下，按约定测试配置设置了星上转发器通道。地面测试系统是否已经联通、通路是否标校。在上述工作完成并确认后，卫星有效载荷在轨测试就可以开始了。

有效载荷在轨测试将进行如下两类测试，包括：转发器信道性能检查，检查每路主转发器信道性能；卫星覆盖性能检查，检查卫星覆盖性能，以评估天线指向性能和覆盖图。卫星有效载荷在轨测试包括输入输出特性、饱和通量密度（SFD）、饱和等效全向辐射功率（EIRPs）、增益噪声比（G/T）、带内幅频、带外抑制、转换频率精度及稳定度、增益档及收发天线覆盖图等测试项目。

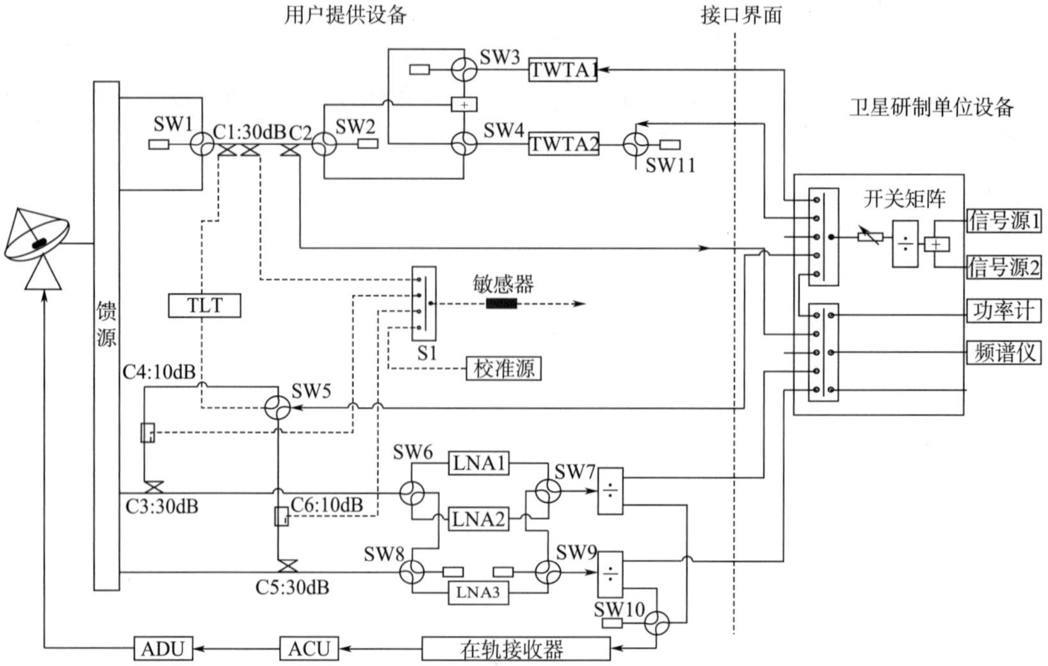

图 3-10　地面测试系统框图

(1) 输入输出特性

在轨测试时输入输出特性指通量密度（FD）与等效全向辐射功率（EIRP）的变化关系曲线。

在 FGM 模式下测试，输入功率在行波管放大器回退一定范围内，对每个 HPA（含备份）进行输入输出特性测试，同时记录相应的螺流和功耗等遥测数据。

EIRP 和饱和通量密度（SFD）测试应覆盖每个发射通道（应覆盖每个行放含备份、每个多工器的所有通道、每个下行天线）。

卫星输入输出特性测试射频链路如图 3-11 所示，被测转发器通道处于正常工作增益档，信号源在被测转发器通道中心频点输出一个单频点信号（功率为对应转发器通路预计信号源端上行饱和输出功率回退 15 dB），经高功放放大后由地面站天线发送至卫星接收天线，卫星转发器接收信号后经变频、放大后转发回地面站，地面站天线接收该信号，经接收支路低噪放、开关矩阵送到频谱仪及功率计接收端口。

以初始步长 1 dB 逐步加大该信号功率，并读取信号电平，在接近饱和时，程序自动将步长降为 0.2 dB。在找到输入输出曲线最大功率点后，将信号步长重新设为 1 dB，上行信号过饱和 5 dB 后结束输入输出特性测试，根据上下行校准数据及链路参数由下列公式计算 EIRPs、SFD，如图 3-12 和图 3-13 所示，并绘制完整的输入输出特性曲线，同时记录转发器饱和点信号源电平 Po. sg. s、功率计测得的耦合器 C2 输出端电平 Pu. c. s。

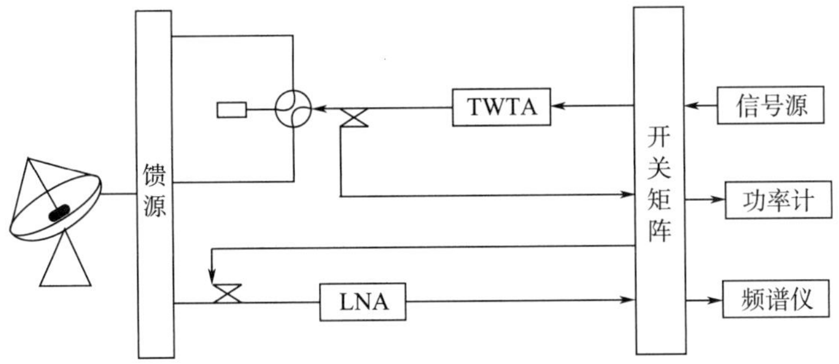

图 3 - 11　卫星输入输出特性测试链路框图

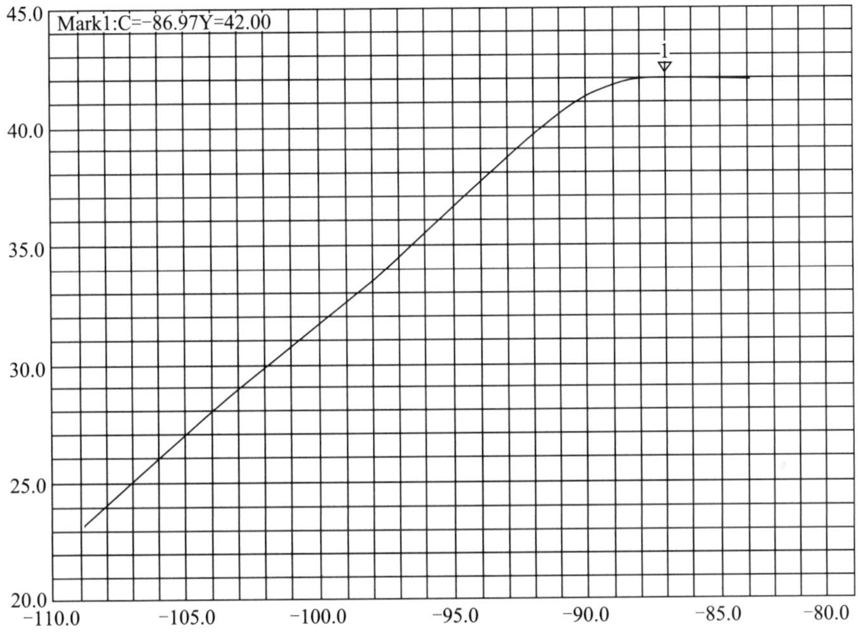

图 3 - 12　输入输出测试图例

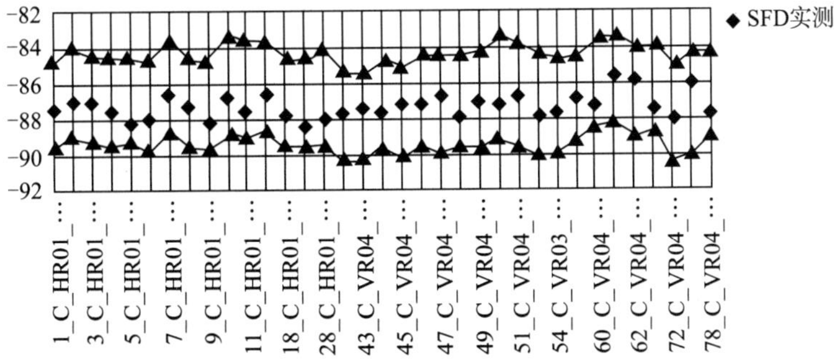

图 3 - 13　SFD 测试图例

EIRPs 的计算采用如下公式

$$\mathrm{EIRP}_s = P_o - G_d - G_r + l_{f.d} + l_{a.d}$$

其中

$$l_{f.d} = 20\log(4\pi d/\lambda) = 32.45 + 20\log d + 20\log f_d$$

式中 $l_{f.d}$ ——下行空间损耗，dB；

d ——卫星与地面站之间距离，m；

$l_{a.d}$ ——大气损耗，dB；

G_r ——地面天线的接收增益，dBi；

f_d ——下行信号频率，GHz；

P_o ——下行到功率计的功率，dBW；

G_d ——下行通路 C3/C5 到功率计的增益，dB。

$$\begin{aligned}\mathrm{SFD} &= \mathrm{EIRP}_e - 10\log(4\pi d^2) - l_{a.u} \\ &= P_{\mathrm{u.c.s}} - l_u + G_t - 10\log(4\pi d^2) - l_{a.u}\end{aligned}$$

式中 EIRP_e ——地面站系统的 EIRP 值，dBW；

$P_{\mathrm{u.c.s}}$ ——耦合器 C2 处的输出功率值，dBW；

l_u ——C1 到 C2 的插入损耗，dB；

$l_{a.u}$ ——上行大气损耗，dB；

G_t ——地面天线的发射增益，dBi。

(2) G/T 值

卫星增益噪声比（G/T）值是卫星接收系统的主要性能参数，是卫星接收天线的增益与等效噪声温度的比值。G/T 值测试要覆盖每个接收波束，每个主份接收机测试低、中、高三个通道，对每个备份接收机，测试一个通道。

被测转发器通道处于正常工作增益档，首先将地面站天线从对准卫星姿态仰角调高 5°，将频谱仪带宽设为 0 Hz，分析带宽 B 设置在 1 MHz，并将频谱仪中频信号送至功率计测量地面接收系统本身噪声功率 P_1。

将地面站天线姿态调回对准卫星，再用同样方法由功率计读取无上行载波时卫星转发器与接收系统的噪声功率和 P_2。

由信号源在被测转发器中心频点处发射一小幅值单载波信号（Po. sg. s 回退 15 dB），测量此时的下行信号和噪声的总的功率值 P_3。

采用如下公式即可求出 G/T 值

$$G/T = K \times B \times (l_{f.u} + l_{a.u}) \times (P_3 - P_2)/[\mathrm{EIRP}_e \times (P_2 - P_1)]$$

由于 G/T 值测试对临轨道卫星杂波等外来信号非常敏感，G/T 测量结果可通过不同频点比对排除无效数据，数据的有效性同时也需要噪声谱测试结果辅助判断。

(3) 带内幅频特性和带外抑制

幅频响应是指单个转发器的幅度对输入频率的依赖关系，包括带内幅频和带外抑制。

幅频响应在轨测试采用小信号增益法，被测转发器通道处于正常工作增益档。该方法采用在转发器通带内以一定频率间隔，等幅度（到发射天线馈源前端幅度相同）扫频小信号上行，频谱仪读取下行信号功率，软件根据校准数据获取转发器增益与频率关系，即幅频响应曲线。

带内幅频测试时，信号源发送未调单载波信号，信号功率为对应转发器饱和回退 15 dB，扫频间隔为 0.5 MHz，频率范围为转发器分配带宽（含保护带）。

带外抑制测试时，信号源发送未调单载波信号，信号功率为对应转发器饱和输入回退 5 dB，扫频间隔为 1 MHz，频率范围为 1.8 倍左右转发器带宽。

幅频特性测试应覆盖输入多工器和输出多工器的每个通道。带外抑制特性测试可在每个极化中选取低、中、高频率的三个通道进行。

（4）频率转换精度和频率稳定度

接收机频率特性指标包括频率转换精度和频率稳定度。频率转换精度是指本振的实际频率值与其标称频率值的偏离除以标称频率值，频率稳定度是指在一定的时间间隔内频率的变化。在轨测试考核 24 h 稳定度。

信号源发射一单载波未调信号，频率为被测接收机对应的其中一路转发器中心频点，信号功率为对应转发器通道饱和输入回退 15 dB，在接收机开机半小时后通过频率计读取下行输出信号频率，通过计算即得频率转换精度值。

对于 24 h 频率稳定度测试，上行信号设置同频率精度测试，每一小时由频谱仪测量一次下行输出信号频率，最终计算 24 h 内变化的峰峰值，除以下行频率即得到 24 h 频率稳定度。

（5）信标机 EIRP 及频率稳定度

信标机 EIRP 采用频谱仪读取下行信标信号功率，根据下行链路参数及下行校准数据计算出信标机 EIRP。信标机 EIRP 稳定度测试是在 24 h 内每一小时由频谱仪读取一次信标 EIRP 值，25 次测量数据变化锋峰值即为信标机 EIRP 值稳定度。

信标机频率稳定度测试方法与接收机频率稳定度测试方法相似，不同之处在于接收机频率稳定度测试需上行信号。

（6）增益稳定度

转发器的增益稳定度测试在 TWTA 线性段进行。

信号源在被测转发器通路中心频点发射一单载波未调信号，信号功率为对应转发器通道的 Po. sg. s 回退 15 dB。在 24 h 测试时间内，保持信号源电平不变，通过频谱仪每一小时读取一次下行信号功率，取 24 h 内功率变化的峰峰值扣除地面站上下行的变化即为该路转发器的增益稳定度。

在进行稳定度测试时，须同时通过耦合器 C2 使用单独的功率计对地面站上行发射功率监测记录，对地面下行接收链路性能使用单独的信号源和频谱仪实时监测记录。

（7）噪声谱、杂波

噪声谱、杂波测试的信号源在被测转发器通道中心频率上加一单载波信号，信号功率为对应转发器通道的 Po. sg. s。在频谱仪上通带内杂波特性。不加上行信号的情况下频谱仪在以转发器中心频率为中心的 40/60 MHz 带宽读取频谱图即获得单个通道噪声谱，在所有通路全开的情况下读取 500 MHz 全通带噪声谱。

试验应检测记录每个通道（所有主备接收机和行放）的噪声谱。

（8）FGM 模式增益档控制

在 FGM 模式下，增益档控制测试是测试转发器工作线性工作区时，每一增益档与转发器增益的对应关系。

首先将被测转发器 TWTA 设置在最低增益档，信号源在被测转发器通道中心频点输出一单载波未调信号，信号功率为对应转发器通道的 *P*o. sg. s 回退 5 dB，由频谱仪读取下行功率。逐档调高增益档（1～30 档），同时调整信号源上行信号，使频谱仪读取下行功率稳定不变，档间增益差值即为对应增益档的相对增益。

FGM 模式增益档控制试验应验证每个行放的增益档特性。

（9）天线覆盖图

固定波束天线通过调整卫星姿态进行天线方向图测试；可动点波束天线通过调整天线指向进行天线方向图测试，同时验证可动点波束的运动性能。

天线覆盖图在轨测试时，卫星处于位保模式或天线方向图模式，选取天线的 EIRP 或天线的 SFD 进行测试，南北（滚动）方向和东西（俯仰）方向做一条或几条线以验证天线方向图，如图 3 - 14 所示。

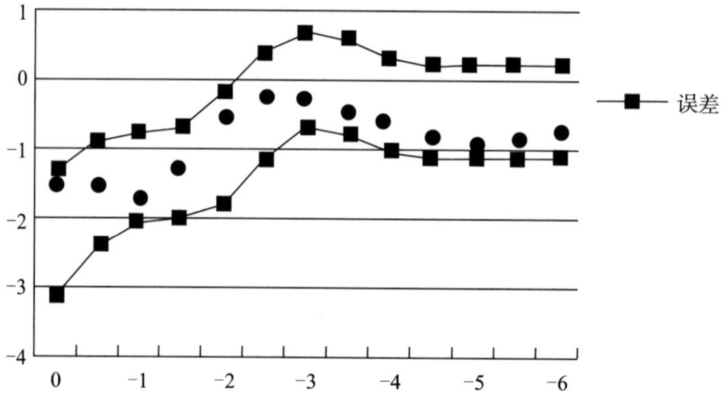

图 3 - 14　天线覆盖图测试图例

（10）三阶互调

如果在某通道 EIRP&IPFD 转移曲线中发现异常时，进行此项测试。

转发器三阶互调性能是指带内输入回退一定值的两等幅载波每个三阶互调产物功率与每个载波输出功率之比。

三阶互调测试时首先将信号源 1 频率设为被测通道上行中心频率－1 MHz，功率为对应转发器通道 *P*o. sg. s 回退 3 dB，信号源 2 频率设为被测通道上行中心频率＋1 MHz 的单载波，功率为对应转发器通道 *P*o. sg. s 回退 3 dB，用频谱仪读取下行信道三阶互调产物功率，与每个信号的输出功率相比即得该饱和输入回退下的三阶互调比。两载波同时以 1 dB 步长从饱和输入回退－3 dB 至－15 dB，测试对应的三阶互调比。

3.5.2.4　在轨交付

卫星平台和有效载荷在轨测试数据是卫星在轨交付的重要依据。通信卫星在轨测试评审的通过视为卫星在轨交付，进入运营阶段。

（1）平台技术状态

卫星制造商列出卫星发射后，平台所有已经测试或使用过的系统和仪器的测试结果，对卫星平台的功能、性能、健康情况和设备状态进行说明，分别给出平台各分系统的评价意见，给出卫星平台工作是否正常的结论。

（2）有效载荷技术状态

在轨测试结果与预测值之间的偏差保持在测试准备文件中定义的误差范围内，该有效载荷视为合格。

（3）异常和故障

对已经发生过的卫星异常和故障事件，作出相应的说明，尤其对使用性能、功能有影响的问题作出详细说明、使用影响分析及在轨操作意见。

（4）其他交付项

一个卫星项目除了交付一颗在轨卫星外，还应地面交付卫星项目文档，包括管理、设计、测试等方面的文件及卫星模拟器、地面软件等。

3.6　卫星项目风险管理

项目风险管理是卫星项目建设管理一项重要工作，贯穿卫星项目建设全过程，在可行性研究与立项阶段就需进行项目风险性分析。在合同谈判与签署阶段确保采购卫星性能良好，同时控制政策、频率和进度风险。通过对卫星研制生产过程的中有效控制，确保研制出满足合同及技术附件要求的卫星产品。购置发射保险是规避发射风险的重要手段。

3.6.1　卫星项目风险性分析

风险性是指不确定因素的存在导致未能实现预期目标的潜在可能性。卫星建设项目涉及的方面很多，论证、建设周期较长，其风险也会来自多个方面，如政策、引进、频率、技术等。从项目角度，项目的收益越高越好，而项目的风险越低越好，但一般情况是收益高时风险也就较大，风险较小时收益也较低。在项目可行性分析报告编制过程中，对于风险和收益要综合分析，取其两者最佳的结合值。针对几种风险需要在可行性研究报告中进行表述和分析，寻求规避或降低风险的手段或途径，并作为卫星项目可行性评估的重要依据。

1）政策风险。在卫星建设项目可行性研究阶段应充分研究国内、外相关政策和规定，避免在项目建设或运营过程中发现政策不允许的情况，导致项目方案修改或工期推迟等问题的出现。

2）引进风险。由于国外出口限制范围的变化及对于引进产品控制力度较差，容易出现推迟或拒绝交货的情况，导致项目受到损失。为了避免引进的风险，在项目进行可行性研究阶段，对于国内生产的设备，且性能、可靠性、价格和国外产品相当，应优先给予考虑，对于必须引进的产品，要充分考虑引进渠道是否畅通。

3）频率风险。地球静止轨道轨位和频率是稀缺资源，地球静止轨道上卫星数目众多，大约每隔 1°分布一颗卫星，导致卫星间的协调难度也越来越大。在卫星可行性研究过程中要充分考虑轨位频率的可用性，并在可行性研究报告中明确阐述，给出分析结论。同时，在卫星方案设计时应充分考虑到轨位和频率的要求，卫星方案也需要得到频率主管部门的确认。

4）技术风险。卫星平台与有效载荷及其研制过程非常复杂，新技术的采用会提升卫星项目的风险，因此在卫星方案设计过程中必须遵循继承性原则，尽量采用经过在轨考验过的技术和产品，保证卫星在轨可靠。但为了满足新的需求，实现高的系统性能指标，必须采用新概念、新方法、新技术，在项目执行过程中就要充分把关，确保试验充分。对于技术风险在可行性研究过程中要充分考虑。

5）接替卫星风险。一旦发射失败，拟接替卫星寿命不足以支撑到下一颗卫星发射，用户将被迫转星，面临丢失用户和市场的风险，通过提前制定接替计划和转星计划，并策划多星备份，降低风险转移。

3.6.2 卫星发射保险

卫星保险业务是卫星运营风险管理的主要手段，也是卫星建设成本组成部分。发射保险业务流程主要包括准备阶段、保险安排阶段、出单及履约阶段，如图 3-15 所示。

（1）准备阶段

准备阶段包括择机启动保险安排，确定保险模式，确定首席承保人和/或保险经纪人，初步确定保险策略和投保金额，准备并提供承保资料，组织宣讲和路演工作和保险问题回答等工作。

（2）保险安排阶段

1）保险费率谈判，通过保险经纪人与国际承保人进行费率谈判。

2）保险条件谈判，目前市场上较常用的发射保险承保条件为：

a）保险期限：发射加一年在轨；

b）风险起期：意向点火或起飞；

c）风险终止：卫星发生全损或推定全损；保单赔款累计超过保险金额；卫星发射成功后满 12 个月；

d）保单期限：从保单订立之日起 12 个月或者 24 个月；

e）保险责任：全损和部分损失；

f）点火中止后风险重新起期。

最终的保险条件应根据项目具体情况及费率谈判情况与承保人谈判确定。图 3-15 为发射保险业务流程。

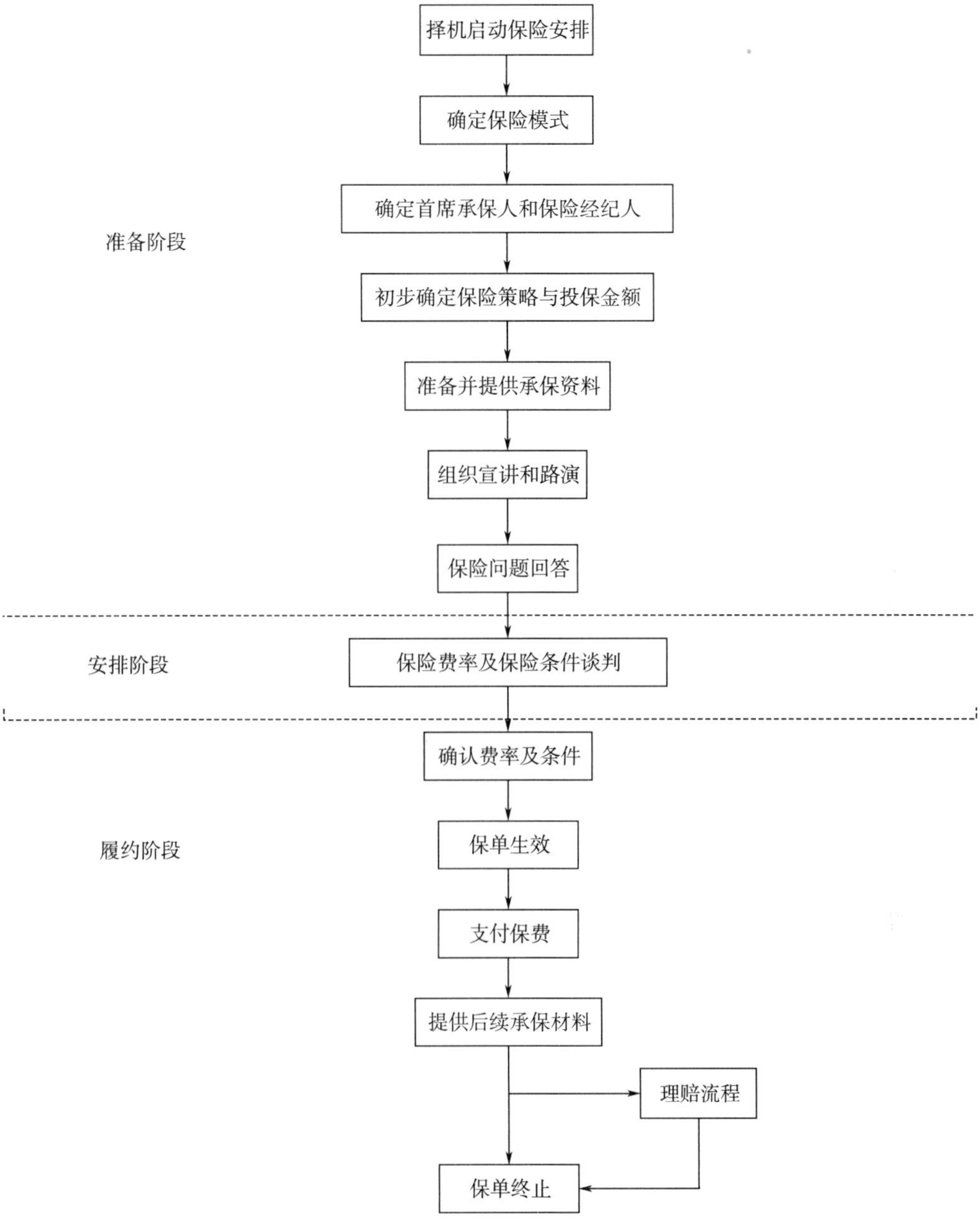

图 3－15　发射保险业务流程

(3) 出单及履约阶段

①确定最终保费和主要保险条件

确定最终保费（毛保费），最终保费包括净保费、首席出单手续费、再保经纪人佣金及保险保障基金。

②落实国内国际保险安排

国际费率和主要保险条件确定后，向首席承保人发出确认函，并委托其尽快落实国内国际保险安排。

③确定保单措辞

根据主要保险条件确定，需履行合同审批流程。

④保单生效

与首席承保人确认，按照最终保费和保险条件出具正式保单。

⑤支付保费

保单生效后按照保单规定支付保费。

⑥提供后续材料

保单生效后，需根据项目进展情况向承保人提供进一步的承保资料和项目执行信息，并回答保险人提出的技术问题。如有风险变更，应及时向保险人通报风险变更情况。卫星发射后密切跟踪卫星有关情况并及时向保险人通报相关情况。

（4）理赔工作流程

如有事件导致发生索赔，应履行以下流程：

1）通知保险人。应尽快向保险人发出“出险通知”。

2）提交损失证明。如有索赔要求，应尽可能早地按照保险人所要求的形式和所包含的信息向保险人提供“损失证明”。“损失证明”至少应包括保单下导致索赔的事件发生地、日期、时间、性质和可能原因，以及索赔金额的基础。“损失证明”应由有关官员签署。

3）技术问答及理赔谈判。如果保险人需要提供额外的信息，一般在收到“损失证明”30天内或收到补充信息30天内以书面形式提出，对于保险人提出的要求和问题应及时予以回答。如各方对索赔金额有不同意见可谈判协商确定。

4）支付赔款。保险人接受“损失证明”后应按照各自承保份额支付相应的赔款。首席承保人负责组织再保摊回，并支付所有赔款。

参考文献

[1] 周志成．通信卫星工程［M］．北京：中国宇航出版社，2013.

第 4 章　卫星测量与控制

4.1　卫星测控概述

卫星测控的主要目的是为了确保卫星发射后能够按照预定的测控方案完成既定工作任务。其工作阶段不是以设计寿命为标准，而是以卫星无线电信号生存期为标准。

卫星测控工作任务包括：遥测监视、轨道测量、轨道确定、轨道预报、定点位置保持、多星共位、轨道位置调整、寿命末期离轨、平台各分系统管理、有效载荷管理、故障诊断与恢复等。为了完成以上诸项工作，除了必要的软/硬件基础设施外，还需要有一个灵活高效的组织机构作为任务平稳运行的管理平台。

4.2　卫星在轨测控管理

卫星发射后，要经历星箭分离、转移轨道、同步轨道定点过程，我们称之为发射和早期轨道阶段，简称 LEOP。LEOP 中，除进行变轨控制和操作之外，星体需要进行太阳帆板的部分和全部展开、天线反射面的完全展开，完成卫星平台设备的在轨测试，并成功将卫星定点在预定的轨道位置。之后，有效载荷分系统才能开展在轨测试和长期运行服务。

卫星成功定点在预定轨道位置后，由卫星测控中心接管卫星测控任务，开始进入卫星长期在轨管理阶段。对卫星实施长期测控管理主要有三方面内容：一是轨道管理，确保卫星运行在轨道窗口之中；二是卫星平台管理；三是有效载荷管理。

对地球同步轨道通信卫星的测控管理有以下几个特点。

1）管理阶段持续性强，包括从卫星定轨到无线电信号终结的全部运行周期。同步轨道三轴稳定通信卫星的设计寿命一般为 15 年，但测控任务的时间段不是以工作寿命为标准，而是以卫星无线电信号生存期为标准的，即不管工作寿命是否结束，只要有无线电信号就要一直管理下去。这个阶段一般从几年到二十年不等。

2）7×24 h 不间断测控管理。

3）需要协调多星测控管理工作。卫星测控管理主要体现在地面对在轨卫星所实施的监视与控制。监视是指地面人员或测控系统通过对遥测数据的判读与监视、对星上各分系统设备运行状态的主动检查、对有效载荷分系统所传输载波信号的监测，确保卫星工作状态正常。控制主要指通过地面上行指令来实现对星上设备的调整与切换、运行参数修订和轨道位置保持，确保在轨卫星能够提供可靠、稳定、优质的通信服务。

对在轨卫星进行测控管理通过地面测控系统实施。

4.2.1　卫星轨道测量与控制

4.2.1.1　轨道测量

（1）伪距测量

伪距测量是测量地面站到卫星距离的一种方法。测距信号由地面站上行链路发出，再由卫星应答机回传至地面站，用此过程中测距信号的时延数据乘以电磁波在介质中的传播速度就可以得出 2 倍的卫星到地面站的距离。

$$2R = \lambda\left(\frac{x}{360} + n\right)$$

上式中 λ 为电磁波在相应介质中的传播速度，地面站无法直接计算得到测距信号的时延，所以只能通过发送多组测距音，通过比对输出与输入测距音的相位差来计算卫星到地面站的距离，测距音的频率越高其测量精度也就越高。在实际应用中，测距系统只能用测量得到测距音的相位差 x ，而无法测量出整数倍周期的测距音（即上式中的 n 值），所以在计算星地距离时往往会预置一个 R_0 作为初始的迭代数据，R_0 的取值一般要接近于真实值 R ，R_0 与 R 的最大差值是由频率最小的测距音决定的。

（2）测距数据预处理

从卫星发射的电磁信号在被地面站接收之前要穿越地球的大气层。当信号传播时，电磁辐射会在不同程度上与构成地球等离子环境和大气的电子、离子、原子和中子发生相互作用。结果，信号就会改变方向，这就是折射弯曲，传播速度也会改变。此外，大气还影响信号极化和磁场强度。

传播速度以及电磁波的波长取决于周围介质的折射率 n 。已知真空中波长为 λ 和光速为 c 的电磁波，那么在折射率为 n 的介质中，相应的 λ_n 和 c_n 可以表示为

$$n = \frac{c}{\lambda} = \frac{c_n}{\lambda_n}$$

为了计算精确，测距数据的距离值和角度值都需要进行预处理来消除测距信号在不同介质中传播导致速度不同所带来的影响。

（3）轨道确定

卫星运动方程和测量模型描述了卫星相对地面站的运动情况。给定卫星初始位置和速度矢量以及各种模型参数，就可以计算任意时刻卫星位置和观测值。如果只用给定的一组卫星观测资料来确定轨道根数和模型参数，计算会变得很复杂。

根据应用不同，轨道确定通常分为两种：

1）无初始轨道信息，利用 6 个观测量直接计算 6 个轨道根数的初轨确定；

2）利用大量的观测数据根据初始轨道根数的轨道估计。

需要区分这两种方法的原因在于：

1）复杂的轨道预报公式和测量模型不允许直接求逆定轨，除非是开普勒轨道方程和原始测量模型这样的特例；

2）由于测量（和模型）误差不可避免，用于轨道确定的观测资料不可能是精确值。因此由实际观测资料精确重构的卫星轨道时，考虑大量观测数据的误差平滑方法很重要。

在实际应用中，大多数的人造卫星由于经常跟踪测量，拥有一定精度的轨道根数数据库，初轨确定的重要性相对有限。在轨道估计时，一般是采用最小二乘法来利用跟踪数据对初始轨道进行改进。最小二乘法估计轨道确定的基本原理是找到一条轨道和模型参数，使得理论观测值和实际观测值之间的残差平方和最小。换句话说，就是所计算轨道要在残差的最小二乘意义下尽可能符合观测数据。实际上，不同的测量方法有不同的计量单位，可靠性也不一样，所以每个残差需要对应一个权重因子，该因子是最小加权残差的平方根。

（4）星历表上载

卫星需要从姿轨控系统的各种敏感器读取测量数据，再根据这些测量数据来确定并调整卫星的姿态。一般常用的姿态敏感器有：地球敏感器、太阳敏感器、星敏感器和陀螺等。其中星敏感器是以恒星为参照系，以星空为工作对象的高精度空间姿态测量装置。通过探测天球上不同位置的恒星，并进行解算为卫星提供准确的空间方位和基准。星载计算机要通过星敏感器的观测值以及自身的轨道位置来确定卫星的姿态，而卫星是无法直接得到自身的轨道位置的，这就需要地面站将卫星的轨道数据上注到卫星上去，这就是星历表上载。星历表上载不只是用于星敏感器的定姿，还可以用于电推点火，太敏自动标效陀螺等操作。泰莱斯的 SB4000 平台和洛克希德·马丁的 A2100A 平台都需要进行星历表上载的操作。

4.2.1.2　轨道控制

4.2.1.2.1　轨道控制计算

（1）静止轨道的摄动影响

静止轨道的主要摄动包括地球非球形引力场摄动；日、月引力摄动；太阳辐射压力摄动。

静止轨道卫星的东西及南北位置保持要考虑的轨道长期或长周期摄动有：

1）日、月引力产生的轨道倾角长期及长周期摄动是南北位置保持要克服的主要摄动项。

2）卫星的东西位置保持依赖于平经度及偏心率。

3）日、月摄动以及地球非球形摄动中均有平经度恒定漂移率，只要适当改变标称同步轨道半长轴，则可抵消此项常值漂移率。受地球田谐项 J_{22} 项影响，求出的使长期经度漂移为零所对应的标称静止轨道角速率 n^* 及标称静止轨道半长轴 a_s^* 与卫星定点位置有关。

4）田谐摄动产生的平经度加速漂移是东西向位置保持要考虑的主要摄动项。

5）日月引力对平经度摄动的长周期项对于高精度位置保持也是应考虑的一个摄动项。

对于面积质量比大的卫星，且定点保持精度高的情况，太阳辐射压引起的偏心率摄动也是一个主要的摄动源。

(2) 静止轨道卫星的定点保持

静止轨道卫星的定点位置保持就是使卫星的经、纬度位置误差限制在规定的允许值范围内。根据前面的摄动分析，轨道根数有近于天周期的周期分量以及日、月频率（或若干整数倍）的长周期分量，通常控制周期远大于天周期，因而，不可能控制天周期的短周期分量。从控制角度来看，这些短周期分量必须从轨道根数中分离出来，这就是平根数的由来。在静止轨道卫星保持中，均采用平根数进行分析计算。

对于实际静止卫星轨道，它具有小轨道倾角、小偏心率以及小漂移率的特点。这种轨道的卫星相对地球在东西（经度），南北（纬度）方向的运动的一阶近似式为

$$\varphi = \sin i \sin u \approx i \sin u$$

$$\lambda = \bar{\lambda} + 2e\sin M$$

显然，卫星南北向运动幅值仅依赖于轨道倾角，而东西向运动依赖于漂移率、平经度及偏心率。所以，定点保持的任务也就是要适时地控制这四个轨道根数。通常当卫星的经度和纬度到达允许边界时，对卫星施加合适的控制，不同的保持精度要求相应的控制周期不同，控制策略也可能不同。例如，若控制周期长，月球引力产生的某些摄动分量周期小于控制周期，控制策略设计中可不予以考虑，而仅在误差分配中考虑。反之，对于保持精度要求高，控制周期短的情况，在控制策略设计中就必须考虑这些月球周期的摄动分量。例如，对于大面积太阳帆板的卫星，面积质量比大大增加，偏心率摄动成为一项很重要的摄动，在控制策略中就必须考虑偏心率摄动控制。

星上控制发动机通常采用单元和双元肼发动机，其推力为牛顿量级，每次点火控制的时间相对 24 h 轨道周期来说很小，通常可以认为是脉冲。另一种可能采用的控制发动机为电火箭，其推力很小，采用脉冲近似误差可能稍大，可予以修正。对于脉冲变轨，由摄动方程积分可以得到

$$\Delta a = \frac{2a}{\Delta V_S}\Delta V_T \text{ 或 } \Delta\dot{\lambda} = -3\,\frac{\Delta V_T}{r_s}$$

$$\Delta e_x = \frac{1}{V_S}\sin S_A \cdot \Delta V_R + \frac{2}{V_S}\cos S_A \cdot \Delta V_T$$

$$\Delta e_y = -\frac{1}{V_S}\cos S_A \cdot \Delta V_R + \frac{2}{V_S}\sin S_A \cdot \Delta V_T$$

$$\Delta i_x = \frac{\Delta V_W}{V_S}\cos S_A$$

$$\Delta i_y = \frac{\Delta V_W}{V_S}\sin S_A$$

式中　ΔV_T，ΔV_R，ΔV_W ——速度增量在切向 T，径向 R，法向 W 三个方向上的分量；

V_S ——静止轨道速度。

显然，法向速度脉冲可用来控制轨道倾角，而径向、切向速度脉冲可用来控制偏心率、漂移率和平经度，即可用来进行东西向的位置保持。

（3）东西向经度位置保持控制策略

一般来说，东西向位置保持要考虑平经度及偏心率的控制。对于面积质量比比较小的卫星，偏心率摄动量较小，当其相对于定点保持精度要求小得多时，可以不控制偏心率摄动，仅在误差分配中予以考虑。至于经度控制，一般不直接控制经度，而通过修正漂移率，建立合适的漂移率值。对于定点精度要求高（如小于 0.1°），因而控制周期短（小于一个月）的情况，在平经度摄动项中的日、月短周期项可在控制策略中直接加以考虑。

东西经度位置保持控制有两种模式：漂移率修正模式；漂移率、偏心率修正模式。

①漂移率修正模式

在给定位置保持要求的精度后，首先应进行误差分配，扣去平经度摄动的短周期项、偏心率引起的经度振荡幅值以及平经度测量误差后剩余部分将作为允许的漂移环宽度，令为 $\Delta\lambda_d$ 。当定点位置保持精度要求不高时，由于日、月长周期摄动项已在误差分配中扣除，所以漂移环 $\Delta\lambda_d$ 设计中只要考虑田谐摄动的影响。

卫星由于初始漂移率以及平经度摄动加速度而产生平经度漂移。可以在卫星漂移到经度漂移环边缘时对卫星施加控制，使之反方向漂移，从而保持卫星处于指定经度范围之内。

对于 $\ddot{\bar{\lambda}}$ 为负值的定点位置，控制点选在定点西侧，初始漂移率 $\dot{\bar{\lambda}}$ 为正值。相图如图 4－1 所示。

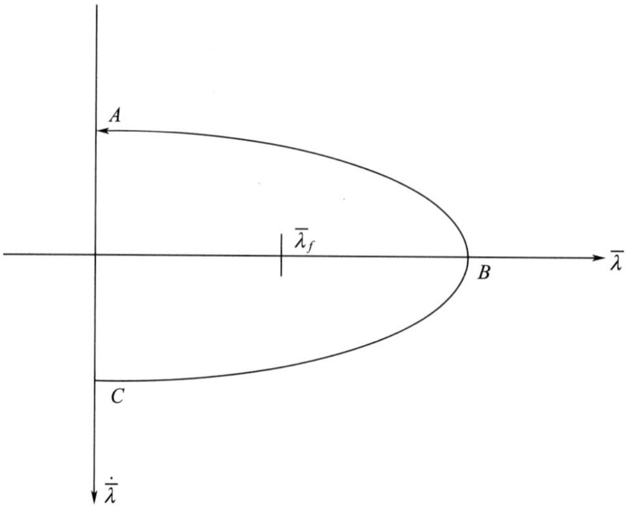

图 4－1　漂移率小于 0 的控制策略

当卫星到达定点范围西部边界时对卫星施加控制，建立初始东漂移速率 $\dot{\bar{\lambda}}$（相图上 C 点），由于平经度摄动加速度使 $\ddot{\bar{\lambda}}<0$，卫星的漂移率逐渐减小到 $\dot{\bar{\lambda}}=0$（相图上 B 点），卫星运行到最东点，随后将反向漂回到 A 点，这时对卫星再次进行控制，使其反转漂移方向（相点回到 C ），从而完成一个漂移环运动。

对于 $\ddot{\bar{\lambda}}$ 为正值的定点位置，控制点选在定点东侧，初始漂移率 $\dot{\bar{\lambda}}$ 为负值。相图如图 4－2 所示。

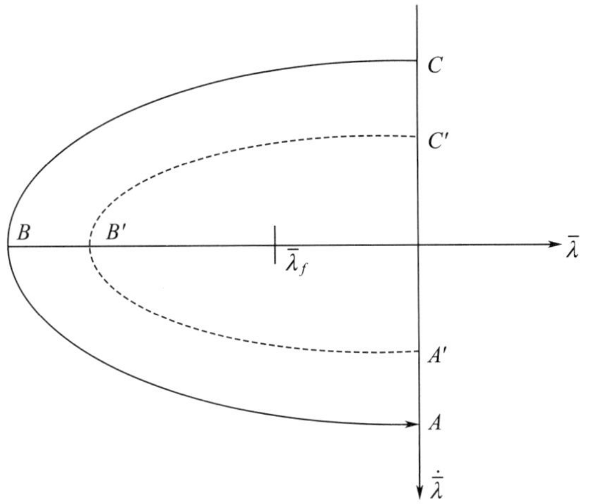

图 4-2　漂移率大于 0 的控制方案

实际上，由于存在各种误差，如测轨误差、发动机控制误差、摄动力模型误差，卫星相点不可能恰好处于 $C \to B \to A$ 这样的漂移环上，因而应设计一个漂移环带 CBA 与 $C'B'A'$ 之间的区域，并使卫星运行在该区域内。

设 $\lambda = \lambda_f + \alpha\lambda = \lambda_f + \alpha$，其中 λ_f 为定点经度，α 为定点经度范围，可根据 λ_f 和 α 计算得到漂移环有关参数：经度范围漂移率 $\dot{\alpha}$，漂移周期 T。

卫星经过一个漂移周期，回到初始经度位置处（α 处），此时应进行一次漂移率修正，修正速度量为

$$\Delta V_T = -\frac{1}{3} r_s \Delta\dot{\alpha} = -\frac{1}{3} r_s (\dot{\alpha}_0 - \dot{\alpha}_f)$$

式中　$\dot{\alpha}_f$ ——实测卫星此时的平经度漂移率。

②漂移率、偏心率修正模式

当偏心率摄动量较大时，必须同时考虑控制漂移率及偏心率。仍考虑采用前述的类似的控制方式，所不同的是东西向经度误差漂移带中应考虑偏心率引起的天振荡。

$$| \alpha + 2e\sin M | \leqslant \frac{1}{2} \Delta\lambda_d$$

等效地，即

$$(\alpha + 2e\sin M)_{\max} - (\alpha + 2e\sin M)_{\min} | \leqslant \frac{1}{2} \Delta\lambda_d$$

由于偏心率摄动量大，当卫星漂移 N 天返回初始经度位置时，需同时控制平经度漂移率 $\dot{\alpha}$ 及偏心率 e。

控制模式有两种：切向速度脉冲的两脉冲控制模式；切向、径向均有分量的两脉冲控制模式。

由于切向速度增量控制偏心率的效率是径向速度增量的两倍，通常采用切向速度控制以节省燃料。

仅用切向速度脉冲来实现平经度漂移率及偏心率的控制，一般需要两次脉冲控制，燃料最省的两脉冲控制是相隔半个轨道周期的两次控制。两次控制后，平经度、漂移率及偏心率都获得预期的改变量。

但是当偏心率控制量大时，第一次控制后，将形成一个很大的中间漂移率，半天内的漂移量可能很可观，必须予以考虑。

设两次控制之间间隔时间为 N 天，在这段时间内偏心率摄动量 Δe（Δe_x，Δe_y）也确定了。

若不考虑半天漂移量，选取

$$e_0=-\frac{1}{2}\Delta e$$

则

$$e_N=e_0+\Delta e=-e_0$$

显然，卫星在漂移环的西侧处的最大偏心率取最小，而且在卫星漂到另一端时偏心率变为零，这样选取偏心率将使整个误差带宽最小，即将使修正周期最长。

当给定了修正周期 N 以及它的初始时刻，N 天内的偏心率摄动量 Δe 已经确定。若初始偏心率幅值 e_0 给定，则可以这样选取初始偏心率的方位，以使 N 天后的偏心率 e_N 与初始偏心率大小一样，即 $e_0=e_N$，则 e_0 的方位角容易求出。

为使下一个修正周期重复上述过程，由于初始时刻与 N 天后的太阳方位角发生改变，偏心率控制也产生改变量 Δe_c。

相应的每次偏心率修正速度为

$$\Delta V_e=\frac{V_s}{2}\Delta e_c=e_0V_s\sin\left[\arcsin\left(\frac{e_r}{2e_0}\sin\frac{n_sN}{2}\right)-\frac{n_sN}{2}\right]$$

令

$$\frac{e_0}{e_r}=\beta$$

随着选取的初始偏心率加大（即 β 增加），修正速度减小。

若 $\beta=0.5$，则修正速度为零，这就是所谓的“太阳指向轨道”，即卫星的偏心率矢量始终指向太阳方向，随着太阳方向的年运动，偏心率摄动引起的偏心率向量与太阳方向同步旋转。

平经度漂移环（$K\leqslant 0.5$）（该图对应于 $\ddot{\lambda}<0$ 的情形，如图 4－3 所示）

（由 $\dot{\alpha}_{01}$ 处半天时间没有漂出漂移环东侧的情形。）

$\dot{\alpha}_{01}$ 为第一控制脉冲后的漂移率［（°）/d］，

$\dot{\alpha}_{02}$ 为第二控制脉冲后的漂移率［（°）/d］，

N_1 为从 A 漂到 B 的天数；

N_2 为从 B 漂到 C 的天数；

考虑了半天漂移量后，仍如此选取偏心率，采用不同形式的平经度漂移环。

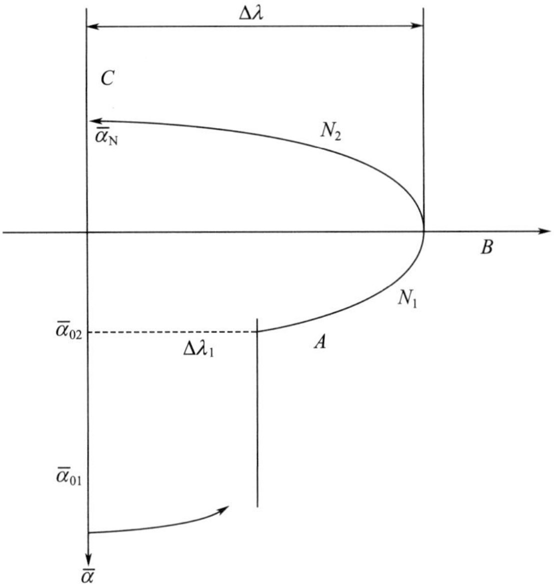

图 4-3　漂移率小于 0 时的偏心率修正

平经度漂移环（$K>0.5$）（由 $\dot{\alpha}_{01}$ 处半天时间漂出漂移环东侧的情形，如图 4-4 所示）

计算偏心率修正速度 ΔV_e

计算漂移环参数，K，$\dot{\alpha}_{02}$，$\dot{\alpha}_N$，计算两次控制脉冲速度。

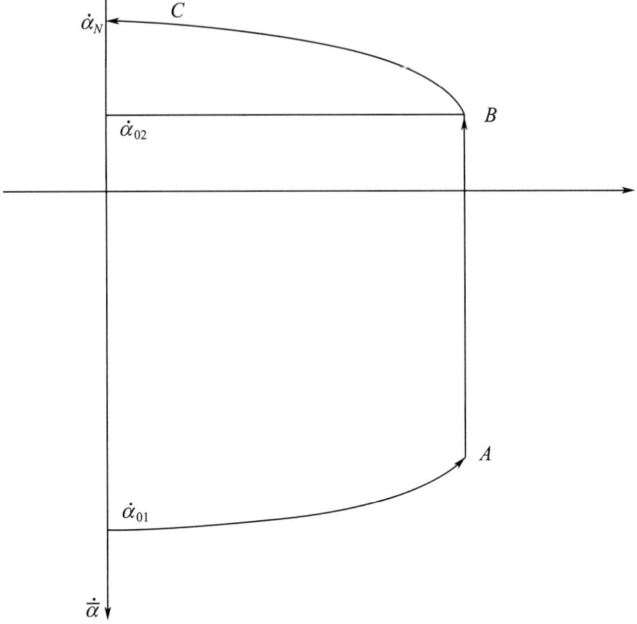

图 4-4　双脉冲点火修正偏心率

（4）南北位置保持修正策略

①燃料优先控制策略

倾角矢量控制可以有如下三种策略选择：

1）不考虑控制“6 个月周期”摄动项。该策略的目的是最大限度地节省星载燃料，在南北位保控制策略上只选择修正倾角的长期增长项，而不修正太阳引力产生的周期项。这意味着只要初始化好倾角矢量位置，太阳引力周期项的影响不需要额外控制，从而达到最省燃料的目的。此法常用于非共位场景下的同步轨道卫星倾角控制。

2）只控制“6 个月周期”摄动项在 i_y 轴方向的分量。与前一个控制策略相比，理论上只要卫星在轨时长是周期摄动的整数倍，可以在同等燃料消耗和测控任务量代价上，减少倾角振荡幅度。这是共位场景下的倾角控制策略常用选择之一。

3）“6 个月周期”摄动项全控制。与第二套策略相比，本控制策略可以进一步降低倾角矢量摆动范围，为多星共位提供有利技术条件，但代价是燃料消耗会相应增加。

考虑到控制策略 2）的长期燃料代价与 1）相当，同时也满足倾角控制需求，因此将年 ΔV 机动量平分到日常位保操作中，例如，在 2024—2025 年倾角最大增长时期，平均最大日 ΔV 控制量约 0.14 m/s。按照 28 天实行施一次位保计算，单次最大机动量约需 3.92 m/s。只要卫星平台推进分系统提供的单次点火 $\Delta V > 3.92$ m/s，该控制策略就可以实施。

南北位保期间，在轨道面内的径向和沿迹项 ΔV 分量，可以通过与最后一批次南北位保间隔小于 48 h 的东西位保操作进行修正。

②倾角矢量位置初始化

考虑倾角长期自然漂移运动，在定点捕获最后阶段，倾角矢量初始位置原则上应该设置在自然漂移反方向的控制窗口边界。

结合倾角太阳引力周期项运动特征，倾角 i_y 分量设置原则是：将以 6 个月为周期的倾角振荡中心保持在 0 位置；鉴于倾角 i_x 分量相对于长期增长方向存在 $\pm 0.023°$ 的摆动，合理选择 i_x 初始位置可以不需要对太阳引力周期项 i_x 分量实施额外控制。最优 i_x，i_y 位置计算依赖于第一次位保周期开始日期。

每个位保周期结束时，倾角矢量都被重置到一个合适状态，以保证下一个位保周期倾角矢量可以安全控制在轨控窗口内部。

③最省燃料机动时刻选择

根据倾角矢量修正方程

$$\Delta i_x = \frac{\Delta V_n}{V_s} \cdot \cos(S) \Delta i_y = \frac{\Delta V_n}{V_s} \cdot \sin(S)$$

式中 ΔV_n ——法相 ΔV 机动量；

V_s ——同步轨道标称速度；

S ——脉冲点火中心时刻卫星赤经。

合理选择点火中心时刻卫星赤经，可以调整倾角矢量修正方向。最省燃料机动时刻计算原则是选择倾角长期摄动自然增长反方向。简化说，对于使用南面板推力器进行的北机动，最优点火时刻发生在卫星靠近赤经 270°位置，使用北面板推力器进行的南机动，最优点火时刻发生在卫星靠近赤经 90°位置。精确计算需要考虑 18.6 年为周期的月亮升交点赤经进动，对倾角长期自然增长方向的±9°振荡影响。图 4-5 给出了 2017—2032 年以南位保为例的最优点火时刻卫星赤经示意图。

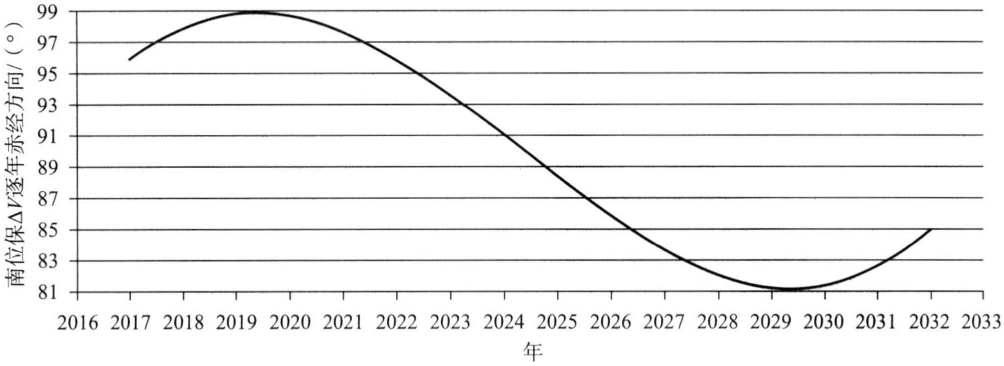

图 4-5　2017—2032 年最省燃料南位保机动中心时刻对应卫星赤经图

4.2.1.2.2　脉冲点火转有限时长点火

上文中所提到的 ΔV 都是在特定时间点产生的单脉冲点火，然而在实际应用中让推力器产生单脉冲点火是不现实的，所以在计算出所需要的单脉冲点火后，需要将单脉冲点火分解为可以应用于实际的有限时长点火。

有限时长点火是由多个点火脉宽以及空脉宽构成的，点火次数指的是点火脉宽的个数。一般空脉宽值是恒定的，点火脉宽有两种，一种是脉宽值恒定的脉宽，一种为脉宽值不断递增，最终达到最大脉宽后恒定的脉宽，点火脉宽加上空脉宽的总和是点火时长。

4.2.1.2.3　燃料收集

卫星在轨运行期间，燃料剩余量是决定卫星寿命的一个最重要的因素。卫星在通过推力器进行轨道保持、变轨和动量卸载等操作时，都会引起燃料的消耗。所以在卫星经过上述的操作后，都会对推力器燃料的消耗量进行统计，以便于估算卫星的剩余寿命。

常用的燃料收集方式一般有三种：

1）通过 PVT 法进行燃料收集：根据理想气体状态方程（$PV=nRT$）可知，可以通过收集卫星燃料箱的温度和压力来估算卫星的剩余燃料。不过卫星燃料箱的温度并不是均匀分布的，这种算法只能粗略的估计卫星的剩余燃料。

2）通过统计每次推力器点火的时间和次数来计算所消耗的燃料，然后将总燃料扣除消耗的燃料，从而计算出剩余燃料。这种方法对于卫星星体的建模要求很高，统计的剩余燃料较为精确。

4.2.1.2.4　机动效率标校

在机动过程中，由于燃箱氧箱可能存在的气泡，推进器的温度、推进器效率等都会影响到机动真实的结果。机动效率标校是用来测量机动真实结果与计划结果偏离程度的一种计算方法。

机动效率标校一般是在机动结束、定轨完成后进行。机动真实的结果指的是通过实际定轨的轨道瞬根数推演至熄火点时刻，得到控后熄火点的轨道瞬根数。由上文可知，东西机动改变的是卫星轨道根数中的半长轴与偏心率，南北机动改变的是卫星轨道根数中的倾角矢量。所以东西机动可以通过比较机动前后半长轴的实际改变量与计划中半长轴的改变量做对比来描述东西机动的效率；南北机动可以通过比较机动前后倾角矢量的实际改变量与计划改变量做对比来描述南北机动效率。出于节省燃料的目的，南北机动只对 i_y 方向进行调整，因此在南北机动效率标定时，也只比对 i_y 的变化程度。

4.2.1.2.5　星体和天体事件预报

卫星在轨运行的过程中，姿轨控分系统和电源分系统等会因为天体事件的干扰受到影响，所以要对特定的天体事件进行预报工作，一般常见的天体事件预报有：地敏干扰保护预报，星蚀预报，月蚀预报，最佳对星时间以及太敏预报。

地敏干扰保护预报主要是以卫星的定点位置或轨道根数以及星体的地球敏感器安装角度为基准，预报太阳或者月亮进入地球敏感期视场的时间。在太阳或月亮进入地球敏感器视场时要关闭相应的地球敏感器，防止卫星姿态发生偏转。

星蚀预报是在星蚀期进行的，星蚀期是指地球将太阳完全遮挡使得太阳帆板无法获得阳光照射的时期，一般是在春秋分前后四十五天。星蚀预报的内容主要为卫星进入地球本影和半影的时间，以及卫星退出地球本影和半影的时间。

月蚀预报发生的时间并不固定，与星蚀相似，月蚀是指月亮将太阳完全遮挡，使得太阳帆板无法获得阳光照射的时期。

最佳对星时间一般是指卫星在标称经度$\pm\delta$Lon°，标称纬度$\pm\delta$Lat°的控制盒内的停留的时段。

太敏预报一般是结合星体太敏的安装位置以及轨道根数对于太阳敏感器输出值进行的预报，一般用于东方红 4 号平台的卫星校准陀螺使用。

4.2.1.2.6　多星共位轨道控制

卫星和地面测控系统的特点是多星共位方式选择的依据，主要考虑：

1）共位卫星的数量；

2）控制中心的数量；

3）保持边界的大小（经度和纬度）；

4）位置保持周期，即经度位置保持和倾角位置保持周期的长度；

5）轨道确定精度；

6）太阳辐射压力；

7）推力器精度；

8）推力器点火的限制条件，如最长点火持续时间，冷启动的最多次数等。

（1）多星共位的方法

多星共位有许多方法。最主要的有四种。

①不考虑碰撞

最常用的方法是不考虑碰撞危险，对每一个共位卫星进行单独操作。用不同的控制中心对卫星进行操作时，会使用这种方法。这种方法在时间短、且卫星数目相当少的情况下也许可以使用。

②非联合共位带碰撞检测

对每一个共位卫星在一定范围内进行单独操纵，但要进行常规的以及轨控前后对卫星间距的检查。最小安全距离必须事先商定，其大小取决于预期的轨道精度。如果预报的靠近距离值是不允许的，操作员就要改变所计划的轨控，或进行一次防碰撞机动。在任一种情况下，一次只能对一个卫星进行机动。确定新的轨道后，在任何一个卫星进行新的机动前应检查机动的安全性，机动时间最短变为 1 至 2 天，不同控制中心间需频繁交换轨道和轨控计划。

③通过隔离进行共位

这时每个卫星都有自己的永久分配的专用区域，位置保持机动就在其中进行。它是运用不同的轨道根数进行隔离。这个专用区域可以是整个位置保持边界的一个子边界，或是偏心率矢量平面内的一个区域，后者可能还要结合倾角矢量进行平面隔离。此区域必须有足够的安全裕度，以便克服定轨和预定机动所可能产生的误差。每个指定区域在位置保持周期内，应该适应轨道的短周期项和轨道漂移量。

④联合位置保持

当保持范围窄小时，可以根据事先制订的计划，对不同的卫星采用不同的控制目标来进行位置保持。同③，目标的偏置值可以在经度上或者在偏心率矢量平面内，也可以结合倾角矢量平面的分离量。这种方法的优点在于利用了所有卫星都有轨道短周期项的事实。在位置保持周期内，各卫星成员必须交换轨道信息，检查靠近情况，避免靠近的机动在危险情况下进行。使用该方法时，可将其中一个卫星作为‘主星’独立进行位置保持，而其他共位卫星参照这颗卫星进行轨控。

（2）多星共位的隔离方法

静止轨道多星共位轨道保持策略主要有四种隔离方法：经度隔离法；同步隔离法；偏心率矢量隔离法；偏心率矢量与倾角矢量联合隔离法。

①经度隔离法

这种方式是将整个保持范围经度分成若干个比较小的保持区域，每个卫星占用一个。但只有在整个保持边界比较宽，且卫星比较少的情况下，这种方式才是可行的。这种方式不是真正的共位，因为每个卫星都被保持在自己的分割区内，互相独立。用轨道根数表示，在位置保持周期里，$\delta\lambda_0$ 较大，每个卫星的偏心率较小。每个卫星具有自己的偏心率和平经度率。

$$\delta\lambda_0 > 2(e_1 + e_2) + (|D_1| + |D_2|)[\max|(s - s_0)|]$$

②同步隔离法

这种方式是将经度保持范围分割成若干个部分重叠的区域，共位的卫星初始经度位于不同的区域。在卫星漂移周期内，各卫星的经度按照基本相同的漂移规律同步变化，卫星经度间的差值就不变。但要在同一天对所有卫星进行经度位置保持，使得在保持周期里各卫星的经度按照基本相同的抛物线变化。

如果偏心率都比较小，经度日振荡的幅度不大，就不必考虑偏心率的影响。这种模式最适合太阳辐射压力较小的卫星。用轨道根数表示，目标是一个给定的经度间隔 $\delta\lambda_0$ 和相同的漂移率。

如果偏心率都比较小，经度日振荡的幅度不大，就不必考虑偏心率的影响。这种模式最适合太阳辐射压力较小的卫星。用轨道根数表示，目标是一个给定的经度间隔 $\delta\lambda_0$ 和相同的漂移率。

$$\delta\lambda_0 > 2(e_1 + e_2) \quad \delta D = 0$$

对于太阳辐射压力大且几乎相等的卫星，这时卫星偏心率较大，经度日振荡的幅度较大。但由于卫星的经度振荡规律相同，仍可以采用这种隔离方法。

虽然允许 $e_1 \approx e_2$ 的值相对较大，但位置保持时要求对轨道根数进行下面的隔离。

$$\delta\lambda_0 > 0 \quad \delta D = 0 \quad \delta e = 0$$

③偏心率矢量隔离法

所有的共位卫星共同占据整个经度保持范围，由于偏心率矢量不同，卫星在轨道平面内沿径向和轨迹方向被隔离开。

进行位置保持机动时，要进行下列隔离

$$\delta\lambda_0 = 0 \quad \delta D = 0 \quad \delta e \neq 0$$

这样径向和沿轨迹的距离分别变为

$$\delta r = -A(\delta e_x \cos s + \delta e_y \sin s)$$

$$A\delta\lambda = 2A(\delta e_x \sin s - \delta e_y \cos s)$$

由于正弦和余弦函数相位差 90°，因而不会同时变为 0。

在赤道面上，两个卫星的相对运动是一个卫星以反方向绕另一个卫星做椭圆运动，径向最短距离为 $A|\delta e|$，沿轨迹方向的最短距离它的两倍。

偏心率矢量隔离可分为绝对偏心率矢量隔离和相对偏心率矢量隔离。

绝对偏心率矢量隔离方法是将平面按照参与共位的卫星分成单独占有的区域。每个区域都被一个安全界限所环绕，这个安全界限也就成为偏心率矢量 δe 的最小偏置。每个图形的外圆限制了最大偏心率，从而使经度日振荡限制在自己的区域内。

相对偏心率矢量隔离方法是通过对不同的卫星使用不同的目标偏心率矢量进行等效隔离。最佳目标偏心率矢量位于圆心在 $e=0$ 的圆周上的太阳方向。如果所有卫星的太阳摄动力相同，目标圆的半径也是相同的。将中心从“0”偏置到不同位置，就可保证每个独立的目标偏心率矢量的偏置。

每个卫星都遵循太阳指向近地点策略对偏心率进行比较理想的机动，但目标圆偏离中心。每个目标圆的大小必须小于一个单一的目标圆的最佳值，才能将这些圆都置入偏心率最大的圆内。为了将所有偏心率矢量置入偏心率为容许值的大圆中，安排偏心率矢量时要遵循的一个总原则就是要尽可能紧凑，但同时要使所有共位卫星两两之间的最小矢量偏差 δe 为极大。

④偏心率矢量和倾角矢量的联合隔离法

偏心率矢量隔离方法的主要缺点是难以保证 δD 和 $\delta\lambda_0$ 的值保持足够小。随着时间的推移，经度漂移率的小误差会使得沿轨迹位置出现较大误差。

为了使每一个卫星绕其他卫星在椭圆中作对称运动，偏心率矢量隔离通常要与倾角隔离相结合。

单纯的倾角矢量差 δi 不能够实现卫星隔离，因为在轨道交叉点上必须采取其他隔离手段。

倾角矢量和偏心率矢量的联合隔离的好处在于在轨道平面交叉处进行了径向隔离，这时由偏心率 $\delta e \neq 0$ 提供的。

设 $\delta D = 0$，可以得到在（r，$A\theta$）平面内两个卫星的相对运动，以及两个卫星在该平面上的投影之间的距离 d

$$\delta r = -A(\delta e_x \cos s + \delta e_y \sin s)$$

$$A\delta\theta = -A(\delta i_x \cos s + \delta i_y \sin s)$$

$$d = \sqrt{\delta r^2 + (A\delta\theta)^2}$$

在两个轨道的交叉点上，从地心到交叉点的直线与 δi 垂直。两个卫星以径向间隔 δr 上下交替飞行

$$\delta r = \pm A(\delta e_x \delta i_y - (\delta e_y \delta i_x) / |\delta r|$$

为保证间隔，使 $d_{\min} = \min d \neq 0$ 的充分必要条件是

$$\delta e_x \delta i_y - \delta e_y \delta i_x \neq 0$$

该判据是 δi 与 δe 不等于 0 且互不平行或反平行。

因此，偏心率矢量与倾角矢量联合隔离的目标条件为

$$\delta\lambda_0 = 0 \ \delta D = 0 \ \delta e \neq 0$$

$$\delta e_x \delta i_y - \delta e_y \delta i_x \neq 0$$

满足了偏心率矢量隔离的目标条件。这种隔离方法的优点是不依赖于 $\delta\lambda$ 的值，避开了对经度偏差及经度漂移率误差敏感的缺点。对于只提供单站测距和天线角数据的中低精度的跟踪系统来说，这是一种最合适的共位方法。这种方法的缺点是必须协调卫星间的倾角机动

（3）漂星方案制定

漂星是指卫星根据需求从一个经度运动到另一个经度的过程。漂星方案一般包括两大方面：1）漂星前期的准备工作，2）漂星机动方案设计。

漂星前期准备工作主要包含了卫星星体各个系统的运行状况，卫星漂星期间的操作安排，漂星期间星体的应急预案以及地面设备的准备工作等。

漂星机动方案设计主要是设计卫星的起漂机动与刹车机动，一般采取两次起漂三次刹车的设计方案。在起漂机动时要关注卫星与相邻共轨卫星的安全距离，尽量将卫星的偏心

率调整至圆心且在整个漂星期间卫星的偏心率在靠近圆心的控制盒内运动。同时起漂机动的设计要考虑卫星到位的时间要求，以及与途经卫星的径向安全距离。在设计刹车机动时要注意在刹车过程中尽量避免有途经卫星，卫星的定点偏心率要尽量安排在太阳同步的偏心率圆位置上。刹车的三次机动间隔要尽量大于 24 h，这样可以通过机动效率标校来校准刹车机动的误差以提高刹车机动的精度。

漂星的机动方案设计同时要包括漂星期间地敏干扰预报，漂星途经卫星的频率干扰协调预报，漂星期间测距定轨以及星历表更新计划和途经卫星的安全距离确认。

（4）静止轨道通信卫星离轨方案制订

当卫星寿命末期，健康评估结果显示该卫星已经无法继续执行在轨任务时，通信卫星所有者有责任将其送入地球同步轨道高度之上约 300 km 左右的空间区域，一方面为其他待发射通信卫星留出轨位资源；另一方面，如果通信卫星任务结束后不按照要求离轨，当卫星推进剂耗尽或因重大问题导致无法对卫星进行控制时，由于地球形状摄动、日月引力摄动以及太阳光压的摄动等作用，卫星的位置将会发生漂移，由此会对同步轨道上的其他卫星的安全带来很大的威胁。

①离轨要求

参考《IADC 空间碎片减缓指南》，完成飞行任务的卫星应推离 GEO 保护区域，以免干扰仍在 GEO 工作的空间系统。在考虑了所有轨道摄动因素后，变轨结束后卫星轨道近地点高度应满足如下最小增加值公式的要求，并同时保证偏心率不大于 0.003。

$$\Delta H = 235\ \text{km} + (1\,000 \cdot C_R A/m)$$

式中 ΔH ——变轨结束后近地点高度的最小增加值，km；

C_R ——太阳辐射压力系数（典型值在 1 和 2 之间）；

A/m ——卫星最大受晒面积与干质量之比，m^2/kg；

235 km ——GEO 保护区域上限高度（200 km）与考虑日、月和地球形状摄动下最大下降高度（35 km）之和。

为了确保卫星寿命末期能够离轨并达到要求的离轨高度，根据其剩余推进剂的计算结果确定离轨时机和离轨方案时需要考虑以下四项因素。

（a）卫星离轨推进剂消耗

根据上面提到的国际准则《IADC 空间碎片减缓指南》，通信卫星任务结束后需要将其轨道抬高至坟墓轨道（参见最小近地点高度增加值公式），为了确保所需要的速度增量，卫星最后需要预留出能够产生该速度增量的推进剂。

（b）贮箱挤出效率的影响

在评估卫星剩余推进剂时，要考虑有一小部分推进剂将残留在管路和贮箱中无法使用，通常为贮箱容积的 1%左右。

（c）误差散布的修正

误差散布修正包含运载 3σ 散布，轨道机动指向偏差，位保的南北、东西耦合，比冲散布以及双组员推进剂的混合比偏差等因素，具体数值在卫星出厂的时候就已经确定，多数情况下在轨期间保持不变，个别时候卫星制造商会对某些其中某些分量进行修正。如中星 5C 寿命末期，卫星制造商提供了对推进剂混合比的修正。对卫星推进剂散布误差理论上在卫星装填推进剂时应已考虑，在寿命末期推进剂估算时应将其当作常数考虑进去。

(d) 卫星推进剂估算方法的计算误差

卫星必须剩余足够的推进剂才能够确保按照离轨要求成功实施离轨。但是如果到卫星离轨后残存推进剂剩余过多也是个问题，这不仅没有让有限推进剂发挥出应有的作用，更是对卫星能力和资产的巨大浪费，因此精确估算卫星剩余推进剂质量就显得尤为重要。

目前卫星采用的计算剩余推进剂的方法主要有 3 种：记账法（Bookkeeping 法）、气体方程法（PVT 法）以及热平衡法（PGS 法）。针对我们卫控中心目前管理的 6 颗卫星，其中有 4 颗卫星使用记账法来估算卫星剩余推进剂，另外两颗卫星使用 PVT 方法来计算卫星剩余推进剂。具体来说分如下几种情况。

1) 对于使用记账法的 4 颗卫星，我们目前采用的办法是利用 PVT 方法来验证记账法的结果，使两种方法取长补短，在一定程度上提高了剩余推进剂结果的准确度。

2) 对于两颗国产卫星，目前只有 PVT 方法可用，因此需要密切关注卫星的剩余推进剂以及混合比的变化趋势，定期请卫星制造商进行评估，尽可能提高结果的可信度。

②常用离轨方法

(a) 前期准备

提前半年左右开始着手准备卫星离轨的相关工作；提前 1 个月完成与保险经纪谈判购买离轨操作第三方责任险；与卫星制造商接洽，在操作前半个月确定操作方案并进行演练；在操作前一周通知离轨途经卫星避免干扰。

(b) 方案设计研究

ⓐ轨控方案设计

针对不同卫星平台，在离轨前需制订具体的轨控方案，包括离轨机动时间、点火时长、点火批次、对应推力器配置、推力器的效率、推力器工作参数等，这都需要根据卫星及轨道的实际情况来制订，但综合考虑，制订离轨轨控方案时应该考虑如下三方面因素。

• 离轨高度要求

卫星在轨道上运动，如果要改变卫星的轨道，需要通过推力器对卫星施加推力产生速度增量 ΔV，速度增量如图 4-6 可以分解为三个正交分量：即卫星轨道平面法向 ΔV_N，切向 ΔV_T 和径向 ΔV_R。法向 ΔV_N 为轨道平面外的速度增量，用来进行倾角的控制，从而改变卫星轨道平面的指向，即改变轨道的倾角和升交点赤经。切向 ΔV_T 可以改变轨道的半长轴，经度漂移率和偏心率矢量。径向 ΔV_R 主要改变偏心率矢量和经度位置，但是同样大小的径向速度增量只能达到切向速度增量的一半效果，因此，通常只通过切向速度增量 ΔV_T 来调整轨道的半长轴及偏心率矢量。

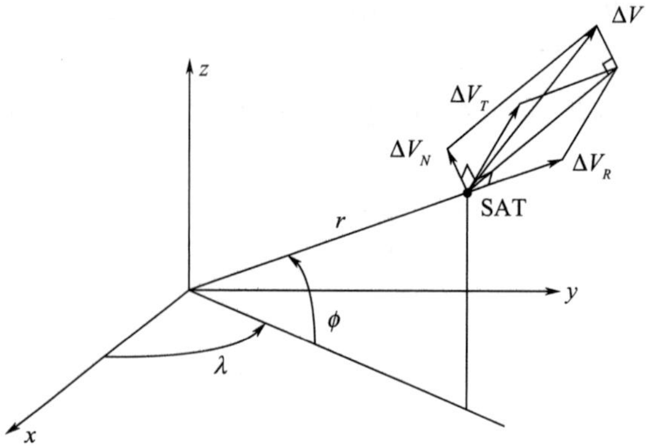

图 4-6 卫星本体坐标系示意图

在制订离轨方案时，首先需要满足上述离轨高度要求。抬高轨道高度也就是要增大卫星的半长轴，这需要给卫星施加一个推力产生切向速度增量 ΔV_T ，改变卫星的轨道漂移率，从而带来轨道半长轴的变化。

轨道半长轴 a 的摄动运动方程如下

$$\Delta a = \frac{2}{n}\left(\Delta V_T \frac{af}{r} + \Delta V_R \frac{e}{f}\sin\theta\right)$$

此公式可参考多颗卫星设计手册文献，其中部分设计手册中使用微分符号“ d ”代替“ Δ ”。

式中 $n = \sqrt{\dfrac{\mu}{a^3}} f = \sqrt{1-e^2}$ ，

$$r = \frac{a(1-e^2)}{1+e\cos\theta}$$

式中 a ——飞行器轨道半长轴；

e ——飞行器轨道偏心率；

θ ——飞行器真近点角。

对于地球同步轨道卫星，偏心率 e 为小量，可以得到半长轴 a 摄动方程的近似形式为

$$\Delta a = \frac{2a_s}{V_S}\Delta V_T$$

式中 a_s ——静止轨道半径；

V_S ——静止轨道速度。

将地球静止轨道半径及速度带入上式，能够得到半长轴增量与切向速度增量大小的简化计算公式为

$$\Delta a \approx 27.43\Delta V_T$$

因此，在离轨中按照国际离轨高度要求，假设需要把轨道抬高 300 km，则大约需要 10.9 m/s 的总速度增量，该值以下记作 ΔV_d 。

· 离轨偏心率的要求

如前所述，卫星离轨后轨道偏心率要小于 0.003，也就是要将离轨轨道圆化控制，这主要是由于二阶日月引力摄动会导致偏心率存在长周期变化，通过对偏心率的影响而带来近地点的下降，从而导致离轨卫星重新进入地球同步轨道的保护带。偏心率的变化幅度取决于初始偏心率大小，如果初始偏心率较大，偏心率的变化较为显著，而当初始偏心率很小的情况下，其影响将变小甚至可以忽略。

在地球同步轨道卫星离轨前，卫星的偏心率非常小，近似为零，因此，在离轨轨控机动时，尽量使得偏心率的增量近似为零，即 $\Delta V_e = 0$，这样离轨轨道的偏心率即可达到要求。当 $|\Delta V_d| \geqslant \Delta V_e$ 时，漂移率控制速度增量大于偏心率控制速度增量，单脉冲控制在任意相位执行，均达不到偏心率增量近似为零的目的。因此，需要将漂移率控制的增量分解在两个以上不同相位执行。漂移率控制采用双脉冲 ΔV_1 和 ΔV_2，两者代数和应满足

$$\Delta V_1 + \Delta V_2 = \Delta V_d$$

而由双脉冲 ΔV_1 和 ΔV_2 引起的偏心率增量分别为 Δe_1 和 Δe_2，两者向量和满足

$$\Delta e_1 + \Delta e_2 = \Delta e$$

$\Delta V_e = \dfrac{V_S}{2}\|\Delta e\|$ 转换得到 $|\Delta e| = \dfrac{2\Delta V_e}{V_S}$，则分别有 $|\Delta e_1| = \dfrac{2\Delta V_1}{V_S}$ 和 $|\Delta e_2| = \dfrac{2\Delta V_2}{V_S}$

如图 4-7 所示，Δe_1 与 Δe_2 之间的夹角为 β 。

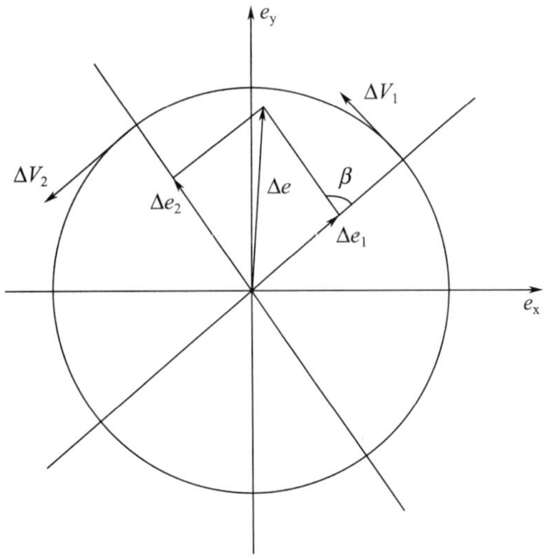

图 4-7　卫星偏心率调整示意图

对 $\Delta e_1 + \Delta e_2 = \Delta e$ 两边取模

$$\|\Delta e_1 + \Delta e_2\|^2 = \|\Delta e\|^2$$

将 $|\Delta e| = \dfrac{2\Delta V_e}{V_S}$ 和 $|\Delta e_1| = \dfrac{2\Delta V_{e1}}{V_S}$，$|\Delta e_2| = \dfrac{2\Delta V_{e2}}{V_S}$ 代入上式

$$\left(\frac{2}{V_s}\right)^2 (\Delta V_1{}^2 + \Delta V_2{}^2 + 2\Delta V_1 \cdot \Delta V_2 \cos\beta) = \left(\frac{2}{V_s}\right)^2 \Delta V_e{}^2$$

$$\Delta V_e^{\ 2}=(\Delta V_1+\Delta V_2)^2-2\Delta V_1\cdot\Delta V_2(1-\cos\beta)$$

由于 $(1-\cos\beta)\geqslant 0$，$\Delta V_e=0$，因此当且仅当 ΔV_1 和 ΔV_2 同向时上式才能成立，当 $\beta=180^{\circ}$，且 $\Delta V_1=\Delta V_2$ 时，$\Delta V_e=0$，双脉冲漂移率控制对偏心率不产生耦合。因此在离轨机动中，为了保证偏心率满足离轨要求，需要执行同向间隔为半个周期（约 12 h）的双脉冲轨控机动，两次机动量大小相等。

离轨同向双脉冲控制策略中，第一次脉冲的执行相位理论上可以任意选择，第二次脉冲与第一次脉冲相隔半个周期。如果利用二阶日月引力对通信卫星弃置轨道的摄动特性，能够对通信卫星的离轨策略进行优化，采用在赤经 90°和 270°进行 2 次轨道机动，使卫星即使在不满足《IADC 空间碎片减缓指南》中 GEO 弃置轨道偏心率小于 0. 003 要求的情况下，还可以保证不再进入 GEO 保护区域。

• 其他因素

在制定离轨方案时，除如上两个因素之外，还需要考虑与临星的最小距离，避免在离轨过程中与邻星距离过近而产生碰撞的危险。衡量星星间安全距离的标准办法是根据双星实际轨道根数，计算径向/切向/法向间距离数据。目前我们无法掌握相邻各卫星准确轨道根数，因此不具备精确计算条件，但可以通过同步轨道卫星标称半长轴和网上获得的相关卫星偏心率数据，按最坏情况估算星星间径向距离，为衡量漂星安全提供一定参考数据。此外，离轨机动过程中卫星是否存在日月干扰，是否在地影或月影期，地面站是否受到日凌干扰，地面站的可见弧段都需要综合考虑。

总之，卫星的离轨轨控方案并不是唯一的，需要综合权衡各方面的制约因素而设计一套最优化的轨控方案。

ⓑ卫星管理方案设计

在卫星离轨前，除了制订离轨轨控方案外，还需要制订卫星管理方案进行离轨操作前的检查及配置工作。

1）地面测站准备：确认离轨操作的主用测控天线和应急备份天线的工作状态正常并具备及时主/备切换能力。

2）TTC 分系统：确认遥测下行均工作在全向天线模式且均为打开状态。

3）AOCS 分系统：确认滚动/俯仰/偏航三轴偏置均取消；检查控制部件健康状态及状态设置。

4）推进分系统：检查各推力器的状态，如果需要，可进行推力器标定，确定脉冲宽度和周期。

5）通信分系统：除了 TTC 分系统借用的两路遥测下行转发器及相应接收机外，其余转发器均设置为射频抑制状态，FGM 增益档保持在 IOT 测试时使用档位，接收机处于关机状态；关闭 Ku 信标。

6）电源分系统：确认电池组处于满充状态，充电电流处于涓流充电模式。

7）如果卫星具备定时指令功能，为防止在机动过程中与卫星失去联系，可设置关闭电源分系统和 TTC 分系统的定时指令，时间设置在离轨机动完成后 3 天。

（c）操作实施及注意事项

应根据设计的离轨方案实施离轨操作，根据卫星配置方案完成对卫星离轨前的各项配置操作，根据轨控方案完成卫星离轨机动操作。在离轨操作实施过程中，需要重点关注如下几方面的情况。

1）在机动过程要密切观察每个推力器出口的温度，以便随时了解推进剂消耗趋势，一旦发现温度下降，说明卫星剩余推进剂已经不足，需要启动离轨应急预案。

2）离轨过程中卫星漂移率逐渐加大，需要关注分流电流，在太阳电池阵分流电流快要减小到 0 时调整帆板，如果需要完成帆板重新定位操作。

3）在离轨过程中，需要及时进行轨道确定并根据实际轨道的变化分析推力器效率，如果推力器效率明显下降，需要根据轨道的变化和推力器效率情况，重新修正离轨控制策略。

（d）应急预案

在离轨机动前，必须要针对离轨操作的特殊性，对离轨操作进行风险评估并准备应急预案，在离轨过程中主要的风险点可能出现在如下两个方面。

ⓐ离轨剩余推进剂不足问题及解决方法

在离轨操作前应与卫星制造商进行沟通，在卫星制造商的建议下制定针对此种情况的应急预案，如选用推力器的配置、推力器的参数、监测的遥测曲线等，尽量抬高离轨卫星轨道高度，同时，还需要关注测控条件限制，即当卫星漂出测控区前 2 天停止轨道控制，为后续钝化工作留出时间。

ⓑ离轨机动过程中的姿态超差问题及处理方法

在卫星机动过程中，由于推进剂的减少可能导致姿态存在较大的波动，针对该问题，需要密切关注卫星姿态和推力器温度的变化，通过合理的设置门限来进行预警的判断，如果出现推力器温度显著下降或者滚动角超出 1°的情况，需要及时的停止卫星机动过程中的点火控制。

③离轨后钝化

（a）钝化要求

参考行业相关卫星在轨管理经验，对卫星离轨后钝化有如下要求。

为降低离轨处置或应急处置结束后因意外解体对其他航天器构成的风险，存储能量的所有能量源，在离轨结束时，均应钝化处理。

应仔细设计实施程序，以免带来操作过程中的风险。需处理的能量源如下。

1）剩余推进剂和其他流体都应通过耗尽燃烧或泄放等方法尽可能排空，以免因过压或化学反应造成意外解体，对剩余推进剂实施排空需要进行进一步的轨道机动，可以通过进行轨道法向的机动来完成，也可以通过轨道切向控制来完成，但须考虑推进剂剩余量的不确定性与弃置轨道初始偏心率不大于 0.003 的关系。

2）高压容器中流体介质应尽可能实施排放操作。

3）对其他形式的储能部件进行评估，并采取适当的减缓措施。

4）卫星处置结束后应对下行信号实施关闭，包括有效载荷与遥测，以免干扰其他系统的正常工作。

（b）钝化操作

ⓐ剩余推进剂排空

通过执行南北机动来消耗掉卫星剩余推进剂，此机动将脉冲次数设为最大值，并采用对称的两组推力器，这样可以在消耗剩余推进剂的同时尽量减小对轨道的影响。在机动过程要密切观察每个推力器出口的温度以及推进剂贮箱的温度压力曲线，一旦发现温度下降或贮箱压力明显下降，判断卫星剩余推进剂已经不足，则手动停止机动。

由于钝化机动对于半长轴会产生耦合作用，在操作前需要对耦合量进行分析，预估钝化机动对于半长轴可能产生的影响，在制定离轨轨控策略时予以补偿。

ⓑ高压气瓶排空

对 He 箱和推进系统进行减压操作。

ⓒ活动部件钝化

1）将卫星设置为地球捕获模式；

2）关闭有效载荷及其补偿加热器；

3）关闭所有星上安全监控；

4）起爆所有星上未使用的火工品；

5）卸载动量轮；

6）将太阳帆板转动至正对太阳，通过对地板上的推力器进行太阳捕获模式。

ⓓ蓄电池钝化

对蓄电池进行放电操作。

④离轨资料归档

每一次离轨操作都是一次经验的累积。当离轨操作结束后，卫星的管理者还需要总结经验，完成收集离轨时的相关数据以及整理离轨操作程序等收尾工作。收尾工作中很有价值的一个内容是，根据卫星离轨机动所消耗的速度增量估算出卫星实际的剩余推进剂；通过与离轨前预估的卫星剩余推进剂进行比对，能够得到本颗卫星采用的剩余推进剂估算方法的误差；随着离轨卫星的不断增加，将这些数据加以收集整理并进行统计分析，能够更好地对卫星剩余推进剂进行估算。这可以为以后更精确地预计卫星寿命以及更可靠地进行离轨操作提供条件，从而使卫星更好地服务于广大用户。

4.2.2 卫星平台测控管理

4.2.2.1 卫星平台组成

卫星星体一般由平台和有效载荷两部分组成。有效载荷根据卫星所承载的业务类型、应用需求、轨道位置等条件设计，完成通信、广播业务信号的接收、放大和透明转发功能。卫星平台是保证卫星具备在轨服务能力的基础，三轴稳定姿态控制卫星平台是当前主流地球同步轨道通信卫星平台。国内外各大卫星制造商生产的卫星平台在系统设计和设备构成上各有不同，如中国航天科技集团东方红 4 号平台、法国泰来兹阿莱尼亚公司

SB4000 平台等，但是从功能上均可以分为姿控、电源、推进、温控、遥测遥控、数管和结构分系统。

（1）姿控分系统

卫星姿控分系统的主要任务是在卫星从星箭分离开始到在轨运行直至寿命结束离轨的所有任务阶段提供精确的三轴稳定姿态控制。

在转移轨道，卫星与火箭分离后，姿控分系统自主进行速度阻尼，消除分离角速度，自主完成太阳捕获、建立惯性姿态，完成建立点火姿态的任务，并在变轨发动机点火期间保持变轨姿态。卫星进入准同步轨道后，姿控分系统完成定点位置捕获以及卫星正常工作模式的建立。

在轨长期运行期间，姿控分系统保持卫星的正常工作姿态，并且按照轨道控制要求定期对卫星进行南北和东西方向定点保持控制。

姿控分系统由测量机构、执行机构和星载软件三部分组成，测量机构进行卫星姿态角和角速度的测量，测量结果送至星载姿态测量/确定软件，进行控制力和控制力矩的计算，并输出到执行机构产生相应的控制效果。

常用的姿态测量机构有红外地球敏感器、太阳敏感器、星跟踪仪、陀螺等，根据卫星所有运行阶段任务要求，卫星平台装配不同组合、不同数量的测量设备。姿控分系统执行机构由动量轮组件、远地点发动机和小推力发动机组成，如图 4-8 所示。

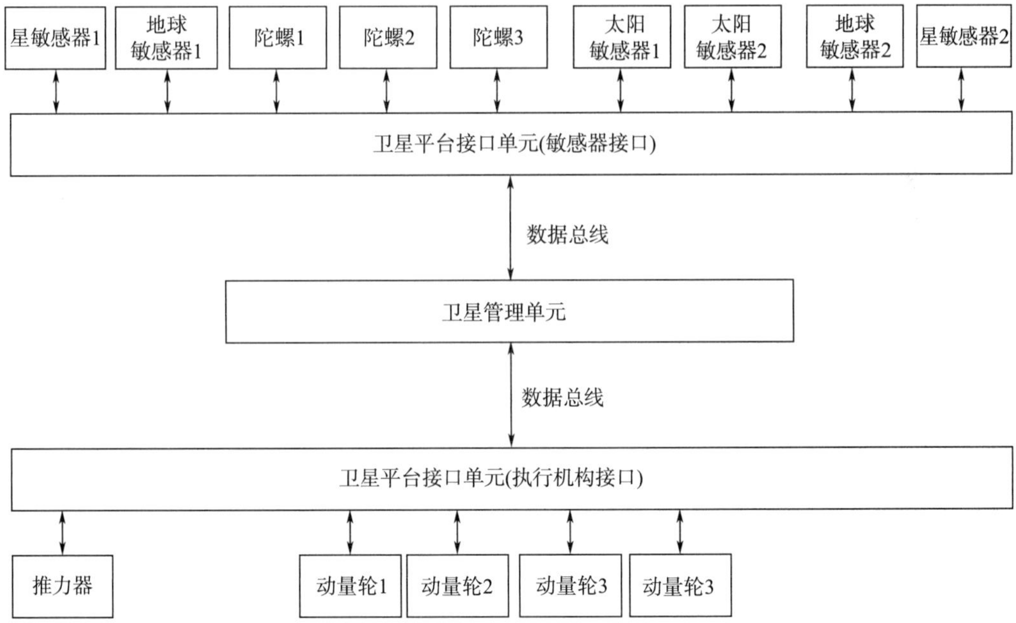

图 4-8　姿控分系统架构图

（2）电源分系统

电源分系统主要负责星上电能的产生、存储、调节和分配。在卫星运行的各阶段，包括主动段、转移轨道和同步轨道长期运行服务期间，电源分系统要满足卫星平台各分系统设备和有效载荷设备对电能的需求。

同步轨道通信广播卫星电源分系统一般利用太阳帆板上的太阳电池阵作为主电源，将太阳能转化为电能，蓄电池作为电能存储装置，星上负载设备由功率总线提供一次电源，各分系统的 DC/DC 变换器将一次电源变换为各设备所使用的二次电源。供电调节由功率调节单元完成，主要任务是保证功率总线稳定。在太阳电池阵提供能量充足时，除满足负载需求之外，功率调节单元通过星载软件自主控制蓄电池充电，并将多余电能通过分流器分流。在星蚀期（太阳帆板被地球或月亮部分或全部遮挡）或主电源供电不能满足星上负载需求时，功率调节单元控制蓄电池放电保证星上电能供应，如图 4－9 所示。

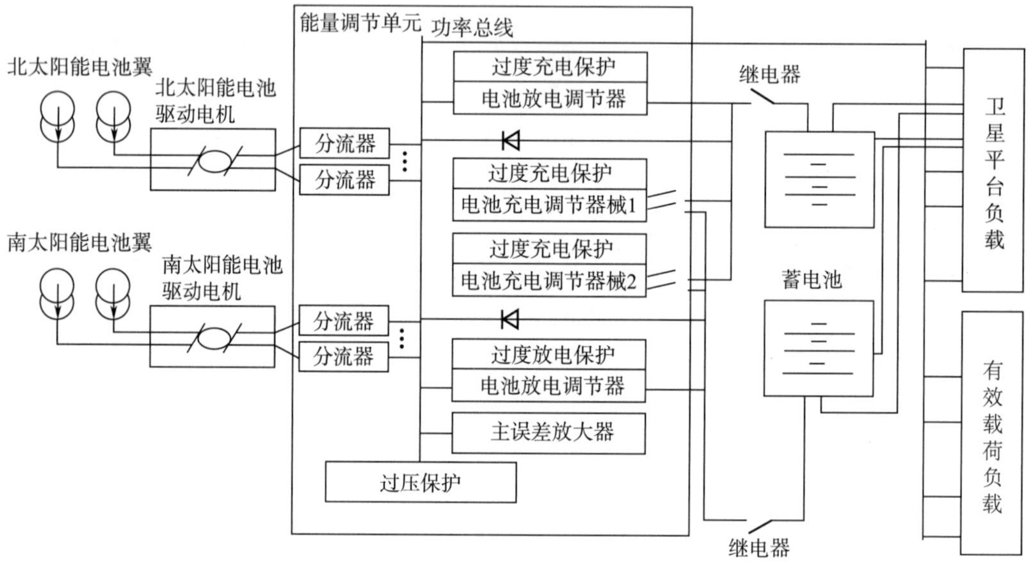

图 4－9　电源分系统架构图

（3）推进分系统

推进分系统的任务是为卫星提供变轨、同步定点、在轨位置保持和姿态调整的推力及力矩。三轴稳定同步轨道卫星推进分系统主要由变轨发动机、推进器、贮箱、管线以及控制测量组件组成。推进分系统要满足卫星轨道机动、同步轨道定点捕获、位置保持，完成卫星各阶段姿态控制和调整的任务，需要具备双组元/单组元推进剂贮存功能、高压气体贮存功能、高压气体减压供应功能、推进器管理和分配功能、变轨发动机和姿控推进器执行功能、推进分系统电子线路控制功能等。

（4）温控分系统

温控分系统的作用是在卫星运行的各个阶段，保持卫星各分系统设备工作在安全的温度范围内，以保证其正常可靠运行。温控分系统是基于卫星的任务、环境、设备等的需要设计的。

为了使热量适当的转移、转换，避免温度超出正常的工作范围，卫星温控分系统应用了为卫星各部分特殊设计的有源和无源控制硬件（或者称为主动式温控和被动式温控），其设计原则是以被动热控技术为主，辅之以电加热器等主动热控手段，从而提供一个简单有效而性能可靠的热控分系统。

被动热控制是一种开环控制，在控制过程中被控对象的温度无反馈作用。通常选择具有一定热物理性能的结构材料、表面涂层、隔热材料等措施，合理安排星体表面与空间环境之间及星体内部仪器部件之间的热传递，使卫星各部分处于期望的温度范围内。其优点在于技术简单、运行可靠、工作寿命长及经济性能好。

主动热控制技术是一种闭环控制，在控制过程中，被控制对象的温度可反馈到热控制机构上。主动热控制的优点在于可适时调节被控对象的传热特性，它对外部变化反映灵活，温度调节精度高，但在寿命和可靠性方面受到限制，质量与能耗相应增加。主动热控制一般由星载计算机上运行的热控软件控制自主完成。

（5）遥测遥控分系统

遥测遥控分系统提供卫星与地面测控站之间测控通道，包括指令通道、遥测通道和测距通道。测控分系统一般采用国际 C 或 S 频段统一载波测控体制，上行遥控信号与测距信号以时分方式对同一载波调频（FM），下行遥测信号与转发的测距音一起对同一下行载波调相（PM）。在卫星的寿命期内，测控分系统主要完成以下任务。

1）接收、转发测距信号，与地面测控站配合执行对卫星的跟踪测距；

2）接收、解调地面测控站发射的遥控信号，完成遥控指令的译码、校验、分配和执行；

3）采集卫星遥测参数，装帧合成下行遥测数据流，对下行载波进行调制，实时下发卫星全部遥测参数，作为地面站监视依据；

4）为地面测控站和通信地球站提供信标。

（6）数管分系统

数管分系统是星上数据管理系统，一般由星载计算机、数据总线和数据接口单元组成，负责完成指令功能、遥测功能、卫星自主平台管理功能、故障检测隔离与恢复功能等。指令功能包括遥控指令接收、指令信息识别及有效性验证、返回指令验证信息、指令分发与执行控制以及时标指令功能；遥测功能包括收集遥测数据、产生遥测格式、遥测数据流输出功能；卫星自主平台管理功能包括卫星自主姿态管理、温控管理以及能源管理；故障检测隔离与恢复功能可以完成一系列的任务，包括星上设备的故障检测、检测到故障后自主进行的设备切换、根据卫星任务阶段和具体故障类型将卫星切换至相应的安全模式、存储卫星设备备份配置、存储用于地面分析的故障内容等。

目前，国内外各大卫星平台的数管分系统基本功能大致相同，但数管分系统的管理能力差别很大，主要体现在平台管理精细度和强壮性设计上。

（7）结构分系统

结构分系统是指卫星由金属或复合材料组成的框架，卫星的所有平台组件和有效载荷组件都装配在上面。目前，三轴稳定地球同步轨道通信卫星一般采用以中心承力筒为承载核心的典型六面体结构构型，以泰来兹阿莱尼亚公司的 SB4000 系列卫星为例（图 4 -

10)，从结构上可以分为服务舱、通信舱和上层舱。服务舱围绕中心承力筒，支撑燃料箱和压力箱，主要装载平台单元设备。通信舱主要安装有效载荷设备。上层舱主要装载姿控传感器、天线和其他有效载荷设备。

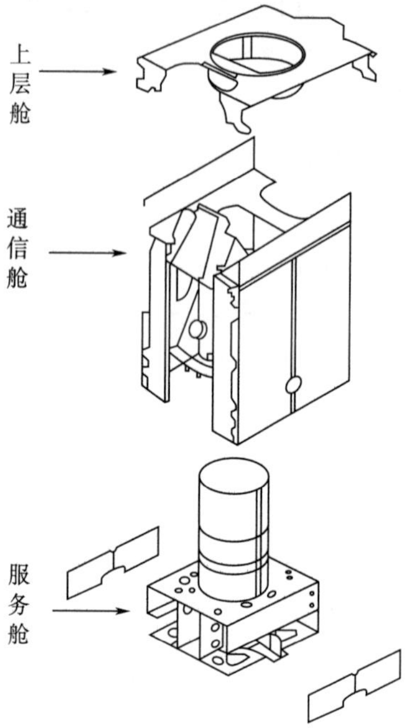

图 4-10　SB4000 结构示意图

4.2.2.2　卫星平台测控管理内容

地面对在轨卫星进行日常测控管理主要包括如下内容。

(1) 7×24 h 遥测监视

遥测监视是最基础的测控管理任务之一。正常情况下，星上各分系统设备产生的遥测数据通过数据总线传送到星载计算机，星载计算机生成遥测数据包后，遥测处理模块装帧合成遥测数据帧，经过射频调制后发送到地面。地面测控系统从遥测数据流中解调解析出遥测数据，供地面实施 7×24 h 监视。通过对遥测数据的监控，可以随时掌握星上设备工作状态、卫星工作环境以及各分系统运行情况，地面测控人员可以实施合理的控制，保证卫星运行安全。所有这一切，都依赖于对卫星遥测信息的接收、处理和监视。所以，通过遥测数据的变化可以分析卫星的工作状态，评价卫星的工作质量；确定卫星的内外环境；提供各种探测信息；分析判断卫星故障，为故障对策提供依据；为上行指令控制提供反馈信息。

地面测控人员对遥测数据的实时监视主要集中在以下几个方面：

1) 遥测数据是否被地面系统正确接收和解析；

2) 卫星各分系统重要遥测数据变化是否正常；

3) 状态量遥测数据是否发生异常变化，模拟量遥测数据的值是否超过预先设定的门限范围；

4）星上软件或硬件设备是否正确响应了地面上行指令。

在卫星测控值班中，一旦地面测控人员监测到上述情况，需要立即进行响应和恢复处理。

（2）遥测数据门限设置和告警处理

遥测告警是地面监测人员发现星上遥测数据异常变化的主要手段。地面监测人员根据卫星运行的规律，对星上模拟量和状态量遥测数据设置门限阈值，以便及时发现卫星运行中分系统设备性能、工作环境、模式状态发生的变化。星上各分系统重点遥测、重要单机、重要操作的遥测数据变化一般通过遥测曲线并配合遥测告警一起进行监视。模拟量遥测数据的门限设置需要考虑以下因素：

1）在正常工作模式下，遥测数据合理的日、季度和年度变化应该被包含在正常阈值门限内，周期性变化以外的情况是需要通过门限监测发现的重要内容；

2）根据卫星运行模式的变化，通过设置条件门限，将阈值门限自动随卫星运行状态的变化而变化，避免正常模式的变化带来大量的遥测告警信息。

门限设置需要考虑的因素较多，合理的门限值要能帮助检测人员及时发现异常，但也不能频繁出现报警，因此，在卫星运行过程中，地面测控人员需要对遥测数据的门限文件进行持续维护。

卫星遥测门限设置合理后，当遥测数据超出正常范围后，地面系统会产生声光告警，地面监测人员需要立即响应和处理遥测告警。在卫星运行中，遥测数据发生告警的原因主要有三种：

1）卫星遥测数据超限；

2）星上 FDIR 检测到故障，自动触发设备切换和重配置，产生大量告警；

3）卫星发生硬件或软件故障，产生告警。

卫星上发生告警时，地面监测人员需要立即进行分析和判断，启动事先准备好的恢复流程和处理预案，处理原则是在保证卫星安全的前提下确保有效载荷业务安全。

（3）卫星指令上行

地面对卫星平台和轨道运行所实施的控制通过指令上行实现。上行指令内容一般采用操作程序的形式呈现，便于地面人员对指令和数据准确性的检查和执行。操作程序中包含操作目的、操作限制条件、版本信息、数据库信息、拟制人员和具体操作步骤，指令和数据发送前后需要对卫星遥测进行检查与比对。

地面上行指令经地面测控系统进行加密、编码和调制后，通过测控天线发送给卫星。星上遥测遥控和星载计算机分系统负责指令的接收、解密解码和解调，然后根据指令地址发送到所控设备执行。

根据所控制对象不同，上行指令一般可以分为直接指令、总线指令和星载计算机指令。直接指令又称系统配置指令，由遥测遥控分系统接收，不需要星载计算机的处理，直接送到被控终端设备执行。这种指令用于对遥测遥控分系统和星载计算机设备的配置。总线指令由星载计算机处理，通过数据总线传到被控终端上执行。星载计算机指令用于对星载计算机软件和控制参数的修改。

在长期在轨控制中，地面上行指令主要用于以下操作内容。

①轨道机动

卫星轨道机动计划由轨道分析确定，通过对测距数据的处理和计算，确定卫星当前轨道参数，然后根据对实际轨道的分析判断，制定轨道机动计划。计划内容主要包括：轨道机动开始和结束时间、方向、机动时长或调整量、推进器配置、点火周期参数等。轨道机动操作程序根据计划内容制定，操作步骤如下：

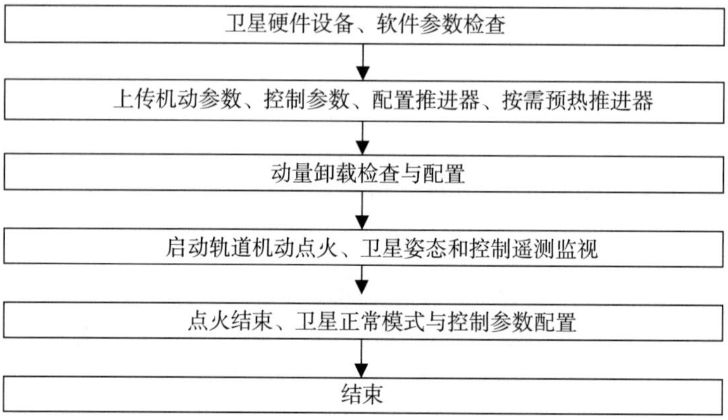

②姿态与动量保持

通信卫星为了保证业务的正常进行，必须保持天线的指向精度，确保天线的覆盖区域不变，这就要求卫星姿态相对地球保持不变。卫星姿态保持一般由星上姿态控制分系统自主控制完成，不需要地面干预，但是地面可以通过上行指令修改卫星姿态控制分系统软硬件配置和控制参数。

在正常模式下，姿态控制的执行机构由动量轮完成。动量轮进行姿态保持控制时会受到外界干扰，干扰的主要来源为太阳辐射压力（对三个轴产生影响）和转发器使用（反冲效应作用对 Pitch 轴产生影响）。动量轮吸收外界干扰，导致转速增加。动量轮的轮速是有限制的，当达到门限值时必须进行动量卸载。动量卸载操作一般和南北轨道机动一同完成。动量轮轮速增长较快的时间段里，动量卸载需要单独进行，可以地面指令方式完成，也可以设置成由星上控制自动完成。

③星历表更新

有些平台卫星姿控软件设计有星历表推演功能，为了达到最优姿态控制精度，需要定期更新卫星星历表参数。上载星历表参数用于推演轨道参数的变化，精确的星历表模型中可以考虑地球引力势、日月引力和太阳辐射压等对卫星轨道的影响，还可以包含机动 DV 对轨道的影响。星历表推演结果用于姿控软件进行姿态偏差计算和日月干扰预报。

星历表更新操作由地面定期实施，实施周期取决于姿态和轨道控制的要求。

④姿态测量敏感器检查与干扰保护

卫星在轨运行中，地面可以定期对姿态测量敏感器进行主动检查操作，尤其是对备用设备，保证设备的热备份配置。

地球敏感器是常用姿态测量设备，地球敏感器由于其安装位置，在轨运行中会受到太阳或月亮光线的干扰，导致测量结果出现偏差，严重时会导致卫星姿态偏移。因此，需要根据轨道预报，提前关闭此干扰的扫描线，这种操作被称作地敏干扰保护。有的平台卫星地敏干扰保护操作可以在星上自主执行，地面需要监视其执行情况，有的卫星平台要求地面人工实施扫描线关闭操作。

⑤姿态偏置

为了满足在轨进行卫星天线覆盖图测试和覆盖区调整，卫星具备姿态偏置能力。卫星三轴姿态偏置的范围由卫星所处运行阶段、星上配置敏感器类型和星载姿态控制软件的设计决定，一般有短期偏置能力和长期偏置能力两种。短期偏置主要用于早期轨道阶段对天线覆盖图的测试，偏置能力较大，偏置时长有限制，偏置实施过程中姿态控制使用推进器或者动量轮。长期偏置能力主要受敏感器的制约，偏置模式有线性偏置、补偿偏置等，满足卫星长期在轨运行、寿命末期重定位期间天线覆盖的要求。长期偏置实施过程中姿态控制主要使用动量轮，因此必须在实施前先对动量轮轮速进行卸载。

⑥星载软件补丁和参数更新

随着星上数据处理能力的提高，卫星自主管理功能逐步增强，星载软件的设计越来越复杂。卫星在轨运行中，根据测控管理的需要，可以对星载软件打补丁和参数更新，有的卫星平台可以通过修改软件增加新的设备监控和故障恢复功能。星载软件补丁和参数更新操作一般由卫星制造商发起建议，通过地面指令或数据上传功能实现。

⑦太阳帆板位置校准

太阳帆板上的光化学电池通过将太阳能转化为电能，提供星上设备运行所需电能。太阳帆板由帆板驱动器控制，每天相对卫星本体转动 360°，以保证帆板上光化学电池始终正对太阳光线方向。另外，南北太阳帆板位置需要保持一致，防止南北帆板之间的夹角对卫星产生额外的干扰力矩，造成动量轮轮速快速增长。当太阳帆板与太阳光线存在偏差或南北帆板位置存在偏差时，地面可以通过上行指令对帆板位置进行校准。

⑧星载时钟校准

星载时钟一般由高精晶振提供相对时间，为星载软件运行提供时间参考，绝对时间从相对时间得出。星载时钟随卫星在轨运行会发生漂移，地面测控人员通过对星载时钟的监视，确定漂移量和漂移速率，在必要时通过上行指令对时钟进行校准。

(4) 特殊时段卫星监测与管理

①星蚀期能量管理

卫星在空间飞行中，日、地、星三者的相对位置关系不断的变化。有时卫星会运行到地球的阴影之中，这就是星蚀。

地球同步卫星的星蚀期发生在春、秋分前后 22.5 天时间内，处于阴影的最长时间为 72 min。卫星一般采用太阳能电池板为主能源、蓄电池组为辅助电能的联合供电方式。当卫星进入星蚀期，太阳能蓄电池将不能被太阳照射，从而停止供电，星上电源分系统自动调节蓄电池进行放电，满足星上平台和有效载荷设备的供电需求。星蚀结束后，太阳能电池恢复供电，同时对蓄电池进行充电，为进入下一次星蚀做好准备。为了保证星蚀期间星上能源系统的正常工作，即确保太阳能电池和蓄电池供电的转换、充放电的正常进行，须严密监视能源系统的工作状态，并按照平台管理的要求实施必要的操作控制。这就是卫星能源管理。

为了确保卫星安全渡过春秋季两个星蚀期，地面的能源管理工作具体如下。

1）每年 2 月初和 8 月初，对在轨卫星进行春秋季星蚀和太阳干扰事件的推算和预报，并在星蚀期内每两周更新一次。

2）根据预报，拟制卫星星蚀期工作计划。工作计划的内容包括如下项目：星蚀时间段、最长日和时间、本次星蚀的特点、日凌时间段、星蚀前的准备工作、回顾以前星蚀中发生的问题和现存的问题、明确针对问题的解决方法是否已具备、是否有计划内的卫星配置改变（如充放电管理参数修改）、星蚀期间日常操作具体要求和需要特殊考虑和注意的事项、每日星蚀期间需检查、观察的遥测页和趋势图文件名、人员保障安排等。

3）星蚀期间，需要执行的操作和监测管理任务通过日计划和操作程序的形式发布，由地面测控人员实施，包括星蚀前卫星电源和温控分系统配置、进出星蚀电源分系统遥测曲线监视、蓄电池充电监视和调整、电源分系统故障处理准备等。

4）星蚀期结束后，总结星蚀情况，提出下一步的操作建议，整理归档文件和分析数据，为下一个星蚀季做好准备。

②卫星再定轨

卫星在轨运行中，按照所执行任务的需要，地面测控人员会对卫星进行漂星，重新将卫星定轨于新的轨道位置，继续提供通信服务。卫星再定轨操作主要涉及轨道控制，其实施过程除了推进分系统外，还需要从整星角度考虑，设计漂星方案。漂星过程如下：

1）漂星前卫星各分系统检查和设置，主要包括遥测遥控通道配置、取消卫星姿态偏置、动量卸载、太阳帆板调整、有效载荷通道射频信号抑制等。

2）对地面测控系统特别是地面天线进行检查和漂星任务支持准备。

3）漂星机动方案的设计与实施。按照轨道分析与计划，漂星操作分为起漂、漂移中和刹车三个阶段。起漂和刹车分别通过 2～3 次轨道机动操作完成，不同平台的卫星，执行起漂和刹车机动所使用的卫星姿态控制模式不同，地面测控人员需要按照不同的要求执行轨道机动和星历表上载操作。漂星途中特别需要注意观察卫星各分系统的工作情况，关注太阳帆板能量和太阳光线卫星的变化、日月干扰屏蔽星蚀月蚀情况、对途经卫星实施信号干扰屏蔽等操作。

③寿命末期离轨

在轨运行的同步轨道卫星在完成在轨任务或由于卫星自身条件限制无法继续完成在轨任务时，地面测控人员需要按照《IADC 空间碎片减缓指南》的要求，应将卫星推离地球同步轨道，送入地球同步轨道高度之上约 300 km 左右的空间区域，一方面为其他待发射通信卫星留出轨位资源；另一方面，如果通信卫星任务结束后不按照要求离轨，当卫星推进剂耗尽或因重大问题导致无法对卫星进行控制时，由于地球形状摄动、日月引力摄动以及太阳光压的摄动等作用，卫星的位置将会发生漂移，由此会对同步轨道上的其他卫星的安全带来很大的威胁。

一般情况下，对卫星实施离轨操作任务的过程如下。

1）离轨操作方案设计和操作实施。针对不同卫星平台，在离轨前需制订具体轨控方案，包括离轨机动时间，点火时长，点火批次，对应推力器配置，推力器的效率，推力器工作参数等。轨控方案需要根据卫星及轨道的实际情况来制订，具体来讲，主要考虑离轨高度要求、离轨偏心率要求和离轨安全三方面因素。

离轨操作实施前，地面测控人员需要对星体各分系统进行检查和配置工作。在离轨机动实施过程中，密切关注推进器出口温度，随时掌握推进剂消耗趋势，并根据实际点火情况修正离轨控制策略。

2）离轨后卫星钝化操作。为降低卫星离轨处置后因意外解体而对其他航天器构成的风险，按照国际标准，地面测控人员需要在离轨结束时，对存储能量的所有能量源进行钝化处理。钝化操作包括对剩余推进器和高压气瓶进行排空处理，对活动器件包括加热器、安全监控设置等进行关闭，起爆未使用的火工品，卸载动量轮，对蓄电池彻底放电，在对卫星处置结束后关闭下行信号。

（5）遥测数据分析和健康检查

在轨卫星长期测控管理过程中，地面测控人员需要通过星上遥测数据的变化，掌握卫星各分系统设备运行情况，及时发现星上设备异常变化，采取措施进行调整或设备切换，以保证卫星平台正常工作，确保通信服务的稳定。遥测数据分析和健康检查范围涵盖星上所有分系统的模拟量遥测和状态量遥测，检查方式是利用地面测控系统回放遥测曲线功能或其他数据统计手段对遥测数据进行逐一检查。地面测控人员对遥测数据的分析和检查操作按周期进行，包括：

1）日常数据分析，对每日遥测告警情况进行检查和确认。

2）月度/每个轨道控制周期遥测数据检查，分析遥测数据变化趋势。

3）年度健康检查，用于撰写卫星健康报告。

4）特殊时段检查，如星蚀期、轨道机动、电池深度放电期间卫星相关分系统数据变化情况。

4.2.3　有效载荷测控管理

（1）有效载荷分系统组成

地球同步轨道广播通信卫星有效载荷分系统由天线和转发器两部分组成，如图 4－11 所示。无论工作在哪个频段，发送到卫星上的上行通信信号都经过滤波、放大、变频后，再通过下行通道发送到地面覆盖区域。广播通信卫星一般采用透明转发，通信信号在接收处理过程中所携带的通信信息不发生变化。

天线部分完成信号的接收和发射，它的配置由卫星所提供的服务类型、覆盖区域等决

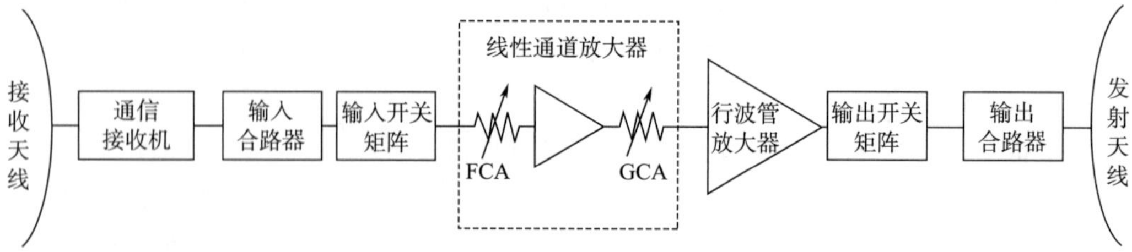

图 4－11　有效载荷分系统架构图

定。天线部分设计需要综合考虑射频信号性能指标、正交极化复用要求、工作频段和输入信号给馈源设计所带来的限制等。天线部分一般采用多波束设计，每副天线均由反射面、馈源以及支撑机构组成。

转发器部分主要完成信号的接收、放大与转发，由信号输入、通道选择、信号放大和输出四部分组成。

有效载荷分系统是通信卫星提供通信服务的关键系统，为此，星上通信接收机、转发器通道均设计了备份配置，以应对卫星长期在轨运行可能发生的设备故障风险。

（2）有效载荷分系统测控管理内容

①有效载荷分系统遥测数据监视与分析

一般情况下，地面测控人员对有效载荷分系统遥测数据的监视与分析会结合业务监测部门提供的用户业务使用情况，与卫星平台遥测数据分析同时进行，以便及时发现有效载荷分系统设备和工作状态的异常变化。

②有效载荷设备配置与调整

按照卫星设计，配置卫星转发器通道和参数。

③按照业务需求，调整转发器通道配置和参数

根据用户使用转发器通道、移动波束天线波束覆盖等需求，由业务监测人员提出调整卫星转发器通道、波束和参数配置的申请，经地面测控人员确认后，通过操作程序或单指令的形式实施，操作完毕后由业务监测人员监测和反馈业务调整情况。

4.2.4　卫星运行故障恢复与处理（卫星应急管理）

地球同步轨道通信卫星的运行环境复杂，卫星入轨后，由于受到空间环境的各种因素影响、星上设备和器件老化等原因，在长期运行中发生软硬件故障的情况是不可能完全避免的。为了确保卫星所承载的通信和广播电视信号的安全传输，卫星平台的设计越来越向星上自主控制的方向发展，各星上均设计了器件级和系统级故障检测、隔离和恢复机制（FDIR），各分系统关键器件均采用了冗余配置。卫星运行中一旦发生异常，可以由地面测控人员手动发送指令进行备份切换和状态调整，关键设备特别是星载计算机、姿态测量单元和执行单元设备故障时，星上故障检测、隔离和恢复机制会自主触发星上指令序列进行设备切换和运行状态恢复。

虽然在轨卫星异常事件的发生不能完全避免，但是，地面测控人员通过对遥测数据的

监视和判读，第一时间发现故障现象，及时进行响应和恢复操作，可以避免故障进一步恶化，尽快恢复星上业务，降低异常事件带来的负面影响。

各平台卫星在设计上对运行中可能发生的故障事件进行了不同类型的定义与分类，如SB4000 平台的四级故障分类、DFH－4 平台分系统级故障处理、某国外平台卫星的备份管理机制等。卫星制造商通常从确保卫星平台安全的角度设计星上自主隔离与恢复机制以及地面恢复处理流程，对发生异常后有效载荷系统功能恢复的时间没有指标限制。但是，作为卫星运营商，除了关注应急事件对平台的影响外，通信业务抢通恢复时间也是公司为用户提供通信服务能力的体现。因此，地面测控人员必须针对各类在轨运行故障的现象、故障判别及其影响范围制定应急处理预案，在保障平台安全和恢复正常功能后，立即针对不同情况通过切换备份、降级使用和业务转星等方式，争分夺秒恢复通信业务。

（1）应急事件分级

为了能够为用户提供更加完善的服务，公司从对转发器业务影响程度的角度出发，将卫星在轨运行中可能发生的运行故障定义成五个级别，针对每一级故障分别制定平台恢复和通信业务备份处理预案。一旦应急事件发生，可以根据故障影响程度有效地组织力量和资源，以最快速度恢复用户业务。

①第一级：对业务无影响事件

对业务无影响事件是指星上发生的平台分系统设备关闭或自动切换、转发器自动重启动等用户业务无法感知或没有感知事件；或星上器件某些工作指标接近设计限制，但尚能正常工作的情况。

虽然，卫星平台故障检测、隔离和恢复机制的具体实现方式各有不同，但目标一致，都是在关键设备，特别是姿态控制、能源、温控等分系统器件故障后能够自动切换到备份设备，保证系统平稳运行，不会因为其故障影响到卫星提供通信服务。因此，第一级应急事件发生后，如果星上自主隔离、恢复机制已经启动，地面测控人员需要首先保证星上自主机制执行完毕，否则，地面需要立即发送指令切换至备用设备，恢复正常运行。之后，再进行相关设备的状态检查，确定被切换或者被关闭设备的健康状况，分析异常事件发生的原因和影响，更新星上设备备份状态表。

除了星体本身发生应急事件外，卫星转发器在使用过程中由于出现干扰载波、用户设备故障或者用户使用不当等原因导致相邻转发器通道之间的保护带上出现上行载波信号时，保护带上的信号会被带入转发器通道，造成输出合路器温度迅速上升，一旦温度超过设计范围，将会给器件带来损害，长时间过温可直接导致输出合路器发生故障，转发器通道不能正常使用。这种情况可以通过增加受影响通道衰减的方式提前介入进行处理，避免温度过高关闭转发器通道，引起通信业务中断。

②第二级：单一转发器中断事件

单一转发器中断事件指出现的异常只对单一转发器业务造成影响。以下几种情况会导致单一转发器中断：

1）星上单个转发器由于空间电荷积累发生低能微放电时，转发器被自动关闭导致通信业务中断；

2）单个转发器或转发器供电单元发生硬件故障导致业务中断，为两个转发器同时供电的功率转换单元发生硬件故障时将会导致两个转发器通道业务中断。

③第三级：多转发器中断事件

多转发器中断事件是指在轨卫星发生的导致多转发器业务受到影响的异常。星上有效载荷分系统和能源分系统器件故障或功能异常会导致多个转发器业务中断。以下几种情况会导致第三级应急事件发生：

1）通信接收机或者下变频器性能下降或硬件故障时，会导致该极化所有转发器业务性能恶化或中断。该异常事件发生后，可以通过地面及时切换至备份设备恢复。

2）太阳帆板驱动器故障导致单个太阳帆板驱动阻塞，或者单个太阳帆板能量损失。

3）帆板上多个太阳能电池串失效导致能量供应不足。

4）蓄电池单体故障导致星蚀期或者电弧推进器工作阶段能量供应不足。

④第四级：整星可恢复事件

整星可恢复事件指卫星遭遇导致整星业务中断的异常事件，但尚属可恢复事件，恢复时间在几小时至数十小时。

在轨卫星姿态分系统和星载计算机发生硬件或软件运行故障时，会导致卫星姿态变化，天线覆盖发生偏离。此时，为保证在地球捕获过程中卫星平台器件的能源供应，同时避免星上通信载波信号对相邻卫星产生干扰，有的平台卫星比如 TAS－F 的 SB4000 平台，星上故障检测、隔离和恢复分系统将自动关闭所有有效载荷设备，国产 DFH－4 平台和某国外平台卫星都需要地面判断后立即发指令关闭所有有效载荷设备，待卫星重新捕获并锁定地球后，再发指令按照优先级顺序逐个开启转发器通道。2009 年 2 月发生在某卫星上的由于稳定性问题造成星载软件对姿控分系统器件数据采集时序失同步，从而导致卫星进入地球捕获模式并自动关闭所有转发器通道的事件，就属于整星可恢复事件。

TAS－F 的 SB4000 和某国外平台卫星能源分系统关键器件发生故障，或者星载计算机蓄电池充放电控制软件异常时，只要星载计算机判决蓄电池放电深度达到 80％门限值时，会自动触发指令序列，将所有转发器通道关闭。

卫星能源分系统功率调节单元故障将有可能导致功率总线电压低于门限值，此时，有效载荷器件将会由于低电压保护自动关闭。之后，即使供电恢复，设备也不会自动开启，需要地面发送指令恢复。

⑤第五级：整星不可恢复事件

整星不可恢复事件指卫星遭遇导致整星任务中断的异常，且事件性质严重，恢复无法在数天之内实现，甚至为全损。卫星关键性器件永久故障将有可能导致整星损失。

4.3 卫星测控业务管理

4.3.1 卫星测控业务组织结构

如图 4－12 所示，卫星测控业务分为三层组织架构，每层之间的工作衔接和每个岗位的职责都要有严格规定。在卫星长期测控管理工作中，严格区分岗位职责，各级岗位独立完成本岗位的工作，做到定岗定位，逐级负责。

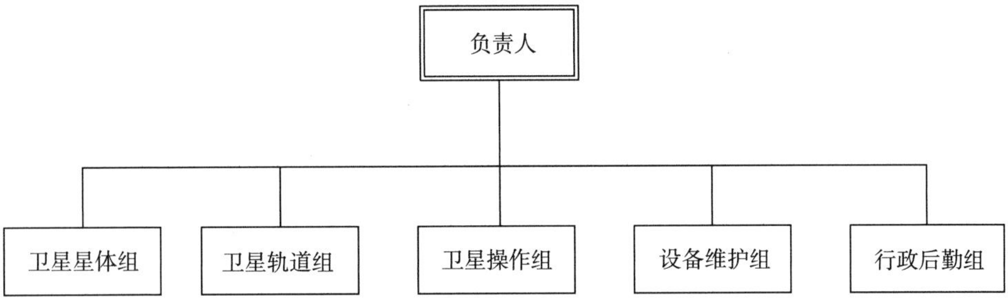

图 4－12　卫星测控中心组织结构图

各岗位职责说明：

1）行政负责人全面负责卫星测控中心运行管理与指挥调度工作，总体负责本部门行政、技术业务和资源管理等工作。

2）卫星星体组负责完成卫星的星体分析工作，确保卫星平台和有效载荷器件配置、操作正常，及时发现并处理星上异常情况。负责卫星管理计划和卫星操作程序的制定，按要求进行操作计划和程序的复核工作，正确指导并在需要时参加卫星操作实施的技术支持。根据卫星各分系统的遥测状态分析卫星健康状况和长期趋势，评估卫星运行情况，确保星体运行状态符合指标要求。

3）卫星轨道组负责在轨卫星的轨道分析任务，保证卫星运行在指定轨道位置，并确保在要求的轨道保持精度内。负责制定轨道测量计划，完成轨道计算和确定并生成及审核轨道机动计划，确保卫星轨道符合指标要求。

4）卫星操作组负责按照日操作计划对卫星和测控系统的实时监视和操作；负责不间断地监视卫星遥测和地面设备运行状态，对超限遥测点作出反应；负责根据地面系统操作要求配置卫星各分系统和地面设备软硬件；负责按照卫星操作程序进行星体和轨道控制操作；负责按计划完成测距操作。及时发现并处理星上及地面的异常情况，确保卫星的安全运行。

5）设备维护组负责测控系统维护和管理工作，确保卫星地面系统及其器件正常配置与操作，及时发现和处理相关异常情况，确保地面系统设备对卫星提供不间断服务支持的能力。

6）行政后勤组负责完成后勤工作的协调处理。

4.3.2　卫星测控的工作职责

对卫星测控的总体要求是：反应迅速、操作准确、严守规章、确保安全。

卫星测控的主要工作职责有以下几方面。

（1）在轨卫星日常操作管理

1）完成 7×24 h 的全天候实时在轨卫星监控运行管理任务。

2）负责在轨卫星长期在轨运行管理工作。包括：卫星平台在轨测试工作、卫星轨道控制管理、卫星平台控制管理及卫星有效载荷配置管理。

3）组织对卫星异常情况进行快速响应处理，包括卫星故障预警、重大危害性天体事件、卫星运行状态异常情况应急处理等。

4）参与卫星广播电视节目安全播出和重要卫星通信用户的通信保障等专项工作，组织制定通信广播保障应急方案。

（2）在轨卫星测控管理

1）定期进行卫星健康状态检查和长期趋势分析。

2）负责在轨卫星轨道的优化管理和寿命预测。

3）保证卫星运行在指定轨道位置，并确保在要求的轨道保持精度内。

4）负责卫星测控方面的用户支持工作，包括向公司相关部门或直接向用户发布日凌预报、地影预报、卫星控制操作预报、用户天线跟踪预报，编制重点客户所需卫星健康报告、载荷运行报告等项工作。

5）负责编制卫星健康报告，配合卫星在轨保险的相关工作。

（3）基带以下测控系统维护（含基带及软、硬件）

1）监视地面测控系统设备的运行状态，按任务需求正确配置和操作使用地面测控系统。

2）组织对地面测控系统设备异常情况进行快速响应处理，调整通道配置，保证测控、监测任务正常进行。

3）组织实施基带以下（含基带设备）测控系统的日常维护、检修和软件、测控数据的维护管理工作。

4）负责测控网络通信系统设备的操作和日常维护检修工作；管理与监测网络设备维护有关的仪表（包括在线和离线）、工具和备品备件。

注：基带以上系统设备及设施运维由公司其他专业团队负责。

（4）其他工作

1）建立、健全完备的规章制度、工作流程、工作文档、表报资料，并妥善保管。

2）参与在建卫星项目的方案论证、设计评审和专项技术评审工作。

3）参加在建卫星项目的监造、系统测试工作。

4）参与卫星平台在轨测试、验收工作和新建地面测控系统的建设工作。

5）参与卫星有效载荷在轨测试和验收工作。

6）负责组织实施测控系统操作和维护管理工作，落实系统运行指标。负责根据系统技术状态和任务需要，制订和实施测控系统升级、改造和搬迁等方案。

7）按岗位要求对员工进行系统培训，对员工进行上岗达标考核和上岗后的定期考核。结合工作需要，组织安排专项培训。

参 考 文 献

[1] 杨嘉墀，范秦鸿，等．航天器轨道动力学与控制（上）[M]．北京：宇航出版社，1995.

[2] 刘利生，吴斌，杨萍．航天器精确定轨与自校准技术 [M]．北京：国防工业出版社，2005 年.

[3] 刘林．航天器轨道理论 [M]．北京：国防工业出版社，2000.

[4] 李恒年．地球静止卫星轨道与共位控制技术 [M]．北京：国防工业出版社，2010.

[5] Howard D. Curtis. 轨道力学 [M]．周建华，徐波，冯全胜，译．北京：科学出版社，2009.

第 5 章　卫星地球站建设及维护

5.1　概述

卫星通信是一种利用人造地球卫星作为中继站来转发无线电波而进行的两个或多个地球站之间的通信。卫星通信系统由空间段和地面段组成。空间段指的是卫星，而地面段指的就是地球站。地球站作为卫星通信系统的必要配套设施，与通信卫星共同组成卫星通信系统。本章主要描述包括卫星测控站、业务监测站和通信业务站的建设、维护依据和要求，这部分内容分别在 5.2 节、5.3 节、5.4 节中介绍。由于各节之间业务功能不同而基带、应用部分有明显区别，射频和天线部分功能和作用则大致相同，加上站型不同，建设规模和设备选型也有差异，各节之中或有分别涉及选址、设备选型、链路计算、建设要求、维护要求等内容，读者可以相互借鉴，第 7 章卫星通信网建设及管理对本章的内容也有很好的互补性。

5.2　卫星测控站

5.2.1　卫星测控站概述

卫星测控站负责卫星定点后至卫星全寿命期内对卫星进行可靠的测控管理，其任务是对卫星进行跟踪、测量及定期对卫星平台空间姿态和卫星轨道位置进行控制操作；同时对卫星平台和有效载荷的性能参数进行监测、健康分析和控制调节，定期对卫星平台空间姿态和卫星轨道位置进行控制操作。

5.2.1.1　卫星测控站功能系统

作为无线电通信中继的卫星是卫星运营商的最重要资产和资源，其运行的安全性、精确性、可靠性是卫星运营商高度关注、高度重视的要素，卫星运营商可以外包或自建卫星测控站来实现对卫星的测控管理。

卫星测控站主要包含下面几个功能系统：

1）卫星测控（TTC&R）系统，其主要任务是对在轨卫星进行全寿命期的跟踪、遥测、遥控及轨道、姿态测量控制等管理。

2）电源、空调和通信保障系统，主要任务是为 TTC&R 系统设备提供不间断电源和适宜的温、湿度运行环境，确保卫星测控系统设备的稳定性和可用度。

3）防雷接地和消防安全系统，主要任务是预防 TTC&R 系统设备遭受致命性意外毁损。

4）土地及机房，主要任务是承载卫星测控各项系统设施。

5.2.1.2　卫星测控（TTC&R）系统

卫星测控系统任务是在卫星定点后的全寿命期内，对卫星进行跟踪、遥控及遥测及定轨和控制等管理。系统主要由计算机网络相关硬件和卫星测控软件、天线、上下行射频设备、基带设备、系统监控、测试标校、时统等系统组成。

TTC&R 系统的主要功能如下：

1）自动跟踪卫星；

2）连续实时接收卫星遥测信息并进行处理，确保对卫星状态的不间断监视；

3）向卫星发送遥控指令；

4）完成卫星与测控站间的距离测量和角度测量；

5）确定卫星姿态和轨道；

6）按卫星轨道保持精度进行轨道控制；

7）完成星载设备日常管理；

8）测控站系统的集中操作管理与监控；

9）测控站自校准和自检测；

10）为测控站各分系统提供时间和频率基准；

11）全站状态和配置的监视和控制；

12）连接卫星动态模拟器进行卫星的模拟操作和日常培训演练。

TTC&R 系统组成示意框图如图 5－1 所示。

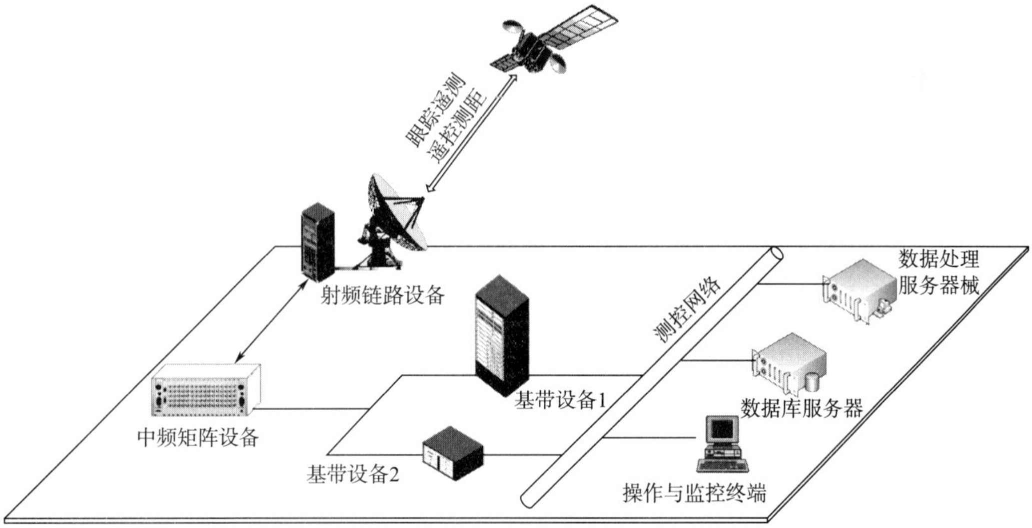

图 5－1　TTC&R 系统组成示意图

TTC&R 系统链路及功能模块示意图如图 5－2 所示。

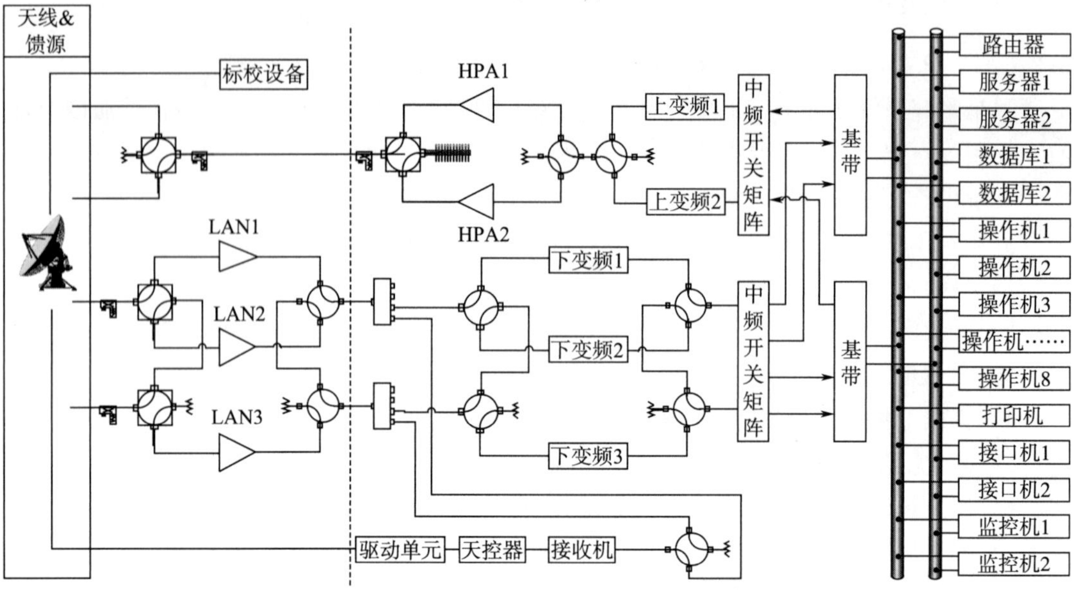

图 5-2 TTC&R 系统链路及功能模块示意图

5.2.1.3 测控系统可用度估算

卫星测控站测控系统可用度要求不小于 99.97%，系统具有一星期七天、一天 24 h 连续工作的能力，系统寿命不小于 15 年。

可用度计算原理

(1) 串联系统

对于一个由分系统或设备组成的串联系统，系统的可用度由各分系统的可用度通过下式计算而得

$$A_{\text{system}} = \prod_{i=1}^{n} A_i = \frac{1}{R_i * \lambda_i}$$

其中

$$A_i = \frac{\text{MTBF}_i}{\text{MTBF}_i + \text{MTTR}_i}$$

式中 A_i ——第 i 个分系统的可用度；

n ——系统中串联的分系统的数量；

R_i ——系统中第 i 个分系统平均维修时间；

λ_i ——系统中第 i 个分系统的故障率；

MTBF (Mean Time Between Failures) ——设备平均无故障时间；

MTTR (Mean Time To Restoration) ——设备平均维护时间。

当系统中每一个分系统的可用度都大于 0.99 时，串联系统的可用度可用下面的近似公式（略保守）计算而得

$$A_{\text{system}} = \frac{1}{1 + \sum_{i=1}^{n} R_i \times \lambda_i}$$

对于串联系统，当系统的故障率是负指数分布时，有

$$\lambda = \sum_{i=1}^{n} \lambda_i$$

式中　λ_i ——系统中第 i 个分系统的故障率；

n ——系统中分系统的个数。

$$R_{\text{system}} = \frac{\sum_{i=1}^{n} \lambda_i \times R_i}{\sum_{i=1}^{n} \lambda_i}$$

式中　R_i ——第 i 个分系统的平均维修时间；

n ——系统中分系统的个数。

（2）并联备份

当系统进行并联备份时，一个备份组的可用度由下式计算

$$A_{\text{group}} = \sum_{j=n-q}^{n} C_n^j A_i^j (1 - A_i)^{n-j}$$

式中　A_i ——并联组中第 i 个单元的可用度；

n ——并联单元的个数；

q ——并联系统中用于备份的单元的个数；

$$C_n^j = \frac{n!}{j! \times (n-j)j}$$

$$j = n - q$$

当并联系统中故障单元的独立修复可行时，备份系统的故障率和平均维修时间可用以下近似公式计算

$$\lambda_{\text{group}} = \frac{n! \times \lambda^{q+1}}{(n-q-1)! \times r! \ \mu} q$$

$$R_{\text{group}} = \frac{(n-q)R}{n}$$

式中　λ ——并联系统中单元的故障率；

n ——并联系统中单元个数；

r ——能同时进行维修的人员个数；

μ ——修复概率$= 1/R$；

R ——单个单元的平均维修时间；

q ——系统中用于备份的单元的个数。

测控系统可从以下几个方面对系统的可用度进行估算：

1）系统的遥测接收功能；

2）系统的遥控上行功能；

3）系统的测距功能；

4）系统的跟踪功能；

5）系统的卫星操作控制中心（SOC）功能。

在估算中，有以下两个条件：

1）供电系统的可用度是 100%；

2）校准和测试系统的可用度是 100%。

利用前面的可用度计算理论对卫星地面站的遥测、遥控、测距、跟踪功能及 SOC 系统等 5 个分系统的可用度进行分配评估，分配评估参考数值见表 5-1。

表 5-1　测控系统各分系统可用度分配评估参考数值

遥测	遥控	测距	跟踪	SOC
0.999 937	0.999 987	0.999 924	0.999 786	0.999 92

以表 5-1 各分系统可用度分配评估参考数值为基础，通过严谨的设备选型、合理的方案设计，使测控系统的整体可用度达到 99.97% 的指标要求。

5.2.2　卫星测控站选址

作为承载卫星测控系统及其配套基础保障设施的卫星测控站，选址的首要问题是保证测控站站址必须在测控卫星弧段可见，并避免处在恶劣的地质及自然环境地区；其次，考虑到测控站建设成本、测控站建设和后续维护的便利，应选择交通便利及公共设施配套完善的地区；第三，须考虑满足周边电磁环境及环境保护等国家相关要求。

5.2.2.1　卫星可见弧段要求

卫星测控任务通过高增益、窄波束的天线与空间卫星建立无线通信来实现，需要考虑在拟建设的测控站天线场区内，天线指向卫星方向时不受任何高大建筑和树木、航空航线、高压电缆等设施的影响，测控天线指向卫星时相应的天际角应不小于 15°。

5.2.2.2　自然环境要求

由于测控站担负着卫星的日常测控管理任务，系统需要 7×24 h 不间断运行，为保证系统的可靠性，除了在系统设计上采用冗余设计外，对于测控站建设地点的选择还需考虑地质、天气等自然环境因素。测控系统设备运行中的缺陷或故障，可以通过冗余切换、故障修复、设备更新来保障对卫星测控管理的需求，而任何自然灾害造成的设备损坏往往是难以估量的，轻者造成重大误差、测控中断，重者失去全部卫星测控功能和造成重大财产损失。

首先，避免在地震、洪水、泥石流、塌陷等地质灾害多发地区选址，其次，避免在雷电、暴雨、暴雪、台风等恶劣天气多发地区选址，避免在恶劣自然环境下建设地球站。

图 5－3　某测控站天际角勘测示意图

5.2.2.3　电磁兼容环境要求

（1）关于站址所在区域内的电磁环境的考虑

测控站与卫星间的各项操作，包括遥测接收、遥控指令发送以及距离角度测定均通过无线微波的方式进行通信，所以在测控站选址时需要考虑周边环境的频率兼容性，以避免对卫星测控造成有害干扰。

目前商业用地球同步轨道卫星的测控频率工作范围包括中频 50～180 MHz、射频（C 频段）3 625～4 200 MHz 和 5 850～6 425 MHz，故在测控站选址时需针对调频广播（中频干扰）、地面微波传输和移动通信基站（微波射频干扰）频段范围内进行电磁环境测试，以确保测控站系统任何时候不受干扰。

（2）关于环保要求的考虑

按照国家项目建设管理要求，所有申报建设项目需向国家提交环保部门批复的环境保护评估材料。与测控站建设相关的环保评估工作主要是测试并确认测控系统的微波辐射信号功率符合国家相关的环境保护要求。

该项工作需委托具有环保评测资质的单位对拟建测控站及系统进行电磁辐射情况测评，并出具相关环境评估报告提交环保部门审批，待审批通过后方可报国家主管部门进行项目建设申请。

待系统建设完成后，需提请环保部门进行环评验收测试，由环保部门委托相关单位进行验收测评。

考虑到上述两个方面的因素，测控站建设地点一般均选择在远离城市中心的区域，以获得更纯净的电磁工作环境。

5.2.2.4　无线电台站建设要求

卫星测控过程，需要大功率辐射天线向卫星发射微波信号，受到无线电台站建设规限。必须按照国家无线电相关管理要求，测控站建设需向无线电管理部门提交无线电台（站）申请，经审批通过后方可启动项目的建设工作。

5.2.2.5　公共道路、电力、通信枢纽连接便利性要求

测控站建设不是一个孤立的建设工程，当选址与公共交通、电力、通信及生活配套设施连接存在严重问题时，需要花费极大的时间、精力与相关政府、企业、个人等协调道路、管线、通信网的环保和施工建设问题，这样一来，建设时间、财务成本难以把控。

对公共电力、通信干线多路由接入的考虑也十分重要和必要。

测控站选址时需考虑交通、电力、通信及生活设施配套情况，以便于进行测控站的建设以及系统安装、测试及后期维护工作，尽量选择在配套设施较完善的地区，这样可以缩短建设周期和建设成本。

5.2.2.6　土地使用或征用要求

一般在卫星项目申请中会明确列出地面站用地情况，是新征用地还是利用现用场地。如为新征用地，在确定测控站的预选地址后，需按照国家相关部门（当地政府、规委、建设部等多部门）的规定开展土地征用工作，按要求及流程获得相关主管部门下发的用地许可相关文件后方可开始测控站的建设工作。

5.2.3　卫星测控站公共部分配置

关于卫星测控站系统的配置，基于卫星全寿命期不间断运行管理要求，首先应充分考虑故障冗余、技术指标冗余、灾害冗余，兼顾建设、维护成本总量合理、可控；其次，要考虑后续新增卫星测控的兼容性和扩展性。

总体来说，对卫星测控系统的数据处理、测控软件操作系统部分的可靠性、安全性要求很高，由于这部分属于专属技术设备类型，因而兼容性较差，往往要根据原有卫星测控需要或增量卫星测控需要进行扩展或增容配置；基带、射频、天线等部分具备很好的兼容性，只有配置发生变化后，才需要按照需求进行扩建。

5.2.3.1　天线与跟踪控制系统

卫星测控是卫星通信的特殊形式，是超远距离、定向无线电通信。卫星测控天线需要兼顾遥控、遥测双向通信和卫星精轨测量的特殊要求，这就需要选择大口径天线以满足卫星测控的特殊要求。

理论和实践告诉我们，用于卫星天线的天线口径越大，其增益 G 越大，半功率辐射角越小，G/T 随口径增大而增大。具体特点如下：

大口径天线增益高，有利于提升等效全向辐射功率（EIRP），这样能满足卫星处于最不利条件下的测控要求。

大口径天线 G/T 值大，有利于提升测控站接收卫星下传微弱信号能力，这样能满足

卫星处于最不利条件下的测控要求。

大口径天线半功率辐射角小，有利于提高跟踪测轨精度，但对配套跟踪系统的技术要求高、成本大。

常规通信广播卫星测控采用标准 C 频段，表 5-2 为天线口径选择分析参考数值。

表 5-2　天线口径对应应用参数

天线口径/m	频率/GHz	理论增益/dB	实测增益/dB	理论半功率辐射角/(°)	实际效率
6.00	4.00	48.00	46.00	0.88	0.63
13.00	4.00	54.72	53.00	0.40	0.67
6.00	6.00	51.52	49.50	0.58	0.63
13.00	6.00	58.24	56.50	0.27	0.67

1）天线数量主备（冗余）考虑：为了兼顾建设成本和实际应用的灵活性，一般配置一大、一小两副天线构成主备（冗余），任一副天线故障时，另一副天线能够满足安全测控需要。首先是大天线通常作为主用天线，满足日常测控和精轨测量需求；其次，卫星处于特殊运行或意外故障时，卫星依靠全向天线与测控站建立通信，其接收、发射能力大大弱化，测控站大口径天线具备充分接收、发射能力，确保星地测控通信不中断；第三，当大天线需要常规维护、故障维修、避免超荷大风威胁需要收藏时，小口径天线能够转为主用以满足安全测控上行的需要。但小天线由于波束宽度不能满足如测距、定轨等功能。

2）天线口径考虑（G/T、G、3 dB 波束角）：首先考虑，“最大天线增益-波导馈线损耗+功放最大输出功率”应大于卫星处于最坏姿态条件下（如转移轨道）需要的 EIRPmax，且具有 3 dB 冗余；当卫星定点后，EIRPmax 满足所需要 EIRP 要求，且具有 15 dB 冗余。一般卫星设计需要 EIRPmax 约为 82 dBW

例如，13 m 天线增益 56.5 dB，配置功放 34.5 dBW（3 000 W），设计波导馈线损耗小于 3 dB，系统可提供的最大“EIRP＝56.5－3＋34.5＝88 dBW”，满足最坏条件要求，具有 6 dB 冗余。

6 m 天线增益 49.5 dB，配置功放 34.5 dBW（3 000 W），设计波导馈线损耗小于 3 dB，系统可提供的最大“EIRP＝49.5－3＋34.5＝81 dBW”，满足正常条件要求（卫星定点后所需要“EIRP＝82－15＝77 dBW”）。

其次，最大天线 G/T 应满足卫星处于最坏姿态条件下需要的 $G/T\text{max}$，通常卫星遥控最大 $G/T\text{max}$ 为 14 dB/K。

例如，13 m 天线 G/T 约为 32 dB/K，6 m 天线 G/T 约为 24 dB/K，13 m 天线和 6 m 天线 G/T 都能满足要求。

第三，天线的口径和工作波长定义了天线半功率辐射角的大小，天线接收半功率辐射角大小决定着天线跟踪精度是否满足卫星轨道测量精度的要求。通常，天线跟踪精度可以做得优于天线半功率辐射角的 1/5（单脉冲跟踪模式）或 1/10（步进跟踪模式）；通信广播卫星为地球同步卫星，轨道保持精度为 0.1 ～ 0.05°，要求天线测量轨道精度为 0.03°。

参照表 5 - 2，13 m 天线半功率辐射角为 0.4°，测量轨道精度能够满足 0.03°要求；6 m 天线半功率辐射角为 0.88°，测量轨道精度能够达到 0.06°，在正常条件下，也起到定轨作用。

3）天线跟踪模式（步进、单脉冲连续跟踪）考虑：单脉冲跟踪模式为矢量持续跟踪，能够较好地反映卫星漂移特性，测轨精度较高，建议卫星测控天线首选单脉冲跟踪功能模式。但天线馈源特殊，建造成本较高。

步进跟踪模式为间断式峰值电平跟踪，跟踪数值离散性较大，通过均值计算处理，可以获得满意的测轨精度。由于天线馈源和普通通信天线一样，建造、维护成本较低，步进跟踪也被广泛采用。

4）天线其他技术指标要求：工作频率范围、极化方式符合卫星设计要求；辐射方向图特性、极化隔离度符合 ITU 相关规定。

5）鉴于精密定向通信、精密测轨、不间断执行卫星测控的特殊要求，选择卫星测控天线应充分考虑天线的结构稳定、转动平稳、具备较高抗风生存能力；选择跟踪控制、驱动设备应采用高端知名品牌产品，避免经常性故障、长期处于维修状态带来安全测控卫星风险。

6）天线建设在降雪、结冰地区的，需要配置自动化雪、融冰系统，避免长期降雪造成中断；避免高、危人工除雪风险。

5.2.3.2　高功放设备

卫星测控天线常常兼顾卫星初期的在轨测试功能，至少有一台功放的最大 EIRP（有效功率加上天线增益）能满足卫星在轨测试要求。

在最恶劣天气或卫星异常条件下，至少有一台功放的最大有效功率加上天线增益能满足卫星安全测控需要。

功放设备三阶交调指标、功率稳定性、杂散、噪声谱密度符合 ITU 相关规定。在规定频带的任意 4 kHz 频带内（不包括以测试载波为中心的±25 kHz 带内），其内部产生的噪声、杂波以及谐波应该比任何测试载波至少低 60 dB；在测试载波±25 kHz 带内，在任意 4 kHz 带内的杂波应比载波至少低 50 dB。

用于卫星测控的高功放设备必须考虑主、备在线冗余，可以采用两台 3 000 W 功放构建 1 备 1 冗余；也可以采用一台大功率（3 000 W）和一台中功率（750 W）功放构建 1 备 1 冗余。常规条件下使用低功耗功放即能够满足测控需要，特殊需要时切换大功率功放来满足特殊需要。

功放是系统高耗能、高热设备，通常其热耗为标称射频功率的 3～8 倍，且容易发生故障、维修周期长、维修成本高，选择功放要考虑采用品牌成熟、运行稳定的产品。

5.2.3.3　上、下频率变频器

变频器工作频率，兼顾 IOT 要求，能够覆盖所有转发器和测控工作频率。

变频器增益和调制范围，能够满足基带接收电平、功放驱动电平的需要。综合考虑中频、射频传输线的长度选定，尽量不要通过外接衰减器、线路放大器来调制链路电平。

变频器互调要求，适当选择 P1 dB 参数（一般＋10 dBm 能满足要求），确保变频器工作点足够饱和回退，避免严重交调失真、交调干扰。

变频器冗余，任何时候至少有一对上、下频率变频器满足卫星安全测控需要。

上变频器功率稳定性、频率稳定性、杂散、噪声谱密度符合 ITU 相关规定。

变频器的相位噪声要求，在载波未调制时，载波相位噪声不应超出以下包络：

10 Hz $\leqslant f \leqslant$100 Hz 时，$-2-30\log f$（dBc/Hz）

100 Hz $< f \leqslant$1 kHz 时，$-19-20\log f$（dBc/Hz）

1 kHz$<f\leqslant$100 kHz 时，$-49-10\log f$（dBc/Hz）

在 100 Hz 带宽内测试时，在接收机带内的所有其他频率上，单边带相位噪声量不应超过系统热噪声电平；离载波大于 1 kHz 的离散分量不应超过对应于 1 Hz 带宽度接收系统的热噪声电平。

5.2.3.4　时间与频率统一系统

时间频率分系统是卫星测量通信系统的重要组成部分，它的作用是为测量通信系统内的各个设备提供标准时间和标准频率。

（1）参考源要求

正弦幅度：1 Vpp/50 Ω

频率稳定度：1.1E－11

老化率：±2.1E－8/日

单边带相位噪声：10 Hz：－60 dBc/Hz

100 Hz：－76 dBc/Hz

1 kHz：－101 dBc/Hz

（2）分配输出要求

正弦幅度 U_m ＝450 mV±50 mV（有效值），负载 50 Ω。

频率准确度：5E－11

稳定度：$\delta(\tau)\leqslant$1.0E－11/20 ms

$\delta(\tau)\leqslant$5.0E－12/1 s

老化率：$\delta(\tau)\leqslant$1.0E－11/日

谐波抑制度：二次谐波小于－55 dB

三次谐波：小于－55 dB

杂散：小于－80 dB

隔离度：相邻两路信号输出之间隔离度不小于 60 dB，引起 f_0 变化小于 1E－10。

负载效应：负载在不大于±10%的范围内变化时，输出信号 U_m ＝（450±50）mV（有效值）。

（3）时间信号要求

接口码型：IRIG－B（DC）码、IRIG－B（AC）码

定时精度：1 ms

5.2.3.5 基带设备

基带设备具有中频接收、遥测、遥控、测距和遥测模拟测试功能。综合基带设备硬件主要由接收处理平台和调制处理平台组成，通过两个平台共同完成信号的调制和解调。按照功能分成以下几个模块：TT&C 中频接收机模块、测距模块、遥测解调模块、遥控模块、调制处理平台模块、遥测模拟源模块、时/频模块、设备监控软件，所有基带单元通过以太网与数据处理系统连接，如图 5-4 所示。目前，商用基带设备能够满足各种卫星测控功能的要求。

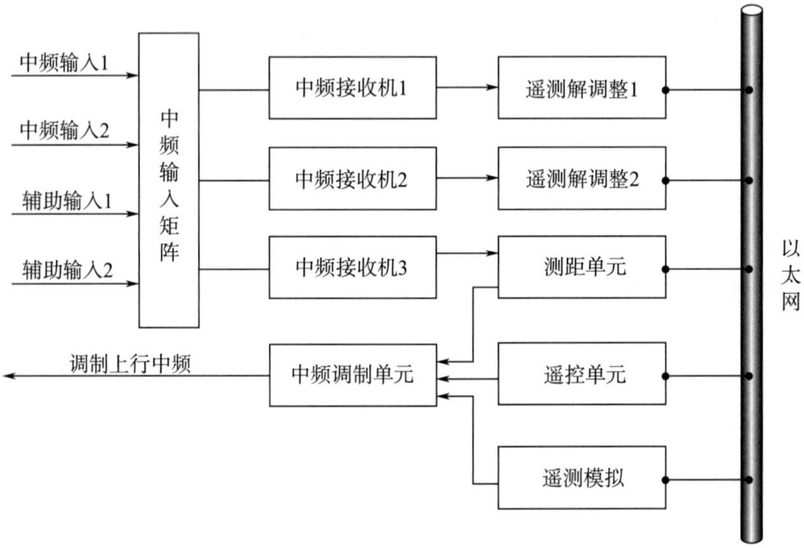

图 5-4 基带设备功能示意图

5.2.3.5.1 基带设备功能

（1）中频接收机

一个专用于遥测，一个专用于测距或测距校准，可以保证在不中断遥测的情况下完成测距校准。中频接收模块主要功能有：

1）接收前端信道送来的 70 MHz 下行中频和通道信号；

2）对下行 70 MHz 中频信号进行 AGC 放大，载波捕获和跟踪解调；

3）具有载波多谱勒频率预置功能；

4）具有载波防止错误锁定功能；

5）解调出测距副载波信号送给测距模块；

6）解调出遥测副载波信号送给遥测模块；

7）提供载波锁定指示信号。

（2）测距单元

测距模块主要功能为：

1）产生测距音，顺序发送、解调和提取各测距音；

2）测音或编码测试方式；

3）中频调制（FM，PM）；

4）完成解模糊和距离计算；

5）相位偏移测试；

6）将打好时标的距离数据送数据传输分系统；

7）接收监控单元控制命令，将状态信息送至监控单元。

（3）遥测单元

两个遥测单元，可实现比特和帧同步，一个用于普通遥测，一个用于 DWELL 遥测，或者可做 1∶1 备份。遥测模块主要功能有：

1）完成字同步、帧同步、副帧同步，恢复遥测帧信息；

2）低频视频解调；

3）高速 PCM 解调；

4）副载波解调；

5）比特同步（PSK，BP－L 解模糊）；

6）维特比解码。

（4）遥控单元

遥控模块主要功能有：

1）接收并处理由 SCC 来的指令和数据，完成实时或延时发送并反馈，实现对卫星的远程控制；

2）完成指令编码，副载波调制；

3）具有数据注入的能力；

4）具有星地大环路校验功能；

5）提供遥控副载波视频调制输出接口（与卫星模拟器的接口）。

（5）调频调相器

调制模块主要功能有：

1）分时接收测距副载波与遥控副载波信号，完成 FM 载波调制；

2）输出中心频率 70 MHz 的调频载波信号；

3）具有载波频率多谱勒预置功能；

4）具有副载波加调制与去调制控制功能；

5）具有副载波调制度调节功能。

（6）遥测模拟单元

能够模拟特定格式的遥测参数，进行系统传输、显示功能检查。

（7）时/频模块主要功能

接收站标准时统送来的 IRIG－B 码、10 MHz 频标信号分路和产生设备所需的时间和频率信号

5.2.3.5.2　基带主要技术功能指标

（1）接收与解调技术指标

输入频率：66～74 MHz

载波同步跟踪范围：±10～±500 kHz

输入信号动态范围：60 dB

调制指数：0.3～1.2 rad

AGC 范围：－25～－90 dBm，0～－90 dBm

AGC 时常数：1 ms，10 ms，100 ms，1 000 ms

数据及监控接口：10/100 Base T 以太网接口

PM 解调 PLL 带宽：10～3 000 Hz

PM 解调载波捕获：自动（FFT 分析，ASB）或手动（Sweeping）

捕获灵敏度：C/N_0＝25 dBHz

捕获时间：1 s

最大多普勒速率：不大于 10 kHz/s

多普勒测量：中频偏移，集成多普勒

副载波解调比特率：100 bps～20 Mbps

副载波解调 PCM 编码：NRZ－L/M/S，BP－L/M/S，DBP－M/S，DM－M/S，R－NRZ，V35

比特同步门限：E_b/N_0 不大于 0 dB（符号率不小于 1 kps）

比特 BER 恶化：不大于 1 dB

中频 PCM 解调接收机数量：最多两个

解调体制：PM/PCM，BPSK，QPSK，OQPSK，SQPSK，AQPSK，FM/PCM

解调比特率：1 kbps～0 Mbps，1 kbps～40 Mbps

解调捕获门限：E_b/N_0＜－3 dB

BER 恶化：0.5 dB

遥测帧处理器帧同步：可编程

CCSDS 译码：PCM 解码，解扰，维特比译码，R－S 译码，Trubo 译码

时标精度：±50 μs

实时数据：最多两个参数反互换

遥测存储：硬盘存储

（2）调制与输出技术指标

中频调制器数量：一个或两个

调制方式：PM，FM，BPSK，QPSK，OQPSK，FM/PCM

载波频率：66.0～74.0 MHz

调制信号：2 个

外输入：模拟源或 PCM＋时钟

频偏：0 kHz～5 MHz

调制系数：0～2.5 rad

输出电平：0～－80 dBm

输出电平精度：±1 dBm

中频杂散：小于－60 dBc（0～－20 dBm）

相噪：小于 0.5°RMS（1MHz 带宽内）

扫描范围：±1 kHz～±1 MHz

扫描速度：0～175 kHz/s

频偏：0～1 MHz

维特比编码：有

遥控协议：指令、暂停、等待及确认、等待绝对时间、群发、执行等。空闲模式及产生导引码，CCSDS COP－1，同步遥控（Spinner）

调制体制：FSK，FSK－HBB，BPSK，FSK＋VAL，tone，BPSK＋AM，SGLS

PCM 编码：NRZ－L/M/S，BP－L/M/S

比特率：10 bps～10 000 bps，10 bps～10 Mbp

测距侧音标准：INMARSAT，ESA，ESA－like，USB

编码标准：ESA，SGLS

侧音带宽：小于 500 kHz

侧音频率：100 Hz～100 kHz

侧音解调：二阶数字锁相环

锁相环带宽：0.1～8 Hz

时标精度：1 ns

噪声恶化：小于 0.5 dB

时标：±50 μs

遥测仿真调制体制：PCM/BPSK，PCM

TM 仿真源：随机码，文件，遥测回放，远端 TCP－IP 服务器

误码率测试：自动误码率测试

PCM 编码：NRZ－L/M/S，BP－L/M/S

（3）基带噪声源噪声信道

两个基带噪声源噪声信道。

C/N_0 动态范围：50 dB

（4）基带时间频率

内置 IRIG－B 或 NASA－36 时码信号产生器。

时钟参考：内部或外部（5 MHz 或 10 MHz）

外时钟：两个输入口，热备份

时钟选择：自动切换，优先选择外时钟

5.2.3.5.3　基带监控软件模块要求

基带设备由一个标准机箱组成，箱内集成了中频接收、测距、遥测、遥控、上行调制、时频等功能单元。设备监控功能不单独配置监控计算机，而是在基带设备中配置监控软件来实现综合基带的全部监控功能。

TTC遥测信号从中频接收单元接收以后，经过TTC遥测单元进行解调，生成遥测帧格式数据以后，通过数据传输单元发送到网络；遥控指令接收以后写入遥控单元进行指令解包并在时间符合以后通过上行调制单元上行发送；测距/测速单元通过调制器上行发送侧音信号同时从中频接收单元接收测距信号，完成测距测速功能，测量结果通过数据传输单元发送到网络。所有的设备单元的协调工作统一由监控单元进行管理，监控单元同时接收远程控中心的命令，完成远程控制管理。

系统管理软件就是由这些功能单元的控制处理软件结合设备监控软件组成的集成化管理软件。需要完成的主要工作是把以上所有的功能单元管理起来，能够设置硬件相关的工作参数，控制设备的工作模式，巡检设备工作状态；在任务过程收集和记录遥测下行数据，完成测距测速解算并记录结果数据；接收遥控指令并处理以后写入遥控单元完成指令上行调制；收集记录的遥测和测距数据、设备状态信息通过网络发送。

5.2.3.5.4　设备监控系统

设备监控系统主要功能包括：

1）通过系统设备状态轮询，进行设备维护、故障查询；

2）进行测控设备调度，测控链路配置和确认。

监控系统扩展功能包括：

1）对系统设备数据存储和回放，对设备进行统计、分析管理；

2）对设备进行集中安全运行管理。

卫星测控站设备监控系统主要设备及监控架构示意图如图5-5所示。

监控系统硬件体系架构示意图如图5-6所示。

监控系统软件架构，根据被控对象类型的不同，大致分为以下4个功能模块：

1）射频系统模块；

2）基带系统模块；

3）电力系统模块；

4）环境监测系统模块。

四个模块功能相似，都是完成轮询、远控、数据存储、数据分析等功能，但任务相互独立，之间基本没有数据通信，所以不需要一个大一统的人机界面和数据库设计。

监控软件的体系结构示意图如图5-7所示。

5.2.3.5.5　卫星测控操作系统

1）卫星测控系统包括硬件和软件，硬件设备和配置对不同的卫星基本上是兼容的，只有卫星仿真、卫星测控软件必须和卫星相适应。这既是卫星测控功能的要求，也是卫星测控安全性的要求。卫星测控系统一般包含下列硬件和软件：

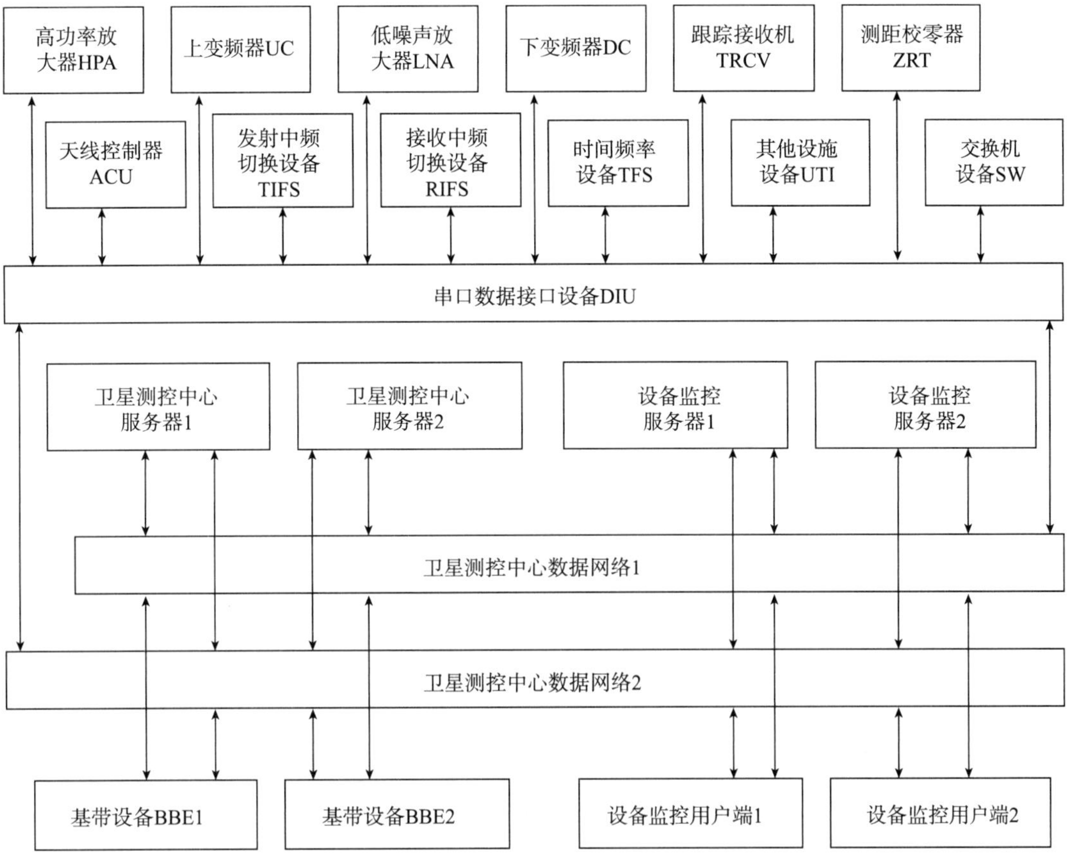

图 5－5　卫星测控站设备监控系统主要设备及监控架构示意图

- 卫星信息处理计算机系统；
- 操作计算机；
- 模拟仿真系统（卫星模拟器由卫星制造商提供）；
- 网络接口计算机系统；
- 路由器；
- 计算机操作系统软件；
- 数据库软件；
- 网卡及网络连接件；
- 打印机；
- 应用软件等。

2）卫星测控系统一般硬件构成示意图如图 5－8 所示。

3）卫星测控系统一般软件构成示意图如图 5－9 所示。

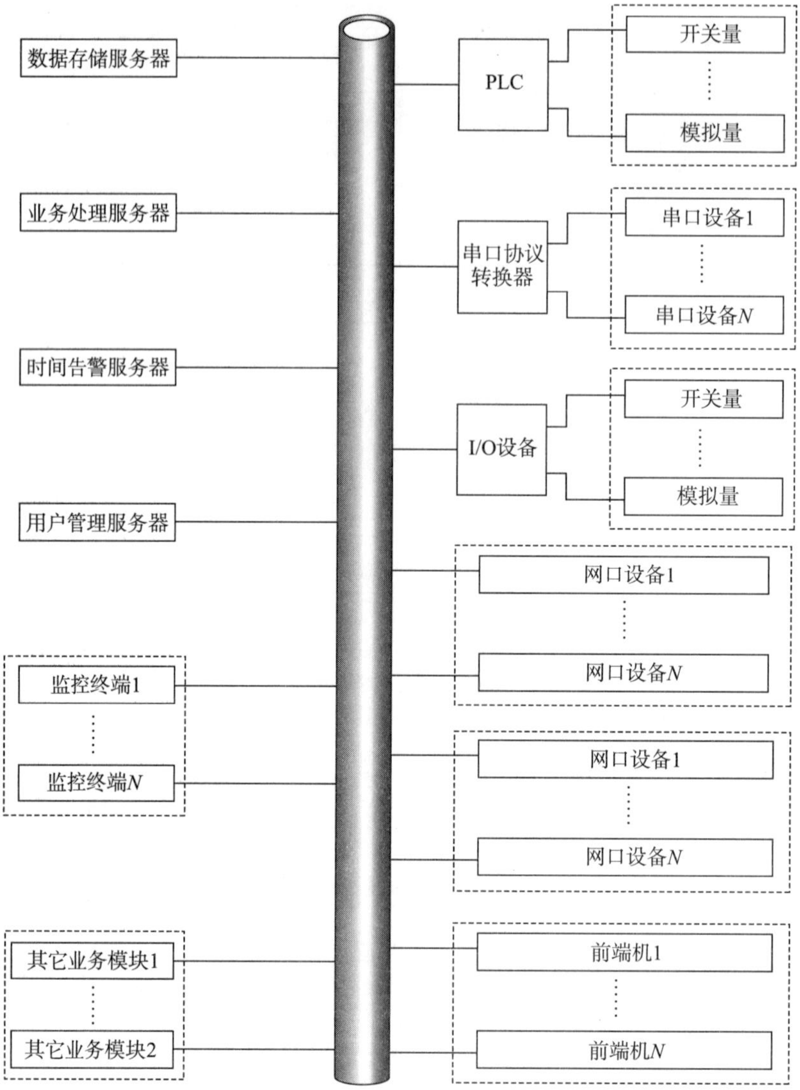

图 5-6　监控系统硬件体系架构示意图

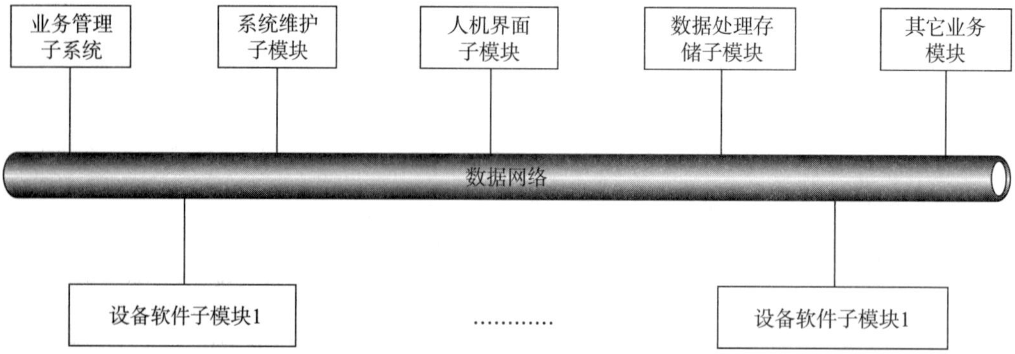

图 5-7　监控软件的体系结构示意图

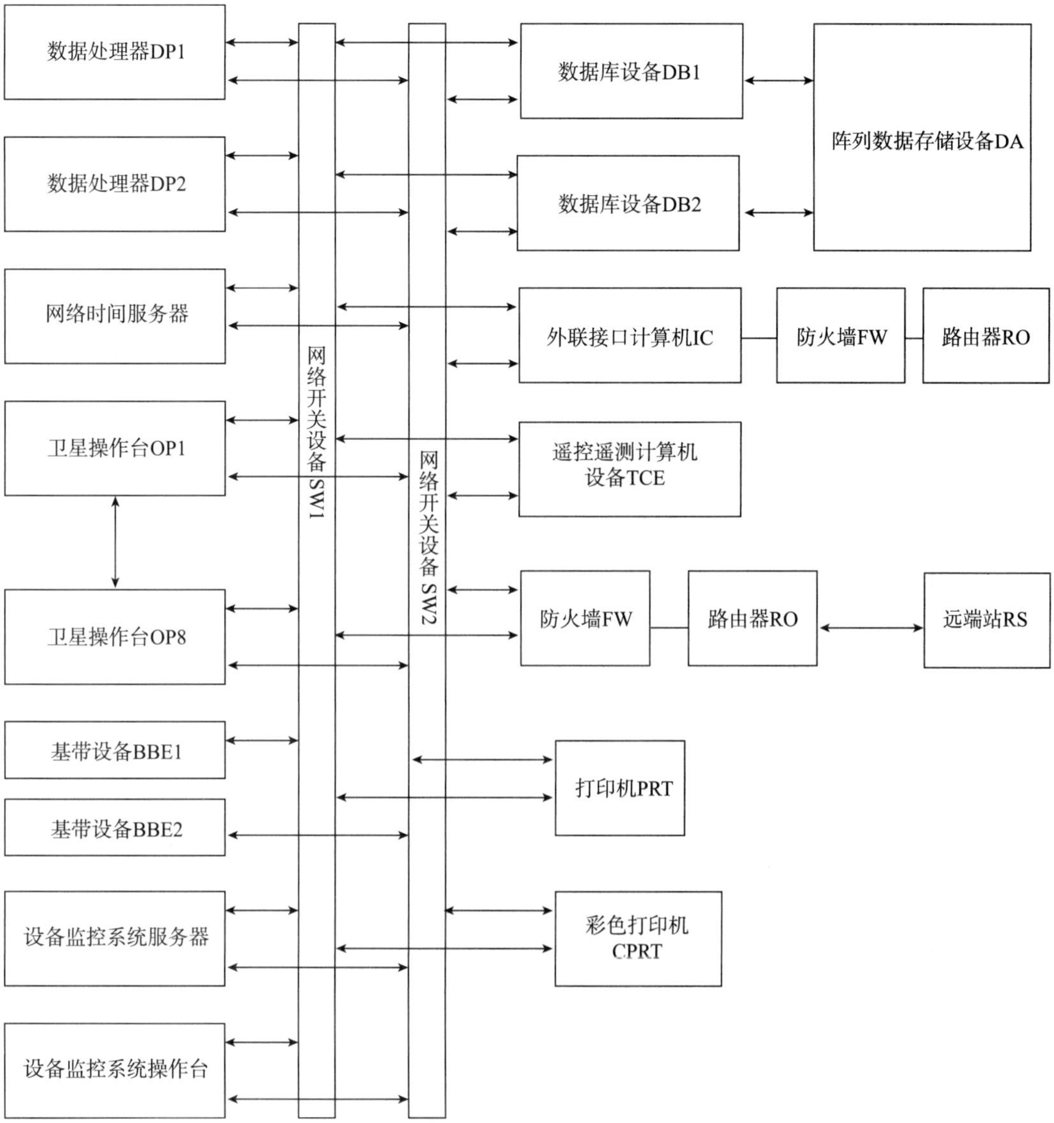

图 5－8　卫星测控系统一般硬件构成示意图

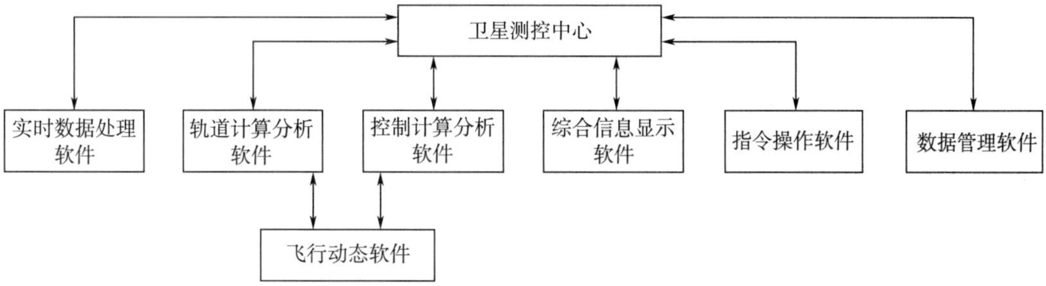

图 5－9　卫星测控系统一般软件构成示意图

5.2.4 卫星测控站建设

5.2.4.1 天线地基、机房设计与建设

1）天线地基、机房等基础建设包括各类土建及配套电源、空调、消防、照明、给排水、防雷接地、线缆通道等综合设计与建设。

2）此类建设由使用方提出需求，委托有设计资质的单位进行设计、施工监理，按项目管理办法进行地基和机房建设。

3）各种设计、施工、检验、验收资料应当收集完整，归档管理，作为后续维护、扩容改造的参考依据。

5.2.4.2 系统设备的设计与建设

在系统总体方案设计中，根据卫星的要求对测控站系统进行设计工作，明确系统技术方案、总体要求以及各分系统的技术指标要求。

测控系统主要包括天线系统、射频设备、基带设备、中频矩阵、时频设备、计算机、服务器、网络设备以及设备监控软件和卫星测控软件等。

（1）天线系统

根据测控站的总体技术要求，明确天线技术指标要求，根据该技术指标要求，选择适用天线口径并确定天线制造商。目前常用的C频段测控天线均为较成熟的产品，建设周期约为12个月，主要的建设节点如下：

1）采购合同签订。与制造商就天线的技术要求、建设进度、关键节点、测试方案、付款进度以及交付设备和资料等事项协商确认，并在双方合同中明确。

2）设计方案。在合同签订后，首先进行天线的设计方案评审工作，以明确天线的技术方案，便于制造商进行下一步生产工作。

3）出厂测试。天线生产完成后，进行天线的出厂测试工作，以确认天线馈源的技术指标是否满足合同要求。

4）现场测试。现场安装完成后，进行现场测试工作，以验证天线的各项技术指标。

（2）射频设备

射频设备包括高功率放大器、上下变频器、低噪声放大器及冗余链路控制等设备，相关设备均为成熟产品。根据系统总体指标要求，明确各设备技术要求，并选择设备供应商。射频设备中生产周期较长的设备为高功率放大器，约3个月，主要节点如下：

1）采购合同签订。与供应商就设备的技术要求、供货时间、测试方案、付款进度以及交付设备和资料等事项协商确认，并在双方合同中明确。

2）出厂测试。射频设备出厂前进行的测试工作，以确认设备的技术指标是否满足合同要求。

3）现场安装、测试。现场安装完成后，进行现场测试工作，以验证设备的技术指标。

（3）基带设备、时频设备、中频开关矩阵

基带设备、时频设备及中频开关矩阵，相关设备均为成熟产品，根据系统总体指标要

求，明确各设备技术要求，并选择设备供应商。各设备生产周期约 3 个月，主要节点如下。

1）采购合同签订。与供应商就设备的技术要求、供货时间、测试方案、付款进度以及交付设备和资料等事项协商确认，并在双方合同中明确。

2）出厂测试。设备出厂前进行的测试工作，以确认设备的技术指标是否满足合同要求。

3）现场测试。现场安装完成后，进行现场测试工作，以验证设备的技术指标。

（4）计算机、服务器及网络设备

计算机、服务器及网络设备作为软件系统的运行平台，宜选用成熟的商业用产品，以确保系统运行的稳定性以及后续维护工作的便利性。主要工作为采购工作，根据系统总体的要求，选择适用产品。

（5）系统设备监控软件

系统设备监控软件承担着全系统设备的监视和控制任务，需根据操作人员的实际需求以及系统所用设备的具体型号进行开发或修改。主要节点如下：

1）需求确认。根据系统中的个设备型号，以及操作人员的实际需求，由软件开发者编写软件需求，该需求需经过使用部门明确。

2）设计方案确认。使用需求确认后，由软件开发者制定软件设计方案，该方案需要经过使用部门的确认。

3）出厂测试。软件研制开发完成后，需要使用部门参加进行软件的出厂测试，测试前与软件开发者提前确认软件测试用例，测试过程中根据测试用例完成相关测试。

4）现场联调。软件进场安装后，需联合现场系统其他设备进行系统联调工作，以确保全系统正常运行。

（6）卫星测控软件

卫星软件承担着卫星遥测数据显示、存储，遥控指令发送，轨道确定、控制计算等卫星的日常操作管理任务，需根据实际卫星要求进行开发。主要节点如下：

1）需求确认。根据卫星方提供的相关软件要求以及操作人员的实际需求，由软件开发者编写软件需求，该需求需经过使用部门明确。

2）设计方案确认。使用需求确认后，由软件开发者制定软件设计方案，该方案需要经过使用部门及卫星方的确认。

3）出厂测试。软件研制开发完成后，需要使用部门参加的软件出厂测试，测试前与软件开发者提前确认软件测试用例，测试过程中根据测试用例完成相关测试。

4）现场联调。软件进场安装后，需联合现场系统其他设备及其他各系统进行系统联调工作，以确保全系统正常运行。

5.2.5　卫星测控站验收

5.2.5.1　天线地基、机房基础建设的评审验收

天线地基以及机房等配套设施建设的验收工作，需从建设开始时考虑，主要有以下 2 个方面：

1）聘请第三方监理单位，委托其进行工程施工期间的全程监理。施工关键节点召开协调会，确认相关事项（开工、材料进场、浇筑、主体结构完工等）。

2）工程完工后组织相关专家对工程施工过程、文件资料以及工程质量进行验收。

5.2.5.2　系统设备建设的评审验收

系统验收主要在关键节点上进行控制，参考上一节内容中各部分的关键节点，在关键节点上组织相关人员及专家对方案、测试方法及结果进行验收及评审。主要的关键节点如下：

1）设计方案评审（包括全系统和各分系统的设计方案）；

2）出厂测试验收及评审（各分系统独立进行）；

3）现场测试验收及评审（各分系统独立进行）；

4）现场联调及评审（全系统联调）。

5.2.6　卫星测控站维护

5.2.6.1　维护人员及管理

卫星测控站类同于重要通信枢纽站，又具有独特的差异性，技术复杂、保障要求极高，维护人员需要具备良好的专业基础知识和学习能力，团队成员综合专业技术应符合各项维护的要求。

(1) 卫星测控站设备维护人员（工程师）的作用

组织系统维护，故障排除处理，管理维护仪器和工具，管理维护材料、备用部件和设备，制定维护计划、拟制技术报告。

负责对系统设备使用、操作人员的专业培训，对复杂、重大设备操作或变更进行指导或帮助。

参与新建系统的论证、技术方案建议、建设过程督导、测试验收，对技术性能不符合使用要求的系统设备提出更新改造、报废处理意见。

(2) 卫星测控站技术维护人员（工程师）配置

电力、空调、消防、防雷接地、通信公网维护组，设工程师 2 至 3 名；

天线、射频设备、基带设备维护组，设工程师 2 至 3 名；

计算机（服务器）、测控与监控软件、网络设备，设工程师 2 至 3 名；

多星测控站因应具体实际需要增加适当的维护人员（工程师）。

(3) 维护人员（工程师）日常工作内容

登记、熟识各个系统的组成结构、配置，按照实用要求绘制图纸资料，为培训学习、维护检修、应急操作与测量提供依据。建立电子文档资料。

清点仪器、仪表型号及数量，检验、记录技术状态和使用状态。建立电子文档资料。

清点备品、备件型号及数量，检验、记录技术状态。建立电子文档资料。

清点设备、系统等使用手册及技术档案。建立电子文档资料。

制定出系统设备、仪器相应的维护内容与维护计划，以及应急方案。

依据卫星测控、业务监测等要求，提供日常技术支持，包括故障处理、设备仪器配置、系统设备配置与切换。

按计划执行系统设备的维护。

按照公司或者客户的要求提供技术服务。

归档、汇报各项计划、方案和总结。

5.2.6.2　维护工具、仪表及管理

1）主要测控系统设备维护工具、仪表。主要是指射频与数据处理系统维护工具：频谱仪、信号源、射频功率计、频率计、示波器、万用表、光功率计、应用软件等。

2）电源空调设备维护需配备的主要仪表工具，见表 5-3。

表 5-3　电源空调设备维护需配备的主要仪表工具表

类别		名称
仪表	电力测试	高压、低压试电笔；交流钳形电流表；相序表；万用表；直流电压表；交流电压表；交流钳形电流表；数字式直流钳形电流表；双踪示波器；兆欧表；接地电阻测试仪等
	电池维护	容量监测设备；充放电活化设备；放电测试设备等
	热力测试	室内温度计；红外线测温仪；温、湿度仪；风速仪；高低压气压表（双头表）等
维护工具		绝缘拉杆；绝缘扳手；绝缘靴；绝缘手套；高压接地线；台虎钳；钳工台；台钻；电烙铁；开线钳；各种绝缘扳手（活动扳手、套筒扳手、呆扳手）；各种锉刀；手提式应急灯；吸尘器；真空泵；查漏仪等

3）维护工具、仪表管理要求。仪表和各专业的专用工具由各专业人员负责保管、维护和报损、更新。贵重仪表、工具带出站外使用应征得主管领导的同意。

使用仪器，无论是否在标校，均需考虑并核定可能存在的误差。

安装、连接仪表，在连接电源和开机前应确认电源电压适合、连接正确，接地应可靠。

仪表操作中出现问题，应及时报各专业负责人处理。

仪表的各种选配件（含配套软件和资料）等可与仪表主体拆分的物品由相关技术人员保管，长期不用的，应放入配备库存放。

仪表、工具应建立台帐（可纳入设备台帐）。

5.2.6.3　设备维护制度

（1）安全作业规定

1）从事高空或带强电、高电压的作业必须两人在场，遵守安全操作规程。

2）进入或离开作业区、室时均需要关注是否存在不安全隐患，发现异常应汇报并采取正当的处置措施。

（2）预防检查维护要求

1）各类设备可根据实际情况对日检、周检、月检、季检及年检方式进行组合和取舍；预防维护工作的实施情况及检查维护的结果，应做好记录。

2）日检查：每工作日一次，由设备使用人、值班员完成。主要内容是巡视设备运行情况。目的是发现异常情况及时处理和汇报。

3）周检查维护：每周进行两次，由分管维护人员完成。主要内容是：检查、记录设备运行状态，整理、归档设备故障处理情况。规整设备、仪表工具位置及卫生。

4）月检查维护：每月的最后一周或次月的第一周进行，由各设备的维护负责人（多人时由负责人组织）完成。主要内容是：

检查设备运行记录，检查设备当前运行状态，主要功能、设备面板指示是否正常，操作部分能否正常动作（在不影响正常测控工作、不危害设备性能的前提下检查）；

检查设备连线（特别是连接头）是否牢固、完好；

检查有关的电缆沟、走线槽、架、洞和防静电地板下的有无漏水、积水、锈蚀、异物等；

必要时对有关设备进行测试；

核对、查找并补充备品、备件及工具，保证良好的待用状态；整理有关的记录。

5）季度检查维护：依据不同季节特点，每季节应有不同的侧重内容。季检人员安排同月检。主要对象为室外设备、电线、电缆及对温/湿度敏感的设备。具体工作内容是：

春/秋季应对室外设备的防风性能进行检查，重点是天线的防风措施检查。对线缆槽道等地投放鼠药；

夏季要针对设备的防汛功能进行检查，包括接地电阻、防雷装置，天线地沟排水设备；

冬季主要对天线的除冰功能进行检查，机械转动机构可能因积水冰冻，造成不能驱动。

6）年度检查维护：每年 3 月进行（与该月的月检合并），可将厂商提供的部分保修、修理服务纳入年检，主要内容是：

核查全站设备、备品备件及工具；

对主要在用测试仪表进行计量；

对各设备的主要技术指标进行测试和校准；

统计、分析设备运行情况，对机柜内部进行清洁（在不影响正常测试操作、不危害设备性能的情况下）。

（3）设备维护维修操作安全规程

1）向用户了解设备信息，包括使用时间、使用环境、故障现象、已经采取的措施。学习、复习设备手册，注意安全警示，掌握操作要领。

2）核对设备电源电压、接入极性，检查无短路后按要求连接。

3）加电时，密切监视设备状态，如有过流、异响等现象，应马上切断电源；如设备无异常，可以进入测试。

4）对天线进行操作维护作业前，操作人员应通知机房值班人员，征得同意后方可进行操作；大范围运动天线时应先关掉天线发射功率，检查限位设置和限位保护功能，再实施对天线的操作。天线控制器（ACU）现场没有操作人员时要设置标志；应注意观察有无障碍物阻碍天线运动，避免天线高频仓门盖、天线平台起重设备、馈电线路等阻碍天线运动，避免发生事故。

5）在天线场进行操作维护作业时，必须两人以上在场，并检查急停开关是否有效。天线平台或天线体上有人的情况下操作天线，必须有一人守在天线驱动柜处监护，在机械运行过程中随时准备紧急制动。作业人员必须穿着维护工作服，不得穿长褂、风衣等服装，不佩戴有可能影响操作的服饰。

6）在天线平台作业时，不得穿塑料底鞋；尽量避免雨天、雪天及大风天气在天线场作业。如必须作业时，应穿防滑鞋；对天线馈源口、天线付反射面进行操作时，除使用天线上的爬梯外，其他攀登操作必须系安全带。

（4）电力系统运行维护要点及维护周期

1）高压开关、高压电缆、变压器、避雷器等高压设备每年进行绝缘耐压试验，高压开关每2年进行继电保护试验，高压绝缘用具每半年进行绝缘耐压测试。

2）柴油发电机每月进行空载试验，测试空载启动能力；每半年进行一次带载试验，测试带载能力和控制系统；每2年进行一次专业保养，更换机油、防冻液及滤芯。

3）UPS电池组每季进行放电试验，每年测试内阻值，UPS每年进行一次停机专业检查、保养。

4）低压配电柜、配电盘每年进行清洁、维护，检查接线是否紧固、有无过热情况，检查电容、电抗器工作是否正常，对负荷较高、老化严重设备加强检查频次。

5）机房空调每年春季、秋季进行换季保养，检查电气回路、制冷回路，测试工作压力、压缩机电流等；每季更换过滤网，夏季每半月清洗一次室外机。

6）每年雨季前进行防雷接地电阻测试，测试所有楼宇、天线、电力设备等接地电阻值；在雷雨前后检查各处SPD有无故障。

5.2.6.4　业务处理的优先等级

在处理业务时，必须遵循下列顺序：确保卫星测控不受影响，确保用户通信不间断，确保地面设备安全。

5.2.6.5　备用设备和备件的管理

1）备用设备：除在线备份，重要设备还应当按照适当比例配置备用设备，当主用设备故障可以需要较长时间修复时，备用设备可以保证在线备份冗余。

2）设备备件：包含专用软件以及功能复杂、需要较长采购时间的关键设备部件需要按照适当比例配置备用备件，帮助排查设备哪些部件故障、功能失效，使故障设备能够及时恢复在线备份冗余。

5.2.6.6　设备文件及技术报告管理

设备随机手册、设计方案、验收文件、巡查记录、维修技术报告是正常使用、维护设备的重要技术参考依据，必须归档存放、方便查阅。

5.2.6.7　设备的升级改造、报废管理

无论设备和部件是否达到设计使用寿命期限，当发现其功能、性能不能满足使用要求、存在影响测控隐患时，需要进行升级改造或报废换新处理。

5.3 业务监测站

业务监测站的任务是对卫星所承载的业务以及卫星本身的通信性能进行监测及控制。

本章介绍典型卫星通信业务监测站结构、功能和技术指标，主要内容包括业务监测站天线与射频系统结构、天线与射频系统主要技术指标、数字频谱监测系统（CSM）结构和功能等。

5.3.1 监测站系统天线与射频系统结构

（1）典型业务监测站系统结构

用户业务监测站主要由天线分系统、射频分系统、频谱监测分系统（CSM）和设备监控分系统组成，如图 5－10 所示。

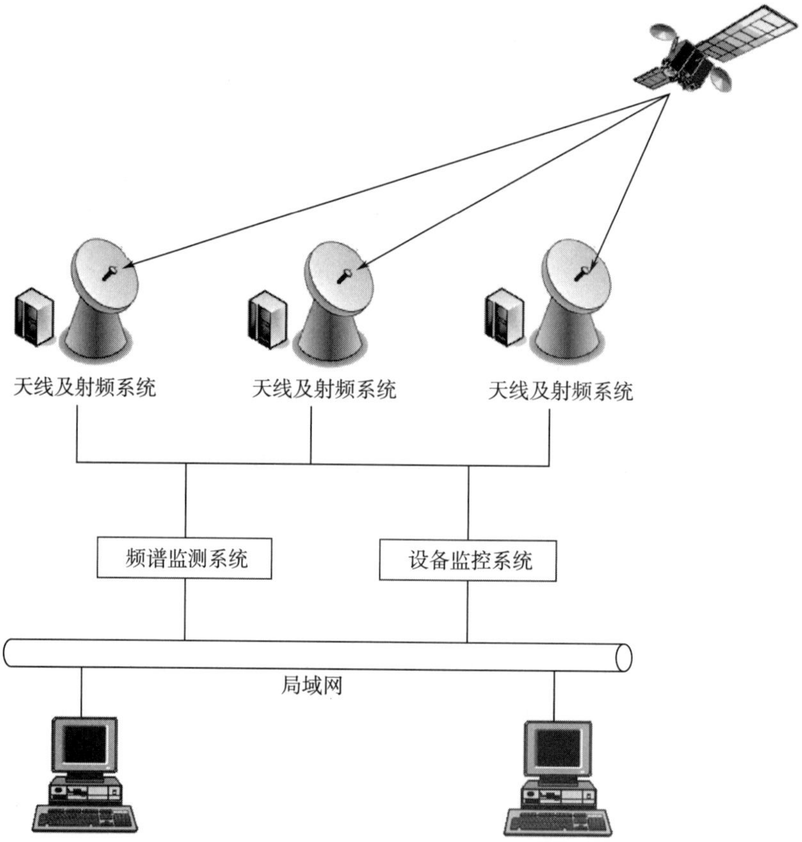

图 5－10 业务监测系统结构图

卫星运营商用户业务监测站根据卫星的通信频段通常配备若干副 C 频段监测天线和若干副 Ku 频段监测天线，原则上每一个工作频段的有效载荷配备一套卫星业务监测站，以实现对卫星有效载荷所有用户载波信号的监测和管理。

图 5－11 是中国卫通业务监测中心的一副 9 m Ku 频段监测天线及其射频设备的结构

图，天线馈源网络为收发四端口网络。该天线采用立柱式支撑结构，配备 Vertex 7200 伺服设备，具有手动驱动、步进跟踪、轨道预测跟踪、位置预置、程序跟踪等功能。该监测天线的跟踪接收机、天线驱动单元（ADU）和天线控制单元（ACU）等设备实物分别如图 5-12、图 5-13 和图 5-14 所示。

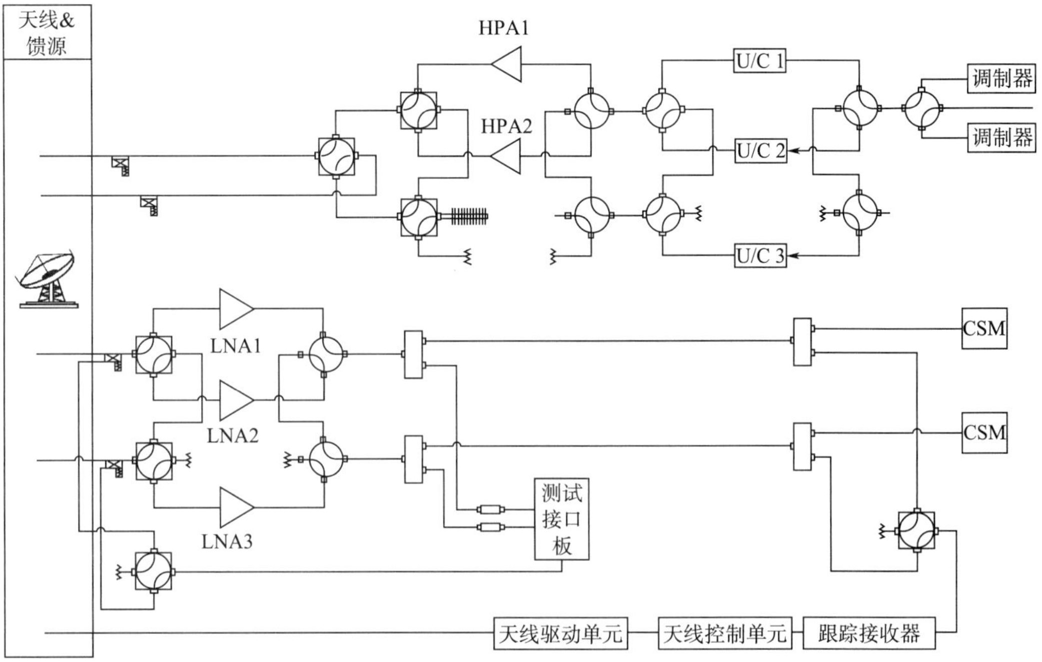

图 5-11　天线及射频设备结构图

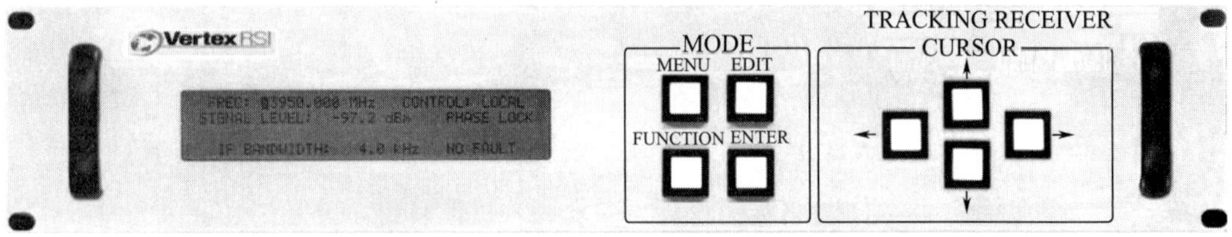

图 5-12　9 m Ku 监测天线跟踪接收机

（2）业务监测站射频系统上行链路结构和功用

射频系统上行链路包括调制器（或信号发生器）、上变频器、高功率放大器等设备，为了保证链路可靠工作，上行链路设备一般都是按 1∶1 冗余配置。射频系统上行链路主要用于转发器在轨测试和发射占频或干扰信号。上行链路在高功放和天线馈源之间设置耦合口，供发射功率监测和上行链路标校使用。

（3）业务监测站射频系统下行链路结构和功用

射频系统下行链路由低噪声放大器、功分器、滤波器、射频切换开关等设备组成，为了保证链路可靠工作，低噪声放大器按 1∶2 方式配置。射频系统下行链路主要用于放大天线接收的卫星转发的用户通信载波信号，并将其送到频谱监测系统（CSM）。

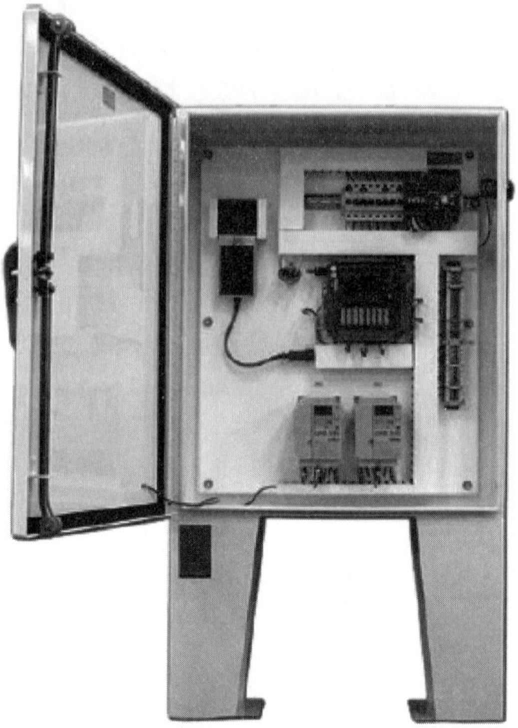

图 5－13　9 m Ku 监测天线驱动单元

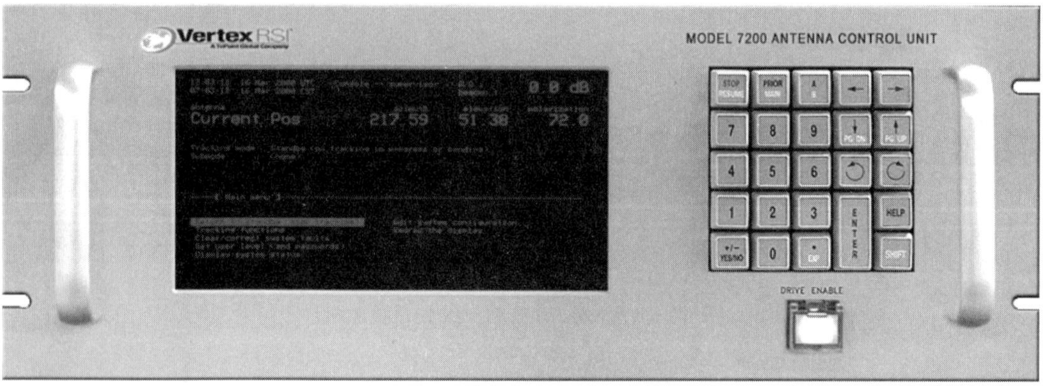

图 5－14　9 m Ku 监测天线的天线控制单元（ACU）

下行链路在 LNA 和天线馈源之间设置耦合口，供注入信号做下行链路标校使用。注入信号从设在射频机房的测试接口板引出，通过低损耗电缆接入安装在天线 HUB 箱的射频信号切换开关，再由射频信号切换开关输出到两个信号耦合器。

（4）业务监测站射频系统设备监控分系统的结构

设备监测分系统通过 RS－422/485 监控接口与射频系统中所有设备连接，实现对射频系统所有设备的统一监控，如图 5－15 所示。

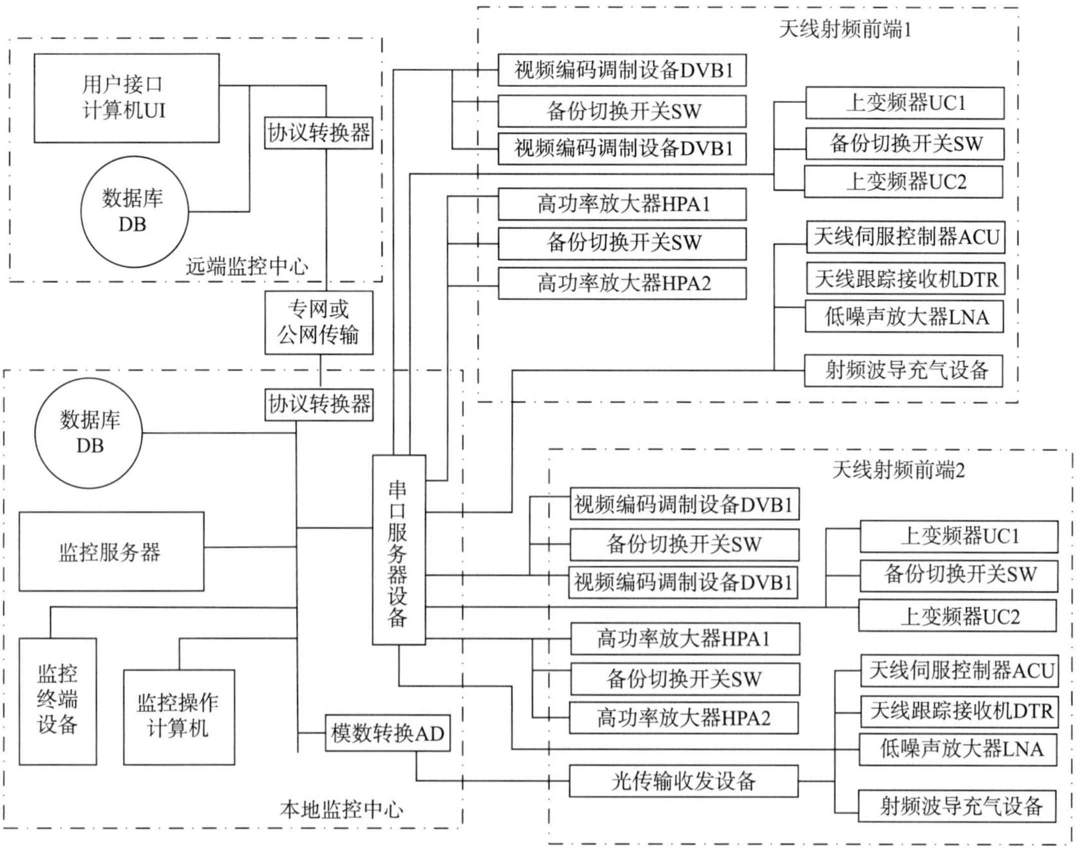

图 5 - 15　设备监控系统结构示意图

5.3.2　典型业务监测站主要技术指标

（1）典型业务监测站 EIRP 指标

EIRP 指标衡量一个业务监测站最大发射能力的技术指标，该指标的计算公式为

$$\mathrm{EIRP}_e = P_{et} - L_{ft} + G_{et} \tag{5-1}$$

式中　P_{et}——监测站功放额定发射功率，dBW；

L_{ft}——监测站功放输出端口与天线馈源口之间波导的损耗，dB；

G_{et}——监测站天线发射增益，dBi。

中国卫通业务运行中心 9 m Ku 频段监测站的 EIRP 指标值大于 83.5 dBW。

（2）典型业务监测站 G/T 值指标

G/T 值是衡量一个业务监测站的接收品质因数，定义为天线接收增益与天线系统噪声温度之比，该指标的计算公式如下

$$G/T_e = G_{er} - L_{fr} - T_{es} \tag{5-2}$$

式中　G_{er}——地球站天线接收增益，dBi；

L_f——地球站天线接收端口至低噪声放大器之间的馈线损耗，dB；

T_e ——地球站等效噪声温度，dB/K，此值由天线接收的噪声温度和 LNA 噪声温度以及馈源插入损耗三个参数共同构成，详见第 6.9 节卫星通信链路计算方法中相关内容。

中国卫通业务运行中心某 9 m Ku 频段监测站 G/T 的计算见表 5－4。

表 5－4　9 m Ku 频段监测站 G/T 值计算

频率/GHz	增益/dB	LNA 噪声/K	天线噪声/K	接收系统噪声/K	G/T 值/(dB/K)
12.50	59.2	80	55.5	135.5	37.8

(3) 典型业务监测站下行链路监测电平配置

典型 9 m Ku 频段业务监测站下行链路各点电平配置如图 5－16 所示（假定卫星转发的某用户载波 EIRP 为 49 dBW）。

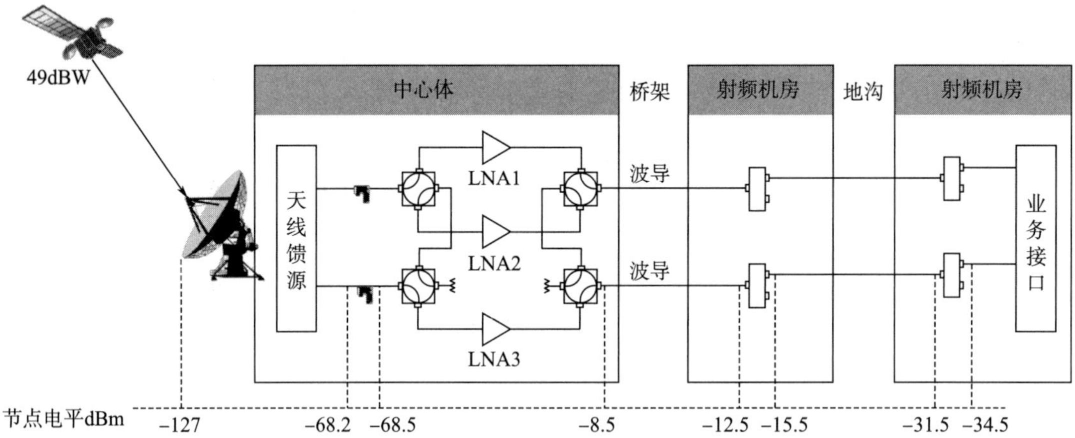

图 5－16　典型 9 m Ku 频段业务监测站下行链路各点电平配置图

(4) 典型 9 m Ku 频段监测天线技术指标

工作频率

发射：13.75 GHz～14.50 GHz；

接收：10.95 GHz～12.75 GHz。

天线增益

发射：≥60.4＋20lg（f/14.25）；

接收：≥59.2＋20lg（f/12.50）。

交叉极化：轴向≥35 dB；1 dB 点内≥33 dB。

旁瓣特性

第一旁瓣：≤－14 dB。

旁瓣包络：29－25lgθdBi（1°≤θ≤20°）；

－3.5 dBi（20°＜θ≤26.3°）。

电压驻波比：≤1.25∶1。

极化方式：双线极化。

座架形式：半转台式。

跟踪方式：步进跟踪。

G/T 值（在晴天微风的条件下，10°仰角）：≥37.5＋20lg（f/12）dB/K，f 单位：GHz

(5) 典型 750 W TWTA 放大器技术指标

频率范围：13.75～14.50 GHz

输出功率：TWT 750 W min.（58.75 dBm）

法兰盘：650 W min.（58.13 dBm）

带宽：750 MHz

额定功率增益：70 dB min.，88 dB max.

小信号时增益：75 dB min.，90 dB max.

射频电平调整范围：0 to 20 dB

增益稳定度：±0.25 dB/24 hr. max.（开机预热 30 min 后）

小信号增益斜率：±0.04 dB/MHz max.

小信号频响：1.0 dB pk－pk max.（任意 80 MHz 带宽内）

3.5 dB pk－pk max.（750 MHz 带宽内）

输入 VSWR：1.3∶1 max.

输出 VSWR：1.3∶1 max.

相位噪声：优于 IESS－308/309

AM/PM 转换：2.5°/dB max.，单载波，低于额定功率 8 dB

1.0°/dB max.，增加线性化器

二次、三次谐波输出：－80 dBc 额定功率输出

三阶交调：－23 dBc（两等幅单载波，总功率回退 7 dB，加线性化器回退 4 dB）

群时延（任意 80 M 内）：线性 0.02 ns/MHz max，

抛物线 0.005 ns/MHz 2 max.

波动 0.5 ns pk－pk max.

供电：交流电 208～240 VAC ±10%，47～63 Hz

功耗（饱和功率输出）：典型值 2.7 kVA，最大 3.0 kVA

工作温度：－10 ℃ to ＋50 ℃

储存温度：－40 ℃ to ＋70 ℃

相对湿度：95%不凝结

(6) 典型上变频器选型技术指标

频率步进：1kHz

输入特性

输入频率范围：70 ±20 MHz (140 ±40 MHz 可选)

阻抗：75 ohms (50 ohms 可选)

回波损耗：26 dB minimum (70 ±20 MHz)，20 dB minimum (140 ±40 MHz)

信号监测：−20 dBc

非损坏输入电平：+15 dBm maximum

输出特性

输出频率范围：13.7～14.8 GHz

阻抗：50 ohms

回波损耗：21 dB minimum

信号监测：−20 dBc nominal

电平输出 (P1 dB)：≥+10 dBm

传输特性

增益：+31～34 dB (23 ℃)

噪声功率密度：−125 dBm/Hz maximum

电平稳定度：恒温±0.25 dB/day maximum

±0.5 dB (0 to 50 ℃)

频响：±0.3 dB maximum/40 MHz，±0.45 dB maximum/80 MHz

斜率调整：±1 dB 典型值，0.2 dB 步进

群时延 (70 ±18 MHz)：线性 0.03 ns/MHz maximum (15 to 50 ℃)，抛物线 0.01 ns/MHz 2 maximum (15 to 50 ℃)，波动 1 ns 峰峰值 maximum

群时延 (140 ±36 MHz)：线性 0.025 ns/MHz maximum (15 to 50 ℃)，抛物线 0.0035 ns/MHz 2 maximum (15 to 50 ℃)，波动 1 ns 峰峰值 maximum

三阶交调：两路 0 dBm 等幅单载波信号 45 dBc minimum

AM/PM 转换：0.1°/dB maximum 0 dBm 输出

增益斜率：典型值 0.03 dB/MHz 最大值 0.05 dB/MHz

频率稳定度：$\pm 2\times 10^{-8}$，0～50 ℃

$\pm 5\times 10^{-9}$/天典型值 (恒温 24 h)

频率准确度：±22 Hz，maximum 使用外参考

杂散输出：信号相关 65 dBc (0 dBm 输出)，信号不相关−80 dBm maximum

本振泄露 (射频口)：−75 dBm maximum

增益调整范围：30 dB 0.2 dB 步进

输出静音：80 dB minimum

外参考：5 或 10 MHz，+4 ±3 dBm 外参考低于 1 dBm，自动切换到内参考

相位噪声：优于 IESS308/309

远控接口：RS485/RS422，以太网口

(7) 典型 LNA 技术指标

增益：60 dB

增益平坦度：0.4 dB/40MHz

带宽至 500 MHz：1.0 dB，峰-峰值

带宽至 800 MHz：1.5 dB，峰-峰值

带宽大于 800 MHz：2.0 dB，峰-峰值

增益斜率：0.2 dB/10 MHz 最大

增益稳定度：±0.2 dB/天，恒温

5 dB 最大，−40 to +60 ℃（更高稳定度见选项）

功率输出（1 dB 压缩点）：+10 dBm 最小（更高功率输出见选项）

AM/PM 转换：0.5°/dB 最大，0 dBm 输出

群时延（±18 MHz）：线性 0.02 ns/MHz 最大，抛物线 0.001 ns/MHz 2 最大，起伏 0.1 ns 峰-峰值最大

杂散输出：低于热噪声

输入回波损耗：19 dB 最小

输出回波损耗：20 dB 最小

输入/输出阻抗：50 ohms

切换时间：100 ms 最大

无损伤输入功率：+10 dBm 最大

发射倒灵敏度门限：−30 dBm 最大

电压：90～250 VAC

频率：47～63 Hz

功耗：20 W 典型，50 W 峰值（切换时）

遥控口接口：DEM－9S（RS485 和 RS422）

(8) 典型 DVB 调制器技术指标

输入接口：ASI

输出接口：70/140 MHz 中频

输出水平：−34/+1 dBm（+/−3 dB）

杂散优于：−65 dBc/4 kHz @ +5 dBm &>256 kbaud

所支持的调制方案和 FEC：DVB－S/DSNG

外部/内部 FEC：Reed Solomon/Viterbi

调制编码方式

QPSK：1/2，2/3，3/4，5/6，7/8

8PSK：2/3，5/6，8/9

16QAM：3/4，7/8

波特率范围：0.05～45 Mbaud

5.3.3 数字频谱监测系统（CSM）结构

数字频谱监测系统为分布式网络结构，系统包括中心数据库服务器（CDS）、本地网络服务器（LNS）、远端设备服务器（RIS）、用户图形界面（GUI）以及数字频谱仪、微波切换开关、变频器等设备。典型的数字频谱监测系统网络结构如图 5-17 所示。

SAT 公司生产的数字频谱监测系统有 Monics CSM 和 MonicsNET 两个产品，该供应商会不定时进行软件版本升级，本节以 MonicsNET v09.02.02 pkg2 Patch A 为例介绍 CSM 系统的操作方法。

MonicsNET 系统利用分布式结构，通过在 LNS（本地网络服务器）上运行的应用将射频信号的计算分析数据进行集中处理。LNS 上的应用控制所有设备，分析射频信号，储存计算结果。因此 LNS 也称为计算服务器。LNS 可以同时管理多个客户应用的访问。客户应用包括 Monics GUI、AUTOMON（自动巡检）和其他 LNS 应用。LNS 利用本地数据库存储本站配置和频率数据。LNS 利用这些信息自动监测卫星业务。LNS 数据库与主数据库进行同步，主数据库中包含全部站点的配置数据和频率数据。主数据库与外部频率计划工具接口并将其发布到所有站点。Monics 系统中所有的数据库均为微软 SQL Server 2008 版本。

操作员通过 Monics GUI 客户端实现操作控制，Monics GUI 与服务器之间通过 LAN 或 WAN 进行连接。Monics GUI 应用包括系统和载荷状态信息、告警列表、Dwell 窗口、数据库编辑工具以及报告生成工具，在实际运行中在一台 PC 上可以开启多个 Monics GUI Dwell 窗口与不同的计算服务器连接。Monics GUI 与中心数据库和站点均能连接。

Monics Main Panel 应用提供 Monics 系统状态的概况。包括地面段 CSM 状态（硬件/软件/网络）和其监测的有效载荷状态（射频计算告警）。

Monics Main Panle 应用提供了过滤告警列表视图的快捷方式，Dwell 窗口与站点连接，CSM GUI 应用可以在网络上的任何一台包括主数据库服务器和 LNS 服务器的 Window PC 上运行。

MonicsNET 系统可以精简到在同一台服务器 PC 上运行 LNS 和 Monics GUI 应用，或者多台计算服务器，一台主数据库服务器和多台 Monics GUI。

5.3.4 数字频谱监测系统（CSM）功能

数字频谱监测系统（CSM 系统）不但具有信号频谱测量功能，而且具有载波参数分析功能，还可以同时供多人操作使用，下面分别介绍其各项功能。

（1）自动频谱巡检和手动频谱扫描功能

自动频谱巡检功能是指按照制定的开始时间和间隔时间或频次来执行指定的一系列转发器/载波/信标等。开始时间和间隔时间/频次由日程模块实现，制定的一系列转发器/载波/信标由频率计划模块实现。在日程模块中可以约定巡检计划的运行模式（指定开始时间、仅运行一次或一天一次、运行时间间隔、运行一段时间后停止等）；频率计划模块可

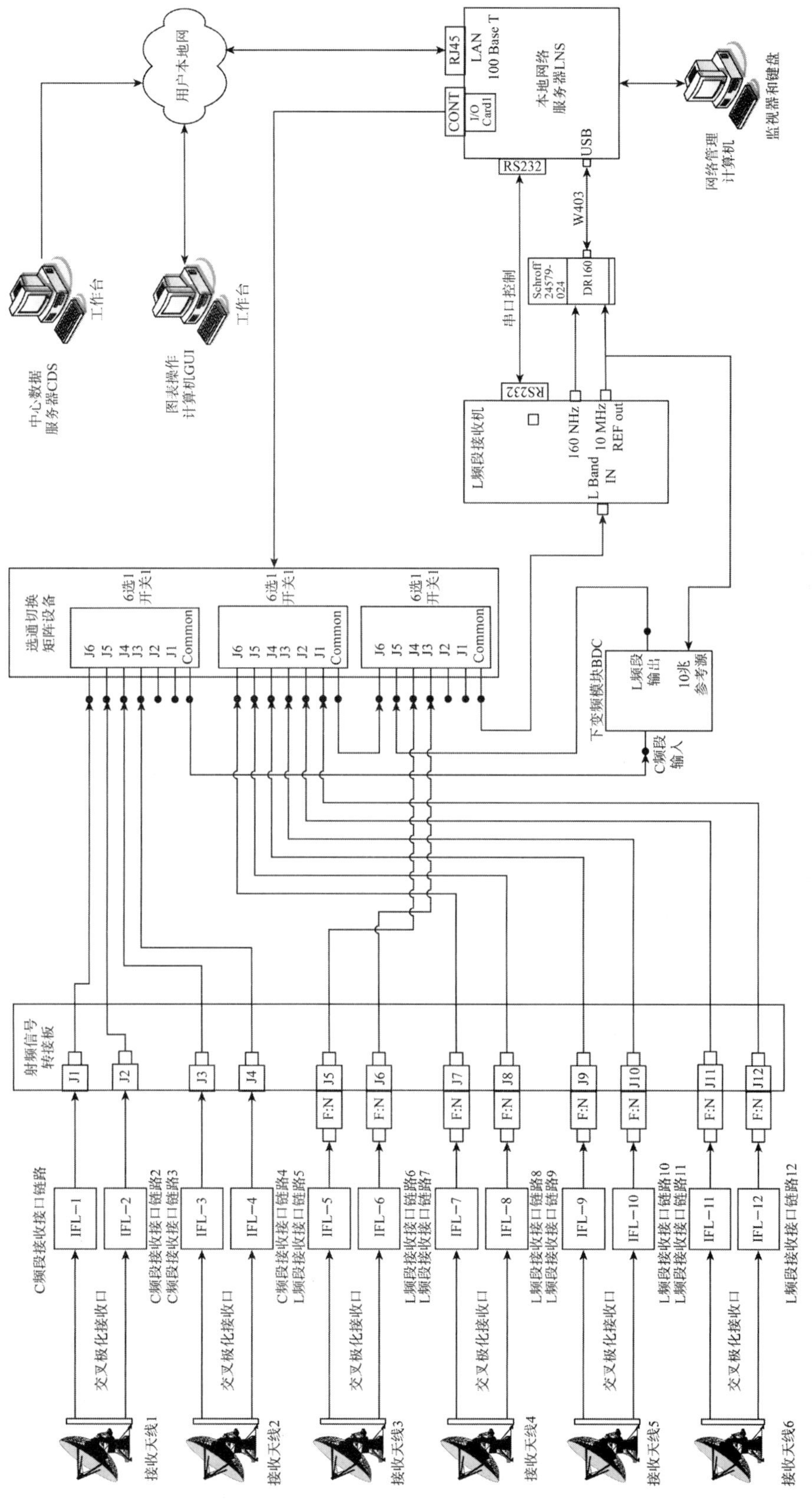

图 5-17　数字频谱监测系统网络结构示意图

以勾选监测天线所对卫星的转发器/载波/信标等，频率计划模块是基于天线作选择，因为在系统中可能有不止一副天线监测同一个卫星。

频谱扫描功能主要是对卫星转发器或载波进行频谱扫描，帮助工程师了解卫星频率/功率资源占用情况，便于工程师进行频率分配；另一重要作用是临时业务载波监视，便于进行临时业务上下行管理。

（2）载波参数分析功能

对用户载波特征进行分析，包括检测分析数字载波的调制方式、速率、带宽、频率、功率等参数。对于TDMA载波，可分析随时间分布的能量谱。

（3）干扰分析功能

该功能最显著的一个特点是能检测数字载波下是否隐藏了非法载波或干扰载波，模拟频谱仪不具备此功能。

（4）上行站功率标定功能和极化标校功能

使用CSM系统的载波占用转发器功率测量功能，可以对用户地球站发射载波功率进行标定，以避免发射功率过高造成转发器饱和，或者功率过低影响用户接收站正常接收；使用CSM系统的双通道载波电平测量功能，可以对用户地球站发射电磁波极化（即发射站天线极化角）进行标校，以避免发射电磁波反极化泄漏干扰相反极化转发器上用户业务。

（5）频谱存储回放功能和自动备份功能

CSM系统可以存储载波扫描频谱、解调频谱和测试结果至数据库服务器，并可随时调出回放。

当存放在系统数据库中的扫描频谱、解调频谱和测试结果超过一定大小后，系统将自动生成数据库备份文件。数据库备份文件名包含文件生成日期等信息，在需要查询已备份的数据时利用数据库备份文件恢复数据库。

（6）用户远程接入功能和远端站接入功能

数字频谱监测系统允许用户远程接入，使用VPN等工具进行用户验证，通过验证后允许用户利用GUI来操作频谱系统。

数字频谱监测系统为分布式系统，允许通过数据专线接入远端数字监测终端，通过远端数字监测终端来监测远端天线信号。

5.4 通信业务站

实现卫星通信业务的传输，需要建设通信业务地球站，以实现通信载波的发射与接收等功能。本节主要描述通信业务地球站建设和维护等相关内容。

5.4.1 站址选择

选择业务站站址时需考虑天线是否受到遮挡、电磁环境测试及干扰分析结果、地址勘查（天线基础）、天线与射频/中频机房距离（可能涉及波导充气机充气管长度，采用光纤、波导还是同轴电缆传输信号，是否需加线路均衡器或线路放大器等）、天线安装场地大小及吊车吊装位置等因素。

考虑到通信业务站的工作频段通常包括C、Ku等频段，其站址选择需充分考虑空间及地面相关频段的干扰，周边地区规划及建筑物遮挡以及天线工作角度等因素。

5.4.1.1　天线前方净空区要求

为规范地球站的建设，国家制定了强制性技术标准《GB 13615—2009 地球站电磁环境保护要求》。标准对各种干扰的允许值和天线前方净空区提出了要求。

标准要求地球站天线正前方，地势应开阔，如图5-18所示。天线前方净空区内不应有树木、烟囱、水塔、建筑物、金属反射物、架空电力线、电线杆等障碍物。

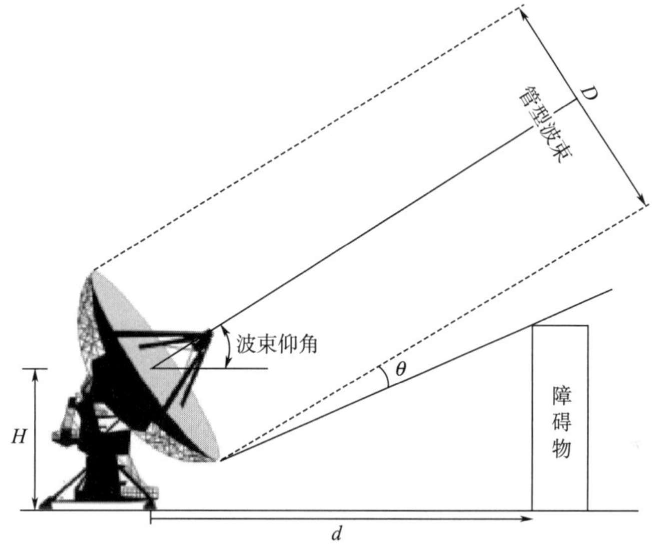

图5-18　天线前方净空区要求

H—天线高度，m；*D*—天线直径，m；*d*—离开天线的水平距离，m；*θ*—管形波束保护角

当地球站工作在C频段时，天线在静止卫星轨道可用孤段内的工作仰角与天际线仰角的夹角θ不宜小于5°；当地球站工作在Ku频段时，天线在静止卫星轨道可用弧段内的工作仰角与天际线仰角的夹角θ不宜小于10°。

5.4.1.2　地球站工作仰角的限制

《GB/T 12364—2007 国内卫星通信系统进网技术要求》对地球站最低工作仰角做出了明确规定：具有发射能力的C频段地球站其工作仰角不应低于5°，Ku频段地球站其工作仰角不应低于10°；在静止卫星网中具有发射能力的Ka频段地球站其工作仰角不应低于20°，在非静止卫星网中Ka频段地球站其工作仰角不应低于40°。

5.4.2 地球站站址电磁环境测试

地球站站址电磁环境测试是非常重要的环节，对于C频段是必不可少的。

电磁环境测试旨在全面测试预选站址的电磁环境并确定各类干扰源的干扰信号强度和方向，判断该预选选址是否符合相关的电磁兼容性要求，电测及干扰分析报告将作为建设单位上报站址和无线电管理机构审批台站的重要技术依据。

地球站站址电磁环境测试应根据《GB13615—2009 地球站电磁环境保护要求》，按照《YD/T 1003—2015 卫星通信 VSAT 地球站电磁干扰的测量方法》进行。卫星通信地球站与地面微波站之间协调区的确定和干扰计算方法参见《GB/T 13620—2009 卫星通信地球站与地面微波站之间协调区的确定和干扰计算方法》。

电测选址原则为：

1）工作频段上应无干扰（可利用周围建筑物遮挡干扰，必要时加装屏蔽网）；

2）天线安装维护安全方便（安装时是否需吊车，扫雪除冰容易）；承重防水无问题（海边防台风）；北方城市若天线基础在地面上须考虑冻土层的影响；

3）天线正南方±60°无遮挡（将来可能需转星）；

4）馈线长度尽可能短（<50 m，尽量不用线路放大器），选址时应确定中频电缆 IFL 的具体长度；

5）考虑避雷（若现有避雷设施不能保护天线时，应在其侧后方适当位置竖立足够高的避雷针，要求保护角小于 30°）。

5.4.3 天线馈源网络测试项目

馈源网络是天线最核心最重要的部件，它的性能好坏很大程度上决定了整副天线的性能指标。对馈源网络的指标测试一般在天线厂家的工厂内进行，测试合格后发往现场进行安装。主要的测试指标包括 5 项：发射/接收工作频率范围、电压驻波比、端口隔离度（收-收、发-发、收-发）、交叉极化隔离度（轴比）、插入损耗。

天线现场测试项目主要包括：天线收发增益、噪声温度、馈线传输损耗、天线方向图、交叉极化隔离度、指向精度和跟踪精度。

天线指向精度应优于 3 dB 接收波束宽度的 1/5，跟踪精度应优于 3 dB 接收波束宽度的 1/10。

5.4.4 工程实施的要求和建议

5.4.4.1 电缆走线

1）走线通道口径应足够大，若穿管需在管内预留铁丝，拐弯处留活动接头；

2）椭圆波导和同轴电缆拐弯时需满足最小弯曲半径要求，不得走死弯；

3）信号线和电源线分开走线，两者间距 50 cm 以上。

5.4.4.2 机房和供电

1）机房采用架空防静电活动地板，架空高度>20 cm；

2）室外空气进入射频机房需先经过沉降室沉降，防止室外的灰尘进入室内；

3）空调新风量足够；

4）室内设备采用 UPS（在线式）多回路供电，零地电压$<$2 V；

5）卫星主站需两路市电供电，外加油机备份。

6）机房交流工作接地和安全保护接地的接地电阻不大于 4 Ω。

5.4.4.3　防雷接地系统

防雷接地系统的避雷地、工作地、保护地应采用同一组接地体的联合接地方式。具体设计应按照《GB 50689—2011 通信局（站）防雷与接地工程设计规范》的有关规定，并满足相关标准、规范关于耐雷电冲击指标的规定。验收时依照《GB 51120—2015 通信局（站）防雷与接地工程验收规范》进行验收。

室内设备安装时需根据机房的实际情况，布放接地铜排，并将接地铜排连接至机房的防雷接地系统，同时设备的接地线需连接到接地排上。

天线及室外安装设备需考虑防雷接地，具体要求如下：

1）天线水泥基础应预埋避雷接地线，接地线上端引到基础预埋钢板上，便于和天线系统的避雷线连接，避雷接地电阻小于 3 Ω，裸露地面部分应做防腐处理和防机械损伤处理；

2）避雷针用电缆直接引至信号地、电源地和防雷地三合一的联合接地系统上；

3）天线座架的接地端子用电力电缆引至信号地、电源地和防雷地三合一的联合接地系统上；

4）天线波导管作接地处理；

5）天线控制系统的控制线及电源线使用具有金属外保护层的屏蔽电缆，并在天线和机房入口外作接地处理；

6）为了防止从电源引入的雷击，在配电柜输出端采用电源一级防雷保护器，响应时间$<$25 ns；

7）送入机房的信号线缆应加装相应接口的避雷器。

5.4.4.4　IF 电缆的选择

1）建议选用衰减量适当的双屏蔽电缆，避免带上 FM 及杂波干扰。

2）若需给 LNB 供电，需考虑电缆的直流压降。

5.4.4.5　天线及日常维护

1）对于采用冗余配置的卫星主站，需考虑 OMT 的承重；

2）对于位于我国北方的重要的双向站，其天线主面最好加装自动除冰雪装置和馈源喇叭口吹热风装置；

3）对于位于我国北方的带跟踪功能的地球站，应使用低温润滑脂，避免因润滑脂受冻影响天线跟踪；

4）及时更换已破损的馈源膜；

5）及时清扫天线反射面和馈源口上的积雪；

6）定期清扫 ODU、HPA、Modem 风扇口上的脏物，保持通风口空气流通畅通。

5.4.4.6 安全注意事项

1）天线未对准拟使用卫星之前禁止发射；

2）当 RF 设备处于发射状态时，不要站在天线的主波束方向上，通常情况下站在发射天线的侧后方是安全的；

3）当功放的输出口裸露时要绝对禁止发射；

4）当 RF 设备处于发射状态时，严禁对功放（含 ODU、HPA、XCVR、波导组件等）进行任何拆卸工作；

5）地球站初次安装时，ODU 加电前应将 Tx IF 电缆断开，加电后应首先将 Tx RF Out 关闭，待 Tx RF 频率设置正确后再连上 Tx IF 电缆，打开 Tx RF Out。

5.5 地球站设施

5.5.1 电力设备设施

地球站通信电源系统是卫星测控及通信设备运行的基础，是保障设备正常工作的大动脉，在地球站中具有重要地位。

5.5.1.1 地球站通信设备的用电特点和功率情况

1）通信设备重要性极高。卫星地球站具有卫星测控和业务监测等重要任务，如电源中断有可能造成卫星故障、业务中断，资金损失可能会以亿计，也会造成重大政治影响，因此卫星地球站对通信电源可靠性要求较高，根据其重要性，应列为一级重要用户。

2）地球站除一般的服务器外，还有高功放、基带、天线驱动、天线除冰等通信设备，因天线驱动和天线除冰等大功率设备启动频率低，其用电具有总功率大、平均用电功率低的特点。

3）地球站设备用电通常采用 380 V 或 220 V 交流电源，除天线驱动外的通信设备通常由 UPS 进行安全保障，同时配备有柴油发电机等后备电源，通信业务供电共有 4 级保障措施：高压采取双路供电，可在一路供电中断后采取手动高压母联保障供电；低压总配电也采取双路供电，可在一路低压供电中断后自动低压母联保障供电；柴油发电机为市电备用电源，容量与单台变压器容量基本一致，可在双路供电中断后自动或手动投入供电；通信业务还有 UPS 或开关电源作为不间断供电的重要保障，在以上电源的互投或闪断期间采用电池保障供电可靠。对于特别重要的测控及业务监测等通信设备机房，可视为 A 类机房，按照 2N 方式进行 UPS 供电。

4）典型的一套测控设备用电功率估算表参见表 5 - 5，其中 UPS 总用电功率约为 32 kW，市电总用电功率约为 50 kW。

表 5-5　典型的一套测控设备用电功率估算表

电源类型	设备类型	设备名称	数量	单台功率/kW	总功率/kW
UPS	天线及射频	高功放	2	8.5	17
		射频机柜(含跟踪接收机、上下变频器、开关控制器等)	1	3	3
		天线 Hub 箱	1	2	2
		天线控制器	1	0.4	0.4
	计算机及基带设备	备用电源	1	3	3
		计算机	0.4	8	3.2
		基带设备	0.8	2	1.6
	时频设备	路由器和交换机	0.4	3	1.2
		时频设备	3	1	1
市电	波导充气机	波导充气机	1	1	1
	天线驱动	天线驱动	15	1	15
	天线除冰	天线除冰	30	1	30
	备用电源	备用电源	3	1	3

5.5.1.2　地球站电源系统组成

地球站通信电源系统由高低压、柴油发电机、UPS 电源等组成。

(1) 高、低压电力系统

高、低压电力系统主要承担电源的变换和分配作用，将取自电力网的高电压变换为用户所使用的低电压，并分配到最终用户使用，主要分为高压、变压器、低压三个部分。图 5-19 所示为典型的高低压变配电系统模拟图，高压采用双路进线，四路出线，低压有母联、ATS，带发电机组。

高压系统通常由高压进线、高压出线、计量、母联、直流操作柜等部分组成，对外与供电部门直接联系，承担着电源接入、计量、综合保护、分配等功能。高压柜通常配套有 220 V 直流操作电源，用于高压开关操作电源、信号指示和告警等功能。地球站应至少为二级用电负荷，其高压应由两路电源供电，两路电源应来自两个不同变电站或来自具有两回及以上进线的同一变电站内两段不同母线。高压用户通常采用 35 kV、10 kV、6 kV 等进线电压，以 10 kV 较为常见，进线宜采用铺设电缆沟方式，尽量避免使用架空或直埋电缆方式，电缆宜选用铜芯交联聚乙烯绝缘电缆。变压器容量小于 3 200 kVA、单台干式变压器容量在 1 250 kVA 以下时，可选用 SF6 或真空环网开关柜。高压系统现状或规划为低电阻接地系统时，应配置零序保护；进、出线断路器柜应配置过流、速断和零序保护，带变压器的出线断路器柜保护还应具备两段温度保护功能；母联断路器应配置过流保护；直流操作电源配套的蓄电池组宜采用单组蓄电池组，单组蓄电池容量不应超过 65 AH。

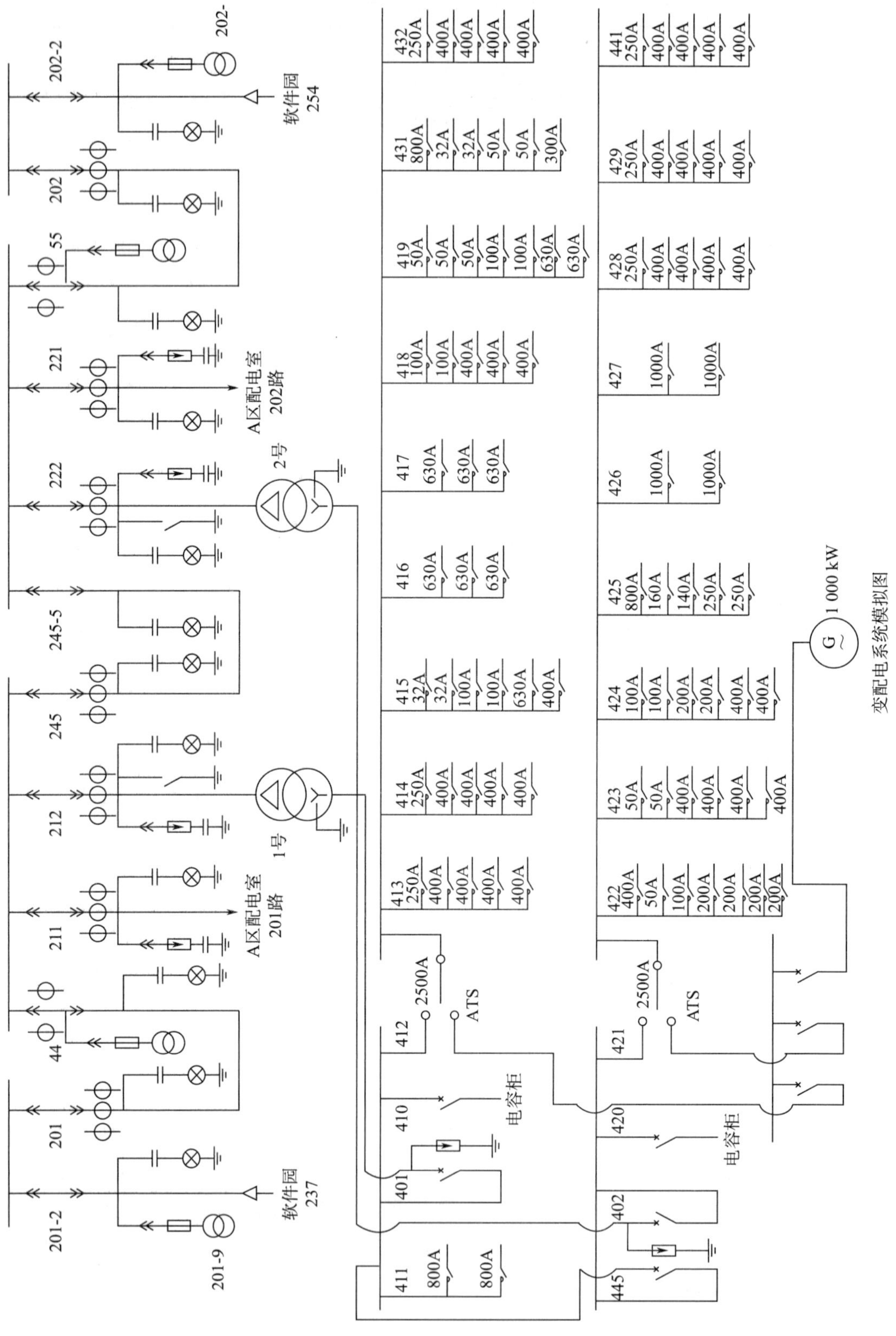

图 5－19 典型的高低压变配电系统模拟图

变压器是利用电磁感应的原理来改变交流电压的装置，容量以 kVA 表示，按绝缘材料的不同通常分油浸和干式两种变压器，干式变压器因其结构简单、维护方便、占地小、工作环境要求低（难燃、耐潮、防霉、防尘），目前使用较多。干式变压器由铁芯、绕组和环氧树脂绝缘材料等组成，通常配备有冷风风机和温度控制器，用于在温度升高时进行降温和报警。在电压较为稳定地区，宜选用无载调压变压器，变压器接线组别推荐采用 Dyn11，考虑抗短路能力和用电经济性短路阻抗值宜选用 6%。

低压配电系统承接变压器、柴油发电机电源，通过各配电开关对用户直接供电，低压配电系统由主进开关、母联开关、自动转换开关（ATS）、电容补偿柜、配电柜等组成，常见机柜型的有 ABB 的 MNS 系列、施耐德的 Bolckset 系列、国标的 GCS、GCK、GGD 柜等。低压配电柜接线应简单可靠，变压器输出端至 UPS 供电系统的交流输入端之间配电级数不宜多于三级；低压配电系统应设计和安装自动无功补偿装置，分断补偿，电容器应根据负载的谐波特性串接与之匹配的电抗器；一级低压配电的低压市电之间、市电与发电机组之间宜采用自动切换方式；低压配电设备屏顶母线载流量应大于进线断路器额定电流，柜内馈线母线最大额定电流不宜超过 2 000 A。

高低压容量、开关均应考虑近期和远期负荷情况进行配置，预留有后期扩容开关。

（2）柴油发电机

柴油发电机组是以柴油机为原动机，拖动同步发电机发电的一种电源设备，具有燃油安全、起动迅速、操作维修方便、投资少、对环境的适应性较强等特点。柴油发电机功率通常用 KW 表示，分主用功率和备用功率两种表示方式，主用功率是指油机长时间运行的最大平均功率，备用功率是指油机连续运行 12 h 的最大平均功率，主用功率通常为备用功率的 90%左右。地球站所配置的发电机组应使用固定式柴油发电机组，宜采用自动投入、自动切除、自动补给；发电机组开闭式进、排风口百叶窗应与机组联动；发电机组应设置室内燃油箱和地下储油罐，总储油量不小于满载 8 h。

发电机组功率应按各种必须保证的通信设备及相应的蓄电池组充电功率、保证空调、天线驱动机构、照明和其他必须保证的用电设备的功率需求。发电机组单机容量应按备用功率选择。发电机组容量一般与保证功率的变压器容量保持一致，对于高频 UPS，其功率可按 1∶1 考虑计算，对于未进行谐波处理的工频 UPS，其功率按 3 倍功率计算；UPS 系统的充电功率按供电负荷的 10%～15%计算。

（3）不间断电源系统

不间断电源系统（UPS）是通信电源的核心，由 UPS 主机、输入配电柜、输出配电柜、蓄电池组共同组成。

UPS 主机主要由整流器、逆变器、静态开关组成，其单机系统图如图 5－20 所示。

按照工作频率的不同，目前 UPS 主要分为工频 UPS 和高频 UPS 两种类型，工频 UPS 的整流器主要以 SCR 为功率器件，工作频率为标准 50 Hz 工频，通常按 6 脉冲或 12 脉冲方式整流，谐波成分较大，需要配备滤波器将谐波降低至 5%以下，其逆变器目前大部分以 IGBT 为功率器件；高频 UPS 整流器、逆变器均采用 IGBT 为功率器件，工作频率

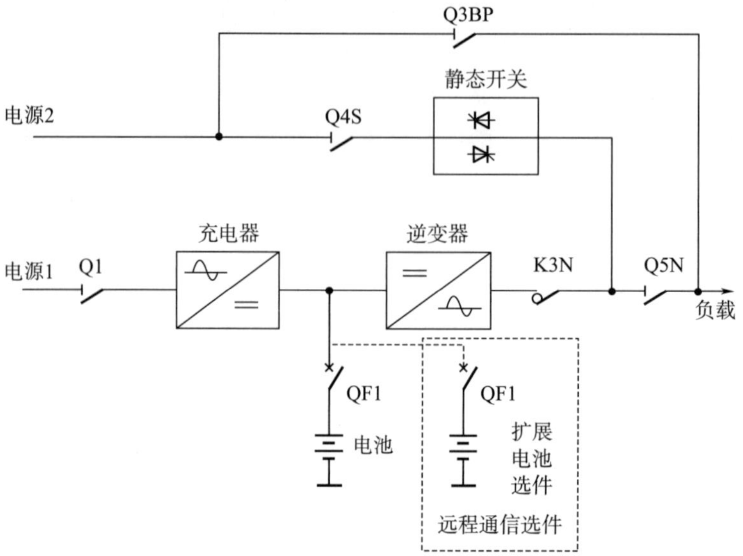

图 5-20　UPS 主机单机系统图

一般在 20 kHz 左右，谐波成分较小，不需要配备滤波器。工频 UPS 已应用多年，较为成熟，故障较低，同时采用 SCR 为主要整流器件，耐压能力、抗过载能力较好；高频 UPS 减少了滤波器、输入变压器，占地小，重量轻，效率高，可采用模块化的方式使维护维修更简单，是未来的发展趋势。

UPS 一般采用在线设备双变换运行模式，在市电运行正常时，UPS 一方面通过整流器、逆变器给负载在线提供交流电源，另一方面通过整流器为电池充电；当市电输入异常或中断时，UPS 系统自动无间断地切换到电池放电运行，经逆变器输出为负载供电；当市电恢复正常后，UPS 系统自动无间断恢复到正常运行模式。

UPS 供电有多种方案：单机 UPS 电源系统、$N+1$ 并联均分冗余电源系统、$2N(2N+1)$ 双总线电源系统等。各系统示意图如图 5-21 和图 5-22 所示。

单机 UPS 系统供电容量为单机容量，通常用于对安全性要求并不太高的系统，C 级机房使用。$N+1$ 并联 UPS 系统可用容量为 N，1 为冗余量，传统 UPS 系统通常采用此方式，设备通常为单电源，存在输出电缆、列头柜、PDU 等单点故障点，B 级机房使用。$2N$ 双总线避免了单点故障，对双电源的设备可通过 PDU 提供双路电源，对单电源设备采用增加 STS 方式增加一层保障措施，LBS（Load Bus Synchronization）为负载总线同步控制器，使两路 UPS 电源同相同步，STS 可不断电切换，$2N$ 双总线为 A 级机房使用。

蓄电池容量按 10 h 率放电的 AH 表示，目前常用的有普通铅酸蓄电池、阀控密封铅酸蓄电池和磷酸铁锂电池等。阀控密封铅酸蓄电池由于安装维护方便、环境要求低、价格适中，目前占主导地位。蓄电池应具有良好的阻燃性能，其壳、盖、排气阀应能达到 V0 级阻燃水平；安全阀在超过 10 kPa 的压力下应能正常开启；电池普通放电循环寿命应达到 1 000 次以上；电池重量、端子应能达到容量规范要求的数值。使用过程中，电池室应通风良好，远离热源和易产生火花的地方，避免太阳直射，不同品牌、型号、容量的电池严禁混用。

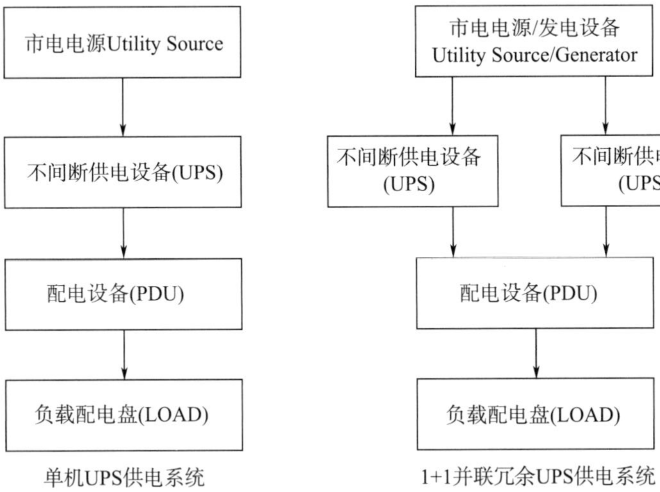

图 5-21　单机 UPS 系统和 1+1 并联冗余 UPS 系统

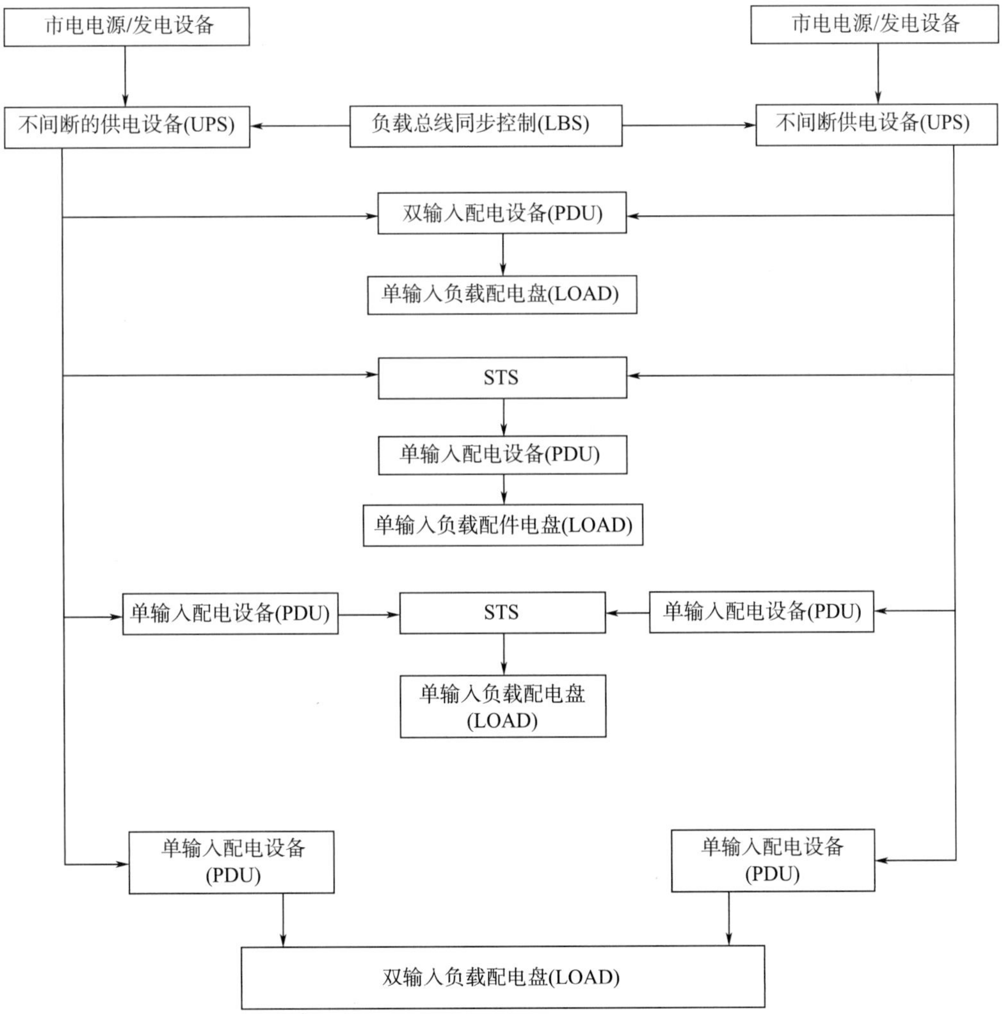

图 5-22　2N 双总线 UPS 系统

对于前端配置有市电自动切换和自启动发电机组，且发电机组一次性加载能力满足系统自动转换要求的机房，电池组后备时间可按 15 min 考虑；如市电采取手动切换，发电机组手动启动，电池组后备时间可根据现场情况按 30 min 至 60 min 考虑。当蓄电池总容量大于 400 AH 时，宜选用 2 V 电池。

电池放电时间大于 0.5 h，可按照理论公式计算所需电池容量和组数，如电池放电时间小于 0.5 h，可按照恒功率法计算所需电池容量和组数。

5.5.2　空调系统

地球站空调系统通常分为舒适性空调及机房专用空调两大类。舒适性空调通常包括各类分体空调、多联机空调和中央空调，主要供办公和机房值班等有人长期工作区域使用，工作噪音低、送风柔和可调、有冷暖功能；机房专用空调是针对电子信息机房和通信机房专门设计的专业空调，具有恒温恒湿、控制精度高、空气洁净度高、可靠性高、连续运行时间长等特点。空调制冷剂随着环保要求，目前逐渐淘汰氟利昂 R22，大部分改为 R410A。空调功率通常以电功率和制冷功率两种方式表示，其中制冷功率以 W、HP、RT 表示居多，HP 即马力，通常舒适性空调采用，源于日本企业，表示 1 马力（735 W）电功率所产生的制冷量约为 2 500 W；RT 即冷吨，为英制制冷单位，表示 1 吨 0 ℃的饱和水在 24 h 冷冻到 0 ℃的冰所需要的制冷量，约为 3 516 W。

机房专用空调采用下送风和上送风两种方式，采用下送风方式时，需要铺设防 350～500 mm 的静电地板，送风距离宜小于 15 M，地板下不应布置线槽，不宜布线。机架采用下进风上出风时，应在底部开进风口，顶部安装风扇；机架采用前后进出风时，应安装通风地板，形成冷热通道，必要时进行封闭，提高制冷效率。机房单机架应采取各种调整方式使最大功率不超过 4 kW。空调系统冷量与风量、送风与回风、风管与风口设计均应遵从 GB 50019 的规定。

空调冷量的简单估算方法：办公和值班区域按每平米 150～250 W 计算，可根据人员和设备数量进行调整，机房按每平米 250～350 W 估算。机房也可按照机房内设备用电功率直接计算制冷功率。如某机房面积 200 m^2，有 2 kW 机架 20 个，3 kW 机架 20 个，总用电功率最大约为 80 kW（按机架估算乘系数 0.8，也可按设备用电功率估算），可配备 3 台制冷量为 40 kW 的机房空调，2 台主用 1 台备用。

5.5.3　消防系统

消防系统是楼宇建筑的重要组成部分，消防系统包括火灾报警系统、消防灭火系统以及消防电源、排烟等。另外在楼宇建筑中对房间布局、疏散通道、建筑材料等都有明确的消防要求。消防系统遵循的主要规范有《GB 50016—2014 建筑设计防火规范》《GB 50974—2014 消防给水及消火栓系统技术规范》《GB 50084—2001 自动喷水灭火系统设计规范》《GB 50370—2005 气体灭火系统设计规范》《GB 50140—2005 建筑灭火器配置设计规范》等。

火灾报警系统由火灾检测设备、火灾报警设备和消防灭火联动设备组成，火灾检测设备包括感烟探测器、感温探测器、感光探测器等探测设备，火灾报警设备包括火灾报警按钮、火灾广播系统等。消防灭火联动设备包括灭火装置、消防通信、应急照明、疏散照明、电梯、空调、卷帘门、防排烟控制器等综合联动设备。

消防灭火系统分水消防和气体消防两种方式。建筑面积不小于 140 m^2 的电子信息系统机房应设置气体灭火系统及火灾自动报警系统，并安装排烟装置。

依据消防法规定，消防系统建设及改建必须委托具有消防设计资质的单位进行设计，消防设计文件需报公安机关消防机构备案，消防建设、设计、施工、监理实施终身负责制，消防系统建设完成后由当地消防部门验收。消防验收是指消防部门对企事业单位竣工运营时进行消防检测的合格调查，施工单位进行消防验收时需要消防局进行安全检测排查，同时需要出具电气防火检查合格证明文件，电气防火检测已被国家公安部列入消防验收强制检查的项目。公安机关消防机构对申报消防验收的建设工程，应当依照建设工程消防验收评定标准对已经消防设计审核合格的内容组织消防验收。对综合评定结论为合格的建设工程，公安机关消防机构应当出具消防验收合格意见；对综合评定结论为不合格的，应当出具消防验收不合格意见，并说明理由。消防验收主要包括以下内容：

1）总平面布局和平面布置中涉及消防安全的防火间距、消防车道、消防水源等；

2）建筑的火灾危险性类别和耐火等级；

3）建筑防火防烟分区和建筑构造；

4）安全疏散和消防电梯；

5）消防给水和自动灭火系统；

6）防烟、排烟和通风、空调系统；

7）消防电源及其配电；

8）火灾应急通道、应急照明、应急广播和疏散指示标志；

9）火灾自动报警系统和消防控制室；

10）建筑内部装修；

11）建筑灭火器配置；

12）国家工程建设标准中有关消防安全的其他内容；

13）查验消防产品有效文件和供货证明。

5.5.4　防雷接地系统

防雷接地是针对防雷保护的需要，以降低雷电流通过时的地电位升高。对于防雷接地装置，要求的是冲击接地电阻，从防雷角度应考虑在通讯站附近多设集中散流的接地装置。防雷接地主要依据的国家和行业规范有：《GB 50057 建筑物防雷设计规范》《GB 50689 通信局（站）防雷与接地工程设计规范》《YD 5098 通信局（站）防雷与接地工程设计规范》《GYT 5041 广播电视卫星地球站工程设计规范》等。

1）保护接地是为了保证人身安全而将电气设备金属外壳接地。它可防止在绝缘损坏或意外情况下金属外壳带电时强电流通过人体，以保证人身安全。

2）工作接地是为了电路或设备达到运行的要求的接地，如变压器中性点接地。它的作用是保持系统电位的稳定性，即减轻低压系统由高压窜入低压所产生过电压的危险性。

3）测控站应采用系统的综合防雷措施，包括直击雷防护、联合接地、等电位连接、电磁屏蔽、雷电分流和雷电过电压保护等。测控站应采用工作接地、保护接地、防雷接地、屏蔽接地、防静电接地合一的联合接地系统。测控站应使用水平接地体将卫星天线基础接地体、微波铁塔地网、电力变压器地网以及站内各建筑物地网相互连通形成环形联合地网。联合接地电阻值应小于 1 Ω，土壤电阻率较高地区，可通过设置辐射形接地体、使用液态降阻剂或使用专用接地棒进行处理，其接地电阻值可适当放宽至 10 Ω。天线的波导管、带金属护管的线缆应在天线架和机房入口处做接地处理。

4）测控站低压交流供电系统应采用 TN－S 系统的接地方式。电源系统的雷电过电压保护应使用分级保护，在变压器低压侧、低压配电室、楼内配电室、交流配电屏及精细用电设备端口分别配置一级、二级、三级等防浪涌保护器；在电源防浪涌保护器的引接线上，应串接空开或保险丝，防止 SPD 故障引起系统供电中断。

5）防雷接地要根据国家、行业相关规范进行设计。

6）地球站内接地系统以单基为单元做接地地网；基础接地地网引出不低于 2 根接地线与直击雷防护部分进行可靠连接。

7）除接地电阻值外，还要考虑到接地网的使用寿命及地网泄放电流的能力。

8）测控站基础接地系统形状要求：接地系统应考虑当地土壤情况，应包含：测控站基础接地（回填土内）、水平接地环（围绕基础）、垂直接地极（按设计图纸）、接地深井（按设计图纸）等几部分。

9）测控站基础接地系统组成的要求：测控站基础接地网采用水平接地为主，以垂直接地为辅，组成复合接地网。测控站基础接地网布置需充分利用土建基础钢筋网，两者需可靠连接。对各类基础建设的接地装置要严格按设计放线、定位、开挖水平接地沟槽，加垂直接地极。基础接地网至少引出 2 处接地线与直击雷防护部分进行可靠连接。

10）测控站基础接地地网的施工要求：地下部分所有接地网各交叉点均应采用可靠焊接方式焊接，搭接长度应满足规程要求；焊接前应彻底去锈；焊接应平整无间断，不应有凹凸、夹渣、气孔、未焊透、咬边的现象，焊接处应采取涂防腐漆或沥青等防腐蚀措施，防腐长度应满足国家、行业规范规定的技术要求。测控站周围和外引地网等的接地线需敷设在冻土层以下；回填时应首先采用素土，与水平接地材料有效接触后，再将剩余回填沟内。回填土里不得用大石块、碎石或建筑垃圾等杂物。

重要设备及设备架构等应有两根与主地网不同干线连接的接地引下线，并且每根接地引下线均应符合热稳定校核的要求。

5.5.5　通信公网接入

测控和业务监测都因与远端站有跨区域数据交换，需要建立通信专线，根据业务需求，开通不同带宽的专线。通信公网接口一般位于机房，由使用单位提出需求，根据各地接入商情况、带宽大小等确定提供商，提供商负责将专线接入并联通。

此部分接入无特别要求，测控站规划建设时，考虑适当位置、预留适当空间供两个以上电信营运商光缆接入、安装光端设备；从接入处预先通信管道和通信线缆至各个应用场所。

参考文献

[1] 杨贵恒，常思浩．电气工程师手册［M］．北京：化学工业出版，2015.

[2] 许文龙，胡信国．现代通信电源技术［M］．北京：人民邮电出版社，1999.

[3] 通信网络供电系统运行安全监督管理办法.

[4] DB 11/1134—2014 高压电力用户安全用电规范.

[5] YDT 1821 通信中心机房环境条件要求.

[6] YDT 5040 通信电源设备安装工程设计规范.

[7] YDT 585 通信用配电设备.

[8] YDT 1095 通信用不间断电源.

[9] YDT 502 通信用柴油发电机组.

[10] YDT 799 通信用阀控密封铅酸蓄电池.

[11] YDT 5098 通信局（站）防雷接地工程设计规范.

[12] YDT 1051 通信局（站）电源系统总技术要求.

[13] YDT 1177 通信设备用阻燃耐火软电缆.

[14] YDT 5103 通信管道工程施工及验收技术规范.

[15] YDT 2165 通信用模块化 UPS.

[16] 中国移动通信电源系统工程设计规范.

第 6 章　卫星转发器资源及业务运行管理

6.1　通信卫星有效载荷概述

6.1.1　有效载荷简介

典型的卫星有效载荷是直接执行通信任务的空间仪器设备，主要包括通信天线和转发器组件，如图 6－1 所示。

卫星上处理用户信号的部件叫转发器（transponder），通信转发器在卫星上对地球站发来的通信信号进行接收、放大、变频等方式的处理，并经过功率放大后通过通信天线将信号转发到地面。

固定业务转发器带宽一般为 24 MHz、36 MHz、54 MHz 等，当前在一些高通量卫星上也出现了带宽更宽的转发器。

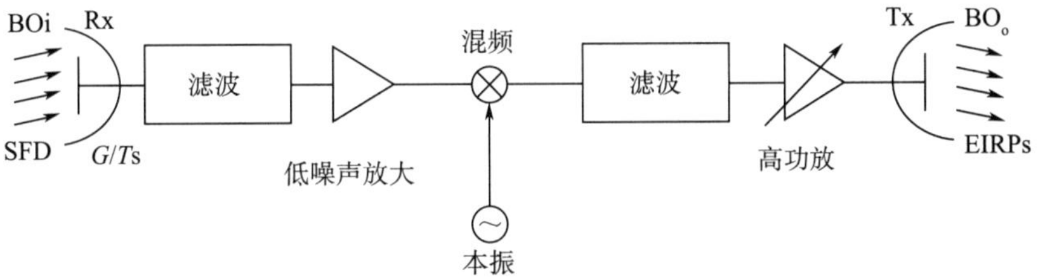

图 6－1　卫星通信系统设计的基本概念

通信天线用于从服务区接收上行信号、向服务区发送下行信号，通信天线可以收、发共用或收、发分开，可以多于一副。通信天线根据需要可设计成全球波束天线、区域波束或点波束天线、赋形波束天线、可变波束天线、多波束天线等。

（1）转发器的分类

根据转发器的性能、构成及用途，转发器有不同的分类方法。目前常见的有按用途、工作频段、转发器功放形式、波束覆盖以及信号处理方式等分类的方法。

1）按用途分，有固定卫星通信业务的通信、广播、数据传输或中继、计算机直联和军事通信等卫星用的各种转发器；有移动卫星通信业务的低、中、高各种轨道卫星或星座用的各种转发器。

2）按工作频段分，有 UHF，L，S，C，X，Ku，Ka 等频段的转发器。有的卫星上只有一个频段的转发器，多数卫星上往往同时装有多种频段的转发器。

3）按转发器功放形式分，有行波管放大器（TWTA）、固态功率放大器（SSPA）等功率放大器组成的转发器。

4）按波束覆盖范围分，有全球波束覆盖转发器、区域波束覆盖转发器和点波束覆盖转发器。

5）按信号处理方式分，有透明转发器（弯管式转发器）与处理转发器两大类。其中，透明转发器是应用最早和最广的类型，此类转发器只进行低噪声放大、变频、功率放大，而不对信号做任何加工处理，仅单纯完成转发任务。它对工作频带内的任何信号都是“透明”的通路，透明转发器按其在卫星上的变频次数可分为一次变频和二次变频两类。早期的国际卫星和我国的DFH－2卫星都是采用二次变频，当前几乎所有卫星都是采用一次变频技术。

处理转发器是指转发器对收到的信号除进行转发外，还具有信号处理的功能。它可将收到的上行频率信号，把经解调得到所需的基带信号，进行再生、交换、编码识别、帧结构重新排列等处理后，再调制到下行频率上发向地球站。

以上仅是常见的转发器分类方法，如图6－2所示。具体到某颗卫星的转发器，可以是上述某种类型或多种类型的组合。

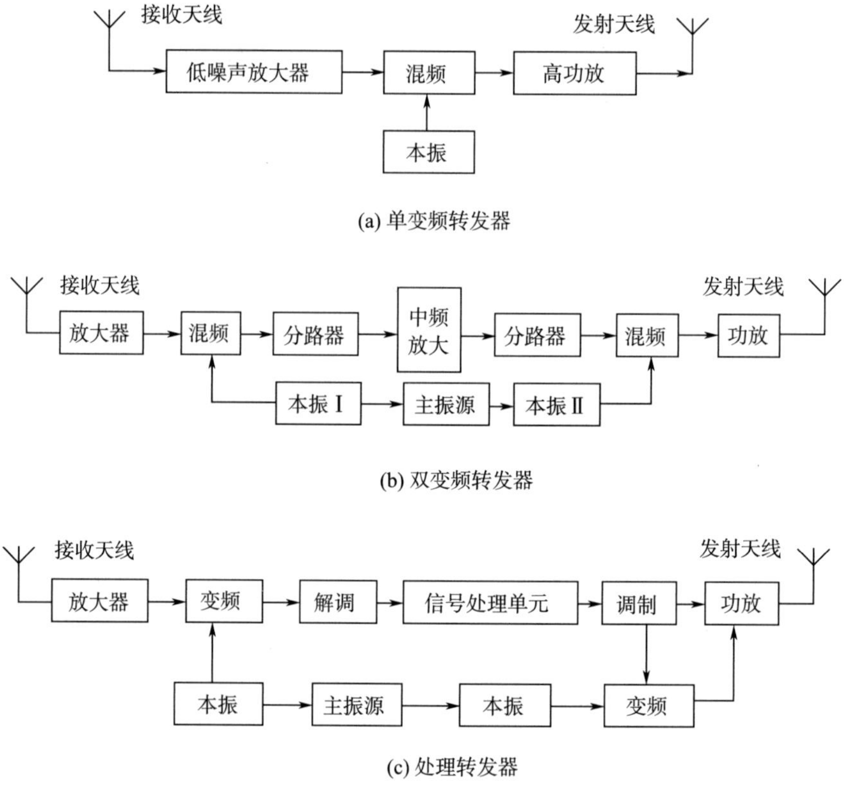

(a) 单变频转发器

(b) 双变频转发器

(c) 处理转发器

图6－2　卫星转发器原理示意图

（2）转发器的组成

不同类型的转发器，在组成上也不同。就最常见的卫星通信转发器来说，主要由宽带接收、输入多工分路器、通道控制、功率放大、输出合成及其他如开关、遥测遥控、电源等相关部件组成，其简化框图如图6－3所示。

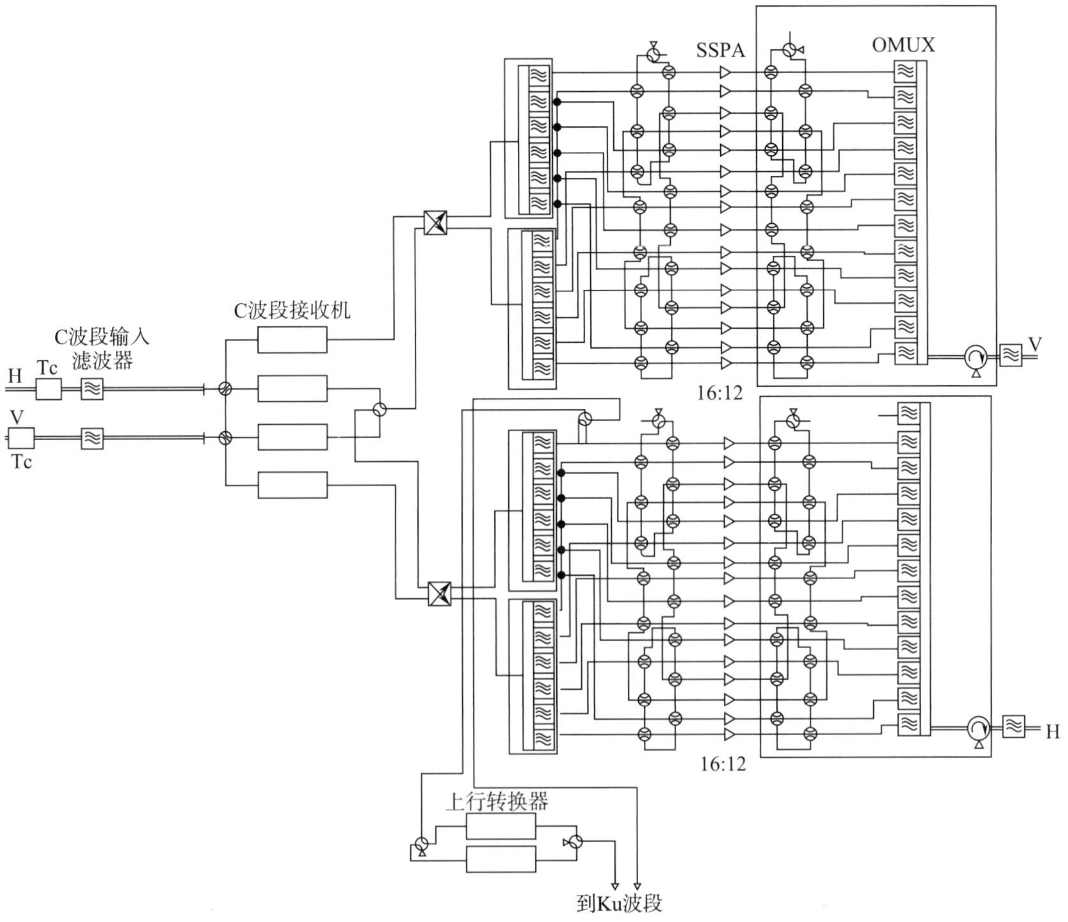

图 6-3　卫星有效载荷原理方框图

进入转发器的各种上行信号的总带宽一般达到数百兆赫兹，甚至更宽，经过频率预选器进入接收机中的低噪声放大器进行宽带放大，同时利用接收机中的变频器将信号频率转变为下行信号。利用输入多工器进行通道化，即将带宽为几十至数百兆赫兹的信号分解为多个带宽较窄的转发通道，各转发通道分别经功率放大器进行功率放大后再使用输出多工器重新合称为宽带信号。最后，经通信发射天线将此宽带信号发回地面，完成信号的中继转发任务。

在每个窄带转发通道中，为了使功率放大器具有合适的推动电平，在功率放大器前面常接有电平控制衰减器或自动电平控制放大器。另外，如果需要对不同波束或不同频段的转发器进行静态或动态的交换转接，在输入多工器之后还需接入开关矩阵，以完成所需要的转接任务。

6.1.2　组成设备

卫星有效载荷的主要组成设备及其作用简要说明如下。

（1）接收天线（Uplink Antenna）

接收天线用于接收使用转发器的地球站发往卫星的微波信号（通信载波），该接收天线有两个极化端口，分别为水平极化（pol H）接收端口和垂直极化（pol V）接收端口，这两个端口分别接收来自覆盖区内各地球站发射的水平极化微波信号和垂直极化微波信号。

（2）接收机（Receivers）

由低噪声放大器和变频器组成。其中，低噪声放大器的作用是放大卫星天线接收到的所有来自于地面地球站发射的微波信号；变频器的作用是将转发信号频率从上行频率转换成下行频率。例如，中星 10 号卫星 C 波段有效载荷中的变频器的作用就是将上行信号频率从 5 865～6 405 MHz 转换到 3 640～4 180 MHz，转发器频差为 2 225MHz，Ku 波段有效载荷中的变频器的作用就是将上行信号频率从 14.0～14.5 GHz 转换到 12.25～12.75 GHz，转发器频差为 1 750 MHz。

（3）输入多工器（IMUX）

主要由功分器和信道滤波器组成。其中，功分器的作用是将接收机放大变频后的宽带信号分路为若干路，具体路数根据设计的转发器数量及其备份通道数量而定；滤波器的作用是将每一路分路信号按设计的转发器频率及带宽进行滤波，滤除本转发器设计带宽之外的信号频谱。

（4）信道放大器（Channel Amplifier）

信道放大器也称转发器前置通道放大器，该分系统的结构如图 6－4 所示。

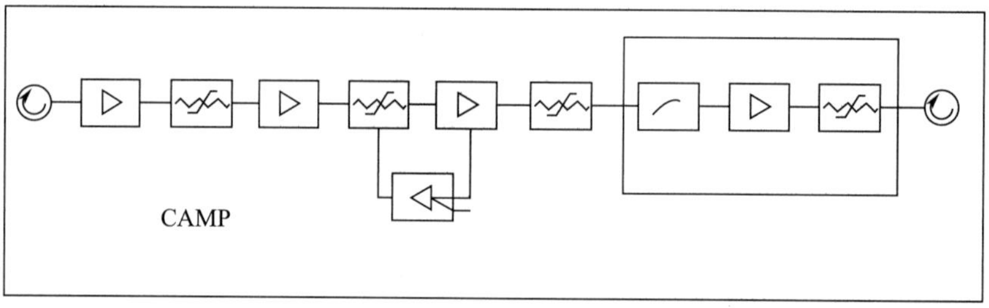

图 6－4　信道放大器分系统结构图

信道放大器分系统有四个功能。

1）控制功放输入信号的打开或关闭。当地面发送 Blanking Off 遥控信号时，转发器将输出打开，当地面发送 Blanking On 遥控信号时，转发器将输出关闭。

2）预先放大信号以及控制本信道饱和输入电平或控制本信道输出功率的功能。卫星信道放大器分系统的主要作用是预先放大通过该信道的信号，使其有合适并足够的电平去驱动本信道中后面的主功率放大器。

3）当转发器工作在固定增益档（FGM）模式时，可通过调整步进衰减器调节转发器信道的上行功率灵敏度；当工作在自动电平调节（ALC）模式时，可实现上行功率输入变化情况下，保持转发器信道输出功率恒定不变。这两个功能只能同时使用一个。所谓灵敏度，是指转发器信道饱和输出（TWTA 输出最大功率）时卫星接收天线口面所需要的上行信号通量密度；而保持本信道输出功率稳定不变功能，是指在卫星接收天线接收到的地面发往本信道的信号电平变化的情形下保持信道输出功率稳定不变。调节转发器信道灵敏度功能通过遥控设置本分系统处于 FGM 增益模式来实现，而保持本信道输出功率稳定不变功能通过遥控设置本分系统处于 ALC 增益模式来实现。其中，在 FGM 增益模式下，可以遥控调节预放大器前的衰减器的衰减值来实现调节本信道输入灵敏度；在 ALC 增益模式下，卫星信道预放大器分系统中反馈系统将自动调节预先放大器后的衰减器的衰减值来保持本信道输出功率稳定不变。

4）非线性失真预先补偿功能。本分系统中的线化器可以使通过本信道中的信号预先失真，该预失真与随后主功率放大器（TWTA）的失真形成互补，使本信道（转发器）线性范围得到扩展。

（5）功率放大器（Power Amplifier）

功率放大器的作用就是放大信道（转发器）信号功率，以保证其经过近 4 万公里传输损耗并在地面地球站接收后，仍有足够的能量供解调器正确解调恢复出基带信号。

（6）转发器备份（Transponder redundancy）

某信道功率放大单元故障的情况下，可切换备份功率放大单元替换故障的功率放大单元工作，实现对该信道功率放大单元的备份。例如，中星 10 号卫星 Ku 波段有效载荷中水平极化转发通道和垂直极化转发通道中均有 8 个可用的转发信道（转发器），但实际上每极化通道中都配置了 10 个功率放大单元，其中 8 个主用，另 2 个备用。

（7）输出多工器（OMUX）

其作用是将每一路经过功率放大后的信道窄带信号合路成一路宽带信号送到卫星发射天线发往地面上覆盖区。

（8）发射天线（Downlink Antenna）

发射天线用于将变频放大且合路后的微波信号转发到覆盖区，供该区域使用该波束的地球站接收。

6.1.3　主要技术指标

（1）饱和通量密度（SFD）

SFD（Saturation Flux Density）是指在转发器饱和输出时卫星接收天线口面所需要收到的微波信号能量密度，单位为 dB（W/m^2）。显然，SFD 值越高，需要地球站发往卫星的功率越高，两者之间的关系公式为

$$\mathrm{SFD}=(P_{et}-L_{ft}+G_{et})-10\log(4\pi R^2) \tag{6-1}$$

式中　P_{et}——地球站功放发射功率，dBW；

L_{ft}——地球站功放输出端口与天线馈源口之间波导的损耗，dB；

G_{et}——地球站天线发射增益，dBi；

R——地球站与卫星之间的距离，m。

当转发器工作在固定增益模式下，通过调节信道放大器前的衰减器的衰减值，可以调节转发器的 SFD；当转发器工作在 ALC 模式下，通过调节 ALC 控制环路后的衰减器的衰减值，也可以调节转发器的 SFD。

（2）接收品质因数（G/T）

G/T（Gain - to - noise Temperature ratio）是衡量卫星接收系统接收品质的指标，定义为接收天线的增益（Gs）与系统噪声温度（Ts）之比，单位为 dB/K。此值表示了卫星接收系统接收上行信号的能力，所以也称之为接收品质因数。

计算公式为

$$G/T_s = G_{sr} - L_{sf} - T_s \tag{6-2}$$

式中　G_{sr} ——卫星接收天线增益，dBi；

L_{sf} ——卫星接收天线端口至低噪声放大器之间的馈线损耗，dB；

T_s ——卫星接收机 LNA 输入端口的等效噪声温度，dB/K，此值由天线接收的空间噪声温度和卫星接收机 LNA 产生的噪声温度以及馈源插入损耗折算而成，详见 6.8　卫星通信链路计算中相关内容。

（3）等效全向辐射功率（EIRP）

EIRP 是衡量一个转发器信道能够向地面发射的微波信号功率强度的指标，定义为该转发器主功率放大器输出功率与卫星发射天线增益之积，单位为瓦（W），如果以 dB 数计算，即为两者之和

$$\mathrm{EIRP}_s = P_{st} - L_{sf} + G_{st} \tag{6-3}$$

式中　P_{st} ——卫星转发器 TWTA 的饱和输出功率；dBW；

L_{sf} ——卫星转发器 TWTA 输出端口至发射天线之间的波导损耗，dB；

G_{sr} ——卫星发射天线增益，dBi。

通常所说的一个转发器信道的 EIRP，是指该转发器能够向地面发射的最大信号强度，或者说是转发器的饱和 EIRP，记为 EIRPs，这是一个转发器能够发出的最大 EIRP。实际使用时，转发器可能没有饱和工作（在使用该转发器的一个或多个地球站向其发射的所有载波总功率比较小的情况下），此时转发器输出信号的 EIRP 小于饱和 EIRPs。

（4）转发器输出回退（BO_o）与输入回退（BOi）

由于转发器中主放大器（TWTA 或者 SSPA）的非线性特性，当多个载波（从多个地球站发出或者从一个地球站发出）共同使用同一个转发器时，转发器应尽量工作在线性区，减少或避免工作在饱和输出状态和非线性工作区，否则转发器将会在放大多个载波信号的同时，使信号产生非线性失真，即生成三阶互调（inter modulation）信号。

当转发器工作在线性区时，此时转发器的输出 EIRP 小于转发器饱和输出 EIRP，相应地，转发器的输入载波信号电平也会远小于转发器饱和输出时的输入信号电平。前者的差值叫做转发器的输出回退（BO_o），后者的差值叫做转发器的输入回退（BOi）。

对于使用 TWTA 放大器的转发器，当输出回退达到 3 dB 及以上（此时输入回退为 6～7 dB）时，转发器回退到线性区工作。

(5) 天线交叉极化鉴别率(XPD)

卫星天线交叉极化鉴别率(XPD)分为接收天线交叉极化鉴别率和发射天线交叉极化鉴别率两种：发射天线鉴别率是衡量卫星发射天线两个极化正交端口之间的隔离能力，接收天线鉴别率是衡量卫星接收天线两个极化正交端口之间的隔离能力。理论上讲，如果接收天线两个端口完全正交(物理端口相互垂直)，则该天线水平极化端口是完全收不到地面发往卫星的垂直极化信号的，反之也一样。但实际上任何一副接收天线的两个极化正交端口根本不可能做到完全正交，所以，卫星接收天线水平极化端口一定会接收到地面发往卫星的垂直极化信号的，当然其信号强度远弱于该天线水平极化端口接收到的同一信号强度。卫星接收天线垂直极化端口接收到地面发往卫星的垂直极化信号强度与其水平极化端口接收的地面发往卫星的同一信号的强度之比，定义为卫星接收天线交叉极化鉴别率。同理，地球站天线水平极化端口接收到的卫星发射的水平极化信号的强度与地球站天线垂直极化端口接收到的卫星发来的同一信号的强度之比，定义为卫星发射天线交叉极化鉴别率。

一个转发器的接收极化鉴别率取决于该转发器使用的接收天线两个极化通道的隔离度，同理，一个转发器的发射极化鉴别率取决于该转发器使用的发射天线两个极化通道的隔离度。

在设计有效载荷时，一般要求天线的极化鉴别率达到 30 dB 以上。

(6) 转发器频率响应特性

转发器频率响应特性(Frequency Response)是衡量转发器线性失真程度的一个指标，它反映了一个转发器对一个载波不同频谱分量的放大倍数的不均衡性。如果该特性指标变差，PSK 调制载波和 FSK 调制载波经转发器转发后将会严重失真。转发器频率响应特性指标通常用转发器带宽内各频点转发器增益曲线图来展现，或者用转发器带宽内各频点转发器增益变化峰值来表示。除频响曲线外还有用增益波动和增益斜率来表示。

(7) 转发器群时延

转发器群时延(Group Delay)参数指标是衡量转发器线性失真程度的另一个重要指标，它反映了一个转发器在放大一个载波信号时对其不同频谱分量相移的不均衡性。如果该特性指标变差，PSK 调制载波和 FSK 调制载波经转发器转发后将会严重失真。转发器群时延指标通常用转发器带宽内各频点转发时延曲线图来展现，或者用转发器带宽内各频点转发器时延变化峰值来表示。

(8) 转发器非线性失真(三阶互调)

转发器非线性失真(Amplitude Linearity)是衡量转发器非线性失真程度的重要指标，这反映了一个转发器在放大多个载波信号时产生的三阶互调分量的大小。如果该特征指标变差，多个载波共用一个转发器时将会产生严重的非线性失真。转发器非线性失真可以用输入输出特性曲线(转移特性曲线)来展示，也可以用两个等电平的载波通过转发器后产生的三阶互调分量电平与原载波电平之差值来表示，由于此差值与转发器的工作点相关，所以，为了准确地表征转发器非线性失真，通常用一组差值来表示，每一个差值对应一个转发器输入回退值。

6.2 转发器配置与监测

卫星在入轨定点及其长期运行过程中，卫星运营商会根据用户地球站分布和用户地球站的发射能力对相关转发器进行配置，对转发器上行波束和下行波束、主用器件、转发器通道中开关状态和转发器增益等进行设置。

6.2.1 配置

6.2.1.1 转发器配置内容

转发器配置内容包括：

1）转发器开关状态（开或关）；

2）静噪（BLANKING）状态（开或关）；

3）增益模式（FGM 或 ALC）；

4）增益档档位；

5）上下行波束工作状态（例如：亚太波束、中国波束、区域波束、非洲波束）；

6）点波束位置（点波束经纬度）。

6.2.1.2 转发器遥测参数解读

不同的卫星对转发器的编号有所不同，具体定义参见每颗卫星的设计手册。遥测数据有很多种类，分别反映着卫星各个分系统的工作状态。其中常用于转发器及承载业务管理、反映转发器工作状态的遥测、包括转发器放大器静噪状态、转发器螺流、转发器输出功率、转发器工作模式、增益档档位等。

（1）转发器放大器静噪状态（Blk St）

转发器放大器静噪状态分为“静噪开”和“静噪关”两种状态。当处于“静噪开”时，转发器对信号传输进行静噪，即信号可以输入但禁止输出。“静噪关”时，信号可以通过转发器经过放大后再由天线分系统发回地面。转发器放大器静噪功能可以避免转发器开启或关闭时对行波管放大器电源的频繁开关。

（2）转发器输出功率（Out Power）

转发器输出功率是指卫星转发器的放大器工作在固定增益模式（FGM）下，前置通道放大器将信号放大并输出时的信号功率，输出功率越大表示转发器对信号的放大能力越大。

转发器的最大输出功率是一定的。当转发器工作在单载波状态时，转发器可以工作在饱和状态。当转发器工作在多载波状态时，为减少载波间互调干扰，转发器应工作在线性区，必须有足够的输入输出回退；否则转发器会产生互调干扰，从而导致载波信号的载噪比降低，信号质量下降。

（3）转发器输入功率（Input Power）

转发器输入功率是指卫星转发器的放大器工作在自动电平控制模式（ALC）下，前置通道放大器输入信号的信号功率。当输入功率在一定范围内变化时，转发器的输出功率保持在恒定范围。通过调整自动增益控制环路衰减器可以实现对输出功率的调整。

转发器的输入功率必须工作在合理的范围内，输入功率过小易造成转发器噪底过高，导致载波信噪比过低；输入功率过大易对其他卫星系统造成干扰。

（4）转发器螺流（Helix Cur）

转发器螺流是指转发器放大器螺旋线电流，是行波管放大器的一个重要参数，既能够反映出转发器行波管能力大小，也能够反映转发器的功率使用状态。转发器工作在线性区时，螺流与转发器输入功率基本成线性关系；转发器在超过饱和区工作时，输入功率增加螺流反而会下降。

（5）转发器增益模式（Mod）

转发器通常都具有固定增益模式（FGM）和自动电平控制（ALC）两种工作模式。在多载波工作的条件下，转发器通常工作在 FGM 模式状态；在单载波工作条件下，转发器可以工作在 FGM 模式状态，也可以工作在 ALC 模式状态，但现有卫星的应用中，使用 FGM 模式相对较多。

（6）转发器增益及增益档位（FCA）

转发器增益控制可以通过调整通量控制 Pin 衰减器（FCA）来实现进行，从而实现对卫星功率通量密度（SFD）的调整和选择，以满足系统对上行载噪比和地球站上行 EIRPe 的使用要求。

（7）遥测告警门限定义及设置

通过对特定遥测点设置告警门限，可以实现对转发器的工作状态的有效监测。遥测告警门限的设置方法和分类应参考卫星测控系统软件设计手册，并根据实际工作情况，将转发器工作在回退 3 dB 时的螺流和输出功率值设定为高黄色告警（超高警告）门限值，将转发器工作在饱和区时的螺流和输出功率值设定为高红色告警（超高异常）门限值。

利用门限告警，一旦用户大量增加功率使转发器达到非线性区或者转发器上行信号严重下降时，卫星遥测监测系统和业务载波监测系统将自动发出声音等告警信号，提醒技术人员对转发器上用户做进一步监测等处理工作。

6.2.2　频谱监测

使用频谱监测法监测转发器运行状况就是对转发器上载波形状、频率、带宽、功率以及转发器噪底等进行实时监测，监测能够发现的问题包括：明显地错发频率，带宽超宽、功率超标、转发器噪底抬升、存在不明载波或干扰等。

转发器噪底在不考虑其他干扰的情况下，是由卫星天线的 G/T 值和转发器增益设置所决定的。通过监测噪底变化，可以判断转发器的运行状态的好坏和发现各种干扰。通常一些明显的干扰如上行互调干扰、频谱扩散干扰、相邻载波干扰、反极化干扰、相邻卫星干扰等，可以通过载波监测比对来发现。但对于转发器互调特性恶化产生的非线性可通过监测频谱和噪底来发现。

用户载波功率是否超标以业务监测站标定数据为准，带宽是否超宽以合同带宽为准。技术人员应对用户网络传输体制有充分了解，在监测频谱时，根据用户载波特性，使用不同的方法监测。

(1) 监测要求

首先，对用户所使用的转发器进行整体监测，获得整个转发器的工作状态，确认转发器噪底是否平整、有无载波发射功率超标情况、是否有异常带宽的载波等。

其次，根据用户提供的载波实际使用频率和带宽，调整监测设备的参数设置，确保能够准确地识别用户载波，判断用户载波使用是否正常。监测内容包括频率、功率、带宽、极化、邻星干扰等内容。

最后，适当增大监测带宽，判断用户载波是否受到相邻载波的干扰。

(2) 监测实例

实例1：载波功率超标（参见图6-5）。

实例2：转发器噪底抬升（参见图6-6）。

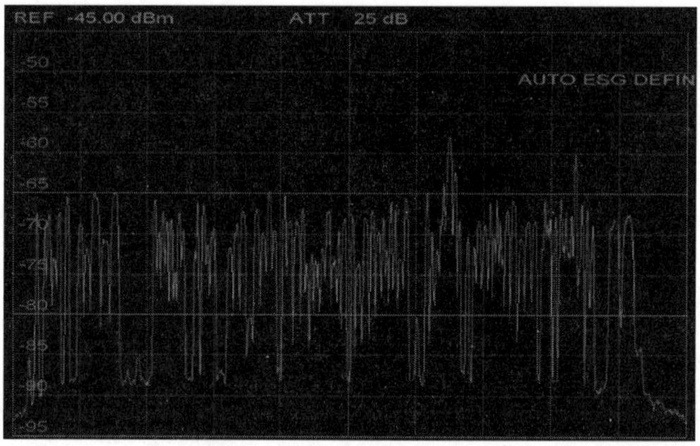

图6-5　载波功率超标实例

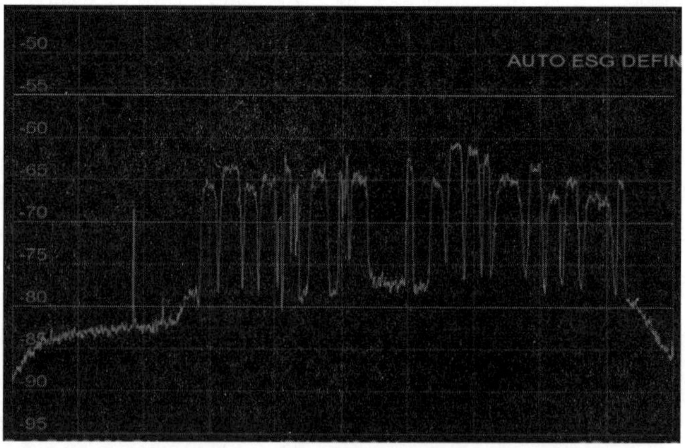

图6-6　转发器噪底抬升实例

6.2.3　性能测试

卫星转发器性能测试是指卫星在长期运行过程中对其进行的性能指标测试，其目的是为了验证转发器在运行一段时间之后性能指标是否满足设计指标。

（1）测试目的

由于转发器性能测试是验证性测试，被测试转发器通常处于无信号状态。测试内容包括：等效全向辐射功率值（EIRP）、饱和功率通量密度值（SFD）和杂散频谱；测试结果数据将与卫星出厂数据进行比对，分析存在误差原因及误差是否在合理范围内。

（2）测试设备

测试设备包括测试天线系统、信号发射源、功率计、频谱分析仪和设备连接电缆，如图 6－7 所示。其中：天线系统的上行链路中高功率放大器要具备测试耦合口、下行链路中有信号注入耦合口，信号发射源、功率计和频谱分析仪等设备应经过国家计量单位的校准并符合国家计量相关标准。

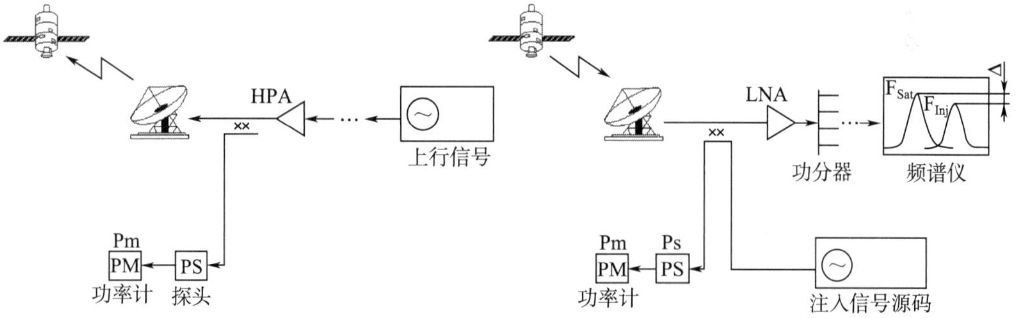

图 6－7　卫星 SFD（左）和 EIRP（右）测量示意图

（3）测试准备

开启被测试转发器，将转发器增益档设置到用户正常使用时的档位，检查转发器频谱。

1）按图 6－7 搭建测试系统，将测试仪表连接到位。

2）卫星 SFD 测量设备包括发射天线系统、信号源、功率计及功率探头、频谱分析仪。

3）卫星 EIRP 测量设备是在卫星 SFD 测量设备的基础上再增加一套功率计及功率测试探头、信号源。

4）将测试天线对准卫星并设置成自动跟踪状态，同时调整天线发射极化角。

5）确认测试设备和仪表处于良好工作状态，获取测试天线收发增益、高功放至天线之间波导损耗、高功放功率监测口耦合系数、天线馈源口下行耦合器耦合系数等测试设备参数标校值。

6）测试设备连接电缆和电缆接头损耗。

7）用户代表、卫星运营商代表、测试人员到达测试现场。

（4）测试方法

1）转发器杂散测试方法：扫描并记录转发器频谱，检查转发器噪底是否平滑、是否存在杂散载波。

2）转发器饱和通量密度值（SFD）的测试：

a）测试地球站向被测转发器上发射一个单载波，载波频率为转发器的中心频率。

b）使用频谱仪在测试地球站下行链路监测口监测卫星转发器的单载波电平。

c）缓慢增加发射单载波功率，直到频谱仪监测到单载波信号电平达到最大值后开始下降，最大值的起始点值即为转发器饱和工作点。

d）使用功率计测量测试地球站高功放功率监测口载波功率，记为 dBW。

e）根据下述公式计算出转发器的饱和 SFD

$$\mathrm{SFD_S}=P_r+C_f+G_{et}-L_w-10\log(4\pi d^2)-L_{au} \tag{6-4}$$

式中　$\mathrm{SFD_S}$ ——测试点转发器饱和通量密度，dB（$\mathrm{W/m^2}$）；

P_r ——测试地球站高功放功率监测口载波功率，dBW；

C_f ——测试地球站高功放功率监测口耦合系数，dB；

G_{et} ——测试地球站天线发射增益，dBi；

L_w ——测试地球站高功放输出口与天线之间波导的损耗，dB；

d ——测试地球站至卫星之间的距离，km；

L_{au} ——大气吸收损耗，dB。

（3）转发器有效全向辐射功率值（EIRP）的测试

1）测试地球站向被测转发器上发射一个单载波，载波频率为转发器的中心频率。

2）测试地球站使用频谱仪监测卫星转发的单载波电平。

3）缓慢增加发射单载波功率，直到频谱仪监测到单载波电平达到最大值后开始下降，此时转发器处于饱和工作点。

4）使用信号发生器向测试地球站下行波导耦合口（低噪声放大器之前）注入一个单载波（载波频率转发器中心频率＋1 MHz），调节注入单载波的电平，使得频谱仪在下行链路监测口观测到的注入单载波信号电平与卫星转发的单载波信号电平幅度一致，读出此时注入信号的功率读数。

5）根据该功率读数，即可计算出转发器饱和 EIRP 值。

$$\mathrm{EIRP_S}=P_{inj}-L_{cab}-C_{wf}+L_d+L_{ad}-G_{er} \tag{6-5}$$

式中　$\mathrm{EIRP_S}$ ——测试点转发器饱和 EIRP，dBW；

P_{inj} ——注入信号功率计读数，（测试值，dBW）；

L_{cab} ——测试口至耦合器间电缆损耗，dB；

C_{wf} ——注入耦合口耦合系数，dB；

L_d ——下行自由空间损耗，dB；

L_{ad} ——大气等吸收损耗、天线跟踪误差，dB；

G_{er} ——地面天线接收增益，dBi。

关闭测试地球站上行发射功率和下行波导耦合口注入单载波信号，测试结束。

（5）测试结果的计算

1）转发器杂散测试应有频谱记录图。如果频谱干净则确认转发器没有杂散载波。

2）转发器饱和 SFD 测试数据与计算，将测试数据和 SFD 计算结果填入表 6-1。

表 6-1　测试数据和 SFD 计算结果记录表

转发器编号：	
饱和时功放耦合口功率计读数（P_r）	dBW
功放耦合系数（C_f）	dB
发射天线增益（G_{et}）	dB
上行波导损耗（L_w）	dB
空间发散损耗（R_{up}）	dB
大气吸收损耗、天线跟踪误差（L_{au}）	dB
实测地点饱和通量密度（SFDs）	dB（W/m²）
标称测试地点饱和通量密度（SFD）	dB（W/m²）
实测值与标称值误差	dB
说明：	

（6）转发器饱和 EIRP 测试数据计算

将测试数据和 EIRP 计算结果填入表 6-2。

表 6-2　测试数据和 EIRP 计算结果记录表

转发器编号：	
频谱仪卫星信号与注入信号差（P_{inj}）	dBW
测试口至耦合器间电缆损耗（L_{cab}）	dB
注入耦合口耦合系数（C_{wf}）	dB
自由空间损耗（L_d）	dB
大气等吸收损耗、天线跟踪误差（L_{ad}）	dB
接收天线增益（G_{er}）	dBi
实测地点饱和 EIRP（ERIPs）	dBW
标称被测地点地区饱和 EIRP（ERIP）	dBW
实测值与标称值误差	dB
说明：	

（7）测试误差分析与测试结论

由于天线跟踪精度误差、测试设备数据误差、卫星运动、大气被测转发器输入输出特性、数据人为读取等原因，测试值必定与卫星出厂数据存在一定的偏差。测试误差分析应对可能引入的误差及误差大小进行分析，确定如果该偏差是在合理的范围内即可认为被测转发器符合要求。

在完成所有测试及测试分析后，各方代表和测试技术负责人应在一式三份的测试报告上签字以认可测试数据和测试结论。

6.3 频率资源管理

频率资源管理包括资源分配和资源管理，本节主要介绍转发器频率分配原则、记录方法和转发器频率资源优化调整的技术要求。

6.3.1 分配原则

为了既能保证用户正常使用又能做到卫星转发器频率资源高效使用，转发器频率资源管理部门在给用户分配转发器使用频率时应遵循下列原则：

1）在给用户分配转发器频率之前，应充分了解用户卫星通信网络结构、载波链路设置、地球站位置及设备配置情况。

2）尽量在已开启使用的转发器上为用户分配使用频率，尽量从转发器两端向中心安排用户业务（分配频率），用户预留频段应与正在使用的频段相连续。

3）同一个用户的多单业务尽量安排在同一个转发器上，且要无间隔连续安排。

4）重要用户业务优先安排在干扰较小的频段或反极化是保护带的频段。

5）在已分配使用较满的转发器上再分配新用户业务时，先检查转发器的工作状态，只有工作上线性状态下的转发器上才能再分配新用户业务，对于尚有空闲频段但已处于非线性工作状态的转发器，先采取措施使转发器回到线性状态，然后再分配用户使用频率。

6）分配给用户临时测试和临时使用的频率，应尽可能不与长期用户载波相邻，以避免对长期用户造成干扰。

7）除非另有约定，在告知用户所分配转发器频段的同时，应明确告知："用户全部载波所占用的转发器功率应与所分配使用的转发器带宽相匹配，即转发器功率占用比应小于或等于转发器带宽占用比"。

6.3.2 优化调整要求

在卫星网络长期运行过程中，一方面由于用户租用转发器频率带宽时常发生增减，导致转发器实际分配使用频段变得不连续，相应地，空闲频段也变得不连续；另一方面，每年都会有一些用户地球站因疏于维护或风吹产生了反极化干扰或其他干扰，还有一些邻星用户地球站也会偶尔产生一些邻星干扰，这些干扰会导致部分转发器频段不可使用。这两种情形的发生都使得转发器可用性降低，卫星运营商必须定期对转发器频率资源使用情况进行优化，以提高转发器空闲频段的可用性。转发器频率资源优化调整工作的内容及方法如下：

1）将同一用户使用的在不同转发器的业务合并到同一个转发器之中，将同一用户在同一转发器的多个不连续频段业务合并到同一连续频段。

2）将同一转发器中多个用户业务使用的不连续频段合并到两段连续频段（一般是高低各一段），特殊情形下也可合并成三段或四段连续频段。

3）优先移频调整远端站数量较少或可以远控改变频率的用户使用频段。

4）尽量通过移频段调整腾空一个或多个整转发器，必要时可以将用户业务转星，即调整到另一颗卫星上运行。

5）移频调整用户使用频段时，一定做好与用户共同调整方案，确保调整时用户业务不受影响。

6.4　用户地球站入网

用户业务进入卫星网络运行必须首先入网验证测试合格。本节介绍了用户地球站入网技术要求、用户地球站入网验证测试方法、用户载波入网开通测试方法等相关内容。

6.4.1　技术要求

初次进入或再次进入卫星系统运行的地球站必须进行用户地球站入网测试，以保证进入卫星系统运营的用户地球站满足相应的运营技术要求，不对系统内其他用户地球站运营造成有害干扰。测试项目主要包括地球站天线辐射特性、载波发射特性、载波调制特性等，本要求适用于 6/4GHz 频段和 14/12GHz 频段固定业务的各种类型卫星通信地球站。

6.4.1.1　载波发射

（1）载波发射要求

①发射监控功能要求

1）调整发射载波频率功能。为了避免干扰或进行有效的卫星资源管理，有时需要卫星通信地球站临时改变载波频率。

2）禁发功能。当上变频器相位失锁或发射功率超标时，卫星通信地球站应自动关断发射。

②发射功率强度限制

1）对于一般通信业务，发射载波功率谱密度应满足并受已经核准的链路计算限制。

2）每个转发器内所有用户使用的 EIRP 总值应控制在使卫星转发器总的输出回退值处在预定的合理范围内。

③发射功率稳定度、频率稳定度要求

1）地球站发射载波功率稳定度用 EIRP 的稳定度衡量，晴天时应满足表 6－3 所规定的指标要求。该指标包括高功放输出功率不稳定度、调制器和上变频器输出电平的不稳定度、天线发射增益不稳定性以及天线指向误差和跟踪误差引起的不稳定性。

表 6-3 晴天时地球站 EIRP 的稳定度要求

工作频段	5 850～6 425 MHz		14 000～14 500 MHz	
天线口径	>6 m	≤6 m	>4.5 m	≤4.5 m
所有类型的载波	±0.5 dB/d	±1.5 dB/d	±0.5 dB/d	±1.5 dB/d
SCPC 系统中的参考导频	±0.5 dB/d		±0.5 dB/d	

2）地球站发射载波频率稳定度，包括载波频率的初始偏离和长期漂移值，应不超过下述值：

SCPC 载波：±250 Hz/24 h

±250 Hz/6 h（VSAT 话音载波）

±150 kHz（大于 5 MHz 带宽的载波）

IDR/IBS 数字载波：±0.025R（R 为进入调制器的传输速率），但最大应不超过±3.5 kHz

TDM/TDMA 载波：±0.015R（R 为进入调制器的传输速率）

纯 TDM 载波：±1 kHz

（2）功率辐射限制

①偏轴辐射

偏离主波束以外，在邻星方向上辐射的 EIRP 值应不超过下述要求（该要求与 ITU-R S.524-9 一致）。

C 频段：

偏轴角：最大 EIRP/4 kHz

2.5°≤θ≤7°：32－25logθdB（W/ 4kHz）

7°<θ≤9.2°：11 dB（W/4 kHz）

9.2°<θ≤48°：35－25logθdB（W/4 kHz）

48°<θ≤180°：－7 dB（W/4 kHz）

Ku 频段：

偏轴角：最大 EIRP/40 kHz

2.5°≤θ≤7°：39－25logθdB（W/40 kHz）

7°<θ≤9.2°：18 dB（W/40 kHz）

9.2°<θ≤48°：42－25logθdB（W/40 kHz）

48°<θ≤180°：0 dB（W/40 kHz）

②杂散辐射

经地球站发射的杂散信号（其中包括单频信号、频带噪声及其他无用信号，不含互调信号）落在 5 850～6 725 MHz（C 频段）频段内或 13 750～14 500 MHz（Ku 频段）频段内的 EIRP 应不超过 4 dB（W/4 kHz）或－60 dBc。

③互调分量辐射

地球站发射信号的互调分量落在 5 850～6 725 MHz（C 频段）频段内或 13 750～

14 500 MHz（Ku 频段）频段内的 EIRP 应不超过下述值：

C 频段：24.2～0.54 Gs－G/Ts dB（W/4 kHz）

Ku 频段：22.6～0.70 Gs－G/Ts dB（W/4 kHz）

注：G_s 为所使用转发器的增益档设置

④载波频谱旁瓣

用户发射每个数字载波，落在带宽以外的频谱旁瓣应比频谱主瓣峰值低 26 dB 以上，而落在用户带宽内的频谱旁瓣电平大小由用户确定。

6.4.1.2　天线系统技术指标要求

（1）天线发射旁瓣特性强制性要求

主极化和交叉极化发射天线 90％的旁瓣峰值增益应不超过下述包络线要求。超过包络线的旁瓣增益峰值不得高于包络线 3 dB（该要求基于 ITU－R S.580－6 和 465－5）。

$G=29-25\log(\theta)$ dBi，$1°\leqslant\theta\leqslant20°$（沿 GSO 方向），

$-3°\leqslant\theta\leqslant3°$（偏离 GSO 方向）；

备注：当 D/λ 小于 100 时，上式中 1°改为 $(100\lambda/D)°$。其中，D 为天线直径（米）、λ 为波长（米）、θ 为偏离中心波束轴向的角度、G 为天线旁瓣增益。

此外，天线第一旁瓣应低于主瓣 14 dB 以下，天线接收旁瓣特性要求与发射旁瓣特性要求相同，但此要求非强制性要求。

（2）极化方式、极化鉴别率和极化调整能力要求

①天线极化方式

用户地球站天线的极化方式应与所用卫星波束的极化方式一致，且在入网测试和链路开通测试时正确设置和精确校标天线极化方式。

②交叉极化鉴别率

用户地球站天线的发射交叉极化鉴别率不得低于 30 dB（天线偏轴 1 dB 范围内），用户地球站天线交叉接收极化鉴别率也应满足上述要求，但非强制性指标要求。

③极化角调整范围

用户地球站天线应能方便地旋转馈源系统，改变天线极化角。对于 4 端口的（两个发射、两个接收）馈源系统，极化旋转角至少应在±45°范围内可调；对于 2 端口的（一个发射、一个接收）馈源系统，极化旋转角至少应在±90°范围内可调。

（3）天线控制功能要求

1）口径大于等于 7.3 m（C 频段）和大于等于 6 m（Ku 频段）的天线须配备自动跟踪系统。

2）建议用户地球站天线最好有指向地球同步轨道可视弧段内上任意卫星的能力。

6.4.2　入网验证测试

卫星通信地球站在进入国内卫星网络运行前须进行地球站入网验证测试，以便于国家无线电管理部门核准和监管新建卫星通信地球站，便于事先防范不满足入网技术要求的卫

星通信地球站进入网络运行后对卫星网络内已有用户通信链路和相邻卫星网络之间造成有害干扰，并引导卫星通信地球站达到符合入网标准的系统指标。本节详细介绍了入网验证测试的测试项目和测试方法。

6.4.2.1 测试条件

（1）测试场地

被测站工作场地（含天线外其他设备）应满足 GB 13615—2009 地球站电磁环境保护要求，其天线对星指向无阻挡，指向仰角应高于工作方向上天际线仰角 C 频段 5°、Ku 频段 10°，如有不满足项，需在测试前明确提出。对于室内设备所处环境应满足设备所需的工作环境要求。

协测站场地应满足 GB 13615—2009 地球站电磁环境保护要求，在对星指向方向偏差正负 30°内无有害干扰进入测试系统，室内设备和测试仪表所处环境应满足所需的工作环境要求。

使用标校塔法进行地球站天线入网验证测试时，其天线对标校塔信源视距无阻挡。被测站天线和标校塔之间的距离应满足如下要求

$$L \geqslant \frac{2 \times (D^2 + d^2)}{\lambda} \tag{6-6}$$

式中 L ——被测站天线和标校塔之间的距离，m；

D ——被测站天线等效口径，m；

d ——标校塔测试源发射天线等效口径，m；

λ ——测试频率波长，m。

（2）协测天线

当采用卫星法进行测试时，需使用协测站进行协助测试。协测站天线与被测站天线具有相同的极化方式，同时具备正交极化接收端口，协测站天线极化鉴别率满足测试要求，协测站天线增益应保证接收到的测试信号动态范围满足测试要求。

（3）测试设备和仪表

测试用天线转台、信号发生器、方位俯仰指示器、方位俯仰驱动器、LNA、秒表、频谱仪、调制器、上变频器、频率计、功率计等测试设备和仪表应具有良好的稳定性、可靠性、动态范围和测试精度，以保证测试数据的正确性。测试用仪表计量合格证应在有效期内。

（4）室外测试环境

测试宜在风力不大于 3 级和晴空下进行。

（5）测试用卫星频率选择

当使用卫星进行测试时，测试频率由卫星操作者指定，测试频率的选择基于以下原则：

——尽量接近实际使用频率，有条件时可选取标称频段内低、中、高 3 个频率进行测试；

——在极化复用的卫星上进行测试时，应选择正反极化均没有载波的频率；

——测试频率所在转发器的 SFD 设置应满足被测天线测试所需的动态范围。

（6）测试准备

不带伺服驱动系统的被测站的验证测试可在卫星操作者认可的专用天线测试场进行，带伺服驱动系统的被测站的验证测试应在工作地点进行。

被测站和卫星操作者协商制定双方均认可的测试日程表，准备完备书面材料，建立有效联系方式。

6.4.2.2　天线发射方向图验证测试原理

（1）天线近角转速和远角转速测量

在正式测量地球站天线各种技术指标之前，应事先测量天线的近角转速和远角转速。C 频段天线需测试的近角范围为±3°，远角范围为±15°；Ku 频段天线需测试的近角范围为±1.5°，远角范围为±8°。天线直径与工作波长之比（D/λ）不大于 50 的天线主瓣宽度大，在测量范围不能满足测试需要时，应适当增大测量角度以使天线方向图能够包括第一旁瓣。天线方位、俯仰测试转速范围应满足测试系统要求。

地球站天线±3°近角转速测试步骤如下（±1.5°近角转速测量方法以及±15°和±8°远角转速测量方法与之相同，只是天线转动角度不同）：将被测站天线对准卫星（禁止任何发射）；保持天线俯仰角不动，逆时针转动天线方位角 3°；顺时针转动天线 6°，用秒表记录转动时间，计算出天线方位平面±3°近角的转速；将天线重新对准卫星；保持天线方位角不动，向下转动天线 3°；向上转动天线 6°，用秒表记录转动时间，计算出天线俯仰平面±3°近角的转速；重复进行上述步骤至少 2 遍，取平均值。

（2）其他设备参数的计算原则

天线发射方向图测试和增益计算还需要以下参数：天线表面精度（通常由天线厂家提供）；馈源损耗（通常由天线厂家提供）；被测天线地理位置（经度、纬度和海拔高度）。

（3）卫星法原理

①测试说明

C 频段天线口径在 6.2 m 及以上或 Ku 频段天线口径在 4.5 m 及以上且具备电动伺服系统，或卫星操作者要求的地球站，应采用卫星法进行天线发射方向图测试。

在进行天线方位发射方向图测试时，应避免选择使被测站天线仰角大于 75°的卫星。

②测试系统示意图

卫星法测量天线发射方向图测试系统如图 6－8 所示。

③测试步骤示例

卫星法测量天线发射方向图测试步骤如下：

1）被测站天线对准卫星。

2）协测站确认被测站入网所使用的极化方式，待被测站调整好极化方式后，指导被测站在测试频率发射一个低功率未调制载波到卫星。

3）被测站将发射载波开关几次，以使协测站确认接收到的载波正确。

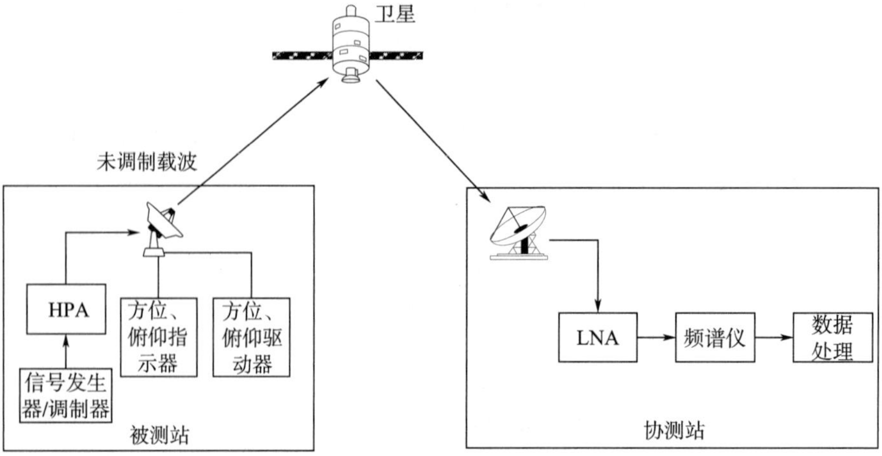

图 6-8 卫星法测量天线发射方向图测试系统示意图

4）协测站指导被测站逐步提高信号发射功率直到满足测量动态范围的要求，且该信号的电平应能保证测量所用转发器工作在线性范围。

5）被测站天线微调方位角和俯仰角，使协测站接收到的信号电平达到最大，记录此时的方位角和俯仰角作为中心轴线指向。

6）对于线极化被测天线，协测站切换接收端口，被测站缓慢改变天线极化角，使协测站接收到的交叉极化信号电平达到最小（由于两路极化正交的转发器的星上本振频率有所不同，所以在协测站监测到的交叉极化信号与主极化信号可能存在频差。）。

7）协测站根据测量得到的被测站天线方位近角（远角）转速和测试所需的被测站天线偏转角度范围，计算并设置频谱仪的扫描时间，扫描模式设置为单次扫描，同时将扫描带宽设置为 0 Hz。在被测站发射信号频率稳定度不满足测试要求时，可考虑采用多次窄带宽连续扫描方式测量天线发射方向图。

8）被测站天线逆时针转动天线方位角，至天线方位角指示器的水平面指向实际需要转动的角度近角（远角）下限，并标记该点为测量起始点。为避免天线机械结构引起的误差，应将天线转过起始点稍远的位置。

9）被测站顺时针开始转动天线方位角，当天线通过起始点时，通报协测站开始启动频谱仪扫描。

10）被测站天线转动至天线方位角指示器的水平面指向实际需要转动的角度近角（远角）上限时，停止转动天线方位角并通报协测站，协测站频谱仪结束单次扫描。如果频谱仪结束单次扫描时间与天线停止转动时间不同步，则本次测量存在误差，产生的原因可能是被测天线转速测量不准或频谱开始扫描时间与被测天线开始启动时间不同步。

11）协测站使用软件读取频谱仪测得的被测站天线方位近角（远角）发射方向图原始数据。

12）协测站使用软件修正频谱仪实测天线方位方向图中的横坐标值（方位角偏离卫星角度），修正公式为

$$\Delta AZ' = 2 \times \arcsin\left[\sin\left(\frac{\Delta AZ}{2}\right)\cos(EL)\right] \qquad (6-7)$$

式中　EL——被测天线俯仰角，(°)；

ΔAZ——被测天线方位方向偏离卫星的角度，(°)。

13）调整被测站天线方位角使其回到中心轴线上。

14）被测站天线向下转动天线俯仰角，至规定的空间角近角（远角）下限，并标记该点为测量起始点。为避免天线机械结构引起的误差，应将天线转过起始点稍远的位置。

15）被测站向上转动天线俯仰角，当天线通过起始点时，通报协测站开始启动频谱仪单次扫描。

16）被测站天线转动至规定的空间角近角（远角）上限时，停止转动天线俯仰角并通报协测站，协测站结束频谱仪扫描。

17）协测站使用软件读取频谱仪测得的被测站天线俯仰近角（远角）发射方向图原始数据。

18）被测站关闭其发射的未调制载波。

19）协测站使用软件对所记录的方向图原始数据进行数据处理和坐标变换。

（4）标校塔法原理

①测试条件

测试条件不满足卫星法进行测试时，应采用标校塔法。

②测试频率选择要求

在标称频段内至少应选取低、中、高 3 个频率进行测试。标准 C 频段和标准 Ku 频段的测试频率如表 6-4 所示。

表 6-4　天线发射方向图标校塔法测试频率

频段	测试频率 CF_L /MHz	测试频率 CF_C /MHz	测试频率 CF_H /MHz
C	5 925	6 175	6 425
Ku	14 000	14 250	14 500

对于扩展 C 频段和扩展 Ku 频段，可增加一个扩展频段内的测试频率。

③测试系统示意图

标校塔法测量天线发射方向图测试系统如图 6-9 所示。

④测试步骤示例

标校塔法测量天线发射方向图测试步骤如下：

1）标校塔由信号发生器通过发射天线在测试频率以指定的极化方式向被测站方向发射一未调制载波，信号源的输出电平应满足测试所需的动态范围。

2）被测站天线调整方位角和俯仰角，使接收到标校塔发射的信号电平最大，记录此时的方位角和俯仰角作为中心轴线指向。

3）缓慢改变被测站天线极化角使接收标校塔发射天线的信号电平达到最大值。

4）根据测量得到的被测站天线方位近角（远角）转速和测试所需的被测站天线偏转

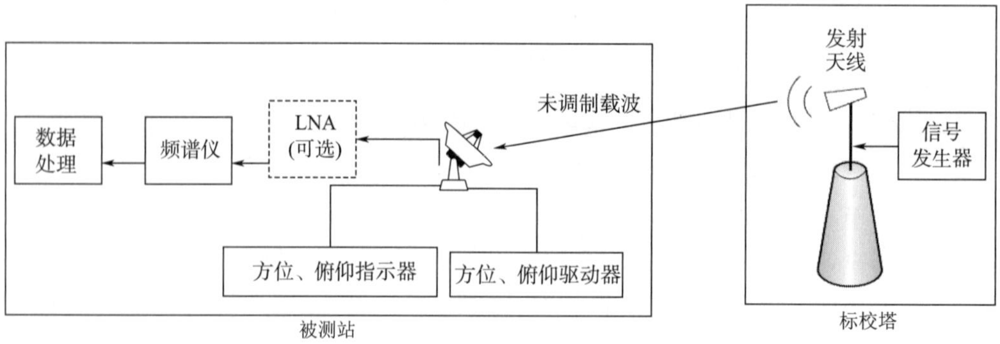

图 6-9　标校塔法测量天线发射方向图测试系统示意图

角度范围，计算并设置频谱仪的扫描时间，扫描模式设置为单次扫描，同时将扫描带宽设置为 0 Hz。

5）被测站逆时针转动天线方位角，至天线方位角指示器的水平面指向实际需要转动的角度近角（远角）下限，并标记该点为测量起始点。为避免天线机械结构引起的误差，应将天线转过起始点稍远的位置。

6）被测站天线顺时针转动天线方位角，当天线通过起始点时，开始启动频谱仪单次扫描。

7）被测站天线转动至天线方位角指示器的水平面指向实际需要转动的角度近角（远角）上限时，停止转动天线方位角，频谱仪结束单次扫描。如果频谱仪结束单次扫描时间与天线停止转动时间不同步，则本次测量存在误差，产生的原因可能是被测天线转速测量不准或频谱仪开始扫描时间与被测天线开始启动时间不同步。

8）使用软件读取频谱仪测得的被测站天线方位近角（远角）发射方向图原始数据。

9）使用软件修正频谱仪实测天线方位方向图中的横坐标值（方位角偏离卫星角度），修正公式见公式（6-4）。

10）调整被测站天线方位角，使其回到中心轴线上。

11）被测站天线向下转动天线俯仰角，至规定的空间角近角（远角）下限，并标记该点为测量起始点。为避免天线机械结构引起的误差，应将天线转过起始点稍远的位置。

12）被测地球站天线向上转动天线俯仰角，当天线通过起始点时，开始启动频谱仪单次扫描。

13）被测站天线转动至规定的空间角近角（远角）上限时，停止转动天线俯仰角，频谱仪结束单次扫描。

14）使用软件读取频谱仪测得的被测站天线俯仰近角（远角）发射方向图原始数据。

15）使用软件对所记录的方向图原始数据进行数据处理和坐标变换。

16）在不同的测试频率重复步骤 1 至步骤 15。

6.4.2.3　天线发射增益验证测试原则

天线发射增益验证测试计算方法如下：

1）根据得到的天线方位近角发射方向图中读取信号电平峰值下降 3 dB 的波束宽度和电平下降 10 dB 的波束宽度；

2）根据得到的天线俯仰近角发射方向图中读取信号电平峰值下降 3 dB 的波束宽度和电平下降 10 dB 的波束宽度；

3）使用式（6－8）计算出被测站天线的发射增益

$$G = 10\lg\left[\frac{(G_{-3} + G_{-10})}{2}\right] - \alpha - \beta \tag{6-8}$$

其中

$$G_{-3} = \left[\frac{31\,000}{(AZ_{-3\text{ dB}} \times EL_{-3\text{ dB}})}\right], G_{-10} = \left[\frac{91\,000}{(AZ_{-10\text{ dB}} \times EL_{-10\text{ dB}})}\right]$$

$$\alpha = 0.763\,066\,321 \times f^2 \times \varepsilon^2$$

式中　G ——被测地球站天线的发射增益，dBi；

$AZ_{-3\text{ dB}}$ ——天线方位近角发射方向图中读取信号电平峰值下降 3 dB 的波束宽度，(°)；

$EL_{-3\text{ dB}}$ ——天线俯仰近角发射方向图中读取信号电平峰值下降 3 dB 的波束宽度，(°)；

$AZ_{-10\text{ dB}}$ ——天线方位近角发射方向图中读取信号电平峰值下降 10 dB 的波束宽度，(°)；

$EL_{-10\text{ dB}}$ ——天线俯仰近角发射方向图中读取信号电平峰值下降 10 dB 的波束宽度，(°)；

α ——由天线主反射面的精度误差造成的增益修正，dB；

β ——馈源的插入损耗，dB；

f ——测试频率，GHz；

ε ——被测天线的反射面精度，cm。

6.4.2.4　天线发射交叉极化鉴别率验证测试要求

（1）地球站静态发射

①卫星法原则

卫星法测量静态发射交叉极化鉴别率测试步骤如下：

1）按照 6.4.2.2（3）中所述方法测量得到被测站天线方位（俯仰）近角主极化发射方向图；

2）协测站将频谱仪连接到协测天线交叉极化下行通道或旋转被测站馈源 90°，被测站天线微调极化角，使协测站接收到被测站发射信号电平最小；

3）按照 6.4.2.2（3）的所述方法测量得到被测站天线方位（俯仰）近角交叉极化发射方向图；

4）协测站使用软件合成被测站天线方位（俯仰）近角主极化和交叉极化发射方向图，计算得出天线轴向（天线对准卫星时）的极化鉴别率值（CPI_0）和偏轴 1 dB 时的极化鉴别率（$CPI_{-1\,dB}$），计算上述隔离度时需要考虑正反极化转发器的 SFD 差值和协测站天线正反极化下行通道增益差值。

②标校塔法原则

标校塔法测量静态发射交叉极化鉴别率测试步骤如下：

1）根据 6.4.2.2（4）中所述方法测量得到被测站天线方位（俯仰）近角主极化发射方向图；

2）将标校塔发射天线旋转 90°或切换至交叉极化，被测站天线微调极化角，使接收到的交叉极化信号电平最小；

3）按照 6.4.2.2（4）的所述方法测量得到被测站天线方位（俯仰）近角交叉极化发射方向图；

4）使用软件合成被测站天线方位（俯仰）近角主极化和交叉极化发射方向图，计算得出天线轴向（天线对准卫星时）的极化鉴别率值（CPI_0）和偏轴 1 dB 时的极化鉴别率（$CPI_{-1\,dB}$）。

（2）动平台地球站（移动中使用）动态发射

移动平台地球站动态发射交叉极化鉴别率测试系统如图 6－10 所示，测试步骤如下：

1）协测站和被测站确认入网所使用的卫星和极化方式；

2）被测站天线在平台静止状态下使用自动跟踪功能完成对星；

3）协测站指导被测站在测试频率发射一个低功率未调制载波；

4）被测站将发射载波开关几次以使协测站确认接收到的载波正确；

5）协测站指导被测站逐步提高信号发射功率直到满足测量动态范围的要求，且该信号电平应能保证测量所用转发器工作在线性范围；

6）协测站同时测量接收到信号的主极化和交叉极化电平，计算被测站交叉极化鉴别率；

7）被测站持续发射一个未调制载波，平台由静止状态变为运动状态，尽量模拟实际使用场景；

8）协测站持续测量计算，记录被测站交叉极化鉴别率；

9）被测站动态发射交叉极化鉴别率为以上测试得到的最差值。

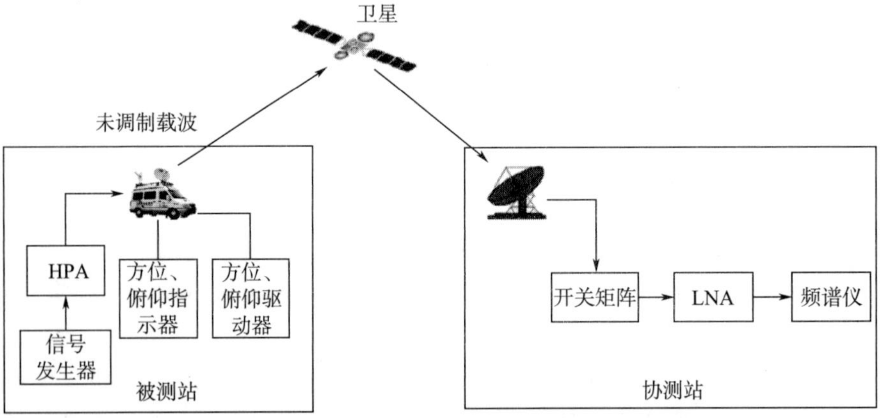

图 6－10　移动平台地球站动态发射交叉极化鉴别率测试系统示意图

6.4.2.5　移动平台地球站功能验证测试要求

(1) 移动平台地球站指向精度验证测试原则

移动平台地球站指向精度测试系统如图 6-11 所示，测试步骤如下：

1) 协测站和被测站确认入网所使用的卫星和极化方式；

2) 被测站天线在平台静止状态下使用自动跟踪功能完成对星，记录此时的方位角 AZ_0 和俯仰角 EL_0；

3) 协测站指导被测站在测试频率发射一个低功率未调制载波；

4) 被测站将发射载波开关几次以使协测站确认接收到的载波正确；

5) 协测站指导被测站逐步提高信号发射功率直到满足测量动态范围的要求，且该信号电平应能保证测量所用转发器工作在线性范围；

6) 被测站手动调整天线的方位角和俯仰角，使协测站接收到的信号电平达到最大；

7) 被测站记录此时的方位角 AZ_0' 和俯仰角 EL_0'；

8) 以下式得出被测站的方位角指向精度

$$P_{AZ} = AZ_0' - AZ_0 \tag{6-9}$$

式中　P_{AZ} ——被测站的方位角指向精度，(°)；

AZ_0 ——被测站在静止状态下自动对星的方位角，(°)；

AZ_0' ——被测站在静止状态下手动对星的方位角，(°)。

9) 以下式得出被测站的俯仰角指向精度

$$P_{EL} = EL_0' - EL_0 \tag{6-10}$$

式中　P_{EL} ——被测站的俯仰角指向精度，(°)；

EL_0 ——被测站在静止状态下自动对星的俯仰角，(°)；

EL_0' ——被测站在静止状态下手动对星的俯仰角，(°)。

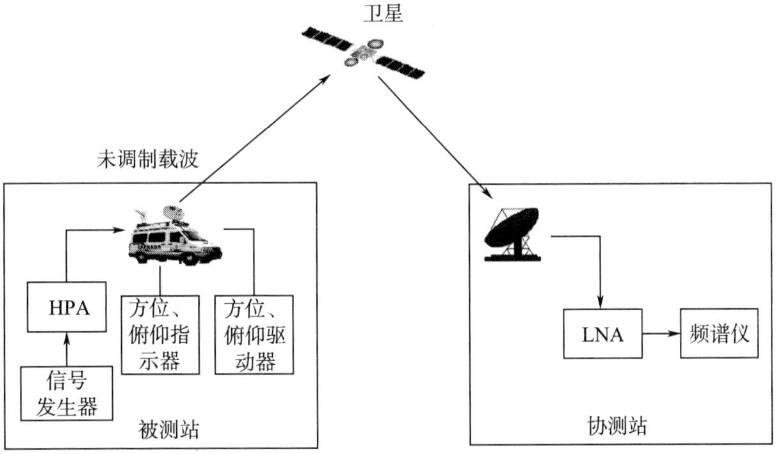

图 6-11　移动平台地球站指向精度测试系统示意图

(2) 移动平台地球站(移动中使用)跟踪精度验证测试原则

移动平台地球站跟踪精度测试系统如图 6 - 12 所示，测试步骤如下：

1) 被测站天线在平台静止状态下使用自动跟踪功能完成对星；

2) 被测站用频谱仪监测接收到的卫星信标，记录此时的信号电平 P_0，将频谱仪带宽设置为 0 Hz；

3) 平台由静止状态变为运动状态，尽量模拟实际使用场景，使用频谱仪进行连续扫描；

4) 在测量时间内对频谱仪记录的频谱进行数据处理，取至少 100 个时间点，分别记录相应的信号电平 P_1，P_2，$\cdots P_n$，用式 (6 - 11) 计算被测站的跟踪精度

$$T_a = \sqrt{\frac{(P_1 - P_0)^2 + (P_2 - P_0)^2 + \cdots + (P_n - P_0)^2}{n}} \tag{6-11}$$

式中 T_a ——被测站的跟踪精度，dB；

P_0——被测站在静止状态下自动对星后接收卫星信标的电平，dBm；

P_1，P_2，$\cdots P_n$ ——被测站在运动状态自动跟踪模式下接收卫星信标的第 1 个，第 2 个…第 n 个点的信号电平，dBm；

n ——所取时间点个数。

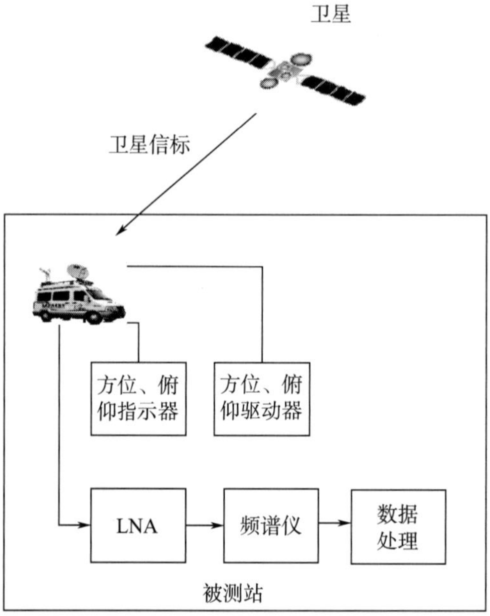

图 6 - 12　移动平台地球站跟踪精度测试系统示意图

(3) 移动平台地球站偏轴发射抑制功能验证测试原则

移动平台地球站偏轴抑制功能测试系统如图 6 - 13 所示，测试步骤如下：

1) 被测站天线在平台静止状态下使用自动跟踪功能完成对星；

2) 协测站指导被测站在测试频率发射一个低功率未调制载波；

3）被测站用频谱仪监测该信号的下行频谱，逐步提高信号发射功率直到满足测量动态范围的要求，且该信号电平应能保证转发器工作在线性范围；

4）被测站调整天线方位角偏离波束中心 0.5°，查看频谱仪监测到的信号是否消失（必要时可由协测站协助监测）；

5）被测站调整天线方位角返回至偏离波束中心 0.2°处，查看频谱仪监测到的信号是否恢复（必要时可由协测站协助监测）；

被测站天线在方位角另一方向和俯仰角两个方向做同样测试。

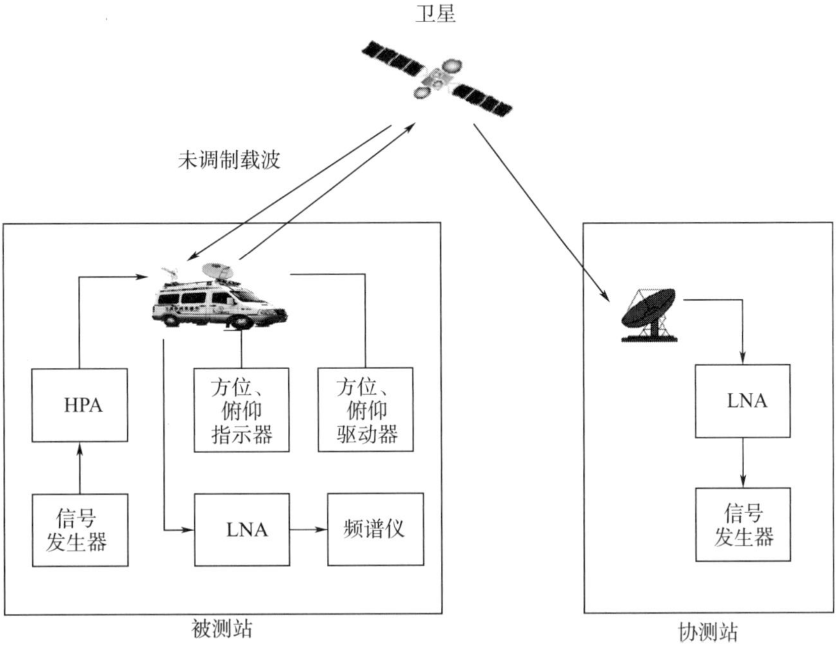

图 6－13　移动平台地球站偏轴抑制功能测试系统示意图

（4）移动平台地球站最大上行能力验证计算原理

移动平台地球站最大上行能力验证测试计算步骤如下：

1）根据测得的被测站天线发射增益 G；

2）最大上行能力可由式（6－12）得出

$$\mathrm{EIRP}=P+G-L \tag{6-12}$$

式中　EIRP ——被测站最大上行能力，dBW；

P ——被测站功放额定输出功率，dBW；

G ——被测站天线发射增益，dBi；

L ——被测站的馈线损耗，dB。

（5）移动平台地球站 PSD 控制功能验证测试原则

移动平台地球站 PSD 控制功能测试系统如图 6－14 所示，测试步骤如下：

1）被测站天线在平台静止状态下使用自动跟踪功能完成对星；

2）协测站指导被测站在测试频率发射一个低功率调制载波；

3）被测站用频谱仪监测该信号的下行频谱，逐步提高信号发射功率直到满足测量动态范围的要求，且该信号电平应能保证转发器工作在线性范围；

4）被测站继续提高信号发射功率直到超过谱密度限值，查看频谱仪监测到的信号是否消失（必要时可由协测站协助监测）；

5）被测站降低信号发射功率直到低于谱密度限值，查看频谱仪监测到的信号是否恢复（必要时可由协测站协助监测）。

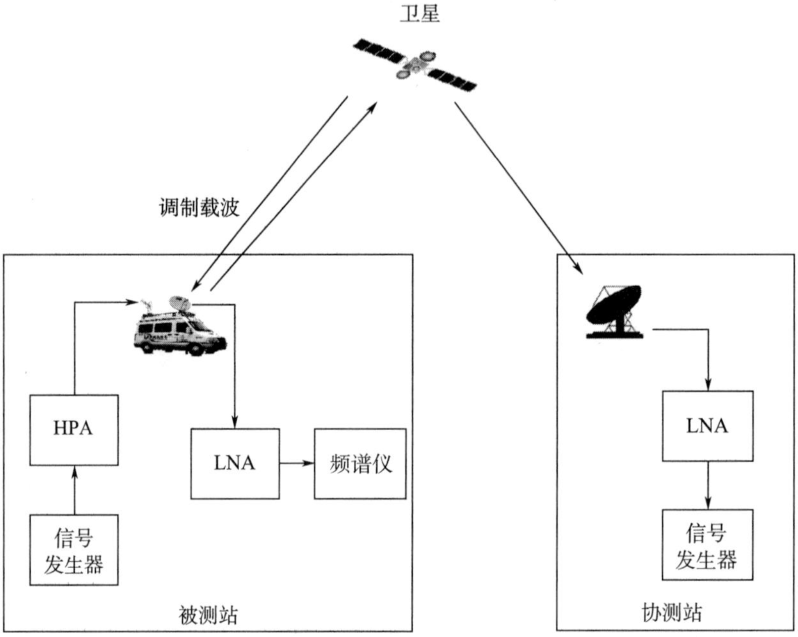

图 6－14　移动平台地球站 PSD 控制功能测试系统示意图

6.4.2.6　地球站其他性能指标验证原理

（1）杂散辐射（不含互调产物）验证测试原则

杂散测试系统如图 6－15 所示，杂散测试步骤如下：

1）被测站将 HPA 连接到替代负载或天线指向冷空（即天线俯仰方向向上偏离卫星至少 10°，确保不影响已有通信网络）；

2）连接好从基带到 HPA 的所有上行链路设备，加电预热，使各设备处于正常工作状态；

3）用调制器发射一个低功率未调制载波，将功率计接在 HPA 输出耦合口，逐步提高信号发射功率至 HPA 额定功率；

4）取下功率计，接入频谱仪，设置频谱仪，中心频率设置为发射载波的射频中心频率，扫描带宽能覆盖整个 C 频段或 Ku 频段，分辨带宽约是载波带宽的 10%以下，视频带宽能够过滤不必要的测量噪声；

5）观察频谱中是否有除了未调制载波的其他信号，如有则测量其信号电平，并以式

(6－13)计算

$$\mathrm{EIRP}_{杂散}=P_{杂散}-10\lg\frac{1.2\times BW_{RBS}}{4\ \mathrm{kHz}}+2.5+L_t+G_e-L_e \tag{6-13}$$

式中　$\mathrm{EIRP}_{杂散}$ ——被测站杂散的 EIRP，dBW；

$P_{杂散}$ ——频谱仪测量得到的杂散信号功率电平，dBW；

BW_{RBS} ——频谱仪的分辨带宽，kHz；

L_t ——测试耦合器的耦合度，dB；

G_e ——被测站天线发射增益，dBi；

L_e ——功放输出至馈源发端口损耗，dB。

6）关闭调制器的中频输出，其他设备参数保持不变，检查频谱中是否仍有上述杂散，如果消失则为载波相关杂散，如果不消失则为载波无关杂散；重新发射未调制信号，测量并记录未调制信号与载波相关杂散之间的电平差；

7）将调制器输出信号更改为调制载波，重复上述测试步骤；

8）被测站关闭载波。

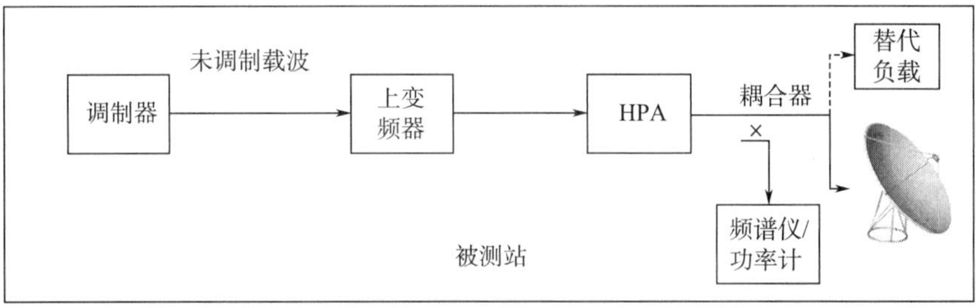

图 6－15　杂散测试系统示意图

(2）上行互调噪声验证测试要求

互调测试系统如图 6－16 所示，互调测试步骤如下：

1）被测站 HPA 连接到替代负载或天线指向冷空（即天线俯仰方向向上偏离卫星至少 10°，确保不影响已有通信网络）；

2）连接好从基带到 HPA 的所有上行链路设备，加电预热，使设备处于正常工作状态；

3）通过一个 HPA 同时发射 2 个幅度相同、频率间隔为 5 MHz 的未调制载波，所有载波的总功率应为 HPA 额定功率回退 3 dB；

4）取下功率计，接入频谱仪，设置频谱仪，中心频率设置为低端发射载波的射频中心频率＋2.5 MHz（高端发射载波的射频中心频率－2.5 MHz），扫描带宽大于等于 20 MHz，分辨带宽约是载波带宽的 10％以下，视频带宽能够过滤不必要的测量噪声；

5）用频谱仪在 HPA 耦合口测量并记录主信号与互调分量之间的电平差值和频率差值；

6）将所有载波的总功率占用的 HPA 额定功率回退 6 dB、9 dB、12 dB 等，重复上述测试。

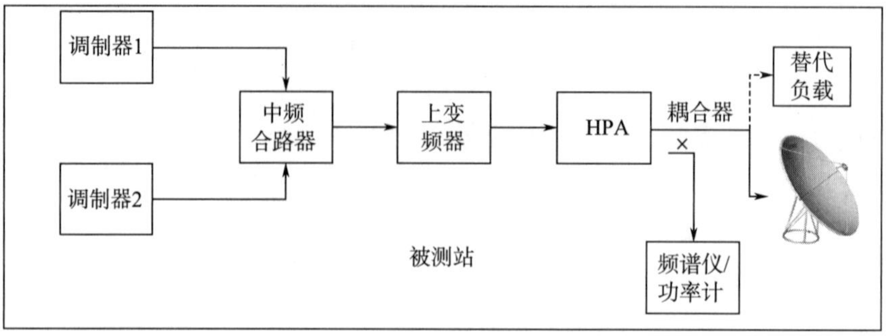

图 6-16　互调测试系统示意图

(3) 调制特性验证测试要求

调制特性测试系统如图 6-17 所示，测试步骤如下：

1) 被测站 HPA 连接到替代负载或天线指向冷空（即天线俯仰方向向上偏离卫星轨道至少 10°确保不影响已有通信网络）；

2) 连接好从基带到 HPA 的所有上行链路设备，加电预热，使设备工作正常；

3) 用调制器发射一个低功率调制载波，将功率计接在 HPA 耦合口，逐步提高信号发射功率至正常工作电平；

4) 取下功率计，接入频谱仪，设置频谱仪，中心频率设置为发射载波的射频中心频率，扫描带宽约为载波带宽的 2～3 倍，分辨带宽约是载波带宽的 10%以下，视频带宽能够过滤不必要的测量噪声；

5) 从频谱仪测得的载波频谱中测量并记录峰值下降 26 dB 和 32 dB 对应带宽。

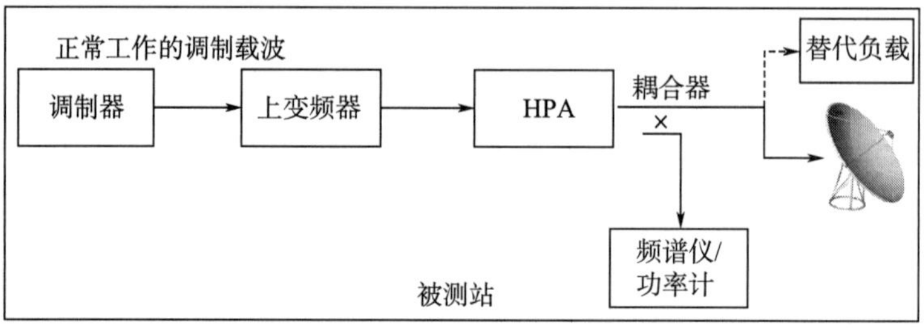

图 6-17　调制特性测试系统示意图

(4) 发射频率和功率稳定度验证测试要求

发射频率和功率稳定测试系统如图 6-18 所示，测试步骤如下：

1) 被测站天线对准卫星，如有跟踪设备设置在自动跟踪模式；

2) 被测站在协测站的指导下在指定频率、极化方式和功率发射一个未调制载波；

3) 协测站连续 24 h，每半小时记录一次接收到的信号电平和频率；

4) 24 h 后测试结束，被测站关闭载波；

5) 协测站计算信号电平和频率波动范围的峰峰值；

6) 在多个 HPA 系统中对每个 HPA 重复步骤 1～步骤 5 的测试；

7）如果测试结果不满足要求，有必要去被测站进行测试。

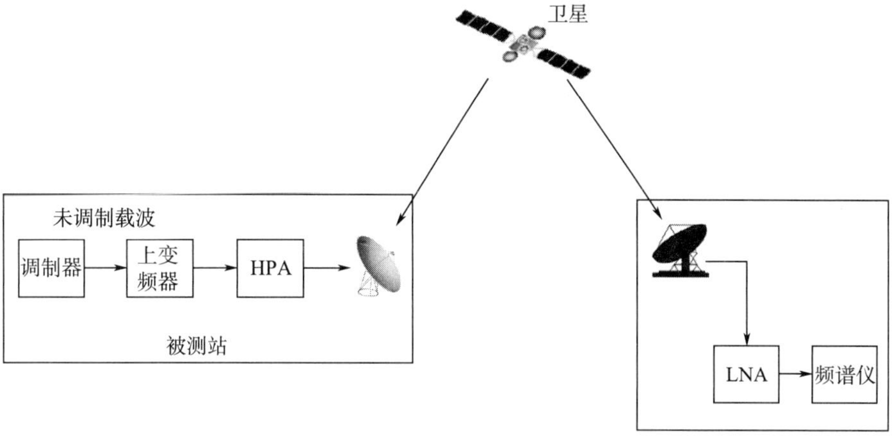

图6-18　发射频率和功率稳定度测试系统示意图

6.4.3　用户载波入网开通测试

开通测试的目的是在用户业务开通之前，将用户地球站的发射设备和发射参数调整到最佳状态，使开通业务与其他用户业务相互兼容，互不干扰。

用户业务在首次开通之前，须按照本程序规定完成开通测试后方可入网运行；原已开通业务的发射设备或发射参数发生变动后重新开通之前，原则上也要重新进行开通测试。开通测试应在上、下行链路均处于晴朗、微风的天气条件下进行。

6.4.3.1　天线对星

用户地球站天线对星方法步骤如下：

1）用户根据地球站的经纬度和使用卫星的轨道位置计算天线对准卫星时的方位角、俯仰角和极化角，并据此对天线进行各角度设置，使其指向（或大体指向）卫星；

2）对于具备信标接收机或频谱仪的用户地球站，将接收机或频谱仪设置在与开通业务对应的信标频率；

3）对于不具备信标接收机或频谱仪，但接有卫星数字电视接收机的地球站，可以了解卫星上是否有可供接收的数字电视信号，并按照电视信号参数设置接收机的频率、符码率和前向纠错率；

4）在一定范围内缓慢地分别转动天线的方位角和俯仰角，同时观察接收到的信标电平或电视信号电平的变化，细致搜索和比较，使方位角和俯仰角固定在使接收电平达到最大时的位置上；

5）对于不具备任何接收设备的小站，经与卫星运营商联系并获同意后，可在指定的频率上发射一个指定功率的未调制单载波（CW），在卫星运营商指挥下完成对星测试。

6.4.3.2　天线极化调整

用户地球站天线极化调整方法步骤如下：

1）用户电话联系卫星运营商监测站，并在整个极化调整过程中保持电话联络；

2）用户按照监测站指定的测试频率（一般不同于用户开通业务的分配频率）和功率发射一个未加调制的单载波（CW）；

3）在监测站的指挥下，用户缓慢地反复转动天线的极化角（对于不具备伺服装置的小口径天线而言就是松开并转动双工器），直至监测站观察到的发射反极化泄漏电平最小时停止转动；

4）在监测站确认极化鉴别率合格后，用户固定极化角（对于不具备伺服装置的小口径天线而言就是紧固双工器）；

5）对于靠螺丝固定双工器的小口径天线，紧固过程有可能影响天线极化状态，因此，紧固后，监测站应再次观察发射反极化泄露电平，如确认合格，测试即告结束；如发现情况恶化，用户应重新执行 3）、4）、5）操作步骤，直至合格。

6.4.3.3 频率功率标定

用户地球站天线频率和功率标定方法步骤如下：

1）用户电话联系卫星运营商业务监测站，并在整个标定过程中保持电话联络；

2）按照监测站指定的功率，用户在其业务分配频率上发射一个未加调制的单载波（CW）。

3）监测站将观察并确定载波的下行频率与分配频率是否吻合；

4）监测站将观察载波的接收电平，指挥用户调整发射功率，直至观察到的载波电平与链路计算相吻合。

5）用户向监测站通报实际发射功率，监测站将其与链路计算比照，并分析误差原因；

6）监测站打印频谱图并做记录。

6.5 业务长期运行监测

在用户业务长期运行期间，卫星运营商用户业务监测部门需要使用监测系统对卫星转发的所有用户载波频谱进行巡回监测，并将频谱巡检数据与事先设定的正常状态数据进行比较，一旦发现巡检数据超过正常状态数据一定范围，监测系统将自动告警，自动通知去分析处理用户通信链路故障或空间段干扰。

本节主要介绍用户载波巡检方法、用户载波告警检测设置方法、巡检频谱回放方法和载波频谱实时测量和实时分析方法。

6.5.1 频谱巡检要求

数字化频谱分析系统（CSM 系统）能较好地实现用户载波频谱巡检和告警检测，本节以 Monics 频谱分析系统为例，介绍载波巡检、告警检测和频谱回放等功能。

使用 CSM 系统的“频率计划”操作功能来预设监测计划，能够实现对卫星转发的所有用户载波频谱进行自动巡检，操作人员可以对监测计划中的对象定义告警动作来实现用户载波异常告警，也可以在监测计划中设定监测计划时间表来实现定时巡检。

6.5.2　门限检测要求

通过设置载波参数波动范围，将每次测试结果与波动范围进行比对，判断是否对某载波进行告警。可设置的载波参数包括中心频率、功率、带宽、C/N 等。

除了针对用户载波参数告警进行设置外，还可以设置载波的频谱图作为告警的模板，将该模板存储在数据库中，测试时将测试频谱与模板进行比对，两者差异（系统可以设置两份频谱的符合度以及符合范围）超过门限值则会产生告警。对于转发器和信标的告警设置均与载波类似。系统的回放功能能够实现某用户载波或某转发器频段的历史频谱回放。

6.5.3　实时测量分析要求

载波频谱实时测量主要是测量载波的中心频率、占用带宽、电平、载噪比（C/N）等载波参数，载波实时分析主要是分析载波的调制类型（常见的载波调制类型包括 BPSK、QPSK、OQPSK、8PSK、16QAM、64APSK、32APSK、MSK、FSK、CPM 等)、编码方式、符号速度、有无干扰、干扰信号特征等。

一般通过系统的“手动监测”功能能够实现用户载波频谱的实时测量和实时分析，操作者直接控制频谱仪，快捷设置频谱仪去监测一个信号或一段频率，进行载波计算，修改监测参数立即呈现结果。

6.6　业务运行故障和干扰处理

卫星转发器在使用中可能出现工作故障和异常状态，导致这些异常的因素既包括各类干扰，也包括卫星转发器自身故障和自然界因素的干扰。针对这些干扰因素，以下主要阐述各种故障问题的识别排查方法和应对处理方法。

6.6.1　邻星干扰识别排查处理

邻星干扰是由于相邻卫星上、下行信号被我星用户地球站接收所产生的干扰，以及相邻卫星上用户地球站发射信号被我星接收并转发到用户地球站所产生的干扰，前一种邻干扰称之为下行邻星干扰，后一种邻星称之为上行邻星干扰。

有一颗与我星相近的邻星（C 波段两星间隔通常在 3°以内，Ku 波段两星间隔通常在 2°以内)，同时该邻星有工作频段与我星工作频段相同且覆盖相同的转发器（上行频率与下行频率有重叠，上行覆盖与下行覆盖也有重叠)，而且邻星同频段转发器有用户使用，此时有可能发生邻星干扰。一般情况下，用户自身接收站天线口径过小或者邻星工作在同频率的用户发射站天线口径过小发生邻星干扰的几率较大。

因此，造成邻星干扰的主要原因是我星用户接收站天线口径过小或邻星用户发射站天线口径过小（即天线旁瓣增益与主瓣增益差过小），次要原因是邻星用户发射站发射的载波功率过大或者其天线没有完全对准卫星。上下行邻星干扰产生机理如图 6-19 所示。邻星用户发射站天线口径过小产生的上行邻星干扰如图 6-20 所示。

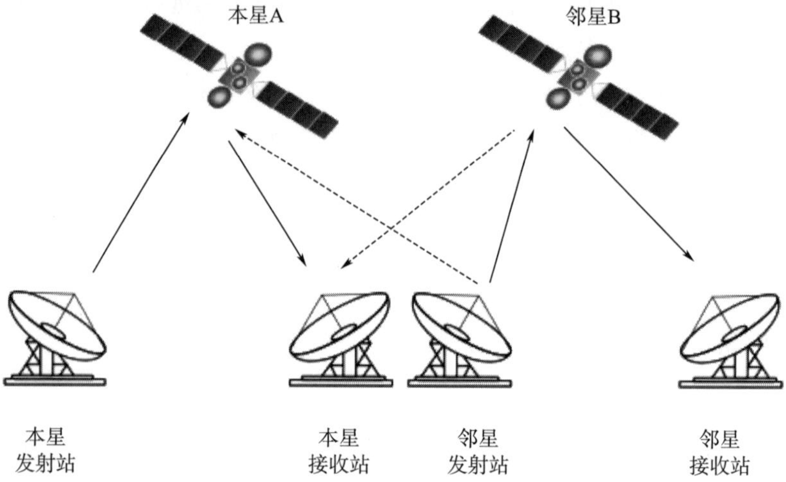

图 6-19 邻星干扰示意图

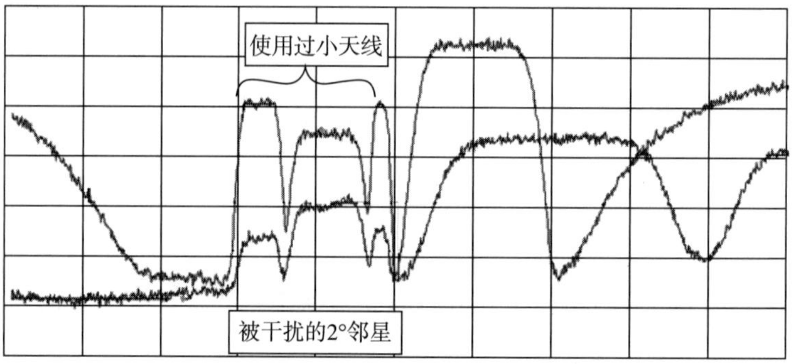

图 6-20 邻星用户发射站天线口径过小造成的上行邻星干扰

6.6.1.1 上行邻星干扰识别排查和处理原则

（1）上行邻星干扰识别和排查的原理

1）卫星运营商大口径监测天线在本星上收到干扰信号，且排除是反极化干扰；

2）使用机动天线对准邻星，查看邻星上是否有与干扰载波频谱相同的载波（必要时使用 CSM 系统分析载波参数是否相同），如有（如图 6-21 所示），即确认干扰是来自此邻星的上行邻星干扰。需要注意一点：邻星的本振频率不一定与我星本振频率相同，所以，干扰信号在邻星上的下行频率可能与我星上的下行频率有所不同，通常会相差几兆赫兹。

（2）上行邻星干扰处理的原则

联系邻星运营商，要求立即消除其用户对我星用户造成的上行邻星干扰，具体方法包

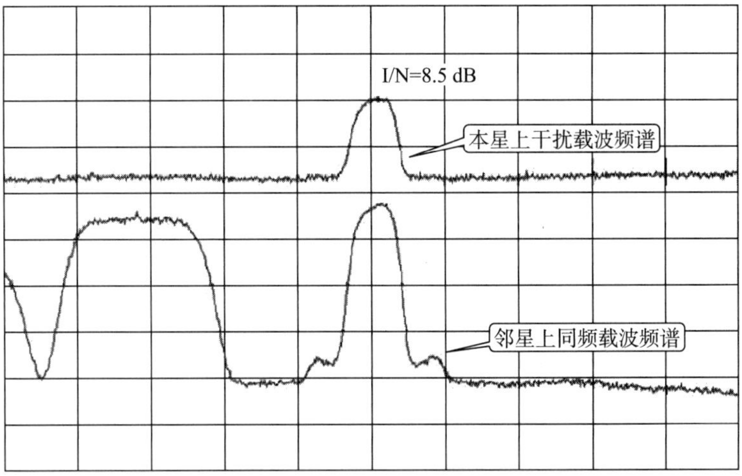

图 6 - 21　通过对比邻星上与本星上载波频谱确认上行邻星干扰的方法

括关闭用户载波、更换口径过小发射天线、降低发射功率、天线重新对星。如果邻星一时无法消除上行邻星干扰，在某些特殊性下也可降低我星转发器灵敏度同时提高我用户发射载波功率来抵抗上行邻星干扰。

6.6.1.2　下行邻星干扰识别排查和处理原则

（1）下行邻星干扰产生原因分析

1）用户接收站天线口径过小或天线偏离本星（偏向邻星）；

2）邻星上用户载波功率太高。

（2）下行邻星干扰识别排查的原则

1）用户接收天线能够收到干扰信号，但卫星运营商大口径监测天线在本星上收不到干扰信号；

2）使用机动天线对准邻星，查看邻星上是否有与干扰载波频谱相同的载波（必要时使用 CSM 系统分析载波参数是否相同），如有（如图 6 - 21 所示），即确认干扰是来自此邻星的下行邻星干扰。

（3）下行邻星干扰处理的要求

如果邻星干扰是由于我星用户接收站天线口径过小或者天线偏向邻星所致，则通知我星用户更换天线或者将天线重新对星来消除上行邻星干扰。

如果邻星干扰是由于邻星用户载波功率太高所致，则联系邻星运营商，要求立即消除其用户对我星用户造成的下行邻星干扰，具体方法包括关闭用户载波和降低用户载波功率。

6.6.2　反极化干扰识别排查处理

反极化干扰是卫星通信最为常见的干扰之一，它是由于工作相反干扰转发器上其他用户发射站天线极化鉴别率差而产生的反极化泄漏造成的，换句话说，就是在其他用户发射站不但向自己使用的转发器上发射了载波，同时也向相反极化转发器上泄漏了载波。

（1）反极化干扰产生原因分析

1）天线极化未调校好，或者天线未对准卫星；

2）较大口径天线未开户自动跟踪功能；

3）天线馈源薄膜受损，天线馈源或者发射波导中进入水蒸气；

4）天线极化鉴别率不达标（卫星运营商一般要求为 30 dB 以上）。

（2）反极化干扰识别排查原则

1）查看相反极化转发器上有无与干扰载波频谱相似的载波，所谓相似，是指载波中心频率完全相同，载波带宽相近。

2）使用 CSM 载波参数分析功能进一步分析上述两个载波的参数是否相同，如是，则干扰即为反极化干扰。需要特别注意一点，有时候相反极化转发器上的载波带宽与干扰载波带宽看起来大不相同，如图 6－22 和图 6－23 所示，但该载波确实是产生反极化干扰的载波，因为使用 CSM 系统对该进行分析，分析出来的载波参数与干扰载波参数完全相同。

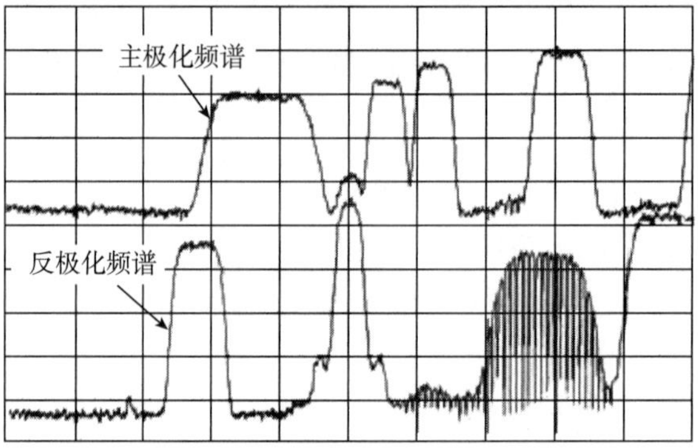

图 6－22　反极化干扰频谱图 1

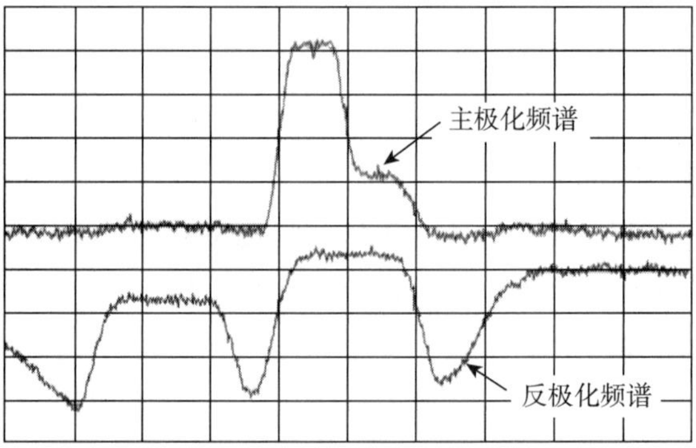

图 6－23　反极化干扰频谱图 2

3）通过用户载波和地球站管理数据库查询到相反极化转发器上产生极化泄漏的用户地球站名称及其联系方式。

（3）反极化干扰处理要求

1）联系产生极化泄漏的用户地球站，要求其重新对星，重新校标天线极化角；

2）开启天线自动跟踪功能；

3）更换天线馈源薄膜，或者排空进入波导中的水蒸气；

4）修理或者更换天线，使天线发射极化鉴别率达 30 dB 以上。

6.6.3　互调干扰识别排查处理

互调干扰是由于某个用户发射站功放非线性工作或者卫星转发器功放非线性工作所产生的交叉调制频谱分量对本转发器上其他用户载波造成的干扰。

互调干扰分为用户卫星发射站互调干扰（简称地面互调干扰）和卫星转发器产生的互调干扰（简称转发器互调干扰）两种。

在卫星通信系统中，卫星转发器和用户地球站中的功率放大器进入非线性区或饱和区工作时，会在输出信号中出现各种新的频率分量（即通常所说的互调产物，其中最严重的是三阶互调，互调产物频谱示意图如图 6－24 和图 6－25 所示），当这些频率分量进入工作频带时，会对其他用户载波造成同频干扰或抬升转发器噪底。

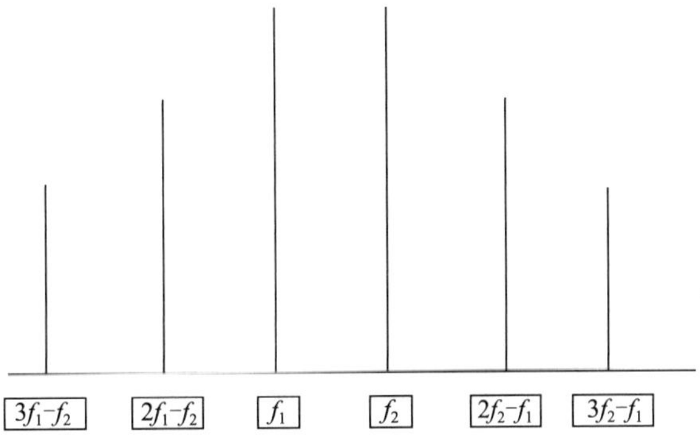

图 6－24　两个载波的互调产物

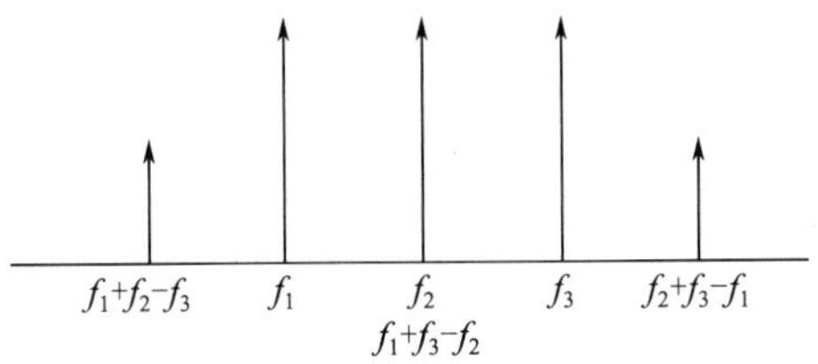

图 6－25　三个载波的互调产物

图 6－26 和图 6－27 为用户载波功率降低前后互调干扰出现和消除的示意图。

（1）互调干扰产生原因分析

地面互调干扰是由于用户发射站功放处于多载波工作状态时回退不足引起，转发器互调干扰是由卫星转发器功放工作在多载波状态时回退不足引起的。

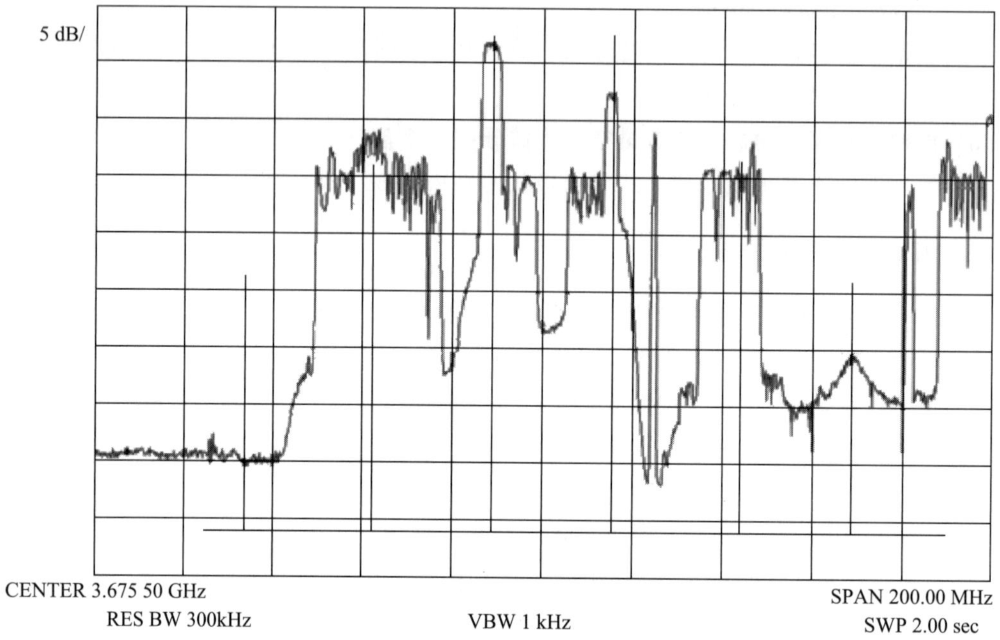

图 6－26　实际转发器非线性工作时产生互调干扰时的频谱图

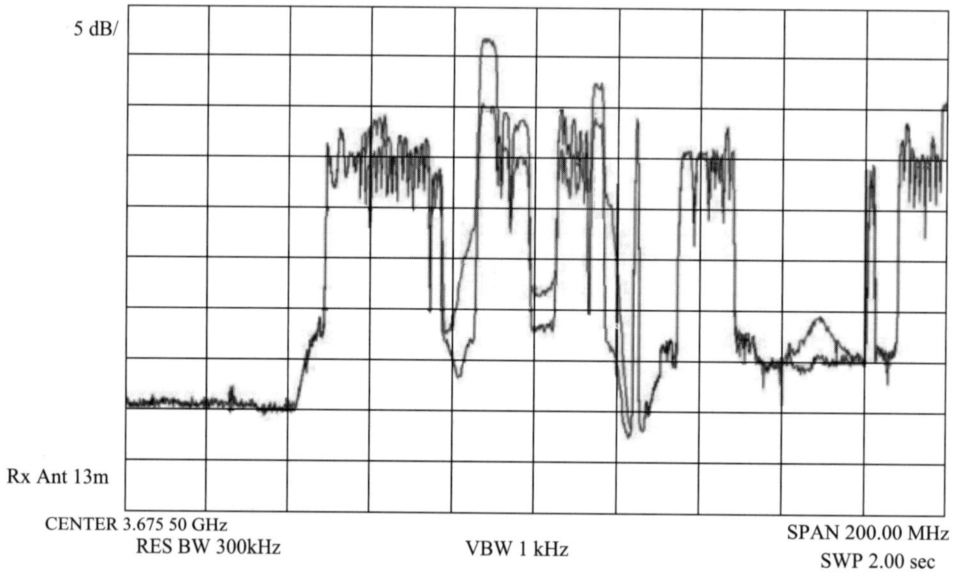

图 6－27　载波功率降低后互调干扰消失后的频谱图

（2）地面互调干扰识别排查原则

1）查看干扰是否对称出现，且与某用户地球站发射的两个或三个载波相关；

2）指导所怀疑的用户地球站逐步降低发射功率，观察干扰是否相应减小或者消失，如是，则此干扰即为该用户地球站所产生的互调干扰。

(3) 转发器互调干扰识别排查原则

1) 查看转发器上是否出现了很多电平较低的不明载波，且这些不明载波两两对称出现，同时转发器噪声低明显抬升；

2) 提高转发器功放前衰减（即降低转发器灵敏度），观察转发器所有干扰是否相应减小或者消失，如是，则此干扰即为转发器非线性工作所产生的互调干扰。

(4) 地球站互调干扰消除原则

消除地球站互调的常用方法是让产生互调干扰的用户地球站降低功放发射功率使其功放回退工作。表 6-5 列出了行波管型地球站功放工作在线性区时所需的回退数值。

表 6-5　用户地球站功放工作在线性区所需的回退数值列表

		功放输出回退(dB)		
TWTA	是否带线性化器	1 个载波	2 个载波	>2 个载波
	Y	2	4	7
	N	4	7	10
SSPA(BUC)		1	3	6

消除地面互调的另一种方法是让产生互调干扰的用户地球站更换较大功率的功放。

(5) 转发器互调干扰消除的原则

消除转发器互调的常用方法有下列两种：

1) 要求个别载波电平过高的用户地球站降低载波发射功率；

2) 特殊情况可提高转发器功放前衰减，使转发器回退到线性区工作。表 6-6 列出了 TWTA 型转发器功放工作在线性区时所需的回退数值。

表 6-6　卫星转发器功放工作在线性区所需的回退数值列表

	是否带线性化器	功放输入回退/dB	功放输出回退/dB
1 个载波	Y	0	0
	N	1	0.5
多个载波	Y	6	3
	N	9	4.5

6.6.4　中频转发干扰识别排查处理

中频转发干扰是指某地球站中频收发电缆耦合后将该站所收到的卫星下行信号全部转发到卫星上，卫星收到后又转发到地面，该站收到后又再次转发到卫星上，卫星又再次转发，如此不断循环转发所造成的严重干扰。用户地球站形成中频收发电缆耦合的原因可能是中频收发电缆被其他导线搭接，也可能是室内中频收发电缆头发生了松脱，也可能是室外电缆上安装了避雷器。

(1) 中频转发干扰的频谱特征分析

1) 干扰载波频谱与原载波重叠。普通模拟频谱仪根据无法看出干扰，但使用 CSM 数字频谱仪的分析功能，即可以发现用户载波频谱下面隐藏的频谱相似的干扰载波。实际上，如果中频转发增益比较高的话，用户载波下面可能隐藏着多个频谱相似的干扰载波。

2）中频转发干扰造成的干扰带宽比较宽，影响范围比较大，至少对1～2个转发器造成同频转发干扰，甚至对整个极化甚至整个卫星造成同频干扰，具体干扰带宽取决于肇事地球站的中频是70 MHz中频还是L波段中频，前者转发带宽约为50 MHz，后者转发带宽为500 MHz。

3）在受到干扰的转发器上发射一个单载波，如果转发器上出现了数个相同1 kHz左右且电平等比下降的单载波，如图6-28所示，则可证实该转发器上确实发生了转发干扰。

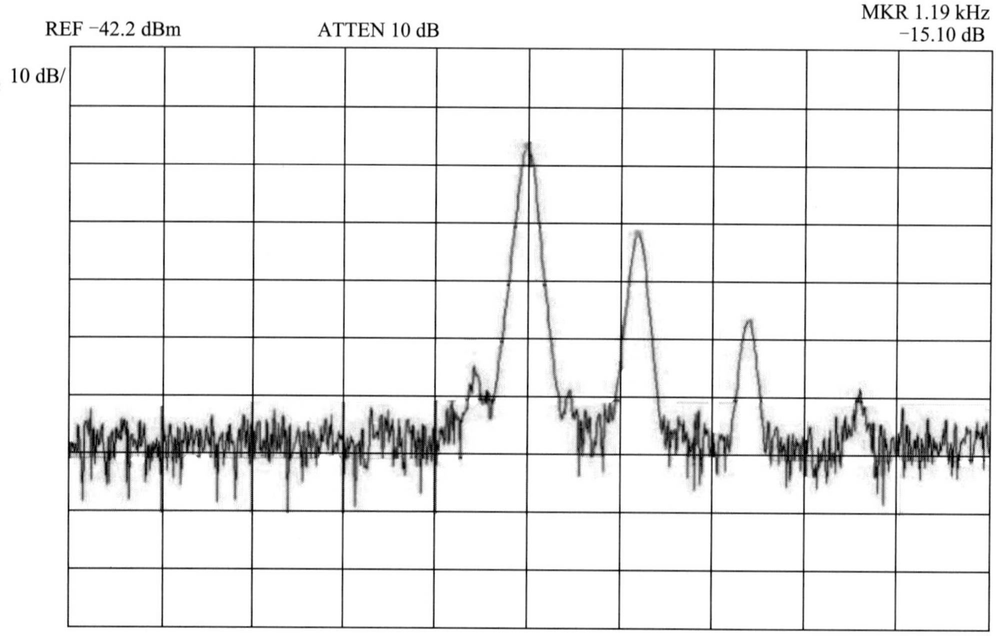

图6-28　发射单载波测量证实转发器出现转发干扰频谱图

（2）中频转发干扰的排查及消除的原理

1）测量中频转发时延，确定干扰所在的大致区域。测量中频转发时延的方法可参阅相关论文，本书中不作介绍。

2）逐个联系上述区域内的所有用户地球站，要求他们关闭功放电源，观察转发干扰是否消失。如观测到转发干扰消失，则刚才关闭电源的地球站即为造成中频转发干扰的肇事地球站。要求肇事地球站检查收发中频收发电缆，查出并消除故障原因，必要时更换中频收发电缆。

3）肇事地球站彻底解决中频转发故障后，方可允许该站发射载波重新进入卫星网络运行。

6.6.5　中频耦合干扰识别排查处理

中频耦合干扰与和中频转发干扰类似，都是由于中频发射电缆屏蔽不好造成的，所不同的是，中频转发干扰是一个地球站的发射中频电缆耦合进了接收中频电缆中的信号并将其转发到卫星上，而中频耦合干扰则是发射中频电缆耦合进了附近地面空间的调频广播、移动基站或者军用雷达发射的同频信号。

用户地球站中频上行电缆未得到可靠屏蔽和电缆头松脱都是产生调频转发干扰的主要原因。

中频耦合干扰的频谱通常是调频广播式样的频谱，带宽通常为几万赫兹。

（1）中频耦合干扰的识别

1）观测干扰载波频谱是否像调频广播频谱，且电平不太稳定，也可能有多个调频载波同时出现；

2）用频谱仪（比如 HP8563E）解调监听，如果能够听到广播声音，则可以确认此干扰为中频耦合干扰。

（2）中频耦合干扰的排查及消除

1）通过监听调频台的地名，确定中频耦合干扰站所在地区。

2）逐个联系上述地区内的用户地球站，要求关闭功放电源，如果关闭后干扰消失，则此地球站即为造成中频耦合干扰的地球站。

3）要求肇事地球站检查中频收发电缆，查出并消除故障原因，必要时更换中频收发电缆。

4）肇事地球站彻底解决中频耦合故障后，方可允许该站发射载波重新进入卫星网络运行。

6.6.6　不明来源干扰识别排查处理

不明来源干扰是指无法从载波频谱特征上分析出发射载波地球站的各种干扰，包括非法盗用干扰、用户站故障干扰、用户站误发干扰和恶意干扰等。

（1）不明来源干扰的识别

凡是不属于邻星干扰、反极化干扰、互调干扰、中频转发干扰、中频耦合干扰的干扰都是不明载波干扰，或者说凡是不能通过 CSM 频谱分析方法或者关闭可疑用户地球站方法来排查出发射站的干扰，都可以认定为不明来源干扰。

不明来源干扰的频谱可能像正常用户载波一样，如盗用干扰，也可能像扫频干扰，如用户地球站故障时所发载波，也可能表现在转发器噪声底抬升。

（2）不明干扰排查的原则

1）使用干扰源定位系统进行定位，定位出干扰发射站所在区域，如某一城市；

2）询问定位区域内的用户地球站是否发射与干扰信号频率和带宽相同的载波，如是，则确定此干扰为该用户地球站所误发或设备故障所致；如不是，则进一步排查；

3）派人到定位区域搜测干扰信号，找到干扰发射站。

（3）不明干扰处理的原则

1）要求受干扰用户发射站加大上行功率，压制非法信号，或者把受干扰用户载波应急转移到备用频段工作；

2）书面请求国家无线电管理排查和查处干扰；

3）国家无线电监测中心定位搜测到干扰站；

4）无线电管理局查处并关闭干扰发射站；

5）将先前移频到应急频段工作的用户搬移到原来工作频段。

6.6.7　卫星转发器故障识别排查处理

卫星转发器故障包括转发器设备故障和卫星故障，关于转发器非线性工作和转发器饱和工作时产生的互调干扰故障，已经在第 6.5.4 节中详细介绍了。

（1）卫星转发器故障产生的原因

转发器故障通常是由于转发器负载过高、转发器自动关闭、转发器 TWTA 故障、接收机故障、其他器件故障所致，卫星故障通常是由于卫星电源系统故障、卫星姿控系统故障或者卫星温控系统故障所致。

（2）卫星转发器故障识别排查

当卫星转发器发生故障时，该转发器上的所有用户业务的下行载波会发生异常（但上行载波没有异常），故障现象有：载波消失、电平下降、电平起伏、频谱变异、噪声底抬升等。如果卫星发生故障，卫星上所有用户载波都发生上述现象。

因此，通过观察和分析单个或全部转发器上用户载波频谱有无上述变化，应可以判断出用户业务故障是否是由于转发器故障或卫星故障所致。

（3）卫星转发器故障消除

1）关闭严重超发功率的用户地球站，或者降低其发射功率；

2）重启故障转发器；

3）切换到备份 TWT 或者其他备份器件工作；

4）重新恢复卫星姿态；

5）紧急关闭一些未用或无重要应用的转发器，以保证其余有重要应用的转发器工作；

6）请卫星制造商排除卫星故障。

6.6.8　漂星干扰识别排查处理

漂星干扰是指那些在同步轨道上漂移尚未定轨的卫星所造成的一种特殊邻星干扰，之所以特殊，是因为该漂星在数日内与被干扰卫星非常接近甚至同轨，其遥测信号、遥控信号特别转发器同频转发我星用户载波信号，将对我星用户载波造成严重的干扰。此处值得注意的是，随着在轨倾斜同步轨道卫星、低轨道等非同步轨道卫星越来越多，此类卫星也可能与同步轨道发生干扰，但是目前尚无明确发生此类干扰的公开报道，因此本文不考虑此类干扰。

（1）漂星干扰识别排查方法

1）使用 CSM 系统查看干扰是否为其他卫星信标、遥测信号、遥控信号；

2）使用 CSM 系统查看干扰是否为特别靠近的邻星所造成的邻星干扰，并观察此邻星位置每日是否发生漂移；

3）上专业网站查看或向其他卫星运营商询问近期是否有其他卫星通过受干扰卫星的轨位。

（2）漂星干扰处理方法

1）平时密切关注漂星情况，随时评估漂星干扰；

2）预测出或测量到漂星干扰时，迅速与该星运营商协调，要求其关闭转发器或者遥测遥控信号，消除干扰；

3）必要时通过国家无线电管理部门向对方无线电管理部门投诉。

6.6.9　自然干扰识别应对

自然干扰是指由自然因素造成的一些干扰，常见的自然干扰包括雨衰及日凌干扰。

6.6.9.1　雨衰识别应对

当电波在传输过程中穿过降雨区域时，雨滴会对电波产生吸收和散射，造成衰减，这种现象简称雨衰。雨衰的大小取决于雨滴的直径和电磁波的波长，电磁波的波长和雨滴直径越接近衰减越大。降雨对微波传输信号造成的衰减，随着微波频率的升高而迅速增大，随着雨量的增大而增大，随着传播路程的增长而增大。降雨不但对微波信号传输产生了衰减，而且会产生去极化效应以及增加信号噪声。

大雨及以下的雨量对于 C 波段的卫星信号不会产生明显的影响。但经实际观测，站点位于香港及深圳地区，当处于黑色暴雨（降雨量超过每小时 70 毫米）时，单向接收或发射雨衰大约在 1.5 dB，双向雨衰在 3 dB 左右。Ku 波段受降雨、浓云、密雾影响严重，在大雨时，降雨会使 Ku 波段微波信号衰减 10 dB 以上，在下暴雨时，Ku 波段微波信号会被降雨衰减殆尽，如图 6－29 所示。

常用的应对雨衰故障的方法如下：

1）用户地球站设备采用高端配置，如发射站配备 UPC，采用更大口径的天线及功放，接收站则采用更大口径的天线及质量更佳的低噪声放大器。

2）采用 ACM 链路，即在降雨时改变调制方式和编码方式。

3）用户发射站临时增加载波发射功率。

6.6.9.2　日凌干扰识别应对

每年春分和秋分前后，视卫星地球站指向卫星的角度不同，每日午前和午后卫星将处在太阳与地球之间的直线上。这时卫星地球站天线在对准卫星的同时也对准太阳，此时太阳产生的强大的电磁波直接投射在地球站天线上。由于太阳产生的电磁波频谱很宽，因此，对地球站来说，该电磁波是一个极强的噪声源，会对其所接受的卫星信号造成干扰从

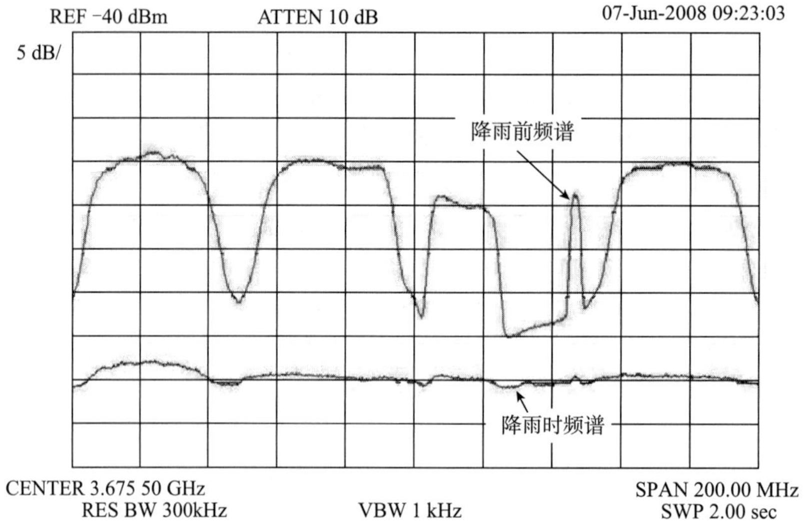

图 6－29 暴雨来临，接收 Ku 波段信号对比图

而使接收链路严重恶化甚至中断，这种干扰被称为日凌干扰，把因此导致的用户通信链路故障称之为日凌故障。日凌干扰是卫星通信系统遇到的一种无法避免的自然现象。

（1）日凌干扰的识别方法

日凌发生时间和接收点的地理位置有关，持续时间的长短则由天线的工作频率及地球站接收天线的口径决定，一般情况下，接收天线的口径越大，频率越高，日凌持续的时间就比较短；反之，则持续的时间越长。日凌干扰发生时，卫星上所有转发器的噪底在预测时间逐渐先抬升后下降（噪底最高可抬升 10 dB），最后恢复正常，如图 6－30 所示。

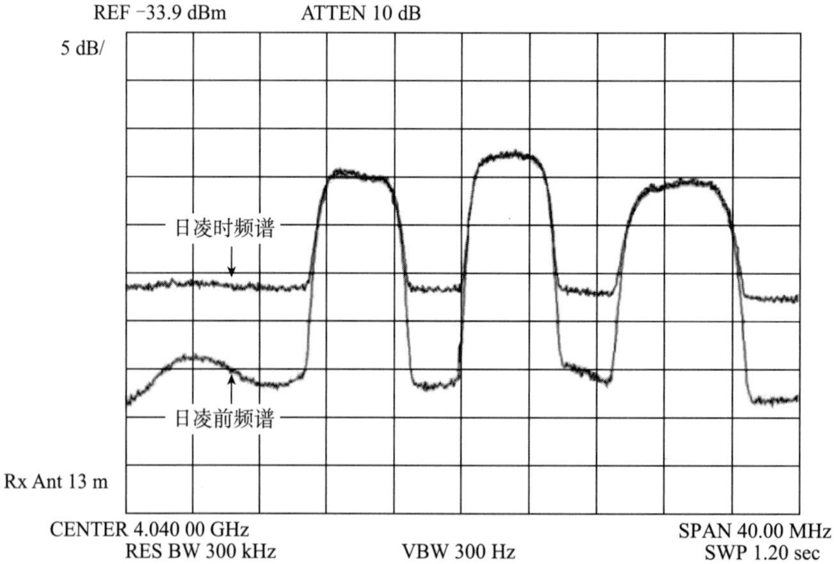

图 6－30 日凌干扰发生时噪底变化频谱图

(2) 日凌干扰应对方法

目前尚无有效的方法来避免日凌干扰，唯一可行的方法就是在日凌中段前将业务切换到暂不受影响的异地备份站或备用星。

卫星日凌干扰日期和时间是可以预测的，卫星运营商通常在日凌干扰发生前一个月左右会向用户发布日凌预报。春季或秋季日凌干扰每次约延续 6 天左右，每日持续的时间一般为 10 min 左右。

6.7　干扰定位

用户卫星通信业务在长期运行过程中会经常出现一些不明载波，包括未经许可非法使用转发器资源的盗用载波和网内用户设备故障错发的载波，这些不明载波不仅严重影响卫星上合法用户通信业务的正常运行，而且使用频谱监测系统分析不出这些载波是哪个地球站所发，只有使用干扰定位系统进行定位，才能找到不明载波发射站的位置。

本节结合中国卫通自建的干扰定位系统，着重介绍干扰定位原理、干扰定位系统设备组成、干扰定位过程等。

6.7.1　定位原理

干扰定位方法有双星定位方式和三星定位方式两种，其中，双星定位方式是通过测量干扰地球站发射信号到达本星和邻星的时间差和频移差来确定干扰地球站的具体位置的（所谓本星是指干扰信号所使用的卫星，邻星是指与干扰信号使用卫星相邻的卫星），三星定位方式是通过测量干扰地球站发射信号到达本星和两颗邻星的两组时间差来确定干扰地球站的具体位置的。

只要测量出干扰地球站发射信号到达本星和邻星的时间差，就可以在地球表面画出一条双曲线，所有位于这条双曲线上的地球站发射的信号到达本星和邻星的时间差都相同，且等于测量值；同理，测量出干扰地球站发射信号到达本星和邻星的多普勒频移差，也可以在地球表面画出一条双曲线，所有位于这条双曲线上地球站发射的信号到达本星和邻星的多普勒频移差都相同，且等于测量值，上述两条曲线的交叉点即为干扰地球站的所在位置。但是由于时间差和频移差都存在测量误差，所以最终定位出的干扰地球站所在位置不是一个交叉点，而是一个椭圆区域。下面详细介绍测量干扰地球站发射信号到达本星和邻星的时间差和多普勒频移差的工作原理。

几乎所有卫星通信地球站都是使用抛物面天线来发射和接收微波信号来实现卫星通信的，由于抛物面天线的辐射方向图具有多瓣特性（除了主瓣之外还有若干旁瓣），干扰站抛物面天线的主瓣将干扰信号发送到本星，干扰站抛物面天线的旁瓣也会将干扰信号发送到相邻卫星，两颗卫星分别将干扰信号转发，由定位站利用两副天线（位于同一地点）分别接收两颗卫星的下行信号，由于信号传输路径不同，这两副天线接收到的两路干扰信号将存在相对时间差（DTO），包括上行路径时间差和下行路径时间差，其中，上行路径时间差是由于干扰站与本星和邻星之间的距离不同造成的，下行路径时间差是由于定位站与本星和邻星之间的距离不同造成的。由于本星位置、邻星位置和定位站位置是已知的，也就是说下行路径时间差是可以计算出来并扣除的。因此，只要测量出干扰信号经过本星和邻星转发到定位站的时间差，并扣除下行路径时间差，就可以测量出干扰信号到达本星和邻星的时间差，进而在地图上画出干扰站所在时差线（DTO－LOP）。

此外，地球同步轨道卫星由于摄动的原因，会使卫星接收到的干扰站发射的上行信号产生多普勒频移，同时也会使定位站接收到的卫星转发的下行信号产生多普勒频移，这样一来，定位时定位站两副天线接收本星和邻星转发信号的多普勒频移不同。由于本星位置\速度、邻星位置\速度和定位站位置是已知的，也就是说两颗卫星的下行多普勒频移差是可以计算出来并被扣除的。因此，只要测量出定位站接收的多普勒频移差，并扣除两颗卫星到定位站的下行多普勒频移差，就可以测量出本星和邻星接收到的上行干扰信号的多普勒频移差，进而在地图上画出干扰站所在频差线（DFO－LOP）。

双星定位方式原理和三星定位原理图分别如图 6－31 和图 6－32 所示，图 6－31 中实线曲线为时差线，虚线曲线为频差线。图 6－32 中两条曲线均为时差线。

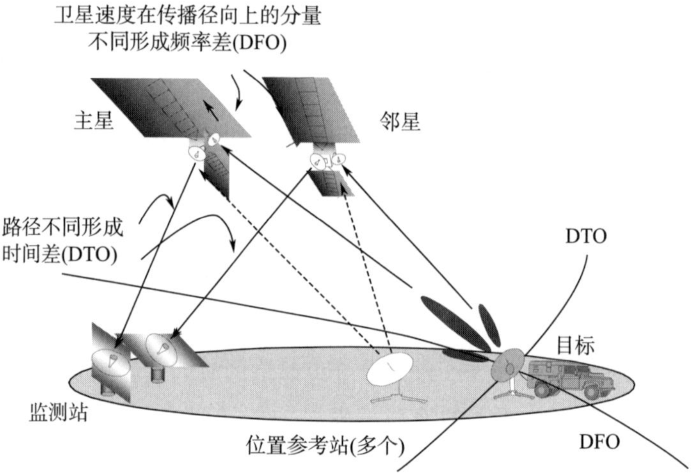

图 6－31　双星定位原理图

双星定位方式需要具备的条件如下：

1）卫星条件。主星附近应有一颗邻星，具有与主星相同的频段和极化方式。两颗卫星必须具备覆盖目标和接收站区域的共视区，并且可以获取卫星的准确星历。

2）参考站条件。为了修正星上转发设备的未知特性、卫星星历误差等多种误差因素对定位的影响，定位系统需要四个以上参考站，并且分布在目标地点的四周。

3）地面接收站条件。使用大口径天线，具备同时接收两颗卫星下行信号的能力。

三星定位方式需要具备的条件如下：

1）卫星条件。主星附近应有两颗邻星，具有与主星相同的频段和极化方式。三颗卫星必须具备覆盖目标和接收站区域的共视区，并且可以获取卫星的准确星历。

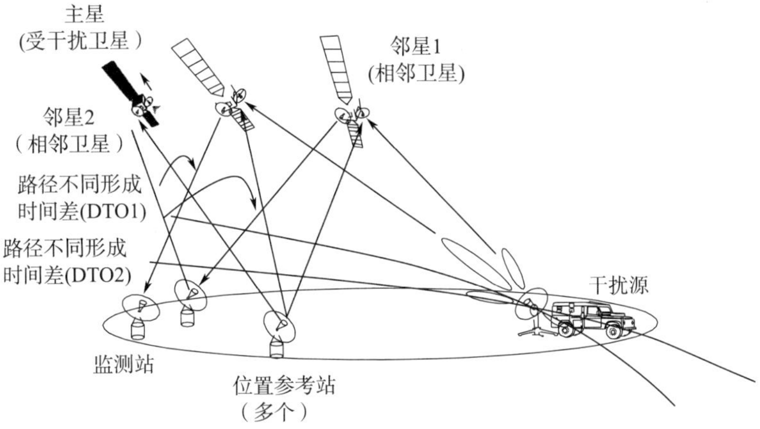

图 6-32　三星定位原理图

2）参考站条件。为了修正星上转发设备的未知特性、卫星星历误差等多种误差因素对定位的影响，定位系统需要有一个参考站。

3）地面接收站条件。使用开大口径天线，具备同时接收三颗卫星下行信号的能力。

6.7.2　系统基本组成

干扰定位系统的硬件由射频开关矩阵（C&Ku）、下变频器、中频预处理设备、数据采集设备、参数估计设备、时统设备以及其他辅助设备（调度服务器、数据服务器、同频对消服务器、频谱仪、串口服务器等）组成，系统结构如图 6-33 所示。

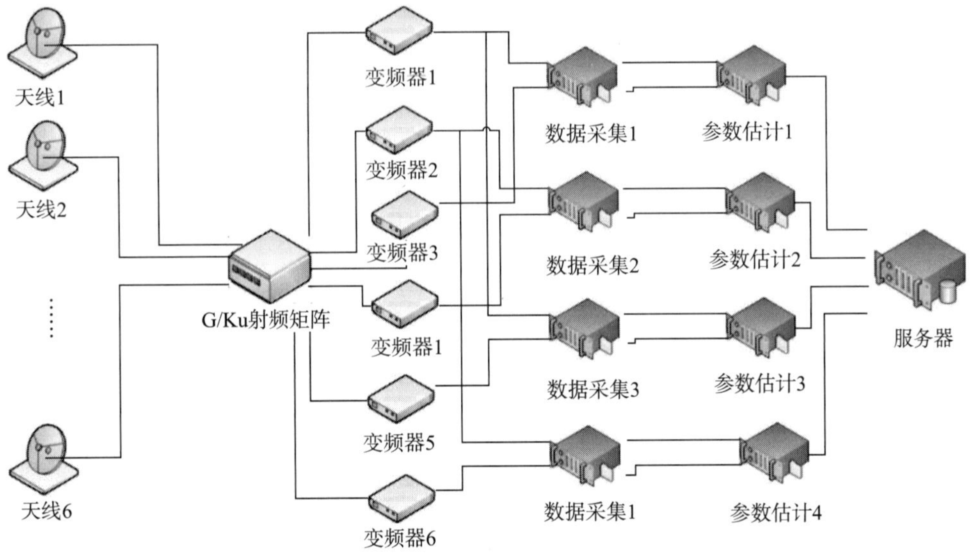

图 6-33　系统结构

开关矩阵负责多副天线间信号的选择输入；下变频负责将下行射频信号转换成中频 70 MHz 信号，便于系统后续处理。中频预处理将变频器输出的 6 路信号滤波的放大后以合适的采集电平输出；数据采集设备负责对输入的 8 路信号采样；参数估计设备负责将采样的信号进行预算；时统设备为整个系统提供统一的时钟信号和秒脉冲；其他辅助设备为系统运算和控制提供保障。

6.7.3 定位过程

（1）定位模式说明

选择邻星的基本要求有两点：一是邻星与主星有相同的上、下行覆盖；二是邻星与主星轨道位置有一定的间隔。采用三星定位模式时，选取的邻星尽量位于主星两侧，邻星与主星之间的轨道间隔越大，定位椭圆越小。双星定位时，第一参考站的地理位置应离目标站（即干扰站）尽量近。

定位模式粗分为双星定位模式和三星定位定位模式，细分为：三星单参考双时差、三星单参考分时双时差、双星多参考时频差、双星单参考分时双时差四种定位模式。

表 6－7 为 C 频段常用定位组合，表 6－8 为 Ku 频段常用定位组合。

三星单参考双时差定位模式是首选定位模式，此定位模式定位精度高，参考条件容易满足，但对邻星要求高。三星单参考分时双时差定位模式与上一种定位模式类似，区别在于分时采集数据。当两颗邻星都选择外星时，因为天线复用，每次只能采样一颗邻星信号，所以需要选此模式分时采样。当需要对目标信号或参考信号进行对消操作时，因为下变频有限，也需要选此模式。

双星多参考时频差定位模式是在找不到两颗合适邻星的情况下优先选用的定位模式，该模式对邻星要求低，但频差测量误差大，需要至少半小时连续定位，另外此模式对参考站地理位置和数量都有要求。双星单参考分时双时差定位模式与上一种定位模式类似，区别在于分时采集数据。该模式使用时差线定位，误差小，但因为使用同一组合时差线，两次定位需要间隔很长时间才可能存在时差线交点，且定位精度差。

表 6－7　C 波段常用定位组合

主星	邻星 1	邻星 2	邻星 3	邻星 4
中 6B(115.5°E)	中 10(110.5°E)	中 12(87.5°E)	中 11(98°E)	中 6A(125°E)
中 6A(125°E)	中 10(110.5°E)	中 11(98°E)	ASIA4(122.2°E)	
中 12(87.5°E)	中 11(98°E)	中 10(110.5°E)	THAICOM5/6(78.5°E)	
中 10(110.5°E)	中 12(87.5°E)	中 11(98°E)	ASIA4(122.2°E)	
中 11(98°E)	中 12(87.5°E)	中 10(110.5°E)		

表 6－8　Ku 波段常用定位组合

主星	邻星 1	邻星 2	邻星 3
中 6A(125°E)	中 10(110.5°E)	ASIA4(122.2°E)	ASIA5(100.5°E)
中 12(87.5°E)	中 10(110.5°E)	NSS－11(108.2°E)	APT7(76.5°E)
中 10(110.5°E)	中 12(87.5°E)	中 6A(125°E)	ASIA4(122.2°E)

(2) 结果筛选说明

一次定位操作成功与否，与天线口径、干扰特性、邻星星历特性是否精准等有着密切关系，在实际操作中经常遇到定位结果飘动大的问题，这里简要介绍定位结果的筛选方法。

由于地球静止轨道卫星摄动使干扰信号在传输过程中产生相对频差，与低轨道卫星相比，地球静止轨道卫星的摄动非常微小，所以信号在不同传输路径产生的相对频差也非常小，这也为判断结果是否准确提供了依据。如图 6 - 34 所示，以参考的频差线作为基准判断目标的结果是否准确，同一卫星组合的目标定位结果和参考定位结果的频差（DFO）应相似，两者之差最多不能超过 50 Hz。

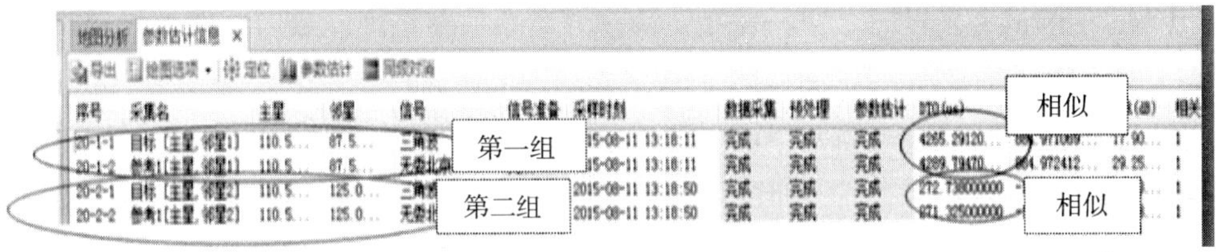

图 6 - 34　同一组卫星组合频差值相似

在确定参考信号频差线基本准确后，可以查看参考信号定位结果，查看时差线与参考站真实地点的距离差，如图 6 - 35 所示。距离差小于 30 km 的，可以认为参考信号参估结果可信。然后再根据参考的频差值（DFO）判断定位结果的频差是否准确。

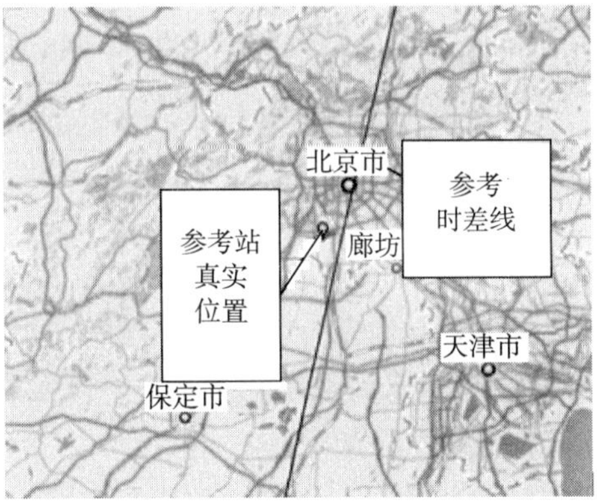

图 6 - 35　参考时差线与实际位置距离

另外定位时刻与定位成功率也有很大关系。在最佳时段长时间多次定位干扰，观察定位结果的分布情况，分布集中的点可能性最大。

6.8　卫星通信链路计算

链路计算是卫星通信系统网络设计中必不可少的环节，合理的链路计算可为系统设计中有关地球站设备的配置、技术参数的设定和空间段资源的分配、是否符合相关条件和业务要求等方面提供重要技术数据。以下主要介绍卫星通信链路的计算目的、计算条件、计算方法、重要参数取值方法、常用链路计算软件和链路计算相关标准等内容。

6.8.1 概述

6.8.1.1 预算与核算

按应用模式，链路计算可分为设计阶段的链路预算和运行阶段的链路核算两种模式。

在设计阶段的链路预算中，要考虑到卫星通信网络的长期运行质量，这样一来，要考虑的因素较多，而且还要考虑系统的余量以应对设备指标劣化，因此，预算结果与某一运行时刻的实际测试结果可能有明显差异，如在卫星通信网络刚开通时，测试结果会明显优于链路预算的结果。

在运行阶段的链路核算则应根据实际运行时已确定的设备和链路参数来进行计算，因此计算结果与实际测试结果之间具有较好的一致性。

6.8.1.2 计算结果与实际测试结果的差异

由于以下一些不确定性因素的影响，使得链路计算结果受到时间、环境、计算人员的能力等影响，计算结果的准确性受到一定限制，与实际测试结果之间会存在差异。

（1）设备工作参数的变化

设备参数与系统设计指标、工程实施质量、运行维护质量等存在明显的关联，如天线效率、指向损耗（对星精度）、馈线损耗、天线噪声温度、天线方向图特性、接收机噪声温度等参数，或因系统设计而不同，或因工程实施质量而有区别，或因运行维护质量而产生长期使用后的指标劣化程度的差异。

（2）传输路径参数的变化

在非干旱地区的 Ku 频段系统和强降雨地区的 C 频段系统中，降雨衰减是一个必须重点考虑的因素。而雨衰计算通常是依据长期统计数据建立的模型，一般情况下可用的 ITU 数字地图目前只有 0.01％年概率数据（在非 0.01％年概率情况下为概率换算，计算结果并不合理，如北京和成都的 0.01％年降雨强度数据接近、但实际的 0.1％降雨强度却有较大差别），会与具体发生的降雨衰减个例存在误差。

在 18 GHz 以上的卫星通信链路中，大气衰减、云雾衰减、对流层衰减是需要考虑的因素，而这些衰减的计算准确性依赖于气象数据的准确性。一般情况下可用的 ITU 数字地图也是一个长期统计数据，其数据点间隔在经纬度 1.125°～1.5°之间不等，对于气象数据变化大的地区，其插值计算的结果与实际可能有较大误差。

（3）可能影响通信质量的其他干扰

按通信行业标准《YD/T 2721—2014 地球静止轨道卫星固定业务的链路计算方法》的要求，只考虑上行链路 C/N，下行链路 C/N，转发器互调干扰 C/I、上行链路相邻卫星干扰 C/I、下行链路相邻卫星干扰 C/I、上行链路交叉极化干扰 C/I 及下行链路交叉极化干扰 C/I 共 7 种噪声和干扰因素，对于其他干扰的影响则考虑通过对卫星网络的运行管理来解决。

除了转发器互调、交叉极化干扰、相邻卫星干扰外，实际运行过程中还可能发生邻信道干扰、地面电磁环境干扰、日凌干扰等，影响通信质量。

6.8.2 链路计算输入和输出

6.8.2.1 必要的输入参数

链路计算涉及的输入参数很多，其中有很多输入参数的来源多样化，例如天线增益，有些天线厂家会提供实际测试值，但多数情况下（尤其是在链路预算时），用户只提供天线口径，而天线增益则需根据工作频率和预设的天线效率进行计算。因此可将链路计算涉及的输入参数分为两类：人工输入、计算产生/人工输入可选，在链路计算软件中必须进行分别处理。

链路计算涉及的主要输入参数举例如下。

（1）地面设备接口参数

地面站天线口径、天线效率、馈线损耗、指向损耗等。

（2）载波信号信息参数

载波工作频率、工作速率、调制方式/调制系数、FEC 编码方式/编码比率、Eb/No 门限、工程实施余量要求等。

（3）链路传输特性参数

系统可用度与降雨、大气、云雾、对流层衰减相关的可用度要求、相关站点的地理数据、气象数据等。

（4）卫星特性接口参数

转发器工作频率、带宽、输入/输出回退、饱和功率通量密度等，以及使用站点的转发器 EIRPs 覆盖、G/T_s 覆盖的等值线数据。

（5）相关邻星协调参数

使用站点的邻星同频段转发器 EIRPs 覆盖数据、对邻星的上行谱密度限制值数据。

6.8.2.2 不同计算目标的输出

根据链路计算的目的不同，链路计算的输出参数也不同。常用的计算模式有以下几种：

1）按确定的设备配置和工作参数、要求的可用度，计算占用卫星转发器带宽和卫星转发器功率，看是否能实现功带平衡。

2）按确定的设备配置和工作参数，基于功带平衡的原则，计算可以达到的最大可用度。

3）按确定的设备配置、要求的可用度、功带平衡原则，计算最佳的工作参数。

4）按确定的工作参数、要求的可用度、功带平衡原则，计算需要的设备配置。

5）绘制覆盖区域内的天线需求、功放需求、最大可用速率、最大可用度的数字地图。

6）其他，根据已确定的参数，计算某一个参数的合理值。

6.8.3 链路计算原理与方法

链路计算的计算依据是中国卫通牵头制定的通信行业标准《YD/T 2721—2014 地球静止轨道卫星固定业务的链路计算方法》。根据标准编写的要求和特点，该行业标准主要是对链路计算流程和方法进行了规范和统一，而对于实际计算中的干扰参数、可用度、指向误差、设备参数等许多与设计要求、设备性能、卫星及其环境特性等相关的参数取值范围只是尽可能给出了参考数据，但并未做出明确规范，而这些参数的取值对链路计算的结果在实际应用中的符合程度有非常大的影响。重要参数取值对链路计算结果的影响，可作为进行链路计算时的参考。本节内容摘自：通信行业标准《YD/T 2721—2014 地球静止轨道卫星固定业务的链路计算方法》第 4 部分和附录 A。

链路计算流程参见附录：链路计算流程示意图。

卫星通信链路示意图如图 6 - 36 所示。

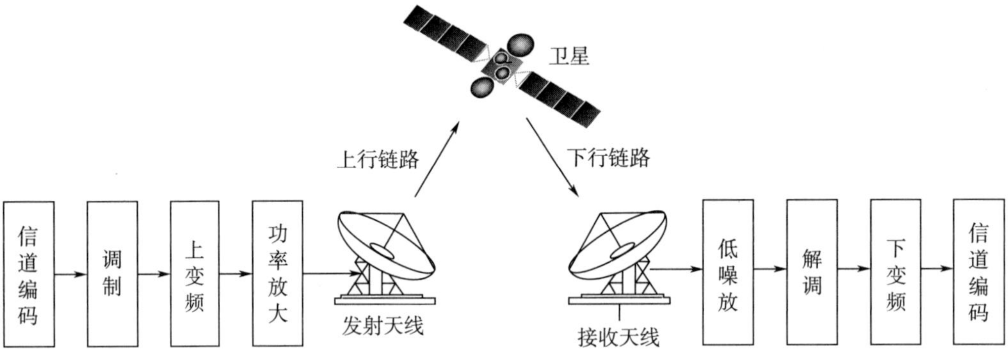

图 6 - 36　卫星通信链路示意图

6.8.3.1 基本参数计算

详细内容请查看通信行业标准《YD/T 2721—2014 地球静止轨道卫星固定业务的链路计算方法》第 6 部分。主要包括：卫星参数计算、载波带宽计算、地球站参数计算、空间损耗计算等。

6.8.3.2 晴天状态下链路计算方法

详细内容请查看通信行业标准《YD/T 2721—2014 地球静止轨道卫星固定业务的链路计算方法》第 6 部分。主要包括：卫星功率资源分配计算，载波门限 C/N 计算，C/T，C/N（或 C/I）与 C/N_0 的关系，系统余量计算，载波所需地球站发射参数计算，载波卫星功率占用比计算等。

6.8.3.3 降雨衰减在链路计算中的考虑

详细内容请查看通信行业标准《YD/T 2721—2014 地球静止轨道卫星固定业务的链路计算方法》第 6 部分。主要包括：考虑上行降雨衰减的计算方法，考虑下行降雨衰减的计算方法，需要同时考虑上行降雨衰减和下行降雨衰减的计算方法，不同天气状况下的计算结果处理等。

6.8.4　重要参数取值原则

6.8.4.1　产生重要影响的参数

1）系统可用度。

2）卫星覆盖参数。

3）设备工作参数。如天线效率、指向损耗（对星精度）、馈线损耗、天线噪声温度、接收机噪声温度等参数。

4）传输路径参数，如降雨衰减、大气衰减、云雾衰减、对流层衰减等。

5）影响通信质量的干扰，如转发器互调、交叉极化干扰、相邻卫星干扰等。

6.8.4.2　卫星覆盖参数选取

链路计算中采用的卫星覆盖参数是按照卫星天线方向图测试数据计算出来的结果。由于卫星天线方向图数据是按点阵测试的，比如按 91×91 点测试，每点代表 0.1°的对地空间角（对不同地点其间隔大约相当于地面 63～73 km），只有对应测试点的地面站点的覆盖数据才对应测试数据，而其他站点的覆盖数据都是插值数据，因此具有不确定性。

在覆盖变化平缓的地区，用于插值计算的测点方格上 4 个点的测试数据的差别较小，因此插值计算的结果的可信度较高（计算结果与插值模式的关系不大）。

在覆盖变化很大的地区，用于插值计算的测点方格上 4 个点的测试数据的差别很大，插值计算结果的可信度低（计算结果与插值模式的关系大）。因此需要在链路计算中加以处理，比如：在插值计算的测点方格上 4 个点的测试数据变化范围较大时将该站点覆盖参数取插值方格上 4 个点的最差值（而不是按覆盖计算软件计算出的参数）；变化范围过大的地点，通常覆盖效果也差，应建议在该站点避免使用相应波束，或提高相关系统余量。

6.8.4.3　降雨可用度在上下行链路中的分配

在实际的链路计算中，用户通常会给出系统总可用度的要求。而系统总可用度是通过分配为上行可用度和下行可用度来实现的，这就使得同一个系统总可用度对应很多种不同的上行链路可用度、下行链路可用度的组合。

系统可用度中，除去设备的可靠性外，主要影响要素是降雨可用度。

同样的系统链路降雨可用度可能会对应很多组不同的上行链路降雨可用度、下行链路降雨可用度的组合，在综合考虑上下行降雨的影响后，会产生不同的卫星功率占用值，因此带来一个问题：

计算的卫星功率占用值与预期降雨可用度如何匹配，哪个卫星功率占用值是合适的？

例如：99.8%的降雨可用度，可以对应的（上行链路可用度 _ 下行链路可用度）的组合有（99.85% _ 99.95%）、（99.90% _ 99.90%）、（99.95% _ 99.85%）等很多种，每一种组合对应不同的上行雨衰和下行雨衰，因此按上行降雨、下行降雨分别计算出的卫星功率占用值，根据二者取大原则产生的系统卫星功率占用值结果也不同。

在对计算出的卫星功率占用值与降雨可用度的匹配问题进行分析时，为了分析问题的简便，需要将降雨可用度转化为降雨不可用时间进行分析。

年降雨不可用时间（分钟）＝（1－年降雨可用度）×365×24×60

年降雨不可用时间对应的是实际降雨强度超过链路计算中选用降雨强度的时间。

链路计算中需要考虑年降雨不可用时间在上行链路和下行链路上的分配模式及分配比率，由此计算出相应的卫星功率占用值。

在上下行降雨为完全独立的事件时，如果按上下行降雨分别考虑、计算卫星功率占用值，则有

$A = A_u \times A_d$，其中 A，A_u，A_d 分别为降雨可用度、上行降雨可用度、下行降雨可用度

$N = N_u + N_d - N_u \times N_d$，其中 N，N_u，N_d 分别为降雨不可用度、上行降雨不可用度、下行降雨不可用度

当 A_u，A_d 不小于 99%时，可近似简化为 $N = N_u + N_d$，简化后误差小于 0.5%。

$N = N_u + N_d$ 可转换为 $T = T_u + T_d$，其中 T，T_u，T_d 分别为年降雨不可用时间、年上行降雨不可用时间、年下行降雨不可用时间。

经过逻辑分析，为使计算出的卫星功率占用 P 与年降雨不可用时间 T 尽量匹配，链路计算中应采用“上下行降雨分别考虑 $T = T_u + T_d$”的方法，同时尽可能调整 T_u/T_d 的分配比例，使按上行降雨计算出的卫星功率占用 P_u 和按下行降雨计算出的卫星功率占用 P_d 趋于相等。

由于主流雨衰计算模型的使用范围对应的最小年不可用度为 0.001%，对于涉及“降雨地区”对“干旱地区”的通信链路，调整 T_u/T_d 的分配比例可能无法达到 $P_u = P_d$ 的效果，此时干旱地区的年不可用度应取 0.001%；虽然计算出的卫星功率占用 P 与 T 无法匹配，但其实际产生的不可用度（时间）误差小于 0.001%（5 min/年），已经低于系统其他因素产生的不可用度（时间）至少一个数量级，因此，是可以接受的。

6.8.4.4 邻星干扰参数的处理

当接收天线口径较大，对邻星指向角处于天线接收方向图远旁瓣时，对邻星的指向增益按远旁瓣包络计算；当接收天线口径较小，对邻星指向角处于接收天线方向图主瓣时，对邻星的指向增益应按轴向增益减去指向衰减计算。

对于不同的卫星，邻星下行干扰 C/I 基准值取值可能有很大差别，应根据邻星协调情况确定（可能需要考虑具体地点的因素）。

天线对星偏差是一个实际问题，在链路预算时应考虑天线对星偏差对邻星干扰的影响。

6.8.4.5 Ka 频段链路计算需要关注的其他参数

对于 Ka 频段来说，大气损耗、云雾损耗、对流层损耗等非降雨损耗也将对链路产生较大影响，在降雨量小（可用度小于 99%时）和非降雨时段应该考虑上述因素对链路计算结果的影响。

6.8.5 常用链路计算软件介绍

6.8.5.1 中国卫通集成参数版（单机）软件

依据卫星通信链路计算行业标准进行开发，其界面和功能以 Satmaster 为参考，结合 EXCEL 公式版软件的多链路计算功能，单个计算项目文件内可支持 1～250 条链路。

所有操作界面提示和输入内容标题可通过 EXCEL 配置，方便实现多语种操作界面和输出。

通过外挂数据包来实现各种参数的自动查询。支持的外挂数据包有：转发器基础参数数据包；站点经纬度、海拔高度、降雨强度数据包；站点卫星覆盖参数数据包；相关 ITU 数字地图数据包（海拔高度、降雨高度、降雨强度、地表温度、地表水汽密度、累积水汽量、层状云液态水总含量、无线电波折射率数据）；调制、编解码方式数据包；常用链路参数数据包；输出文件中标题语言包；卫星天线方向图数据包；地面天线方向图数据包；天线噪声温度数据包。

6.8.5.2 中国卫通集成参数版（网络）软件

卫通集成参数版（单机）软件移植到 B/S 架构的网络版本，可减少单机版本升级部署的工作量；通过集中存放卫星通信链路计算软件中涉及的各种数据，实现不同人员使用数据时的权限控制和安全管理。

可对卫星载荷数据、链路计算、相关工具进行平台化的集中管理，实现可重用、可追溯、可审核的链路计算工作。

6.8.5.3 数字地图批量计算软件

可在地图上按一定的经纬度间隔以颜色区分，直观显示可以实现的链路可用度、天线口径、功放大小等用户关心的参数，其特点是计算量巨大（对于 Ku 波束，一般需要考虑范围为经度 100°×纬度 60°，如果以 0.5°为步进，则需要计算 24 000 条链路；对于 C 波束，一般需要考虑范围为经度 150°×纬度 100°，如果以 0.5°为步进，则需要计算 60 000 条链路），需要优化链路计算的算法。

6.9 业务运行管理

6.9.1 主要任务

业务运行的主要任务是卫星空间段资源使用管理，实施卫星频率资源、业务运行和电信港管理等项工作，主要包括：

1）统筹安排卫星转发器资源使用，制定转发器频率分配方案和频点指配，定期统计在轨资源的使用情况。

2）处理客户投诉，建立售后服务管理档案。

3）潜在用户或用户的实验和测试。

4）卫星空间段业务的链路计算，售后服务。

5）向客户提供技术咨询和技术培训等服务。

6）完成安全播出、应急通信等专项工作。

7）业务运行系统设备的维护工作。

6.9.2 组织架构

1）负责人全面负责运行管理与指挥调度工作，总体负责业务运行团队的行政、技术业务和资源管理等工作，如图 6-37 所示。

2）通信工程师履行用户业务传输计划审核、入网测试、业务开通、干扰及异常排查等一系列售后服务工作，确保用户卫星通信网络的顺利入网和长期稳定运行。

3）业务值班人员执行首问责任制的客户服务制度，负责全部转发器业务的 7×24 h 运行监测，保障通信业务、广电业务、临时业务及各系统设备的正常运行。

4）系统运维与设备管理人员负责组织地面系统的日常运行，制定设备维护/保养计划，通过高效的维护运行工作，保证业务运营维护工作正常有序的开展。

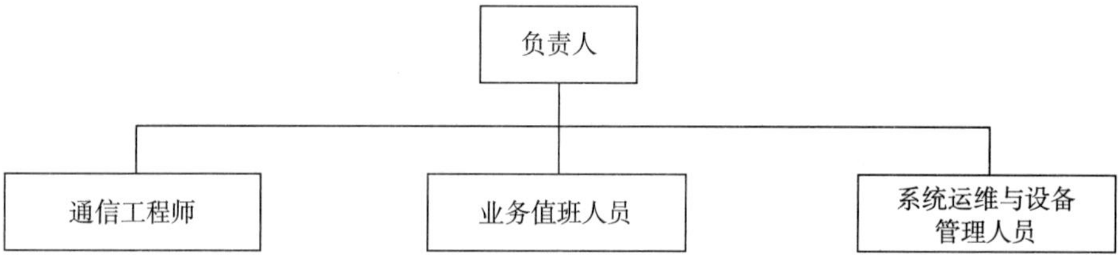

图 6-37 业务运行团队典型组织结构图

6.9.3 业务运行主要工作流程

6.9.3.1 转发器配置设置流程

转发器配置设置流程由通信工程师发起，具体流程如下：

1）根据通知单制定相应的转发器配置设置操作程序；

2）执行转发器配置设置操作程序；

3）通过频谱监测确认转发器配置设置操作已完成。

在轨卫星转发器通道配置和增益档设置原则如下：

1）新入轨卫星有效载荷通常配置主用状态；

2）新入轨卫星 C 频段转发器增益档一般设置在 SFD=－90 dB（W/m^2）时的档位、Ku 频段转发器增益档设置在 SFD=－84 dB（W/m^2）时的档位；

3）一个转发器的增益当设置，应在全面权衡其上所有用户地球站上行能力之后确定；

4）接替卫星的各转发器 SFD 设置，通常应与被接替卫星上的对应转发器 SFD 设置相同。

6.9.3.2　用户业务入网运行办理流程

为保障拟入网用户地球站及其通信链路的顺利开通，也为了防止性能不合格用户地球站以及未标定载波进入卫星网络对其他已入网用户卫星链路和相邻卫星上用户链路造成干扰，任何准备进入卫星网络运行的地球站必须完成下列五项工作，方能进入卫星网络运行：

1）转发器频段租用。需要进入在轨卫星网络运行的用户，应首先确定所租用转发器。

2）用户网络传输计划审核。用户应提供的信息有，用户单位名称、卫星通信网络类型和结构、通信体制、载波链路参数、技术负责人联系方法，以及地球站地理位置、地球站主要设备（天线、功放、调制解调器）的规格和型号等。

3）用户租用带宽频段分配。频率分配工作包括三项工作，一是选择并确定转发器频段，二是在频率分配表中记录所分配频段，三是通知用户和市场部所分配频段。

4）用户地球站性能验证测试。为了保障用户地球站性能满足进入卫星网络运行的技术指标要求，确保其入网运行后不会发出干扰信号，建议用户地球站进行性能验证测试。用户地球站性能验证测试工作由用户提出申请，由卫星运营商安排并主导测试，用户地球站协助测试。

5）用户链路入网开通测试。为保证用户业务入网时其每一个地球站发射载波的天线极化、频率带宽和占用功率的正确性和准确性，确保其不会对卫星上其他用户链路造成干扰，同时也保证用户链路进入卫星网络后能够正常通信，任何一个用户地球站都必须在发射载波前进行链路开通测试。用户链路开通测试工作由用户提出申请，由卫星运营商安排并主导测试，用户地球站协助测试。

6）进入长期运行后的要求。用户地球站及其链路开通测试后，即进入卫星网络长期运行，用户地球站应保持开通测试时所标定的载波链路不变，不得擅自增加发射功率和改变天线极化角，但可以在其租用的频段内更改载波频率。如果用户地球站更换或改造了发射天线、功率放大器或调制解调器设备，必须提请进行地球站验证测试和链路开通测试，否则不能发射载波开通链路。

6.9.3.3　故障（含干扰）处理流程

在用户业务长期运行期间，一旦频谱巡检系统告警或用户申诉业务运行故障（含干扰），业务运行部门必须立即着手排查处理故障，业务运行故障处理流程如下：

1）确认故障发生。通过频谱测量分析或频谱回放，确认故障确实发生并记录。

2）分析判定断故障类型和故障等级。确认故障发生之后还要分析判定故障类型和故障等级，并视故障等级向部门领导报告故障情况。故障类型分类方法详见第 7 章，故障等级分为特大运行故障、重大运行故障、较大运行故障、一般运行故障。

3）排查源头、通知消除或申请查处故障。通过频谱测量分析或者干扰定位，排查出故障源头，然后直接联系相关单位（一般是其他用户和邻星用户），要求他们消除故障，或者请求国家无线电管理部门去查处干扰。如果不能尽快排除故障，处理人应首先为用户提供应急使用频段，协助用户搬移载波频率，使用户恢复卫星通信链路，然后继续分析处理故障。

4）终结用户运行业务故障处理。故障被排除后，故障处理人应填写完成处理记录。

附录

链路计算相关标准和建议书的有关信息

基础行业标准

为了规范链路计算方法以及需要考虑的各项必要因素，使卫星通信系统的设计和使用更加合理，中国卫通牵头制定了通信行业标准《YD/T 2721—2014 地球静止轨道卫星固定业务的链路计算方法》，该标准已经于 2014 年 10 月正式发布。

相关行业标准和 ITU 建议书

相关行业标准：《YD/T 984—2016 卫星通信链路大气和降雨衰减计算方法》

相关 ITU 建议书：

[1] ITU - R P. 372 - 12　无线电噪声（Radio noise）

[2] ITU - R P. 453 - 11　无线电折射率：公式和折射率数据（The radio refractive index：its formula and refractivity data）

[3] ITU - R P. 618 - 12　地球—空间通信系统设计所需的传播数据和预测方法（Propagation data and prediction methods required for the design of Earth - space telecommunication systems）

[4] ITU - R P. 676 - 10　无线电波在大气气体中的衰减（Attenuation by atmospheric gases）

[5] ITU - R P. 835 - 5　参考标准大气（Reference Standard Atmospheres）

[6] ITU - R P. 836 - 5　水汽：地表密度和气柱总含容量（Water vapour：surface density and total columnar content）

[7] ITU - R P. 837 - 6　传播建立模型的降水特性（Characteristics of precipitationfor propagation modelling）

[8] ITU - R P. 838 - 3　预测方法中使用的特定降雨衰减模型（Specific attenuation model for rain for use in prediction methods）

[9] ITU - R P. 839 - 4　预测方法中使用的降雨高度的模型（Rain height model for prediction methods）

[10] ITU - R P. 840 - 6　云雾引起的衰减（Attenuation due to clouds and fog）

[11] ITU - R P. 1510 - 0　年平均表面温度（Annual mean surface temperature）

[12] ITU - R P. 1511 - 1　地球—空间传播模型的地形学（Topography for Earth - space propagation modelling）

链路计算流程示意图

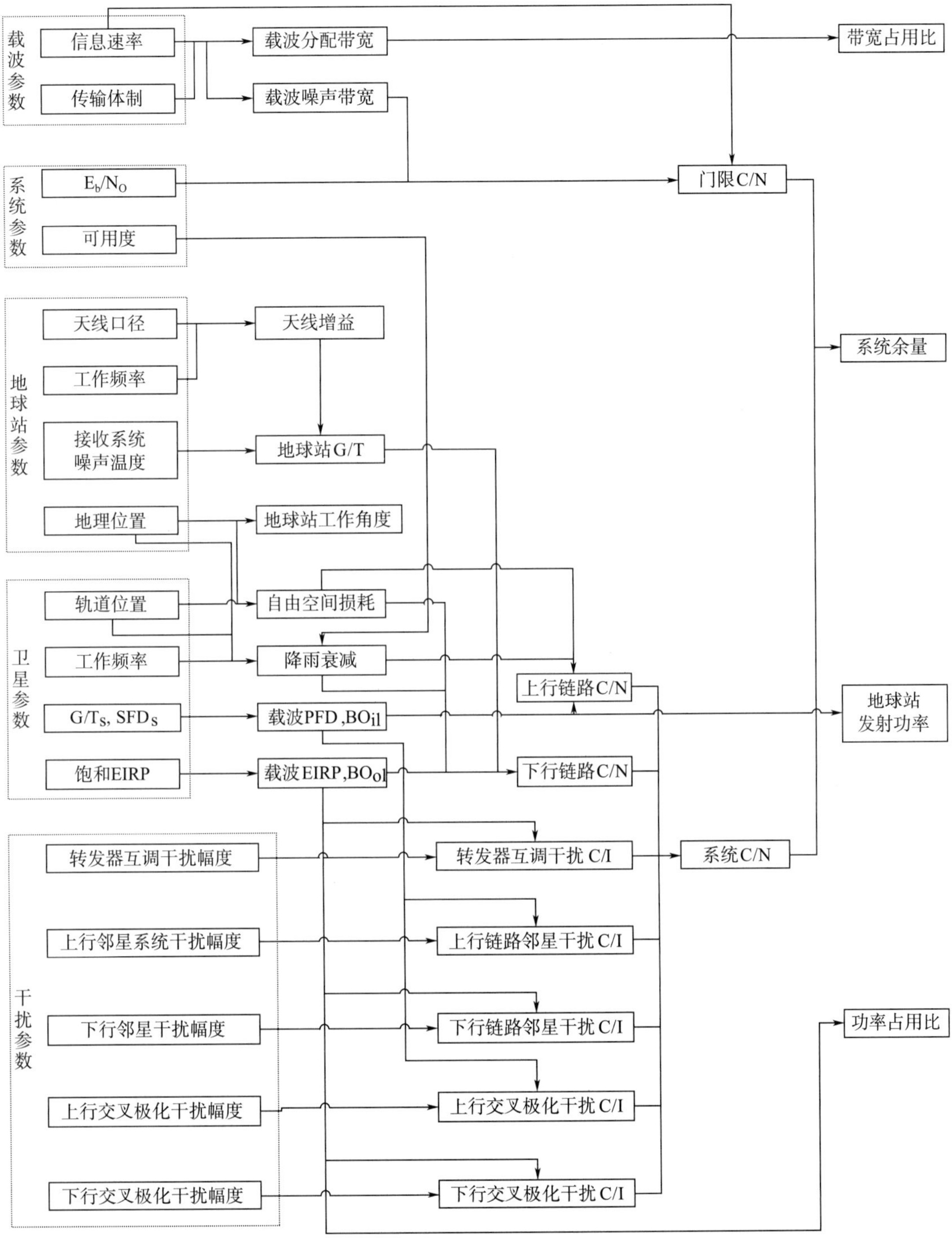

图 6-38　链路计算流程示意图

参考文献

[1] 卫星有效载荷技术 [M]．北京：中国宇航出版社，2001.

[2] 卫星干扰源定位系统使用维护说明书．西南电子电信技术研究所，2016.

[3] Monics Operator Training rev B. SAT Corporation，2015.

[4] Monics DSP Training. SAT Corporation，2015.

[5] 贾玉仙．相邻卫星间干扰计算及协调方法 [J]．数字通信世界，2014 (4).

[6] 吕海寰，蔡剑铭，甘仲民，陈九治．卫星通信系统（第二版） [M]．北京：人民邮电出版社，1994.

[7] ITU - R P. 618 - 12（2015）Propagation data and prediction methods required for the design of Earth - space telecommunication systems.

[8] ITU - R P. 531 - 13（2016）Ionospheric propagation data and prediction methods required forthe design of satellite servicesand systems.

第 7 章　卫星通信网建设及管理

7.1　卫星通信网概述

卫星通信是地球站之间或用户航天器与地球站之间利用通信卫星转发的无线电通信。

卫星通信业务主要包括卫星固定业务（FSS）、卫星移动业务（MSS，包括陆地、水上和航空三种）、卫星广播业务（BSS）等。

卫星通信网是由一颗或多颗通信卫星和指向卫星的若干个位于不同地理位置、不同设备配置的地球站组成的通信网或通信系统。不同的卫星通信网可能采用不同的拓扑结构、多址方式及技术体制，具有不同的网络规模，传输不同种类的业务。

典型的卫星通信系统由通信卫星、卫星地球站和空间信道组成，其示意图如图7-1所示。卫星地球站包括相关的天线（伺服跟踪）、射频子系统（上下变频单元、功率放大器和低噪声放大器）、中频子系统（信道编解码和调制解调单元）和基带子系统（信源编解码及复用/去复用）。

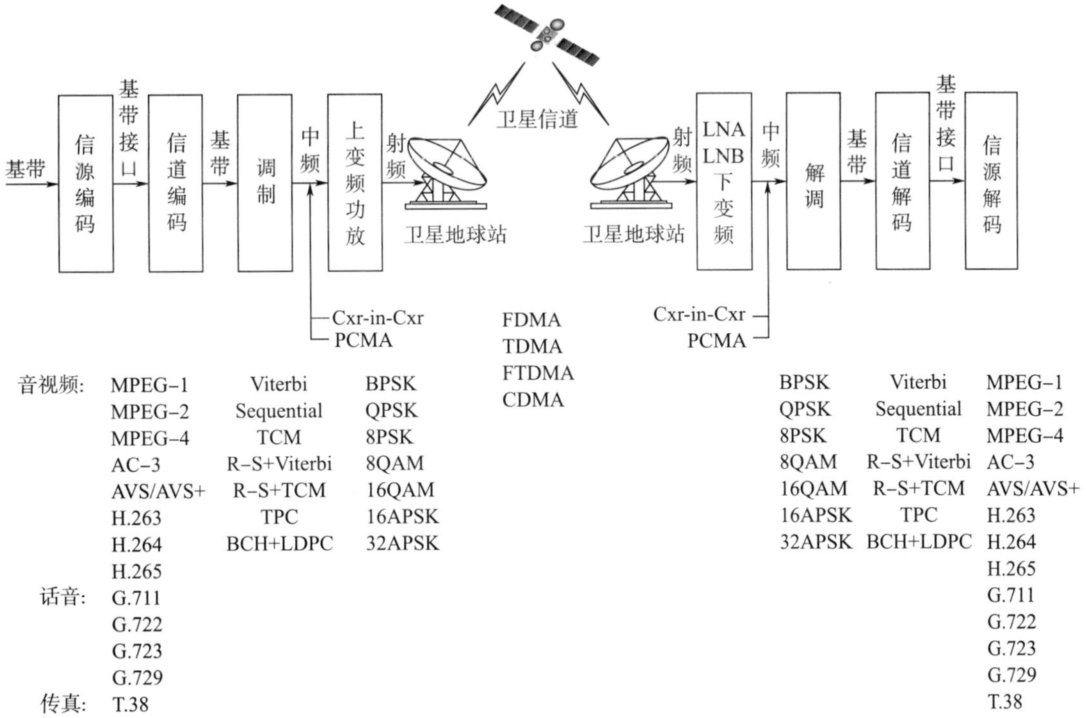

图 7-1　典型卫星通信系统示意图

随着卫星通信技术与计算机技术的不断发展和融合，网络管理系统 NMS 已成为卫星通信网的重要组成部分，是卫星通信网全网配置、运维和管理的核心。

随着卫星的 EIRPs 和 G/T_s 值越来越大，加上采用了性能更优的信源编码和信道纠错编码，为地球站的小型化提供了可能，VSAT［Very Small Aperture Terminal，甚小（天线）口径终端］系统应运而生并逐渐成为了卫星通信网的主流。VSAT 通信网中主站天线口径可为 6.2 m 或更大，典型小站（远端站）的天线口径，C 频段一般为 1.8～2.4 m，Ku 频段一般为 0.9～1.8 m。

上述卫星通信网的组成要素就是卫星通信网在设计、建设和运营管理中需要考虑的关键因素。同时，卫星通信网的设计、建设和运营也是一个围绕用户需求不断取舍、调整和优化的过程。本章将侧重阐述地球静止轨道卫星 FSS 业务卫星通信网的设计、建设和运营管理方面的相关知识。

7.2 卫星通信网设计

7.2.1 设计原则

7.2.1.1 设计要素

卫星通信网络设计是一个非常复杂的过程，它涉及需求分析、方案设计、经济分析及政策法规等诸多因素。

最佳的系统解决方案应该是在满足用户合理需求的前提下，在技术的先进性、操作的方便性、扩容升级的方便性、服务的即时性、占用卫星资源的有效性、网络实现成本和运营维护成本的可行性等多方面优化折衷的结果。

卫星通信网设计需考虑的因素如图 7－2 所示。

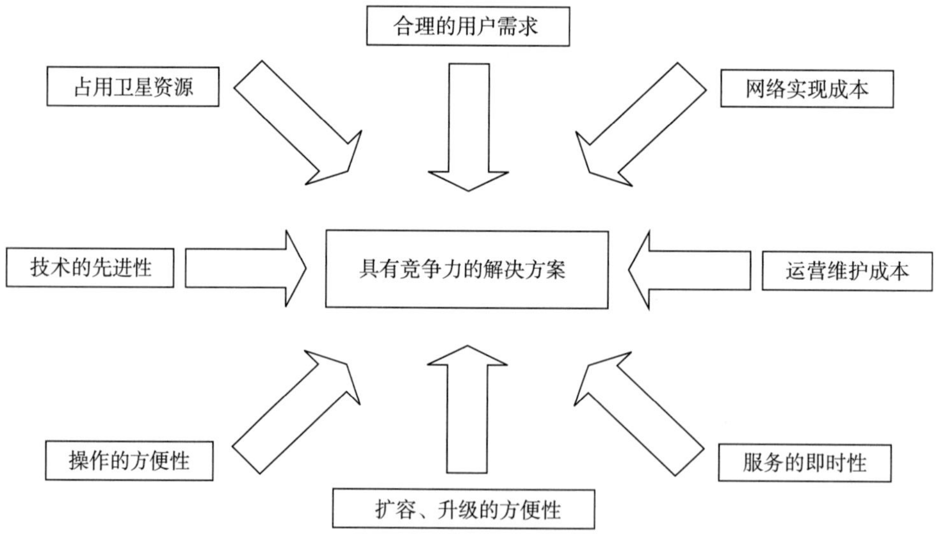

图 7－2 最佳的系统解决方案

7.2.1.2　设计目标

卫星通信网设计的目标是提（选）出一个在满足用户合理需求前提下的性价比最优的解决方案。

（1）合理的用户需求

含业务类型（话音/视频等实时业务和非实时数据业务）、业务量、响应时间、系统可用度（主要考虑雨衰、设备冗余配置及站址异地备份）、系统余量指标、误码率指标、是否加密等。

（2）合理的系统可用度指标

在确定系统可用度指标时应适可而止，够用就行，避免盲目追求过高的系统可用度指标，建议的系统可用度指标如下：

	C 波段	Ku 波段
通信：	99.96%	99.75%
电视单收：	99.95%	99.5%

在每年春分/秋分前后，当地中午前后的一段时间里，卫星通信还存在日凌干扰现象。对于非常重要的通信业务应考虑采用异地站热备份方式。

（3）合理的误码率指标

合理的话音、数据和图像的误码率指标如下：

话音：	10^{-4}
数据：	10^{-7}
DVB 图像：	10^{-10}

7.2.1.3　设计原则

卫星通信网的设计应遵循如下原则：

1）系统应具有最佳的性能价格比（应适当考虑将来扩容）；

2）系统占用卫星功率与带宽平衡，带宽占用比略大于功率占用比。

计算卫星带宽占用比时，一般采用分配带宽。

分配带宽＝占用带宽＋保护带宽，通常按如下公式计算：

分配带宽＝（1＋滚降系数＋保护带宽系数）×载波符号速率 R_s；

保护带宽系数根据用户业务类型及载波带宽由卫星公司确定。

带宽占用比＝分配带宽/转发器带宽×100%

功率占用比＝（用户载波 $EIRP_{下行}$）/（卫星饱和 EIRPs －转发器输出回退 BOo）×100%

7.2.1.4　系统成本

系统成本主要由如下几部分构成：

1）设备成本；

2）前期电磁环境测试（C 频段）和地勘费用；

3）基建费用（含天线基础、天线运输安装调试、机房新建或改造、供电系统及接地网改造、设备安装、远端站出差费用）；

4）卫星转发器租赁费用（长期）；

5）运营维护成本（含人员培训、备品备件、远端站出差、设备返修费用）；

6）可能的系统升级（含扩容）。

7.2.2 频段与卫星

7.2.2.1 频段选择

通信卫星常使用L，S，C，Ku和Ka频段，其中L和S频段主要用于卫星移动业务和数据广播业务，而C和Ku频段主要用于卫星固定业务，DBS频段用于卫星广播业务，Ka频段主要用于宽带固定业务及星间业务。

系统设计时，通过系统可用度指标及链路计算结果来确定拟使用C频段还是Ku频段转发器。

（1）选择C频段的注意事项

若选择C频段，由于存在地面同频微波干扰，地球站选址时必须进行电磁环境测试和干扰分析。虽然地面微波通信正逐渐被光纤通信取代，但部分地点仍可能存在同频干扰的风险。随着地面移动通信业务使用频率逐渐向扩展C频段靠近，而用户的现有LNB通常对带外的频响没有提出指标要求，有可能导致用户的LNB饱和，因此可能存在一定的风险。

（2）选择Ku或Ka频段的注意事项

降雨和降雪会对Ku和Ka频段的信号造成严重衰减，并导致接收站G/T值劣化、极化隔离度变差。上行雨衰只能通过增加上行站发射功率来补偿，下行雨衰主要靠加大接收站天线口径来补偿。

对于TDMA系统，上行功率的动态调整是通过改变Modem的中频输出功率来实现的；而对于不带网管功能的SCPC系统，通常采用配置上行功率控制器的方式来实现。

雨衰的大小与拟使用卫星的轨道位置、地球站位置（所处的雨区）、天线仰角、海拔高度、工作频段、极化及降雨率等有关。由于世界各地降雨量、降雨概率差别很大，ITU进行了雨区划分，将全球划分为A到Q共15个区域，如图7－3所示。我国分属C，E，F，K，N五个区。各区万分之一概率降雨率见表7－1。

表7－1　万分之一概率降雨率

万分之一降雨率R0.01

雨区	A	B	C	D	E	F	G	H	J	K	L	M	N	P	Q
降雨率/(mm/hr)	8	12	15	19	22	28	30	32	35	42	60	63	95	145	115

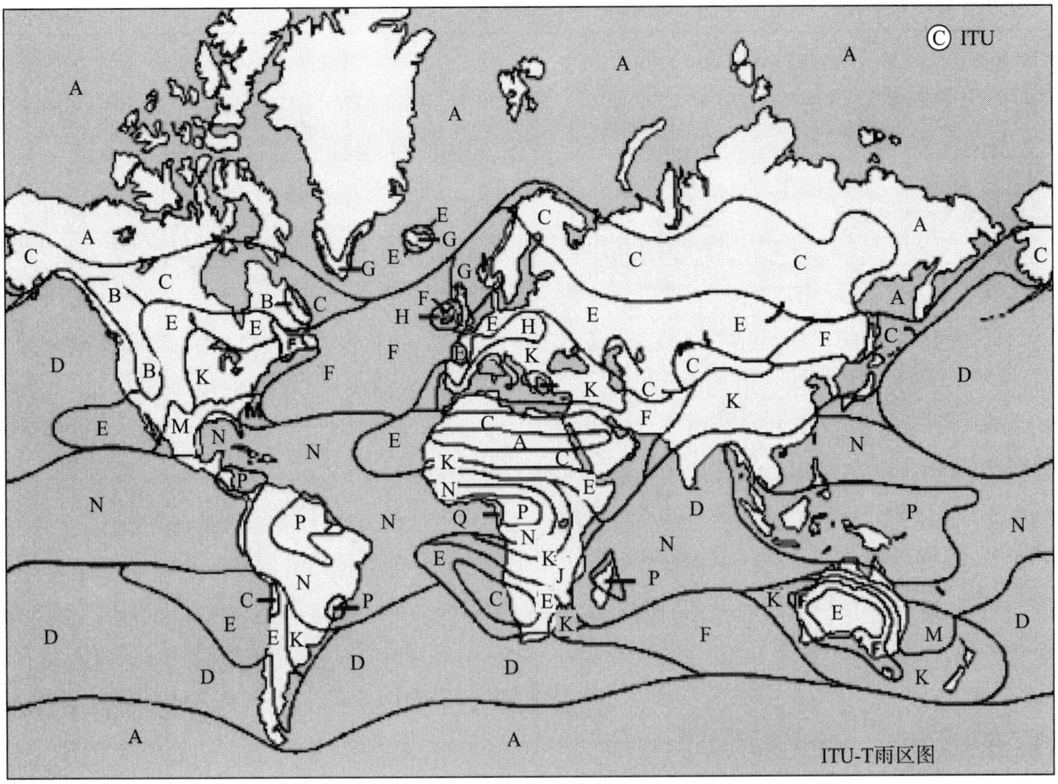

图 7 - 3　ITU - T 雨区图

同一地点，使用同一颗卫星，C 频段和 Ku 频段的雨衰相差很大。表 7 - 2 和表 7 - 3 分别为我国东南沿海部分城市使用中星 10 号卫星 C 频段和 Ku 频段时的雨衰值表，表 7 - 4 为我国东南沿海部分城市使用中星 16 号卫星 Ka 频段时的雨衰值表。

表 7 - 2　我国东南沿海部分城市中星 10 号卫星 C 频段雨衰计算结果

序号	城市	极化	上行雨衰(dB)(f=6 175 MHz)					下行雨衰(dB)(f=3 950 MHz)				
			99.50%	99.90%	99.95%	99.97%	99.99%	99.50%	99.90%	99.95%	99.97%	99.99%
01	北京	V	0.16	0.34	0.47	0.58	0.90	0.03	0.06	0.08	0.09	0.15
		H	0.18	0.39	0.54	0.67	1.03	0.03	0.06	0.09	0.11	0.17
02	上海	V	0.24	0.52	0.71	0.88	1.36	0.04	0.08	0.11	0.13	0.21
		H	0.26	0.57	0.78	0.97	1.49	0.04	0.09	0.12	0.15	0.23
03	南京	V	0.22	0.49	0.67	0.84	1.29	0.03	0.08	0.10	0.13	0.20
		H	0.25	0.54	0.74	0.92	1.42	0.04	0.08	0.11	0.14	0.22

续表

序号	城市	极化	上行雨衰(dB)(f=6 175 MHz)					下行雨衰(dB)(f=3 950 MHz)				
			99.50%	99.90%	99.95%	99.97%	99.99%	99.50%	99.90%	99.95%	99.97%	99.99%
04	杭州	V	0.23	0.52	0.70	0.87	1.35	0.04	0.08	0.11	0.13	0.21
		H	0.26	0.56	0.77	0.95	1.47	0.04	0.09	0.12	0.14	0.22
05	合肥	V	0.22	0.48	0.66	0.81	1.26	0.03	0.07	0.10	0.13	0.19
		H	0.24	0.53	0.72	0.90	1.38	0.04	0.08	0.11	0.14	0.21
06	福州	V	0.27	0.60	0.81	1.01	1.56	0.04	0.09	0.12	0.15	0.23
		H	0.29	0.64	0.87	1.08	1.67	0.04	0.09	0.13	0.16	0.25
07	南昌	V	0.24	0.53	0.72	0.89	1.38	0.04	0.08	0.11	0.14	0.21
		H	0.26	0.57	0.78	0.97	1.49	0.04	0.09	0.12	0.15	0.23
08	广州	V	0.36	0.79	1.08	1.34	2.07	0.05	0.11	0.15	0.19	0.29
		H	0.38	0.84	1.15	1.42	2.20	0.05	0.12	0.16	0.20	0.31
09	深圳	V	0.38	0.83	1.14	1.41	2.18	0.05	0.12	0.16	0.20	0.30
		H	0.40	0.88	1.2	1.49	2.30	0.06	0.12	0.17	0.21	0.32
10	珠海	V	0.36	0.80	1.09	1.35	2.09	0.05	0.11	0.15	0.19	0.30
		H	0.38	0.85	1.15	1.43	2.21	0.05	0.12	0.16	0.20	0.31
11	海口	V	0.44	0.98	1.33	1.66	2.55	0.06	0.13	0.18	0.23	0.35
		H	0.47	1.03	1.40	1.74	2.68	0.06	0.14	0.19	0.24	0.37
12	南宁	V	0.33	0.72	0.98	1.21	1.87	0.05	0.10	0.14	0.17	0.27
		H	0.35	0.76	1.04	1.29	1.99	0.05	0.11	0.15	0.18	0.29
13	台北	V	0.46	1.02	1.39	1.73	2.67	0.06	0.14	0.19	0.24	0.36
		H	0.49	1.08	1.48	1.83	2.83	0.07	0.15	0.20	0.25	0.39
14	香港	V	0.45	0.99	1.35	1.68	2.59	0.06	0.14	0.18	0.23	0.35
		H	0.48	1.05	1.43	1.77	2.74	0.07	0.14	0.20	0.24	0.37

表7-3 我国东南沿海部分城市中星10号卫星Ku频段雨衰计算结果

序号	城市	极化	上行雨衰(dB)(f=14.25 GHz)						下行雨衰(dB)(f=12.50 GHz)					
			99.00%	99.50%	99.90%	99.95%	99.97%	99.99%	99.00%	99.50%	99.90%	99.95%	99.97%	99.99%
01	北京	V	1.12	1.62	3.56	4.85	6.02	9.29	0.87	1.26	2.77	3.77	4.68	7.23
		H	1.23	1.77	3.90	5.32	6.61	10.19	0.95	1.37	3.02	4.12	5.12	7.90
02	上海	V	1.59	2.31	5.07	6.92	8.59	13.26	1.26	1.82	4.00	5.45	6.77	10.44
		H	1.69	2.44	5.37	7.32	9.09	14.03	1.32	1.92	4.22	5.75	7.14	11.02
03	南京	V	1.53	2.21	4.87	6.64	8.24	12.71	1.20	1.74	3.83	5.22	6.48	10.00
		H	1.63	2.36	5.20	7.09	8.81	13.59	1.28	1.85	4.08	5.56	6.91	10.65
04	杭州	V	1.59	2.29	5.05	6.88	8.55	13.18	1.25	1.81	3.97	5.42	6.73	10.38
		H	1.68	2.43	5.35	7.29	9.06	13.97	1.32	1.91	4.20	5.73	7.11	10.97
05	合肥	V	1.48	2.14	4.72	6.43	7.99	12.32	1.16	1.69	3.71	5.06	6.28	9.69
		H	1.58	2.29	5.03	6.85	8.52	13.13	1.24	1.79	3.94	5.38	6.68	10.30
06	福州	V	1.80	2.60	5.73	7.81	9.71	14.97	1.42	2.06	4.54	6.19	7.68	11.85
		H	1.88	2.73	6.00	8.18	10.16	15.67	1.49	2.15	4.74	6.46	8.02	12.38
07	南昌	V	1.61	2.33	5.12	6.99	8.68	13.38	1.27	1.84	4.04	5.51	6.84	10.56
		H	1.70	2.46	5.42	7.39	9.18	14.16	1.34	1.94	4.26	5.81	7.22	11.13
08	广州	V	2.31	3.34	7.35	10.02	12.44	19.19	1.84	2.67	5.87	8.00	9.94	15.34
		H	2.40	3.48	7.66	10.44	12.96	20.00	1.92	2.77	6.10	8.32	10.34	15.95
09	深圳	V	2.40	3.48	7.66	10.44	12.97	20.00	1.93	2.79	6.13	8.36	10.39	16.02
		H	2.50	3.62	7.96	10.86	13.49	20.80	2.00	2.89	6.37	8.68	10.78	16.63
10	珠海	V	2.32	3.36	7.40	10.09	12.53	19.33	1.86	2.69	5.92	8.06	10.02	15.45
		H	2.41	3.49	7.69	10.48	13.02	20.08	1.93	2.79	6.13	8.36	10.39	16.02
11	海口	V	2.78	4.02	8.84	12.06	14.98	23.10	2.23	3.23	7.12	9.70	12.05	18.59
		H	2.87	4.15	9.14	12.46	15.48	23.87	2.30	3.33	7.34	10.00	12.43	19.17
12	南宁	V	2.10	3.05	6.70	9.14	11.35	17.50	1.68	2.43	5.34	7.28	9.04	13.95
		H	2.19	3.17	6.97	9.50	11.80	18.20	1.74	2.52	5.54	7.55	9.38	14.47
13	台北	V	2.90	4.20	9.25	12.61	15.66	24.16	2.34	3.38	7.44	10.14	12.60	19.44
		H	3.02	4.38	9.63	13.13	16.31	25.16	2.43	3.51	7.73	10.54	13.09	20.20
14	香港	V	2.81	4.07	8.96	12.22	15.18	23.41	2.26	3.28	7.21	9.83	12.21	18.84
		H	2.93	4.23	9.32	12.70	15.78	24.34	2.35	3.40	7.48	10.20	12.67	19.54

表 7-4 我国东南沿海部分城市中星 16 号卫星 Ka 频段雨衰计算结果

序号	城市	极化	上行雨衰(dB)(f= 29.25 GHz)					下行雨衰(dB)(f= 19.45 GHz)				
			99.00%	99.50%	99.90%	99.95%	99.99%	99.00%	99.50%	99.90%	99.95%	99.99%
01	北京	C	3.83	5.89	14.18	19.64	37.01	1.68	2.63	6.66	9.42	18.65
02	上海	C	4.95	7.85	18.65	25.40	45.79	2.13	3.46	8.63	12.01	22.78
03	南京	C	5.05	7.95	18.85	25.69	46.50	2.17	3.50	8.73	12.16	23.16
04	杭州	C	5.19	8.28	19.63	26.63	47.58	2.23	3.64	9.07	12.58	23.65
05	合肥	C	4.93	7.79	18.49	25.21	45.64	2.13	3.43	8.56	11.93	22.72
06	福州	C	5.34	8.85	20.97	28.14	48.74	2.28	3.87	9.64	13.22	24.10
07	南昌	C	5.54	8.95	21.15	28.53	50.21	2.37	3.93	9.75	13.45	24.90
08	广州	C	7.13	12.08	28.18	37.23	61.94	3.04	5.26	12.93	17.46	30.57
09	深圳	C	7.83	13.29	30.86	40.61	66.92	3.34	5.80	14.17	19.06	33.05
10	珠海	C	7.92	13.49	31.29	41.13	67.55	3.38	5.88	14.36	19.30	33.35
11	海口	C	8.14	14.18	32.89	42.93	69.11	3.46	6.16	15.04	20.06	34.00
12	南宁	C	6.54	11.12	26.10	34.53	57.60	2.78	4.84	11.95	16.16	28.37
13	香港	C	8.03	13.66	31.67	41.61	68.29	3.42	5.96	14.54	19.53	33.73

由表 7-2～表 7-4 可见，在系统可用度很高时，Ku 频段的雨衰远大于 C 频段的雨衰。而对于 Ka 频段，雨衰更大。因此科学的确定卫星通信系统的可用度指标是系统设计的首要因素。

在选择拟使用的卫星频段时，应根据系统可用度指标及链路计算结果来确定。Ku 频段系统可用度一般取 99.5%～99.75%，对于要求更高系统可用度的系统或主要站点位于 N 区及以上降雨区（如我国东南沿海地区）的系统，建议优先选择使用 C 频段。若系统内有移动站，宜优先选用 Ku 频段。对于船载动中通天线，应重点考虑卫星覆盖范围、天线安装场地大小、天线跟踪精度、雨衰等因素。

对于在卫星固定业务通信网内设置使用移动站还需满足工信部的特殊要求。

为规范在卫星固定业务通信网内设置使用装载在移动平台上的地球站（以下简称移动平台地球站），工信部于 2013 年 1 月颁布了《卫星固定业务通信网内设置使用移动平台地球站管理暂行办法》[以下简称《办法》]。

《办法》要求车载、机载、可搬移式或便携式移动平台地球站仅允许使用频率范围为 14.00～14.25 GHz 的 Ku 频段低端发射信号；车载、可搬移式或便携式移动平台地球站所使用的抛物面天线口径不得小于 0.8 m（非抛物面天线的电性能等效口径不得小于 0.6 m），极化方式为线性极化。

《办法》要求在内陆水域以及距海岸线 125 km 范围内设置使用的船载移动平台地球站，仅允许使用 Ku 频段低端发射信号；在距海岸线 125 km 至 300 km 内设置使用的，允许使用 Ku 频段全频段（频率范围为 14.00～14.50 GHz）发射信号，但不得使用 C 频段（频率范围为 5 925～6 425 MHz）发射信号；在距海岸线 300 km 之外设置使用的，可使用 C 频段或 Ku 频段发射信号。船载移动平台地球站使用 Ku 频段发射信号时，所使用的抛物面天线口径不得小于 0.8 m（非抛物面天线的电性能等效口径不得小于 0.6 m）；使用 C 频段发射信号时，天线口径不得小于 2.4 m。

7.2.2.2　卫星选择

用户在选择使用哪颗卫星时，需主要考虑如下因素：

1）卫星主要性能。工作频段、覆盖范围、EIRPs，G/T_s，极化及频率协调情况。

2）轨道位置。涉及地球站天线仰角（是否被遮挡及雨衰大小）。

3）是否热鸟卫星。主要涉及受众范围及广告效应。

4）卫星剩余资源及备份情况。涉及受到干扰时和极端情况下的业务的频率调整及转星所需的备份转发器资源。

5）本地化服务，涉及能否及时响应用户的需求，如用户受到干扰时启用备份频率、协助用户进行设备及网络故障诊断，用户走访及培训（用户技术交流会），临时测试频率的快速安排等。

6）转发器功率谱密度（某地卫星下行 EIRPs -输出回退）/转发器带宽（常见转发器带宽包括 27 MHz，36 MHz，54 MHz 和 72 MHz）。

7）转发器价格。

8）若使用境外卫星运营商的卫星资源，该卫星需完成与我国相关卫星网络空间电台和地面电台的频率协调（即取得落地权），其技术特性应符合双方主管部门之间达成的协议要求。

7.2.3　传输体制

7.2.3.1　拓扑结构

卫星通信分为单向广播和双向通信两种，对于双向通信其网络拓扑结构又分为星状、网状和树状（混合）三种。

在网状网中，各远端站之间可直接进行通信而不需通过主站转接，即通信只需通过一次卫星，这被称为“单跳”；与之相对应的是在星状网中，远端站之间的通信必须通过主站中转，需要使用两次卫星，这被称为“双跳”。若使用双跳来传输话音等交互业务，较长的传输时延使用户的体验较差。

网络的控制方式又分为集中控制和分散控制两种。集中控制顾名思义就是整个网络必须在一个中央站（主站）的控制之下才能工作，所有的星状网和部分网状网采用集中控制方式。而分散控制就是没有绝对意义上的中央站，任何站发生故障不会影响网络中其他站的工作，但网管的部分工作仍是无法由其他站代替的。

对于一个大型的卫星通信网，可以有一个中央站和多个关口站（Gateway）来管理卫星资源（波束、频率、功率、极化）和用户业务。

一个典型的具有多个关口站的宽带卫星通信系统（星状）示意图如图 7-4 所示。

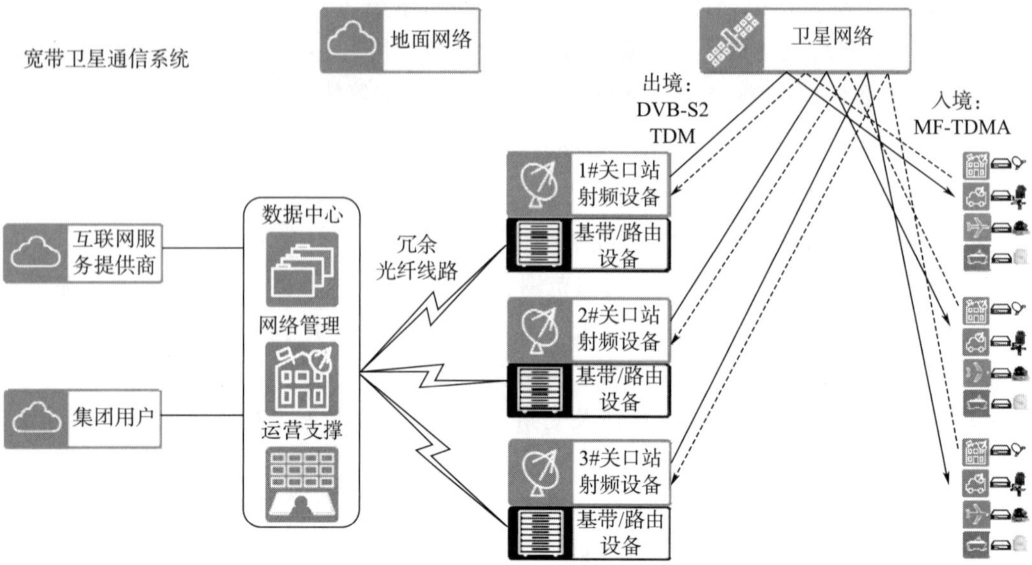

图 7-4　一个典型的具有多个关口站的宽带卫星通信系统（星状）示意图

7.2.3.2　多址方式

卫星通信由于其特有的广播特性和大面积覆盖特点，特别适合于多个地球站之间的同时通信，即多址通信。多址通信是指卫星天线波束覆盖区内的任何地球站可以通过卫星进行一点对多点、多点对一点或多点对多点的通信连接，常被称为多址联接。

由于一个地球站可能发射或接收多个载波，所谓的地址实际上是针对调制解调器而言的。

常用的卫星通信多址方式主要有频分多址（FDMA）、时分多址（TDMA）、码分多址（CDMA）、空分多址（SDMA）等几种。FDMA 又分为 SCPC（单路单载波）、MCPC（多路单载波）、IDR（中等数据速率）等几种；TDMA 又分为纯 TDMA 和 MF-TDMA（跳频 TDMA）、RA-TDMA（ALOHA）等几种。

CDMA（地址码扩频调制），在发送端利用自相关性非常强而互相关性比较弱的周期性码序列作为地址信息（称为地址码）对待传输的载有用户信息的信号进行扩频调制，在各接收端通过相关检测滤出与本站有关的信息，即不同的地球站载波可占用同一频率和同一时间，但用不同的地址码来区分不同的地址。它采用了扩频通信技术，具有抗干扰能力强，有较好的保密通信能力，便于实现多址连接等优点，但频谱利用率低，通信容量也低。由于足够数量的地址码选取困难和设备成本等原因，目前 CDMA 主要用于军用卫星通信，在民用卫星通信网中用得较少。

SDMA 是利用点波束在空间指向上的差异来区分位于不同区域的地球站。在高通量卫星中采用的点波束就是一种 SDMA 应用，通过频率的多色复用，大大增加了通信容量，单颗卫星的通信容量可达 20～200 Gb/s。

（1）FDMA/SCPC 多址方式

SCPC/DAMA 和 MF－TDMA/DAMA＋BOD 是当前两种主流的技术体制，针对大多数用户的应用需求，SCPC/DAMA 和 MF－TDMA/DAMA＋BOD 系统均可满足要求。

SCPC 是 FDMA 的一种，不同的 Modem 采用不同的发射载波频率，在卫星转发器上，多个互不重叠的射频载波被同时放大并被变频后转发回各地球站，相互通信的 Modem 需将自己 Modem 的接收参数设置成与其通信的 Modem 的发射参数相同。在 FDMA 系统中，各载波的发送时间可以重合，但频率是彼此严格分开的。

SCPC 系统具有如下优点：

1）网内各站发射功率、速率可以不一致，天线和功放可按业务量需要灵活配置，业务扩容容易；

2）SCPC Modem 具有更多的信道纠错编码方式、调制方式和 FEC 率可供选择；

3）带宽利用率高、时延小，非常适合话音、视频等实时业务或对时延比较敏感的业务；

4）可靠性高，一个站出问题仅影响与其通信的站，其他站的业务不受影响，业务中断后恢复时间较 TDMA 快。

SCPC 系统存在如下缺点：

若同一地球站为多载波应用时（即含多个 Modem），为满足交调指标，必须考虑功放的功率回退，回退量一般为 3～6 dB。

（2）TDMA 多址方式

为了充分利用卫星资源，系统可增配网管对全网各 Modem 进行管理和业务调度。一般采用信令信道与业务信道分开的方式，主站信令信道常采用 TDM 方式，小站回传信令信道常采用 TDMA 方式。通过主站进行频率分配，可实现小站间业务的单跳连接，这样若每个小站配两个 Modem，可实现业务全网状网连接。

对于纯 TDMA 系统，网内各地球站以时分的方式共享同一个载波，它采用极短暂、高速的突发 Burst，每个频率在某一时刻只能被一个地球站所使用。TDMA 终端将其用户数据暂存在缓冲器中，在下一帧指定的时隙高速发射出去；每个突发遵循严格的定时，从不同地球站到达卫星的突发在时间间隔上非常小，但永远不会重叠。

纯 TDMA 系统的优点：

1）便于实现广播功能和上行功率控制；

2）各站为单载波应用，功放可工作在饱和状态，不需考虑功率回退；

3）全网状拓扑结构，任意站点间业务单跳直达。

纯 TDMA 系统的缺点：

1）全网要求严格的网同步和功率匹配；

2）小站发射速率与主站一致，对其天线口径和功放要求较高；

3）需配备较复杂的网管对全网进行管理和资源调度；

4）掉网后重新入网的时间较长。

由于具有较大缺陷，纯 TDMA 系统几乎不再使用。

为了克服纯 TDMA 系统的缺点，将 TDMA 与 FDMA 进行整合，引入了 MF-TDMA（即跳频 TDMA）的概念。在 MF-TDMA 系统中，将网内各站（节点）按一定方式（通常按业务量大小）进行分组，分别工作在不同大小的载波（组）上。

MF-TDMA 系统的优点：

1）以 TDMA 为基础，同一个地球站（节点）根据突发时间计划安排在不同时刻可工作在不同的载波频率上（即跳频），但在同一时刻各节点仍为单载波工作，因此不需要考虑功放的输出回退；

2）通过分组降低了各远端站的突发速率，即降低了对其天线和功放的要求；

3）各载波速率可以不一致，可分别安排给不同业务量的各站使用；

4）网络扩容时可通过增加载波数而几乎不必对现有绝大多数节点的硬件进行改动，同时便于安排传输计划。

MF-TDMA 系统的缺点：

1）全网仍需要严格的网同步；

2）对于多目的地传输，由纯 TDMA 的广播变为了组播；

3）全网多载波工作时，需在载波数和帧效率之间进行折衷。

有的厂家的 VSAT 系统具有 TDMA 和 SCPC 两种工作模式，系统将根据所传输业务的情况自动调整相关小站的工作模式，使整个系统工作在最优状态。当小站的数据业务量小、数据业务对实时性要求不高时，网管系统使小站工作于 TDMA 模式，与其他小站以分时共享的方式使用一个公共载波向中心站回传数据；当小站需要传输电视会议、IP 电话、大文件传输等需要较宽的带宽或实时性要求较高的业务时，网管系统自动将相关小站的工作模式转换为 SCPC 模式。使用完毕后，网管系统再自动将相关小站的工作模式转换回 TDMA 模式，这样系统就兼有了 TDMA 和 SCPC 两种工作模式的优点。

事实上，任何一个卫星通信系统都是针对某种或某几种应用需求、不同的网络规模和拓扑结构而设计的，评价一种系统的好坏主要取决于性能价格比。

7.2.3.3 卫星信道分配

卫星转发器资源具有两种属性，即带宽属性（或时隙）和功率属性。如何充分利用好宝贵的卫星资源，涉及卫星通信中信道的分配方式。常见的信道分配方式有 PAMA（预分配）、DAMA（临时申请，按需分配）、DAMA+BOD（临时申请，带宽可动态调整）和 RA-TDMA（ALOHA）等四种。

DAMA 即按需分配多址联接，各地球站根据需要可共享有限的卫星资源（频率或时隙）。当一个地球站需要发送业务时，向网管系统 NMS 发送一个请求，NMS 从空闲资源中分配给两个地球站连接所需的资源，两站进行通信；当业务传送完后，地球站通知 NMS 可以把资源分配给其他有业务需求的地球站使用。这样就可利用较少的卫星资源分时支持更多用户的业务需求。

对于一个较大规模的卫星通信网，网管系统的能力是非常重要的。

7.2.3.4　载波布局简介

SCPC 系统和 TDMA 系统具有不同的载波布局。

（1）SCPC 载波布局

SCPC 系统一般采用信令信道与业务信道分开的方式，主站信令信道常采用 TDM 方式，小站回传信令信道常采用 TDMA 方式，而业务信道采用 SCPC/DAMA 的方式，如图 7-5 所示。

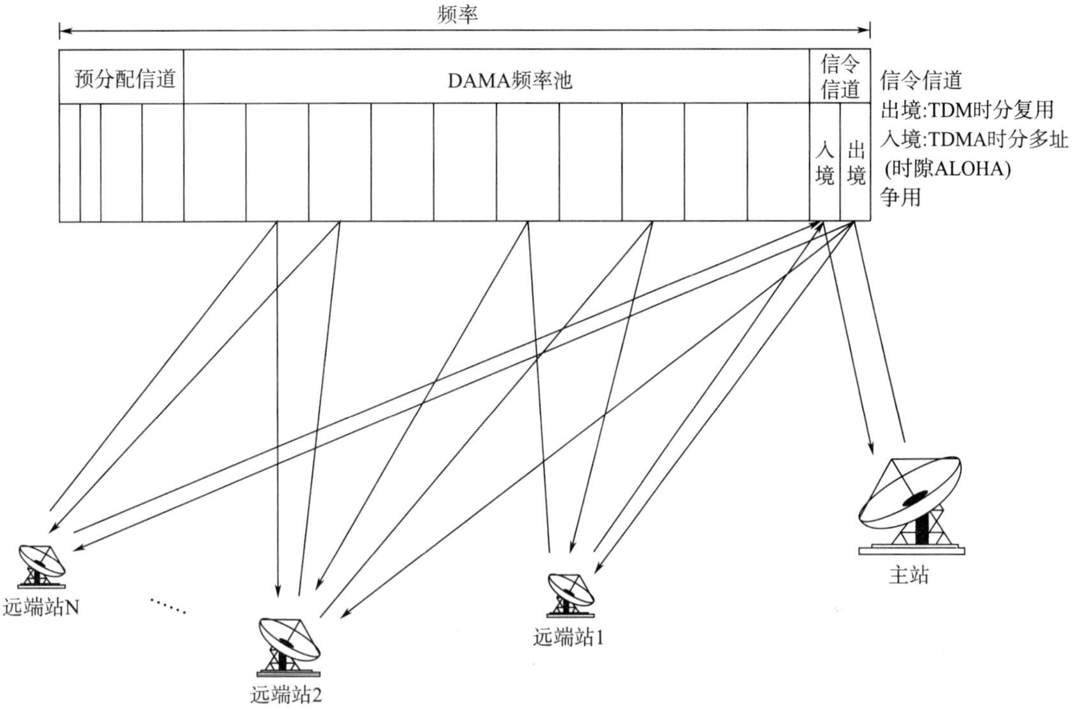

图 7-5　SCPC 系统典型的载波布局

（2）MF-TDMA 载波布局

一个 MF-TDMA 系统典型的载波布局如图 7-6 所示。

TDMA 的帧结构从功能上一般由公共信令信道突发 CSC、网络广播信道突发 NBC 和用户信息突发 CI 三种突发构成。

公共信令信道突发用于自动捕获和同步、DAMA 业务的呼叫建立和拆除、报告本站设备状态和命令执行情况等。网络广播信道突发是主站网管对全网实现控制、下载软件的通道，可对远端站的软件进行远程下载（广播、组播及点对点下载）、升级及设备状态的轮询。用户信息突发 CI 由用户业务（话音、数据、传真、视频会议等）构成，包含所要求的前向纠错编码 FEC，其大小取决于业务的类型和信道数量。用户信息突发又分为 DAMA 池和预分配的 PAMA 电路两种类型。

针对大多数用户的应用需求，SCPC/DAMA 和 MF-TDMA/DAMA+BOD 系统均可满足要求。

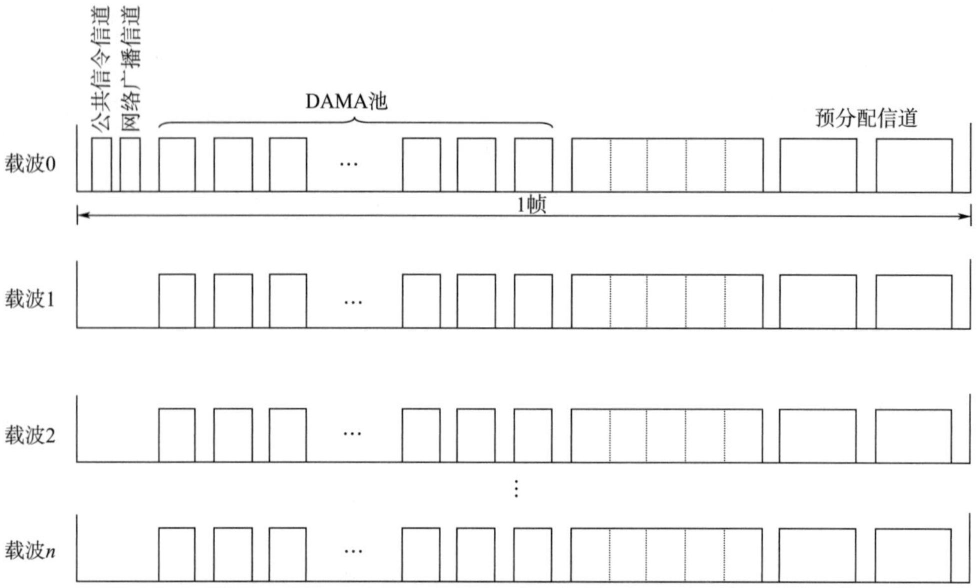

图 7－6　MF－TDMA 系统典型的载波布局图

7.2.3.5　通信体制

所谓通信体制是指一个通信系统所采用的信号传输方式和信号交换方式，也就是根据信道条件和通信要求，在系统中采用的是什么信号形式（时间波形与频谱结构）以及怎样进行传输（包括各种处理和变换）、用什么方式进行交换等。

通信体制包括基带信号形式，信源编码及复用方式，信道编码及纠错方式，调制方式，多址联接和信道分配方式，网络监控系统等。

在卫星通信体制中，有几种得到了广泛的应用，本节将对其中的 IDR，DVB－S/S2，ABS－S/S2，DVB－RCS 等进行概略介绍。

（1）IDR 体制

Intermediate Data Rate（IDR）中等数据速率标准是国际卫星组织 IntelSat 在 20 世纪 80 年代中后期陆续推出的一种基于 ADPCM/TDM/QPSK/FDMA 技术体制的数字业务标准，其信息速率介于 64 kb/s～44.736 Mb/s 之间，信源编码采用自适应差分脉冲编码调制 ADPCM 和数字话音插空 DSI 技术，信道编码采用 1/2 率或 3/4 率 FEC，并可级联 R－S 纠错码（外码），调制方式采用适应当时卫星下行 EIRPs 性能的 QPSK 调制方式，可支持抽取/插入（Drop/Insert）工作模式，多址方式采用频分多址 FDMA（MCPC）。若采用数字交叉连接设备 DXC 可实现一点对多点业务或两种不同业务合路传输。该标准一经推出就取得了巨大的成功，目前仍广泛用于移动基站回传业务中，如中国移动的“村村通”业务。Intel Sat 针对 IDR 业务测试和开通推出的卫星系统操作指南 SSOG308e 也成为了经典。

（2）DVB－S/S2 体制

Digital Video Broadcasting（DVB）数字视频广播是欧洲电信标准协会（ETSI）制定的数字电视传输系列标准，是目前国际上使用最广泛的数字电视传输标准。

DVB 标准包括：DVB 广播传输标准、DVB 基带附加信息系统、DVB 交互业务系统、DVB 条件接收及接口标准。针对不同的传输媒介，又细分为多个标准，其中 DVB－C（有线 Cable）、DVB－T（地面微波）和 DVB－S（卫星）是最重要的三大标准。

在 DVB－S 标准中，其信源编码部分采用 MPEG－2 压缩编码与复用，形成 MPEG－2 传输流（TS 流）；信道编码部分采用 R－S 编码（外码）级联卷积编码（内码）并进行卷积交织，前向纠错编码 FEC 率 1/2，2/3，3/4，5/6，7/8 可选；调制方式采用单一的 QPSK，采用升余弦波形成形，滚降系数固定为 0.35。

DVB－S 系统框图如图 7－7 所示。

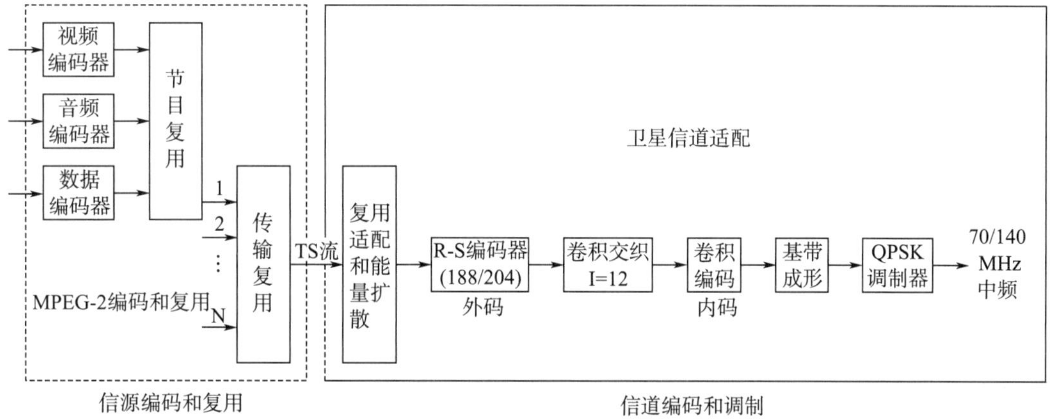

图 7－7　DVB－S 系统框图

用于接收 DVB－S 电视节目的接收机被称为 Integrated Receiver Decoder（IRD）综合解码接收机。它完成解调、纠错、解扰、解复用、音视频解码等工作，输出音视频信号用于显示和播放。其系统功能框图如图 7－8 所示。

DVB－S2 是第二代卫星数字视频广播标准，它在输入流数据格式（信源编码格式）、信道纠错编码及调制方式、工作模式上做了重大创新。

DVB－S2 标准采用流适配器，支持多种通用数据格式（如 G.703，IP，HSSI 等）。其信道纠错编码采用 BCH 码（外码）＋ LDPC 码（内码，低密度奇偶校验码）级联取代了原 DVB－S 中的 R－S（188，204）码＋卷积码级联，支持 QPSK/8PSK/16APSK/32APSK 等四种调制方式和更多的调制编码（modcod）组合，滚降系数可在 0.20，0.25，0.35 中三选一。

DVB－S2 支持 CCM 恒定编码调制/VCM 可变编码调制/ACM 自适应编码调制三种工作模式。其中 CCM 模式与 DVB－S 类似，通过确定所有小站中最差的 Co/No（Es/No）值，并根据该参数选择固定的调制和编码方式，即所有的数据帧均采用相同的编码及调制参数；VCM 模式通过确定每个小站的 Co/No 值，并根据该参数为每个服务选择固定的调

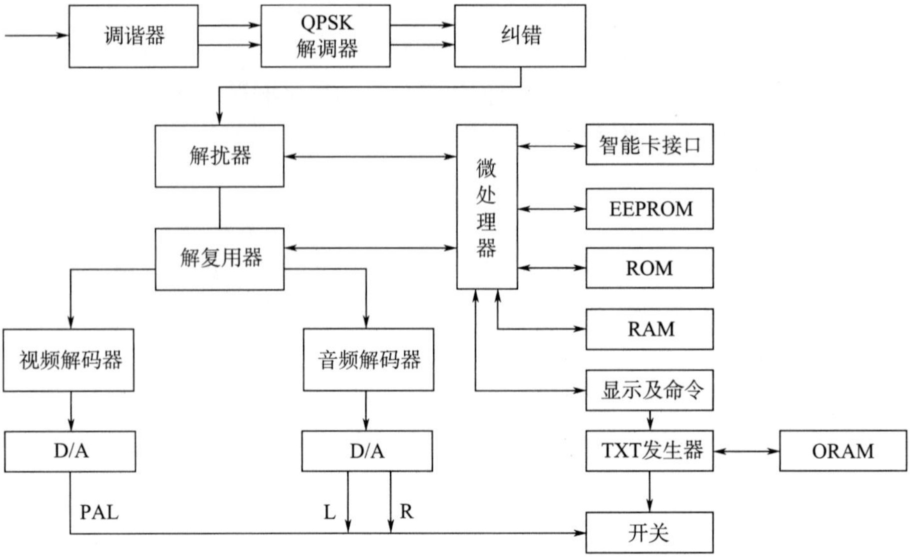

图 7－8　IRD 功能框图

制和编码方式，即可在同一个载波上传送不同的业务，而不同的业务可采用不同的调制方式与编码率；ACM 模式根据各小站报告的当地实测的 Co/No 值动态地为每个服务选择不同的调制方式和前向纠错率，即每个数据帧都可以拥有不同的编码率和调制方式，发射端能根据接收端的反馈情况动态地调整前向纠错率与调制方式，显著地提高了传输效率。

DVB－S2 由于其优异的性能和适应性成为了目前国际上使用最广泛的卫星数字电视传输标准。

DVB－S，DVB－DSNG，DVB－S2 三个标准的比较见表 7－5。

表 7－5　DVB－S，DVB－DSNG，DVB－S2 标准比较表

常见 DVB 标准的比较				
标准名称		DVB－S	DVB－DSNG	DVB－S2
标准编号		EN 302 307	EN 301 210	EN 300 421
公布时间		1994 年 12 月	1999 年 3 月	2005 年 3 月
信道编码	外码	R－S	R－S	BCH
	内码	卷积	卷积，格栅*	LDPC
滚降系数 α		0.35	0.35，0.25*	0.35，0.25，0.20
调制方式		QPSK	QPSK/8PSK/16QAM	QPSK/8PSK/16APSK/32APSK
前向纠错率		1/2，2/3，3/4，5/6，7/8	QPSK：同 DVB－S	QPSK：1/4，1/3，2/5，1/2，3/5，2/3，3/4，4/5，5/6，8/9，9/10
			8PSK：2/3，5/6，8/9	8PSK：3/5，2/3，3/4，5/6，8/9，9/10
			16QAM：3/4，7/8	16APSK：2/3，3/4，4/5，5/6，8/9，9/10
				32APSK：3/4，4/5，5/6，8/9，9/10

续表

常见 DVB 标准的比较			
工作模式	CCM	CCM	CCM/VCM/ACM
数据格式	MEPG－2 TS 流	MEPG－2 TS 流	采用流适配器,支持通用数据格式

注:①格栅适宜 8PSK/16QAM(可选);

②滚降系 α 数＝0.35 适宜 QPSK/8PSK/16QAM,α ＝0.25 适宜 8PSK/16QAM(额外可选)。

(3) ABS－S/S2 体制

Advanced Broadcasting System－Satellite (ABS－S) 先进卫星广播系统标准是我国第一个拥有完全自主知识产权的卫星数字视频传输标准，其总体性能与 DVB－S2 相当，而复杂度远低于 DVB－S2。该标准为保密标准，与目前国内外其他任何一种卫星信号传输技术体制都不兼容。ABS－S 标准只使用了 LDPC 一级纠错编码而没有级联 BCH 码，减小了编码及系统的复杂度，采用的 LDPC 的码字长度为 15360 比特，比 DVB－S2 的 LDPC 短码长度 16200 比特更短，且不同编码比率时，码长固定不变。ABS－S 在调制方式，滚降系数、工作模式及输入数据格式上同 DVB－S2。它支持 MPEG－1，MPEG－2，H.264，AVS，AVS＋等多种音视频信源编码。

2008 年 ABS－S 标准在中星 9 号直播卫星上成功用于广播电视村村通业务。

(4) DVB－RCS 体制

DVB－RCS 是 Digital Video Broadcasting－Return Channel via Satellite (数字视频广播-卫星回传信道) 的缩写，它是 ETSI 制定的一种开放的双向卫星通信系统标准。我国也等同采用了该标准。

DVB－S 只定义了卫星通信系统从主站到小站的传输标准（广播），目前已完全标准化；DVB－RCS 则定义了小站到主站的回传信道的标准，从而构成一个完整的双向卫星通信系统。

制定该标准的目标是使用户可以购买任意厂家的具有兼容性和互操作性的终端并加入任意的网络（共享主站），而不论这个厂商是否生产主站设备，从而有效扩大网络规模、降低每个用户的实际成本。但由于各种原因，该标准的推广并不算成功。

DVB－RCS 系统的网络拓扑结构可为星状、网状或星网混合结构，其前向链路（主站出境载波）采用 DVB 广播方式（TDM），回传链路（小站入境载波）采用 MF－TDMA 方式，小站以 DAMA 方式按需申请卫星带宽，突发信息采用 QPSK 调制，可采用卷积编码、R－S 编码或 Turbo 编码等多种信道纠错编码。

(5) 内交互和外交互

卫星通信网可分为单向广播网和双向通信网（含内交互）两大类。

在宽带互联网接入和远程教学等非对称交互应用中，前向信道（下行）采用卫星 DVB－S/S2 广播方式，回传信道可利用卫星信道也可利用现有的地面信道进行回传。利用卫星信道回传的称为内交互方式，其多址方式可以是 TDMA (DVB－RCS)，也可以是 MCPC。利用现有的地面信道回传，即小站通过拨号、ISDN、ADSL 等方式与 Internet 相连实现回传的称为外交互方式。外交互方式在远程教学中应用较普遍。

7.2.4 链路计算

链路计算是卫星通信网络系统设计的基础和最重要环节之一。通过链路计算，可合理分配和确定卫星通信网络的指标和参数，实现系统设计的优化，即系统的卫星功率占用比与卫星带宽占用比尽可能匹配，从而实现系统最佳的性能价格比。

由于不同卫星的覆盖范围及邻星条件不同、覆盖区内各地的 EIRPs、G/Ts 值各不相同，因此，链路计算是决定一个卫星通信网究竟选择使用哪颗卫星的最重要步骤。

链路计算时通过选择不同的信道纠错编码方式、FEC 率、调制方式、系统可用度指标、系统链路余量、收发天线口径、功放大小等，使得系统占用的卫星功率与带宽尽可能匹配。

需要注意的是，由用户自己或卫星设备厂家所做的链路计算必须经过卫星公司审核确认，因为他们并不完全清楚所使用的卫星相关转发器当前增益档的设置，转发器的邻信道、反极化干扰等干扰情况及与相邻卫星的协调情况，因而其选取的参数未必合理。

对于在 DVB－S2 中使用的 16APSK，32APSK 等高阶调制，除了噪声外，失真对系统性能的影响很大，转发器需更大的功率回退，其链路计算需用专门的程序。

详细的链路计算方法见第 6 章相关章节。

（1）需传输的总的信息速率

在确定需传输的总的信息速率时主要考虑业务类型、数据流量、流向及呼损率。对于 MF－TDMA 系统可据此设计 TDMA 载波数量及频率时间计划。

（2）系统设计所需参数

在卫星通信网设计中使用到的参数由用户、卫星运营商和设备商/集成商三方提供。

1）卫星公司需提供卫星的重要参数，如 EIRPs，SFD，G/Ts，BOi，BOo，转发器带宽、轨道位置及控轨精度、对用户地球站天线的限制条件（涉及邻星协调情况）等。

2）用户需提供拟建卫星通信网的总体建设规划和分阶段实施计划，网络的拓扑结构（应考虑业务类型、业务流向、可靠性、响应时间（单跳、双跳）、系统升级、扩容）、网络规模、通信覆盖范围、信息速率、链路可用度指标、系统余量、要求的误码率指标、解调门限、地面设备的物理接口、是否加密、拟建地球站的经纬度及海拔数据等。

3）设备商/集成商需提供：

a）网络拓扑结构；

b）主站/小站最大发射速率；

c）数据接口（RS232，422，449，530，V.35，G.703，RJ45）支持的速率及协议（透明传输/FR/IP）；

d）话音接口（RJ45，E&M，E1）支持的信令（R2 或 China No.1，SS7 或 C7）及话音编码方式及速率，拨号方案（式）；

e）70 MHz/140 MHz/L 波段中频；

f）网管能力（支持的网络规模、备份能力、访问方式、频率修改方式、载波监控、软件升级等)。

7.2.5 系统及设备选型

系统及设备选型涉及拓扑结构、信道纠错编码方式、调制编码（modcod）组合、多址方式、地球站天线口径、功放大小、70 MHz/140 MGHz/L 波段中频、BUC/Transceiver/ODU、SSPA/TWTA/KPA（是否带线性化器）、卫星网管能力等。

任何厂家的任何卫星通信产品都是针对特定网络规模和拓扑结构、特定应用需求而设计的，不可能完全适用于所有用户的全部应用，有时采用两套系统来实现用户的需求可能更合理。

7.2.5.1 调制解调器

卫星调制解调器（Modem）是最重要的卫星通信设备。它主要完成与基带设备的接口，对需传输的信源编码比特流进行信道纠错编码和调制，因此它需要支持多种接口类型和 modcod 组合。由于信息传输的 IP 化是发展趋势，一个功能强大的 Modem 应具备 TCP 协议加速、IP 包头压缩和载荷压缩、QoS、加密和 IP 路由等功能。

对于 TDMA 系统，Modem 还应支持自动上行功率控制功能。SCPC Modem 也可通过报头（Overhead）来实现上行功率控制功能。

某些厂家的新一代 Modem 还支持载波叠加和更小的滚降系数（如 DVB－S2X 标准，滚降系数最低可到 0.05）。

Modem 的输出频率主要有 70±18 MHz，140±36 MHz 和 L 频段三种，通常在设备订货时需明确输出频率范围。部分 DVB 调制器可支持 70 M 和 140 M 输出，可通过菜单进行选择具体使用的频率。

7.2.5.2 网管系统 NMS

卫星网管系统是体现一个卫星通信系统技术水平的最显著的标志。

卫星网管系统主要完成卫星资源（频率、时隙、功率和波束）的管理，主站和远端站系统参数配置，临时申请业务的建链和拆链，状态查询和故障诊断，软件下载升级，网络运行状态、工作日志等功能。NMS 系统一般采用客户端/服务器（C/S）架构，采用 Unix 或 Linux 操作系统。NMS 一般配置在卫星主站。同时它也可以与设备监控系统构成一个综合网管，并进一步与客户关系管理系统、计费系统等组成业务运营支撑（BOSS）系统。

7.2.5.3 高功率放大器

高功率放大器主要分为固态功率放大器（SSPA）和微波电真空放大器两大类，后者又分为行波管放大器（TWTA）和速调管放大器（KPA）。

SSPA 具有寿命长、可靠性高的特点，其输出功率较小、通常小于 100 W，常用于 VSAT 系统中。

TWTA 属于宽带放大器，带宽可到 800 MHz 量级，功率几百瓦至几千瓦。TWTA 互调指标较差，可加装线性化器来改善放大器的线性度，常用于大型地球站、DSNG 车及卫星上。

KPA 属于窄带放大器，典型带宽 40～80 MHz，可在整个 500 MHz 带宽内调谐，输出功率可大于 3 kW，常用于大型地球站。

SSPA 根据射频是否可调谐及封装的不同，通常分为上变频功率放大器 BUC、收发信机 Transceiver 和室外单元 ODU。BUC 的输入为 L 频段信号，通常需要 10 MHz 外参考源信号。收发信机的输入信号一般为 70±18 MHz 或 140±36 MHz。

在实际应用中，也有 BUC＋TWTA 的中等功率功放组合。

大功率 SSPA 的线性度指标较 TWTA 好，但耗电量较大。

7.2.5.4　卫星通信天线

卫星天线是卫星通信最显著的标志，通常采用抛物面天线。抛物面天线根据馈源所处位置的不同分为偏馈天线和正馈天线两大类。偏馈天线效率较高、旁瓣较低，但交叉极化隔离度较差，多用于小的单收站和车载站。正馈天线又分为多用于单收站的单反射面天线（旋转抛物面天线即前馈天线）和多用于双向站的双反射面天线（即后馈天线），根据副反射面的不同，后者又细分为三种形式，环焦天线、卡塞格伦天线（副反射面为旋转双曲面）和格利高里天线（副反射面为凹椭球面）。

为降低由于天线主反射面积雪造成的信号衰减，对可用度要求很高的天线系统，需加装天线主面除冰雪装置。采用保温材料在天线主反射面背板和天线支撑辐射梁之间围成一个封闭的空间，通过加热融化主反射面上的积雪。具体的加热方式有两种：6.2 m 以下口径的天线，一般采用在天线主反射面背板贴装电热膜，通过背板加热的方式进行除雪；对于更大口径的天线，为防止由于冷热剧烈变化造成天线主反射面的形变，一般采用安装多个大功率暖风机的方式，暖风机向后吹低温热风，通过热传导的方式加热主反射面进行除雪。天线主面除冰雪装置通常是自动工作的，它通过温度传感器和湿度传感器自动控制电热膜或暖风机的加电和断电从而在刚开始下雪时即启动工作，在降雪停止后再延长一段时间（用户自己设定）后停止工作。

（1）天线馈源要求

天线馈源应满足如下要求：

1）对于双圆极化馈源，电压轴比不应大于 1.06；

2）对于线极化馈源，主轴增益下降 1 dB 范围内，交叉极化隔离度应不低于 33 dB，并能方便的调整极化角。

（2）天线口径的选择原则

在选择天线口径时应综合考虑成本（含运输、天线基础、安装费用）、系统余量（雨衰大小）、方向性（邻星干扰）和交叉极化指标等因素。

应尽可能选择已通过卫星公司型号或批量认证的天线（天线批量/型号认证天线最小尺寸：C 频段：2.4 m，Ku 频段：1.2 m），采用大天线小功放的原则。

C 频段天线口径大于 9 m、Ku 频段天线口径大于 4.5 m 须加跟踪装置。

不应片面强调选择小口径天线，如有可能应适当选择较大口径的天线。对于双向通信站，C 波段宜选用 2.4 m 及以上口径天线，Ku 波段宜选用 1.8 m 及以上口径天线，这样系统的可用度才能得到更好的保证，载波占用的卫星功率/带宽才更加匹配，避免不必要的邻星干扰。

其实，虽然每颗卫星的邻星协调情况不尽相同，但都对用户地球站的最小天线口径进行了限制，同一颗卫星在不同的使用区域，其允许的最小天线口径也可能不同。

另外，根据《建立卫星通信网和设置使用地球站管理规定》要求，在城市市区的限制区域内设置使用的发射地球站，其天线直径不应超过 4.5 m，实际发射功率不应超过 20 W。

7.2.6　动中通特殊考虑

近年来，随着低轮廓天线技术的进步，动中通业务获得了快速增长，同时也带来了许多新的问题。

动中通站具有如下特点：

1）动中通车载站或船载站利用现有的卫星固定业务（FSS）地球静止轨道通信卫星的 C 频段或 Ku 频段转发器来传输视频、话音和宽带数据业务。Ku 频段动中通车载站使用各种低轮廓天线，天线增益等效口径在 0.3～0.9 m 之间，远小于 FSS 卫星 Ku 频段 2 度卫星间隔频率协调所要求的 1.2 m 天线口径。

2）多采用 SCPC 体制而非功率谱密度更低的扩频或 CDMA 体制，主站载波功率带宽不平衡，小站载波功率谱密度不满足邻星协调要求。

动中通站的上述特点决定了动中通业务存在较大的安全风险：

1）由于动中通车载站使用的低轮廓天线（含平板阵列天线）的增益低，主瓣宽、旁瓣特性差，容易对邻星造成干扰；同时由于主瓣宽，将接收到本不该收到的邻星的正常信号，自身噪底被抬高，势必要求主站提高发射功率，造成主站出境载波功率带宽不平衡。

2）动中通车载站在运动中极化隔离度（使用线极化转发器时）和跟踪卫星精度变差，会造成对本星的反极化干扰和对邻星的上行干扰，尤其当行驶在颠簸的路面上或车载站急转弯时。

3）由于接地不好，容易将地面调频广播信号和开路电视信号带上星。

4）在较大降雨时，主站提升发射功率，可能造成反极化干扰。

因此，必须加强对动中通站的管理，强制要求在天线跟偏卫星时需具备自动关闭 Modem 中频输出的能力，对于等效口径小于 0.6 m（Ku 频段）或等效口径小于 0.45 m（Ka 频段）的动中通站应采用扩频技术以降低对邻星的上行干扰。国际电联、美国、欧盟及我国政府对动中通业务的运营发布了一系列的法规，遵守规则是避免有害干扰保证正常卫星通信的重要保证。详见工信部 2013 年 1 月颁布的《卫星固定业务通信网内设置使用移动平台地球站管理暂行办法》。

7.3 卫星通信网建设

我国对建立卫星通信网实行许可制度。建立卫星通信网应当经工信部批准，设置使用地球站应当按规定办理相关审批手续，取得工信部或者省、自治区、直辖市无线电管理机构颁发的无线电台执照并缴纳无线电频率占用费，详见第 2 章相关章节。

新建一个卫星通信网可能涉及项目可行性研究论证、项目初步设计和项目建设三个阶段，具体包括项目可行性研究报告编制、初步设计文件编制、资金筹措、卫星通信网的申报和审批、无线电台台站执照的申请、VSAT 牌照的申请、ISP 经营许可证、频率占用费的缴纳、项目设备采购和系统集成的招投标、项目监理、项目实施等环节，是一个非常复杂的过程。国家和行业制定了许多规范，涵盖设计、施工及验收等环节，须严格遵照执行。

关于地球站站址的选择、电磁环境测试要求等参见第 5 章相关章节。

一个卫星地球站的建设涉及天线的安装测试、业务开通前的测试及业务开通测试。

7.3.1 可行性论证

建设卫星通信网的项目可行性研究报告一般包括项目概述（包括项目名称、项目建设单位、可行性研究报告编制依据、项目建设目标、建设内容和规模、建设期、项目总投资及资金来源、经济和社会效益分析等内容的简述），需求分析和项目建设的必要性，建设条件和场址选择，项目建设方案，环保、职业安全卫生、消防和地震安全，节能分析，项目组织机构与人员培训、项目实施进度，项目招标方案，投资估算和资金来源、项目效益与风险分析、研究结论与建议等章节以及必要的附表（如项目总投资估算表、软硬件设备配置清单、应用软件定制开发工作量表等）和附件（如企业法人营业执照、公司财务报表、建设项目环境影响报告表（对于口径大于 4.5 m 的天线）、资金承诺书、所提供文件或材料的真实性声明等）。

7.3.2 初步设计

项目可行性研究报告获得批准（复）后即进入初步设计阶段。

初步设计文件一般包括设计说明、工程概算、工程图纸等三部分。

设计说明部分包括项目概述（包括项目名称，建设单位，编制单位，编制依据，设计范围，工程分工，建设目标、规模、内容和建设期，总投资及资金来源，效益及风险分析，相对可行性研究报告批复的调整情况、主要结论和建议等内容的简述），项目建设单位概况，需求分析，总体建设方案（含设计原则，建设目标、规模与内容），系统建设方案（含主站和远端站天线、射频、中频和基带设备配置、网管系统及设备监控系统、站址选择、天线土建、供配电、机房、空调新风及防雷接地等配套工程设计等），环保、消防、职业安全卫生和节能措施设计，项目建设与运行管理（含项目招投标范围和方式等），人员配置与培训，项目实施进度，效益及风险分析等章节。

工程概算部分包括概算编制说明和工程概算书。

概算编制说明又分为编制依据，各项建设内容的测算依据和取费标准说明，工程概况和投资规模，资金筹措及投资计划等章节。

工程概算书主要包括项目总投资概算表、项目资金来源表、项目资金运用表、软硬件设备配置清单、与可行性研究报告批复的投资对比表等附表。

7.3.3　项目建设

项目建设阶段可能包括天线遮挡分析、电磁环境测试及干扰分析、可能的干扰协调、地勘、天线基础及机房等土建工作、设备安装、系统联调、项目初验、试运行、培训及项目终验等环节。

地球站建成后，需要进行一系列的测试和用户频率及功率的确认工作。

7.3.3.1　新建地球站业务开通前的测试

新建地球站业务开通前必须进行必要的测试，测试合格才能开通业务。测试包括用户地球站站内设备入网验证测试和用户业务载波开通测试两步。

（1）地球站站内设备入网验证测试

地球站站内设备入网验证测试是指地球站站内设备安装完毕，载波上星前进行的测试。测试口为功放输出口或监测（耦合）口。主要进行杂散特性测试、调制特性测试、互调特性测试、功率和频率稳定度测试等四项测试。

1）从功放输出的除工作载波以外的所有载波称为杂散。杂散分为信号源本身产生的相关杂散和调制器输出至上变频器/ODU 输入之间的中频传输通路窜入的无关杂散（主要是 FM 广播和开路电视 CH1～CH5 频道伴音和图像）以及上变频器本身产生的无关杂散。杂散通常与设备性能、屏蔽和接地有关，它能间接地反映施工质量。

2）调制特性测试是对调制器的滤波（滚降）特性进行的测试，测试调制载波的 −26 dB 带宽，要求 $BW_{-26\ dB}\leqslant$(1＋滚降系数＋适当的保护带(通常两边各取 5%))$\times R_s$，即要求 $BW_{-26\ dB}\leqslant$载波分配带宽。

3）要求回退 6 dB 时，行波管功放的互调指标≥24 dBc；场效应管功放的互调指标≥27 dBc。

允许的用户功放最大输出功率为互调指标刚好合格时的用户功放输出功率。测试时上变频器的衰减设置为 0 dB。

详细的测试方法和步骤见第 6 章相关章节。

（2）用户业务载波开通测试

业务载波开通测试主要分为对星、极化角调整（调极化）、天线方向图测试和功率标定四个步骤。

①对星

用户在最佳对星时间自行利用频谱仪通过接收卫星信标信号仔细调整地球站天线的方

位角和俯仰角、粗调极化角，使接收到的同极化卫星信标信号最大、反极化卫星信标信号最小。

②调极化

在卫星公司指定的测试频率上发射一个未调制载波（单载波 CW），在卫星公司地面站指导下仔细调整天线极化角。

车载站每次使用前均需进行极化角调整或确认。

③天线方向图测试

网内所有具有电动天线的固定站和车载站首次业务上星前必须先进行天线发射方向图测试。

用户可利用卫星信标先自行完成天线接收方向图的测试，仔细调整天线主/副反射面，使天线接收方位、俯仰方向图左右两个第一旁瓣均低于主瓣 14 dB 以上且左右两个第一旁瓣对称，两者幅度差小于 1 dB。

在卫星公司指定的测试频率上发射一个未调制载波（单载波），在卫星公司地面站指导下完成天线发射方向图测试。

④功率标定

在卫星公司分配的正常工作频率发调制波，在卫星公司地面站指导下完成载波发射电平的标定。

功率标定的原则是各用户载波具有相同的谱密度（载波功率带宽平衡）。

用户载波正常发射电平估算如下。

晴天时，用户载波正常工作时应发射的功率电平值 P_e 估算：

$$P_e - L_e + G_e = \mathrm{EIRP}_e = \mathrm{SFD}_{\max} - 10 \times \log\left(\frac{B_t}{B_a}\right) - BO_i + 162.5$$

式中 P_e ——用户正常工作时应发射的载波功率电平，dBW；

L_e ——功放输出至馈源发端口损耗，dB；

G_e ——地球站天线发射增益，dB)；

$\mathrm{SFD}_{\max}$ ——用户地球站所在地的饱和功率通量密度，SFDmax 为转发器 SFDref 减去用户地球站所在地的 G/Ts，dB（$\mathrm{W/m^2}$）；

B_t ——转发器总带宽，MHz；

B_a ——用户载波分配带宽，MHz；

BO_i ——转发器输入回退，dB。

7.3.3.2 用户载波中频和射频频率的确定

用户载波的上/下行射频频率由卫星公司分配或用户填写频率传输计划表后由卫星公司审核确定。

确定载波频率时将综合考虑 Modem 及上下变频器或 BUC/ODU 的步长，一般将上下变频器或 BUC/ODU 的频率设置值设为 1MHz 的整数倍，1MHz 以下的小数部分由 Modem 设定以得到所需的射频频率。

上变频器或 ODU 的频率设置值为当输入 IF 频率为 70/140 MHz 时对应的 RF 输出频率，下变频器或 ODU 的频率设置值为当输入 RF 频率为设置值时，其 IF 输出频率为 70/140 MHz。

若为 L 频段 Modem＋ BUC 配置，则上星的射频频率为 BUC 本振频率（低本振）＋Modem 设置值或 BUC 本振频率（高本振）－Modem 设置值。

计算举例。

若分配的上行频率为 14 251.5 MHz，用户的 Modem 是 140 MHz 类型的，可将上变频器和 Modem 的频率分别设为：

1）若 U/C 的频率设为 14 251 MHz，则 Modem 频率为 140.5 MHz；

或 2）若 U/C 的频率设为 14 250 MHz，则 Modem 频率为 141.5 MHz；

或 3）若 U/C 的频率设为 14 252 MHz，则 Modem 频率为 139.5 MHz。

注：70 MHz 和 140 MHz 的 Modem，其典型的 IF 调谐范围分别为 70＋/－18 MHz 和 140＋/－36 MHz。

7.3.3.3　多载波时的频率安排

当一个用户网络中有多个载波时，其载波频率安排须遵循如下原则：

1）同一个用户网络中的不同载波的载波中心频率可由用户自行安排（即用户可按其解调器的滚降系数自行设定），只要发射站在不超功率的情况下，接收站能正确解调；

2）不同用户网络的相邻载波间需预留适当的保护带，以避免产生邻信道干扰，保护带通常共取 10%，即一个用户网络最外侧的两个载波的中心频率距该用户网络租用的最低端或最高端频率须大于（1＋滚降系数 α＋0.1）/2，如图 7－9 所示，图中 Modem 的滚降系数假设为 0.4。

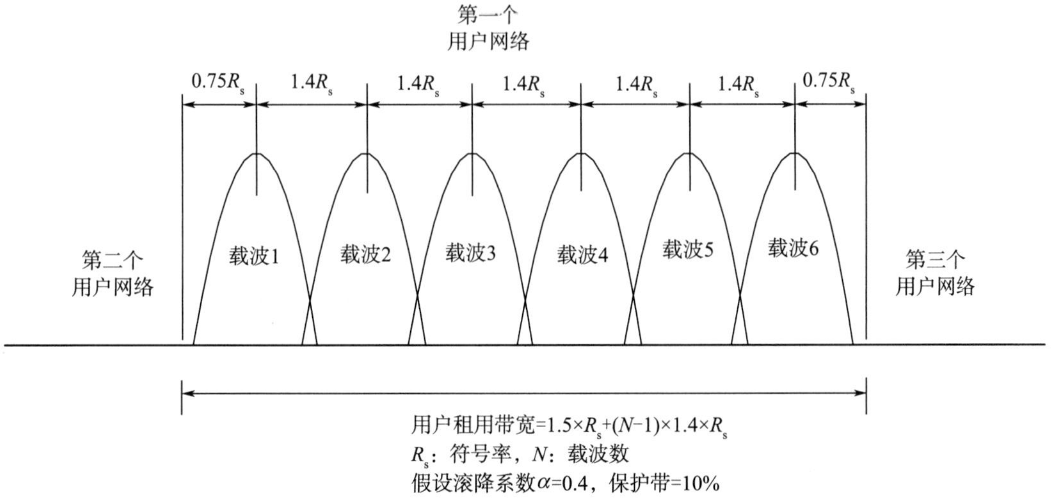

图 7－9　多载波时的频率安排

计算举例。

某用户有两个卫星地球站进行双向通信，参数如下。

信息速率 IR=2 700 kbps，FEC=3/4 TPC，QPSK 调制，滚降系数=0.4，Modem（70 MHz）IF 步长=100 Hz，ODU RF 步长=1 MHz。

租用中星 6A 卫星 Ku-1B 转发器 5.3 MHz，上行频率：14 118.5～14 123.8 MHz，下行频率：12 368.5～12 373.8 MHz。

计算结果如下：

传输速率 TR=IR/FEC=2 700/0.75=3 600 kb/s

ODU T_x/R_x 频率可设为：14 118/12 368 MHz

Modem IF 设置：

载波 CX1=（14 118.5－14 118）＋70＋0.75×3.6/2 =71.850 MHz

载波 CX2=71.850＋0.7×3.6=74.370 MHz

7.3.3.4 用户载波中频和射频功率的确定

卫星转发器资源包括转发器频率资源和功率资源两部分。用户租用卫星转发器，将得到两种资源：频率和与之对应比例的转发器功率。在标定用户载波功率时一般遵循功率带宽平衡的原则，即卫星转发器功率占用比=频率（带宽）占用比。

卫星公司希望用户的载波最好具有相同的功率谱密度，即从频谱仪上看，各载波一般高。对于主站和端站天线相差较大的系统，如动中通系统，可放宽为整个系统各载波总的功率占用比小于等于总的频率占用比。

卫星带宽占用比为

$$\text{系统带宽占用比}=\frac{\text{各载波分配带宽之和}}{\text{卫星转发器带宽}}\times 100\%$$

卫星功率占用比为

$$\text{EIRP}_{\text{某载波}}=\text{EIRP}_S-BO_O-10\times\log\left(\frac{\text{转发器带宽 }B_t}{\text{某载波分配带宽 }B_a}\right)$$

$$\text{系统功率占用比}=\frac{\text{各载波 EIRP}_{\text{某载波}}\text{ 之和}}{\text{卫星饱和 EIRP}_S-BO_O}\times 100\%$$

功率占用比一般通过链路计算获得，计算时需考虑上下行链路的各种噪声和干扰的影响，如热噪声、互调干扰、邻星干扰、交叉极化干扰等。

各载波实际占用的功率可通过测量信道积分获得。

载波功率标定时最好由卫星公司协助标定或以经过标定的主站载波电平为参考进行标定。

上行功率确定后，需合理设置 Modem、上变频器或 BUC/ODU/HPA 的增益或衰减值，即合理分配 IF 和 RF 功率，分配原则如下：

1）综合考虑 Modem 及上下变频器（或 ODU）的接口电平、步长、增益动态范围，使之均位于其线性区的中段；

2）尽可能采用高的 IF 链路增益和低的 RF 链路增益，以减少窜入的地面干扰；

3）对于有 AUPC 功能的系统，须充分考虑其动态范围，必要时可采用外置衰减器，避免使 ODU 或 U/C 工作于非线性状态，从而产生有害的互调干扰。

7.3.3.5　卫星通信系统的联调测试

卫星通信网的主站和远端站安装完成后，将进行系统联调和业务开通。系统联调一般需进行链路误码率和可用度指标的测试、传输速率及传输时延的测试、传输容量、丢包率和呼损率的测试以及与服务质量 QoS 相关的测试等。对于具有设备监控功能的系统，还需进行设备远程监控的测试，如远程转动天线、调整 Modem 和 ODU（BUC）参数，开启或关闭 Modem 和 ODU（BUC）输出等。

7.4　卫星通信网运营管理

7.4.1　概述

如上所述，VSAT 通信网是当前卫星通信网的典型形态，其基带和网管系统体现了系统间技术体制上的根本差异，且自成系统，不能互通。另外，一个 VSAT 网可以是某个用户的卫星专网，也可以是多个用户共有的合用网络，还可以是电信运营商为行业或各类用户提供服务的共享网络，因此在运营管理的范围、深度和广度上均有差异。因此，卫星通信网的运营管理是个性化强、专业性高的综合管理体系。鉴于此，本章以一个典型 VSAT 卫星通信网作为描述对象，从共性、实用性和通用性的角度对卫星通信网的运营管理进行描述，并将一个卫星通信网的运营管理划分为行政管理、运行管理和规划管理三个部分进行介绍。

当前一个典型 VSAT 卫星通信网络以星型网络为主流拓扑结构，即每个远端站通过卫星与主站进行单跳通信，各端站间相互通信必须经过主站两跳完成。一个 VSAT 卫星通信网可以自成一个通信系统，也可以作为接入网与地面网互通，而星型 VSAT 卫星网须经过主站汇聚后接入地面网。地面网可以是互联网、运营商地面网或用户企业专网。本章以接入互联网为例进行描述。

一个星型 VSAT 卫星通信网通常由一个出境载波和多个入境载波组成。出境载波为主站向远端站发送的广播/组播载波，入境载波则为各远端站向主站发送的载波。多个入境载波通过频率或发送时间进行区分，即频分多址（FDMA）或时分多址（TDMA）多址方式。

VSAT 卫星通信网主站是整个卫星通信网络的业务和管理核心，它既承担着全网业务建立和交换的通信任务，还负责对主站和远端站的管理和控制。VSAT 网主站通常由基带通信子系统和网络管理子系统（NMS）组成。基带通信子系统主要完成信息的打包、成帧、编码、调制、滤波成形等相关处理，使信息符合卫星信道特性并有效传输。NMS 子系统主要由服务器、NMS 软件和网管操作终端组成，有关呼叫处理，信道的建立、分配和拆除等需要 NMS 软件和基带子系统后台协同完成并进行存储，管理员通过网管操作终端执行 NMS 软件以完成系统配置、监控和管理等具体操作。因此一个卫星通信网的运营管理能力取决于 NMS 系统所提供的可操作功能，也决定于网管系统开放的可供二次开发的数据深度和广度，前者是网络使用者关心的，后者则是运营者关心的，但也是容易忽略的。

卫星通信网络的远端站是每个用户站点的卫星接入点，通常由天线、收/发射频和卫星调制解调器（室内单元 IDU）组成。用户的话音、数据、视频等应用终端与 IDU 相连，并通过 IDU 接入卫星通信网，在主站的管理和控制下实现端站与主站的单跳或端站—主站—端站间的双跳通信。

目前，VSAT 通信网无论在主站与地面网接入，还是在用户端与应用终端相连，主要采用 Ethernet 接口和相关 IP 协议。

7.4.2 运营管理平台

如上所述，VSAT 网络管理系统 NMS 的性能一方面体现于其后台处理能力，一方面体现于其通过网管终端供操作者进行操作内容的广度和深度，是全网运营管理的依托平台，网络管理系统 NMS 通常配置多个操作终端，是运维管理人员进行运营管理的直接界面和工具，也是 NMS 特性和功能最直接使用和应用。但由于各厂商 VSAT 系统是一个不互通的封闭系统，其 NMS 系统在架构、技术、功能、操作等方面也各不相同，以此，本章仅以一个 VSAT NMS 系统的常规通用功能进行描述。

一个 VSAT 典型的 NMS 系统组成架构如图 7 - 10 所示。

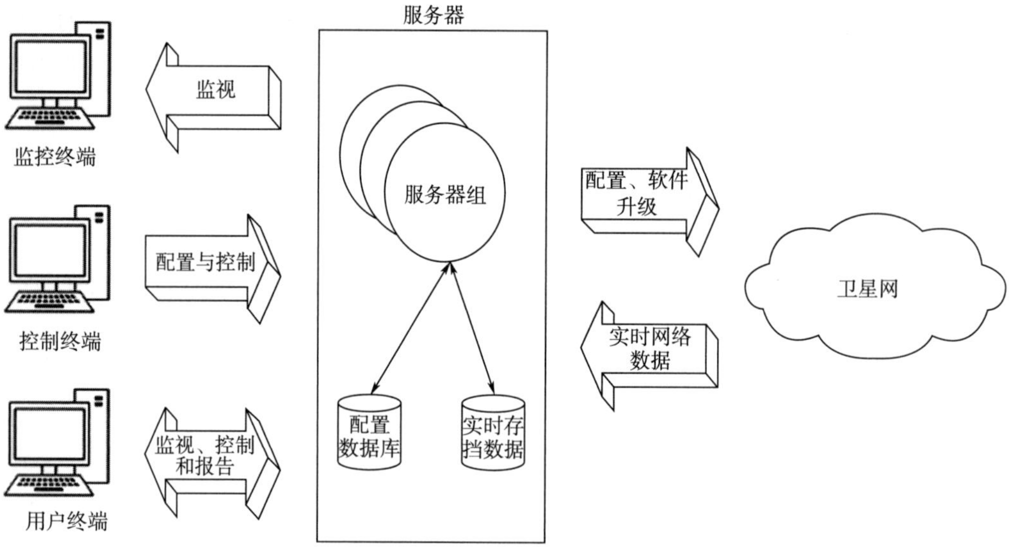

图 7 - 10　典型 NMS 系统组成架构

如图 7 - 10 所示，NMS 系统的常规功能包括五大方面，配置、监视、控制、管理、统计等。

NMS 配置功能是指 NMS 网管系统根据一个 VSAT 的组网规划对各个组成部分相关参数进行集中配置、装载和调整。主要包括卫星参数、载波参数、主站参数、端站参数、QoS 参数以及操作权限等。

NMS 系统的监视、控制、统计功能是一个综合性的管理工具，在全面监视全网运行状态、性能指标的基础上，给操作员提供网络运行性能报告和故障报警，并形成包括运行状态，网络带宽利用率，网络流量（IP 层、卫星层）分析、各设备告警/事件记录等各类业务报告，所有告警、报警、事件和统计均可在实时或历史监控中可得到。

NMS 管理功能指呼叫建立/释放的信道管理，带宽和 QoS 的业务及拥塞管理，声音/视觉/图形呈现的故障管理以及网管操作的安全认证管理等。

针对以上网络管理系统的相关功能，建立对应的运营管理团队，并从行政管理、运行管理、规划管理等方面使卫星通信网的运营管理与上述功能对应和深化。

7.4.3　运营管理架构

卫星通信网的运营管理需要组建一个专业的技术团队进行具体实施。运营管理团队的组成架构、人员组成和运营职责与卫星通信网的规模、性能和功能以及运营管理的服务内容和质量要求等有关。

根据工信部第 36 号令《电信服务规范》关于《国内甚小口径终端地球站（VSAT）通信业务》的相关要求，一个卫星通信网的基本运营管理要提供 7×24 服务，系统年可用度不低于 99.5%。一个卫星通信网对用户提供的服务等级 SLA 可以参照此规范并结合用户的要求具体制定。

为此，运营一个典型卫星通信网需要建立一个专业技术队伍，为方便描述，以运营管理中心为例进行说明。运营管理中心负责卫星通信网的整体运营维护工作，为通信网用户提供故障申告处理以及远程技术支持。同时，为市场部门及项目实施部门提供有效的技术支撑，保障业务的有序展开。

结合卫星通信网运营管理的内容和相互关系，构建如图 7－11 所示的典型组织架构。

第一级：中心主任和副主任

第二级：运营管理工程师，分为系统工程师、网络工程师和射频工程师

第三级：运行督导

第四级：运行工程师

（1）运营管理中心主任和副主任

运营管理中心主任，全部负责卫星网设备运维、业务运行以及 NOC 人员的管理工作。

运营管理中心副主任，协助主任工作，并有分工侧重，同时作为 NOC 主任不在位的备岗。

一个运营管理中心通常设置一名主任和至少一名副主任。

（2）运营管理工程师

为卫星通信网运营管理的系统工程师，其职责主要涵盖四个方面：

1）分工承担机房配套、射频系统、基带系统、网管系统、IP 网等各系统的维护、配置、调整等职责；

2）指导运行督导和运行工程师处理面向用户的技术支持；

3）配合市场销售提供解决方案、测试等技术支持；

4）运营管理工程师分工协作、并互为备岗，同时也是运行督导和运行工程师的备岗。

一个运营管理中心通常设置 4～5 名运营管理工程师。

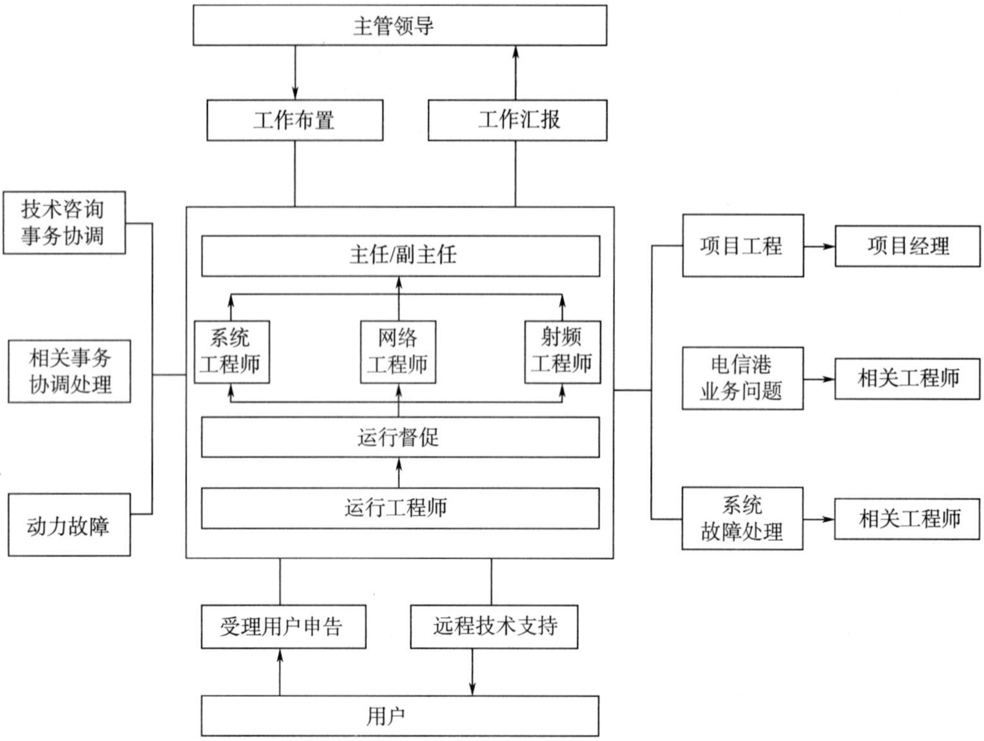

图 7-11 组织架构图

(3) 运行督导

侧重负责卫星通信网中心站的业务管理，制定并执行操作规程，7×24 值班调度和管理，完成对全网业务不间断监测、日常运行维护、测试和管理工作。

同时，运行督导处理运行工程师无法独立完成的技术问题，或将用户/市场销售等的技术问题通报给专项负责的运营管理工程师，进行具体分析。并将结果反馈给用户/市场销售等相关人员。

运行督导也是运行工程师的备岗，同时根据工作考核，可以转岗或升岗为运营管理工程师。

一个运营管理中心通常设置 4 名运行督导。

(4) 运行工程师

具体执行一个卫星通信网 7×24 不间断服务的运行和维护，包括热线联系、端站入网开通、故障投诉、运维指导、远程故障排查等。

运行工程师通常采用 4 班倒制度，配置人数 8 人。此 8 名运行工程师与 4 名运行督导共同组成 4 个班组，通过轮班的方式进行卫星通信网 7×24 不间断服务的运行和维护工作。

运行工程师将直接面对用户的技术咨询和故障问题。同时，运行工程师将受理来自市场销售部门人员的业务调整申请。

7.4.4 行政管理

行政管理工作主要是指围绕运营管理中心所提供的 7×24 不间断服务相关的值班、机房、资产以及安全保密等方面制度的建设、执行及管理。行政管理的主要目的是为了使卫星通信网的运营维护工作能够正常有序的执行及开展，确保卫星通信网的稳定、健康运行。

行政管理的主要内容包括：

1）值班制度；

2）交接班制度；

3）巡检制度；

4）机房出入制度；

5）资料管理制度；

6）资产管理制度；

7）保密和安全管理制度。

7.4.4.1 值班、交接班管理

系统运行执行首问责任制的客户服务制度，负责公司所维护业务的 7×24 运行监测，保障卫星通信网相关设备的正常运行。值班和交接班制度规定值班人员的职责，对于业务进行实时监测，并对用户提供技术支持服务。值班制度中明确规定业务故障处理原则和上报的原则。交接班工作是业务管理的一个重要环节，明确划分交班人员和接班人员职责，必须做到：准时、全面、清楚。

建立值班日志表，依此实施值班、交接班管理。值班日志表至少包括日期、事件开始时间、事件类型、事件内容、事件处理情况、用户信息、所属系统、所属业务、完成情况、记录人员等相关内容。

7.4.4.2 巡检管理

巡检管理是主站设备系统维护的重要一环，是维护主站设备系统正常运行的重要工作，是及时发现并解决各种问题的重要手段。

对于机房的所有设备和机房设施环境等巡视和检查，保持室内、外机房的温度和湿度处于适合设备工作的范围内，有大幅波动时及时进行调整，发现室内、外机房空调等设施的故障，及时上报处理维修。巡检内容中应包括温/湿度、设备指示灯状态、参数情况、系统运行情况、载波情况、业务网络流量等的检查确认。及时发现各设备的故障或异常状态并及时进行处理。总的来说，巡检的主要作用就是及时发现并处理问题，防患于未然，保障各个系统的正常稳定运行。

巡检工作可分为网管巡检和设备巡检两部分。网管巡检是通过自动化手段，利用监控软件平台对重要设备、重要环节进行实时监控和巡检，保障系统、设备的稳定正常运行。同时，制定人工设备巡检的方式，以日、周、月为时间，针对不同设备，不同环节进行人工巡检，巡检记录表（如表 7－6 所示）作为巡检的结果保存在值班日志中，并存档。

表 7－6　卫星设备巡检记录表

	日期	年　月　日至　月　日										编号：			
		星期一		星期二		星期三		星期四		星期五		星期六		星期日	
设备	时间 / 指标	8∶15	17∶00	8∶15	17∶00	8∶15	17∶00	8∶15	17∶00	8∶15	17∶00	8∶15	17∶00	8∶15	17∶00
射频系统															
集装箱	温度/湿度														
ACU	工作状态														
	Az														
	El														
	Pol														
	A/D														
信标机	Input Sig														
充气机	气压值														
HPA	主用/备用														
	输出功率(W)														
	HLX(mA)														
	HLX(kV)														
	ATT														

续表

	日期	年 月 日至 月 日										编号：			
		星期一		星期二		星期三		星期四		星期五		星期六		星期日	
LNA	主/备														
防雷	是否正常？														
室内设备状态															
单收站接收	Eb/N0														
Modem	是否正常？														
光端机	是否正常？														
合路器	是否正常？														
分路器	是否正常？														
汇接设备	是否正常？														
服务器机架	是否正常？														
机房 1	温度/湿度														
网络监控	in/out(Mbps)														
备注															

7.4.4.3　机房出入管理

机房出入管理是针对外来人员进出机房的管理制度，为了加强机房的运行安全，需要对机房出入人员进行有效的管理，对进入机房的外来人员的进入原因与进、出时间进行记录，对外来人员在机房内的行为进行严格管理，对外来人员进出机房所携带的物品进行管理。

机房出入管理的主要目的保障机房内各个设备的运行避免被无意或恶意破坏，保障机房内各设备参数不被随意修改。

机房出入管理的主要作用是对进入机房的外来人员进行监管，确保进入机房的外来人员遵守机房的各项管理规定，确保外来人员在机房中不会影响各个系统设备的正常稳定运行，不会对机房用电安全等设施安全造成影响。

NOC 人员负责对进入机房的外来人员进行详细的登记，相关工程师负责协助管理。

7.4.4.4　资料管理

资料管理是对机房维护资料进行收集、整理、分类、收存、借阅的管理工作。建立资料管理制度，就是为了使资料管理工作制度化、规范化。整理并归档维护资料，保证维护资料的完整性、安全性。

机房维护资料主要包括项目设计文件，工程竣工资料，系统、设备测试文件，设备使用说明书和其他维护文档。

1）项目设计文件：介绍总体设计方案、设备选型和系统组成、设备布置安装、卫星资源需求和链路计算、验收测试要求、投资预算、图纸等内容，供工程维护人员需要时查阅、参考。

2）工程竣工资料：包括工程概述、建筑工程量说明、开工报告、安装明细表、交接书、验收证书、测试结果及图纸等，供工程维护人员需要时查阅、参考。

3）系统、设备测试文档：包括天线隔离度、误码测试等资料，以供使用人员参考。

4）设备使用说明书：介绍设备和测试仪器的结构功能、技术参数、操作使用说明、常见故障及处理办法、日常维护、保养说明，指导维护人员正确维护、使用设备和仪器。

5）其他维护文档：包括各系统基本操作说明等，指导维护人员进行各系统的日常操作。

作为机房运行管理的重要一环，保证各种运维资料完整、安全、分类清楚非常必要，需要专人定期收集整理、分类归档和更新。资料管理由工程实施人员和运营维护人员共同制定完成。

7.4.4.5　资产管理

资产管理就是对机房所有交维于运行中心的设备进行登记、使用、调拨、保管的管理工作。为了规范资产管理秩序，加强资产管理，保护公司合法资产。

机房的资产管理主要包括建立设备档案、记录设备操作、配套设施管理、备品备件的管理和出入库记录等方面。

1）建立设备档案：包括工程、维护记录，资产贴签，规范设备管理工作，便于对设备的使用状况予以监控，保证设备安全、经济、稳定运行。

2）记录设备操作：记录包括设备的调试、维修、搬移等操作，使所有的操作有据可查，避免丢失、损坏。

3）配套设施管理：管理空调等机房配套设施，保障机房安全平稳的运营。

4）备品备件管理：由专人负责，对备品备件合理保管，定期清点，在使用时能快速找到并正常使用，不会出现丢失、损坏。

5）出入库记录：记录设备名称、型号、序列号、用途等相关详细信息，避免丢失、混乱。

资产管理是机房运行管理的重要方面，需要安排专人分类、分项，统一登记，详细记录。机房资产管理的建立由技术工程师和财务管理人员共同建立完成。

7.4.4.6　保密和安全管理

保密和安全是对运行业务进行保密性管理，以保证公司的商业安全和用户的业务安全。在进行主站机房管理过程中，应严格遵守机房管理安全制度，对外来不认识人员一定要详细问询。进行保密和安全管理的目的是为了保护公司秘密、维护公司利益、维护主站安全生产。

保密和安全管理具有以下内容：

1）不泄露公司敏感信息和技术资料参数；

2）对外来人员和外来电话，核实来人或来电人员身份；

3）保障主站设备正常安全的运行。

作为值班员要严格遵守机房管理制度和安全管理制度，主站人员来往比较多，如技术调试人员、外来技术人员、设备施工人员、参观人员等，因此，对设备的安全使用，对机房的安全保障，对敏感数据和设备的管理等都是保密和安全管理人员的职责。

另外，在业务服务器上严禁连接互联网。对于连接互联网的服务器，禁止登录与业务无关的网页，防止电脑沾染病毒，造成更大的危害。

7.4.5　运行管理

通常，运行管理主要包括客户信息管理、设备管理、7×24 运行管理和监测管理四部分。另外，由于天线和射频系统可独立配置且已纳入前述的地球站建设和管理相关章节之中，本章节不再赘述。

7.4.5.1　客户信息管理

客户信息管理是对全部在网客户的信息进行登记、分类和汇总的管理工作，是运行管理的基础性工作之一。客户信息管理的目的在于加强与客户的沟通，确保客户业务的稳定运行，当发生异常时能够及时联系客户，做到能对客户业务进行及时有效的管理。

因此，客户信息至少应该包括：客户名称、联系人姓名、联系方式、业务类型、服务等级、服务要点等信息。各项信息应具有以下典型作用。

1）客户名称：识别客户的标示之一。

2）业务类型：识别客户业务的使用习惯或使用情况，可以分为业务应用类型（如：视频业务、话音业务、数据业务等），也可分为站点类型或使用模式（如：固定业务、移动业务、临时业务等）。

3）服务等级：识别客户业务的重要程度和服务内容、分工界面等。

4）服务内容：详细描述客户的业务需求、使用计划等信息。

5）联系人姓名、联系方式：与客户沟通的途径和渠道。

通常，客户信息管理需要安排专人根据合同信息、系统结构、工程情况等进行统一汇总和详细记录，并由市场销售人员、售前系统设计人员、系统实施工程人员与网络运营管理人员共同建立完成的。

7.4.5.2 设备管理

设备管理是对设备寿命周期全过程的管理，主要针对设备运行状态、故障维修以及更新改造等情况的全过程管理。设备是卫星通信网的组成分子，掌握各设备在各环节中的运行情况，及时有效的预防设备故障隐患，以保障网络的健康运行，进而提高系统运行的可用度和可靠性

设备管理既包括上述行政管理范围下的资产管理，也包括运行管理下的技术管理，二者相互结合，为公司财务层面的资产管理提供基础和依据。

由运行设备管理更延伸至与其相关的备品备件和工具、仪表管理等。

因此，设备管理至少涵盖设备登记管理，设备养护管理，备品备件管理和工具、仪器仪表管理四个方面。

（1）设备登记管理

设备登记管理是根据运营网络的组成，安排专人对网络中的各设备进行分级、分类管理，可以按射频设备、中频设备、网络设备等进行分类，也可以按一级设备、二级设备等设备等级和重要性进行分类。在详细分级、分类后，负责人还需要定时、定期进行设备运行状态的统计、记录，起到设备管理的作用。

建立设备管理统计表，且统计表至少应包括：设备型号、序列号等基本信息。

（2）设备养护管理

卫星通信网的设备保养是对天线、室外设备、室内设备在使用中或使用后的护理工作。为了保证卫星通信网设备完好，系统运行稳定可靠，制定规范、严谨的设备养护流程十分必要。

设备养护一般包括日常维护、定期维护、定期检查和养护记录。

设备养护具有以下作用。

日常维护：每日巡检工作，确认设备工作状态，采取相应措施，尽早解决设备故障。

定期维护：定期打扫机房卫生、进行设备除尘等，保障设备稳定运行环境，减少设备故障率。

定期检查：确保系统运行中的重要设备安全、稳定运行。

养护记录：详细记录养护和维修工作，为以后的养护工作提供养护经验，使之有据可查。

设备养护流程是卫星运营管理的重要环节，关系着系统的安全稳定运行，需要安排专人根据不同设备的运行特点制定相应的养护流程并详细记录。设备养护流程是由系统实施工程人员与网络运营管理人员共同建立完成的。

维护作业计划表见 7－7。

表 7－7　维护作业计划表

序号	测试范围	测试项目	测试周期	备注
1	日常维护工作	中心地球站各系统运行主要参数的统计、记录，各端站链路参数统计、记录	日	
2		配合故障远端站的分析、处理，发现故障（或受理故障）、设备（链路）测试、分析定位故障、排除故障	日	
3		降质链路处理。记录、分析、处理	日	
4		运行情况的跟踪、记录。对故障端站、主站故障设备的处理情况、进展跟踪记录	日	
5		受理用户的电话咨询，配合地面传输系统设备的维护	日	
1	周期性维护工作	月报。每月对全网设备运行情况统计、分析，系统变更情况统计、记录，当月主要问题统计、分析	每月	
2		每月全网运行质量分析。根据每日、每月的统计数据结合系统参数运行指标对全网链路运行情况进行质量分析，提出合理化建议	每月	
3		周报。每周对主站设备运行情况，动力环境故障处理情况，专项工作（如主站建设、整改），预防性巡检工作，设备调整，与其他部门工作配合，以及需关注及解决问题的统计	每周	
4		每月全网运行参数优化。根据全网运行质量分析针对卫星设备进行系统参数、系统资源的优化。	每月	
5		每月或视情况召开分析会。分析运行情况，总结交流处理故障经验	每月	
6		每月网管数据库备份：对网管各种记录数据备份	每月	
7		每年两次日凌计算、发布：在每年的日凌前一个月计算网内各站所属地区受日凌影响情况并提前通知用户	半年	
1	现场看护	机房电源、空调、温湿度检查	每天	
2		设备清洁、除尘	每月	
3		备品备件的清理核对	每季	
4		现场资料和标签管理，做到标签完整、准确、清晰、规范	按需	

（3）备品备件管理

为了缩短设备修理停歇时间或进行设备的维护检修，需要储备一定数量的用于维修的配件，这些配件称之为备品备件。建立从申报、入库、保管到发放领用备件的制度及管理职责，就是对设备备件的申报、收、发、储存进行控制。备品备件管理是保证设备正常运转和维修的重要因素，是卫星通信网络的运营管理中不可或缺的环节。

备件备品管理包括：备品备件的技术管理、备品备件的计划管理、备品备件的库房管理、备品备件的经济管理。

备品备件管理具有以下作用：

1）建立合理的库存储备、保证设备维修需要、提高设备的可靠性、维修性和经济性；

2）把由于设备突发故障所造成的停工损失减少到最低限度；

3）把设备计划修理的停歇时间和维修费用减低到最低限度；

4）优化备件库的储备资金，将资金压缩到合理供应的最低水平；

5）收集备件使用中的质量、经济信息，并及时反馈给技术人员，以改进和提高备件的使用性能；

6）优化备件采购流程，针对不易购买的备件备品，提前计划，提高系统可靠性。

随着卫星网的发展、加强内部备品备件的管理成为不可或缺的工作内容。要做好此项工作，首先是建立和完善的备件备品管理制度，再根据工作需要建设相应的备品备件库房，最后指定专人来负责备品备件管理。

（4）工具、仪器仪表管理

卫星通信网络的运营管理中，工具、仪器仪表是不可或缺的重要组成部分。工具、仪器仪表管理是指对生产运营中所需要的仪器仪表的申领、使用、维护并保持性能和精度等过程进行规划和管理的一系列工作，各项管理制度包含的内容有：

1）合理管理工具、仪器仪表，避免出现丢失、损坏；

2）确保工具、仪器仪表正常工作和数据的可靠、准确；

3）便于合理维护、存放、检验、鉴定、报废、记账、立卡、统计工作；

4）利于保管技术资料（包括合格证）；

5）明确工具、仪器仪表事故处理方法，避免人身、财产损失进一步扩大。

对于一个完整的卫星网络运营管理中心，各类工具、仪器仪表是生产过程的必需品，要做好此项工作，首先需要建立完善的工具、仪器仪表管理制度，然后对各类工具、仪器仪表进行登记造册详细记录，最后是由技术人员、系统实施工程人员共同遵守管理制度来完成。

7.4.5.3 运行管理

7.4.5.3.1 测试管理

测试管理是对在机房内进行的测试活动进行有效管理的制度，是机房内测试活动的操作规范，是对测试仪器仪表和工具等的保护手段，是机房内系统正常运行的重要保障。测试流程如图 7 - 12 所示。

（1）测试管理制度的目的

测试管理的目的是对机房内进行的一切测试活动进行规范化管理，使得测试活动能够按照测试流程安全有序的进行，使得测试活动能够在合理的环境、范围内完成，并得到真实可靠的测试结果，并且在测试进行过程中，不会对现有系统的正常稳定运行产生影响。

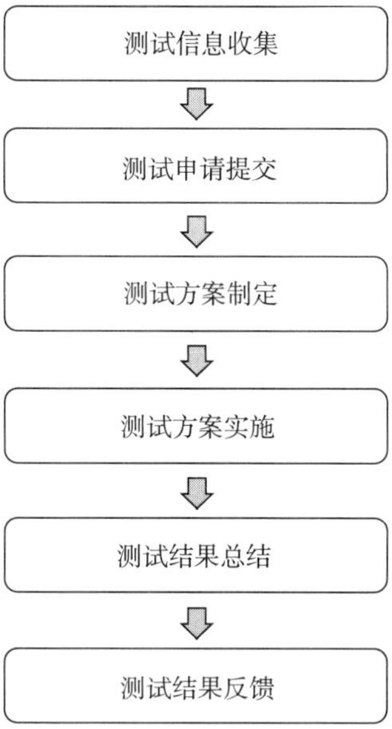

图7-12　测试流程图

（2）测试管理的内容

测试管理的主要内容有：在机房内进行的测试工作需要遵守测试制度；在机房内进行的测试工作需要给出测试计划并经过机房分管领导的同意；在机房内进行的测试工作需要在指定的区域进行，并且必须在不影响现有业务正常运行的情况下开展；如果需要使用本部门的测试仪表或工具需要向设备工程师申请借用并登记；在操作测试设备前，必须认真做好各项测试作业准备，全面保证工作环境与设备状态的精确度和完好性，并严格按照测试计划进行测试工作，测试期间不得在未经允许的情况下操作机房内设备及仪器；测试结束后须告知机房管理人员，归还借用的仪器仪表和工具，并将测试区域恢复原状后方可离开。

（3）测试管理的作用

测试管理制度的主要作用是保证测试活动符合机房安全管理规范，按照测试计划有序进行，保证测试活动进行过程中不会影响各设备的正常工作，保证测试设备仪表、工具等不受损坏，保证机房环境不受影响，保障现有正常运行的系统、业务不受影响。

7.4.5.3.2　业务开通流程

业务开通流程是对卫星通信网络运营的规范化，从一个业务测试到正式运营，最后交给运维正式维护，在这个过程中需要按一定的流程操作，这个流程涉及业务相关负责人、业务技术支持联系人、业务基本情况、业务运行操作流程、业务出现故障处理流程等。业务开通流程的目的在于规范运维工作，保证业务正常和顺利实现运维工作。

业务开通流程分为：长期业务和临时业务。长期业务是业务运行时间和使用时间将要持续一年或一年以上；临时业务是临时使用业务或偶尔不定时使用业务。

（1）业务开通流程的作用

1）规范公司业务的开通；

2）减少业务处理故障和问题；

3）规范运维工作。

（2）业务开通流程的建立

作为公司业务的开通，需要一个正式和规范的流程。从测试到业务正式运行，可能运维人员没有进行参与，但在正式运营项目和业务的时候，自始自终都需要运维人员在维护和操作，这就需要一个规范的流程，包括业务的建立、操作、执行、故障和问题处理等。

业务开通流程图如图 7-13 所示。

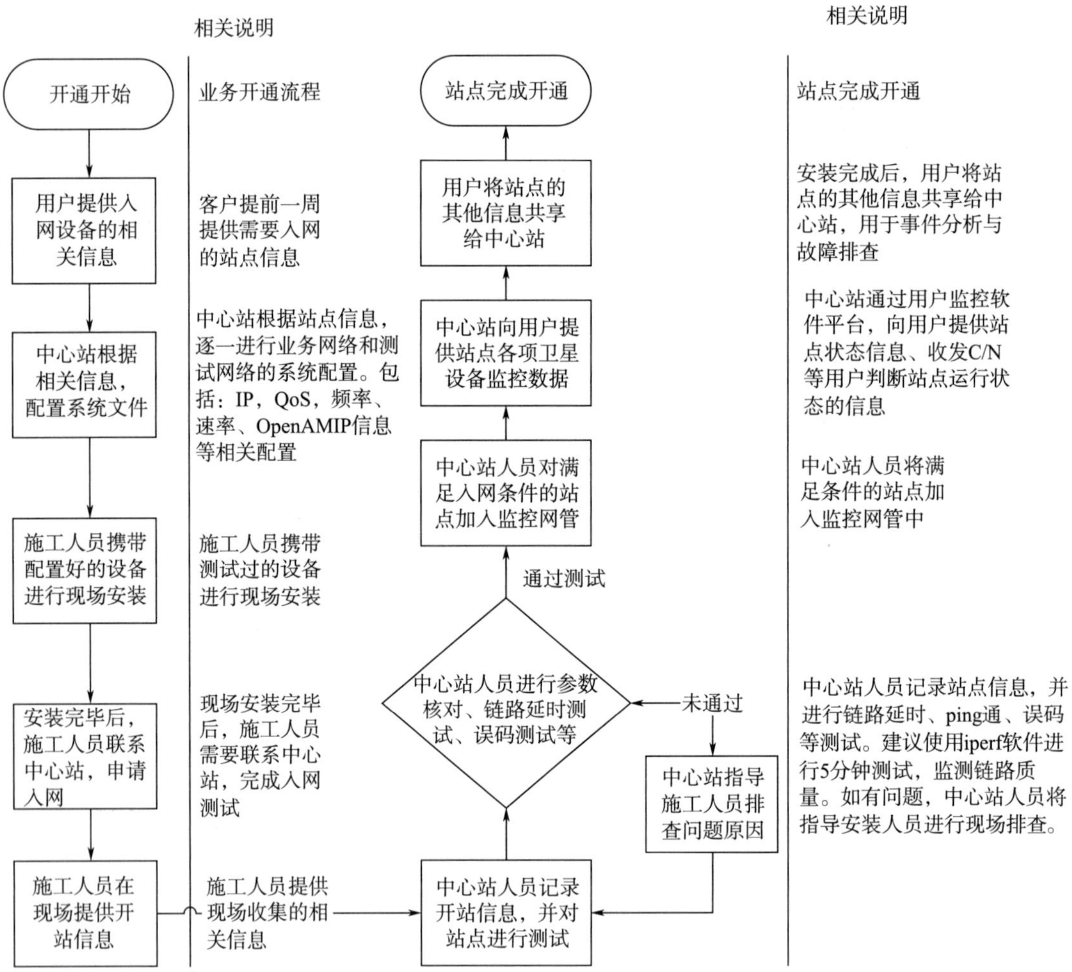

图 7-13 业务开通流程

7.4.5.3.3 入网和退网管理流程

入网指的是用户经报批，建成卫星站点后，经过一系列测试，站点达到一定的入网指标后，才能在卫星网里进行正常通信的业务活动。退网是指卫星站点由于老化等原因不再使用，经所属用户报批，将站点从原系统中删除，释放卫星资源。入网和退网管理流程就是对上述操作的管理流程。

建立标准、规范的入网和退网管理流程，一方面是为了保障稳定、高质使用卫星资源，避免使用过程中系统运行不稳定或产生干扰，另一方面是为了频率资源的使用清楚可查，不会造成使用混乱。

入网主要包括极化隔离度测试、功率标定、链路稳定性测试、网络速率测试、误码测试等；退网则是由小站向所属用户发起申请，得到批准后，主站依据其所属用户的通知文件，按时关闭相关中心站设备并监测小站设备使用情况，将站点从系统中删除，释放卫星频率资源。

（1）管理入网和退网流程的作用

入网各项测试及退网步骤所起的作用如下。

1）极化隔离度测试：将所用极化与反极化差值调整到一定数值标准，保障接收信号强度能让站点稳定运行；

2）功率标定：避免站点载波过高或过低；

3）链路稳定性测试（iperf 测试）：保障传输链路的稳定运行；

4）网络速率测试：保障网络传输大、小包均正常；

5）误码测试：保障链路传输质量。

退网各步骤的作用在于：

1）正式批文：保证退网操作合法；

2）关闭主站设备并确认小站退网状态：确保双向设备均是关闭状态；

3）及时删除站点，释放资源并记录：避免频率资源混乱。

（2）入网和退网管理流程建立

入网和退网作为卫星运营的重要操作，必须建立严格、细致、有序的流程，需要维护人员按照卫星运营商和卫星通信服务商的相关流程严格制定和执行。

7.4.5.3.4　故障处理流程

故障处理流程指的是业务、平台出现故障后，技术人员依据处理故障的依据、方法和步骤。故障处理流程的制定是在业务和平台日常维护工作中，为规范故障处理的工作流程，使故障能够得到及时正确地处理，保证业务安全稳定运行的重要手段和依据。

故障处理通常按业务和平台受影响程度进行分级，不同级别采取不同等级的处理办法。故障处理流程至少包括：故障现象、故障级别、响应时间及处理时限、上报范围、告警信息、原因分析、处理步骤和故障报告等环节。

（1）故障处理流程中各环节的作用

故障处理流程中各环节所起的作用如下。

1）故障现象：描述造成故障的直接原因和故障现象；

2）故障等级：识别业务或平台受影响程度和处理等级；

3）响应时间和处理时限：根据故障等级划分故障处理时间；

4）上报范围：根据故障级别上报业务接口人和各级领导；

5）告警信息：描述故障的具体信息；

6）原因分析：分析故障产生的原因；

7）处理步骤：描述故障处理过程，包括上报、具体操作过程并及时通报处理进展情况；

8）故障报告：详细记录故障名称、类型、故障引起的对网络和电路的影响，发生或收到通知的时间，维护人员姓名，故障排除的情况，修复时间等。

（2）故障处理流程的建立

故障处理作为卫星运营网络非常重要的一环，为了业务安全稳定的运行，建立标准、规范的处理流程非常必要，需要安排专人根据业务具体故障情况，定义故障等级，确定通报制度、处理步骤和分析总结制度。故障处理流程是市场销售人员、售前系统设计人员、系统实施工程人员与网络运营管理人员共同建立完成的。

故障处理流程如图 7－14 所示。

7.4.5.3.5　应急预案

应急预案是指面对突发事件如自然灾害、重特大事故、环境公害及人为破坏的应急管理、指挥、救援计划等。它一般应建立在综合防灾规划上。其几大重要子系统为：完善的应急组织管理指挥系统；强有力的应急工程救援保障体系；综合协调、应对自如的相互支持系统；充分备灾的保障供应体系；体现综合救援的应急队伍等。

应急预案有助于识别风险隐患、了解突发事件的发生机理、明确应急救援的范围和体系，使突发事件应对处置的各个环节有章可循。目的主要是有利于对突发事件及时作出响应和处置及有利于避免突发事件扩大或升级，最大限度地减少突发事件造成的损失。

（1）应急预案的作用

1）可以科学规范突发事件应对处置工作。明确各个部门以及各个组织在应急体系中的职能，以便形成精简、统一、高效和协调的突发事件应急处置体制机制。

2）可以合理配置应对突发事件的相关资源。通过事先合理规划、储备和管理各类应急资源，在突发事件发生时，按照预案明确的程序，保证资源尽快投入使用。

3）可以提高应急决策的科学性和时效性。突发事件的紧迫性、信息不对称性和资源有限性要求快速做出应急决策，合理决策应对措施提供了科学的思路和方法，从而减轻其危害程度。

（2）应急预案的建立

首先建立由项目经理为领导的项目应急组织体系，成立项目应急组织机构，明确职责；其次对项目危险性分析及应急点的确定；最后研究制定项目施工现场应急处置方案，现场处置方案是针对具体的装置、场所或设施、岗位所指定的应急处置措施。

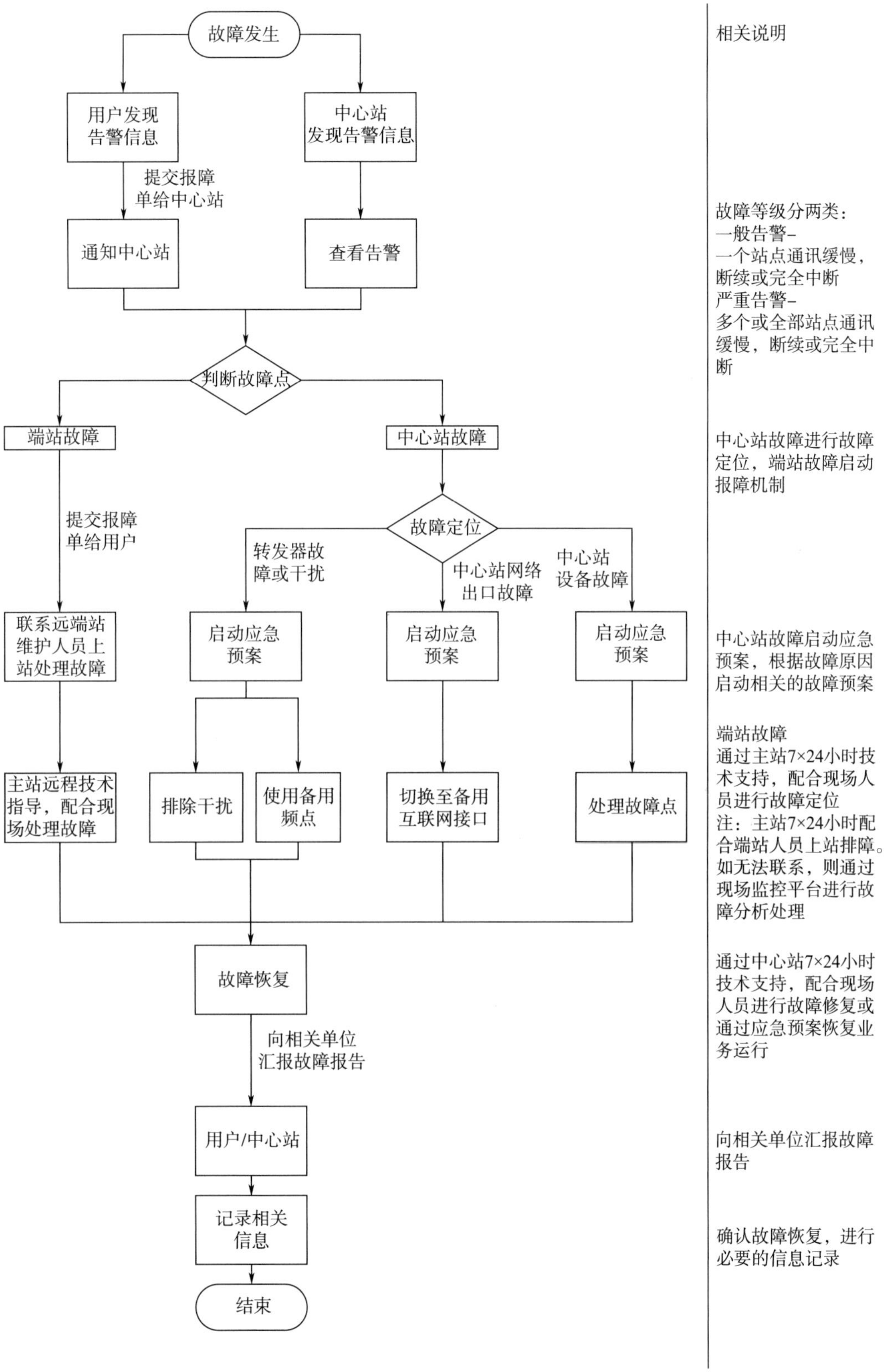
故障发生
用户发现告警信息
中心站发现告警信息
提交报障单给中心站
通知中心站
查看告警
判断故障点
端站故障
中心站故障
提交报障单给用户
故障定位
转发器故障或干扰
中心站网络出口故障
中心站设备故障
联系远端站维护人员上站处理故障
启动应急预案
启动应急预案
启动应急预案
主站远程技术指导，配合现场处理故障
排除干扰
使用备用频点
切换至备用互联网接口
处理故障点
故障恢复
向相关单位汇报故障报告
用户/中心站
记录相关信息
结束
相关说明
故障等级分两类：
一般告警-
一个站点通讯缓慢，断续或完全中断
严重告警-
多个或全部站点通讯缓慢，断续或完全中断
中心站故障进行故障定位，端站故障启动报障机制
中心站故障启动应急预案，根据故障原因启动相关的故障预案
端站故障
通过主站7×24小时技术支持，配合现场人员进行故障定位
注：主站7×24小时配合端站人员上站排障。如无法联系，则通过现场监控平台进行故障分析处理
通过中心站7×24小时技术支持，配合现场人员进行故障修复或通过应急预案恢复业务运行
向相关单位汇报故障报告
确认故障恢复，进行必要的信息记录

图 7－14　故障处理流程

7.4.5.3.6 运行统计及报表

业务报表，是指对业务内容和数据的统计分析表。各行业各单位的业务性质与业务内容不同，会有多种多样的业务报表。加强企业生产设备的动态管理，降低故障频率，就是对设备网络等运行状态实施跟踪监测与控制，并进行综合分析处理，预测故障点、故障发生性质和原因，以便结合生产计划有效地采用预防性维修和日常保养措施，保障系统正常运行。因此，运行统计与报表分析是系统管理中重要的一环，是对设备进行管理的基础。

（1）运行统计及报表的作用

1）要求员工认真记录设备运行状况，从中找出设备运行特性，更加了解设备，增强设备稳定性，提高操作、维护水平，提升系统可靠性。

2）同类设备的同期分析。业务运行部门可通过对同类设备运行情况的统计分析了解设备的具体状况，操作维护中存在的问题，合理安排设备的运行和检修，使设备管理工作更加细致、高效，为管理人员指挥生产、制定工作计划提供依据。

3）通过月、季度和年度分析，业务部门可以详细准确地了解设备状况，使生产决策者能合理安排生产、维修，从而提高设备的运转效率。

（2）运行统计及报表的建立

首先确定哪些设备与系统需要进行运行统计，然后确定统计的方式与形式，再由业务运行人员按要求进行统计，最后形成报表。每月或每季度组织生产人员进行分析。

7.4.5.4 监测管理

7.4.5.4.1 业务监测管理

业务监测管理是针对各个业务进行实时分析和监测，遇到突发事件进行分析和监测。业务监测的目的是为了提高卫星通信业务管理的水平，确保卫星传输的安全，确保各个业务的正常运行，避免重大事故和经济损失的发生。

（1）业务监测管理的作用

业务监测管理具有以下作用：

1）业务的日常测试与管理；

2）具有监测提示功能，包括报警系统；

3）自动监测业务载波上星时间、功率电平、频率、信噪比等等相关信息；

4）自动监测业务使用的安全，在干扰和业务故障时及时报警或处理，将各个数据记录和存储在数据库里，等待管理员查询。

（2）业务监测管理的建立和维护

关于业务监测管理的建立，需要一个监测系统提高的平台，添加各个业务环节，并实时更新。根据需要建立监测小站或监测站，记录和监控小站或主站情况，来确保业务正常运行。

7.4.5.4.2 设备和网管监控

设备和网管监控是全网监控，包括主站射频、基带、服务器、小站的状态等。设备和网管监控的目的是加强对主站设备和业务的监控，防止设备出现问题和状态无法判断哪里出了故障和问题；对小站的监控是为了更好维护小站运行，根据小站监控情况而判断造成小站故障的大概因素，为客户提供一些基础判断和信息。

（1）设备和网管监控的作用

设备和网管监控具有以下作用：

1）主站监控射频系统，包括射频系统的天线基础、ACU，信标机、BUC，LNB//LNA，变频器等；

2）主站监控基带设备，包括 Modem、传输系统等；

3）主站监控服务器监控，包括服务器、PP 等；

4）小站监控，包括小站的接收和发射情况、流量、温度等等。

（2）设备和网管监控的建立和维护

主站和小站设备与网管监控的建立，先建立各个设备的监控接口，再通过接口连接到服务器上，进行监控数据存储和实时显示，最后通过网管进行实时监控，目的是为了更好地维护主站和小站设备情况。设备维护起来需要不断更新和腾出存储空间，目前基本采取录入数据每个月更新一次的方法。

设备监测图如图 7－15 所示。

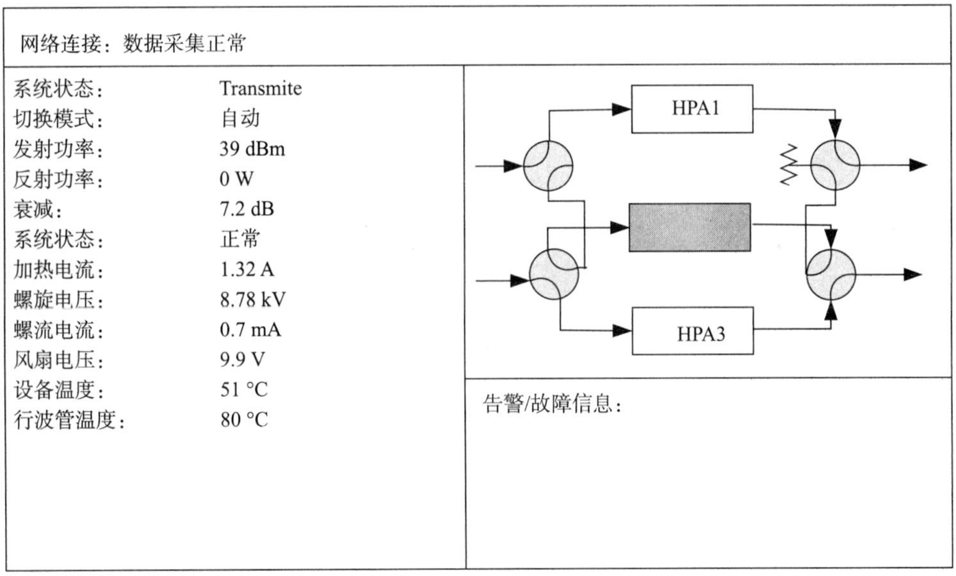

图 7－15　设备监测图

7.4.5.4.3　载波监控

载波监控是对全部在网业务的载波进行监控，目前有数字和模拟频谱监控两种方式，其中包括实时的和对历史载波的回放进行监控。载波监控的目的就是对业务载波的监控以及产生监控告警，如果载波低于相对值就会告警，提示值班人员进行查看和维护，检查设备，保证业务载波的正常使用；对历史载波进行数字和模拟频谱仪的回放，可以查询历史载波情况，进行历史载波和实时载波对比。

（1）载波监控的作用

载波监控具有以下作用：

1）实时业务载波监控；

2）历史业务载波回放；

3）对各个业务、各个卫星、各个卫星转发器载波的实时监控对比；

4）对载波波动超出一定范围时进行电脑自动报警；

5）维护业务正常运行的必要手段。

（2）载波监控的建立和维护

载波监控的波束，会随着业务的变化而变化，也会随着影响载波的因素的变化而变化。在建立载波监控的时候需要对业务载波当时的高度和底噪进行记录和设定，需要更新的时候就得实时更新。在维护方面，载波高度调节后就需要重新设定，以保证业务载波监控具有很好的可靠性。业务载波回放，需要建立数据库存储每时每刻的载波情况才可进行，若需调用历史载波就可以得到历史载波。载波监测图如图 7－16 所示。

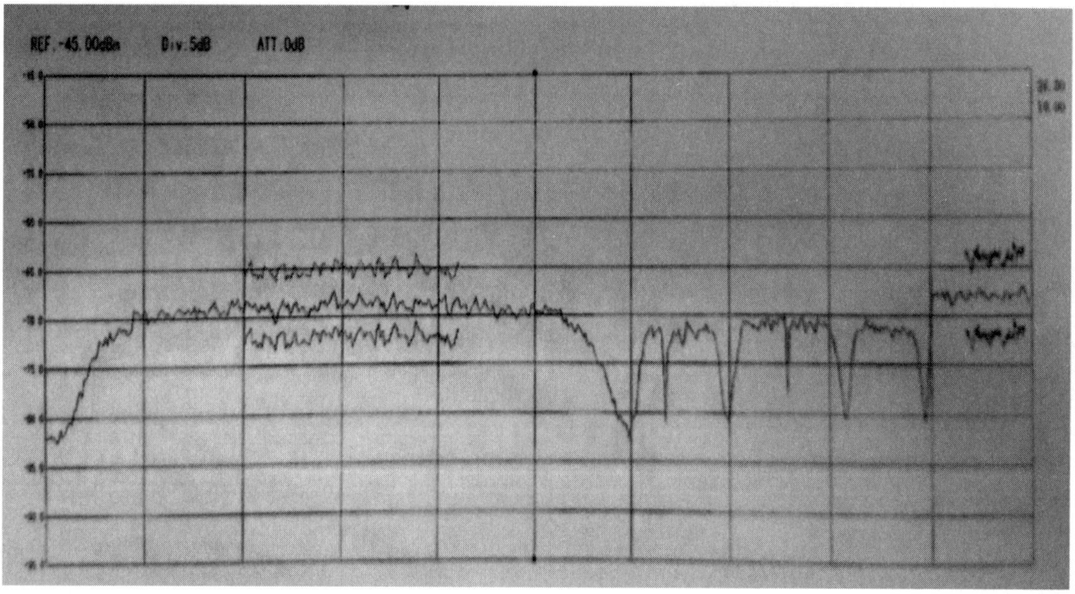

图 7－16　载波监测图

7.4.6　规划管理

规划管理是指当一个卫星网投入正常运行后，根据 NOC 定期上报的月报或周报，在技术、业务和经营等方面进行的综合管理。规划管理是卫星网运营管理的后台管理，是卫星网运营管理效率的体现，也将为公司经营提供必要的支撑数据。因此规划管理内容因公司不同而不同，范围不一，侧重各异，且行业内暂无规范可循，本节只简要概述。

通常，规划管理包括技术规划管理、业务市场规划管理和经营财务规划三个方面，由公司技术、市场和财务等相关部门协同完成，其基本模式如图 7－17 所示。

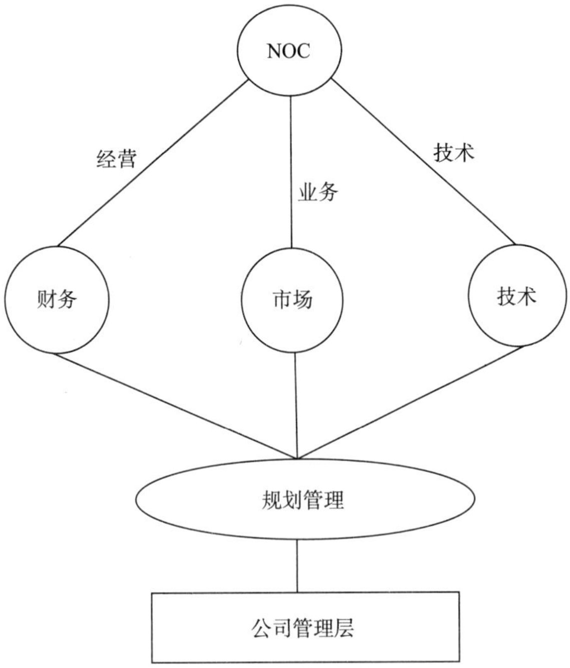

图 7－17　规划管理模式示意图

上述三方面规划管理的主要目的和任务主要体现于以下 5 个方面。

(1) 卫星网设计目标的验证

对卫星网设计时提出的性能指标和功能进行验证和总结，且侧重于网络的系统性指标和功能，如网络的传输能力、吞吐能力、链路传输质量、系统余量等。该规划管理可以依据卫星网建设验收测试报告，随时间逐步深入和细化。

(2) 卫星网的调整、补充和优化

通过对运营数据基于时间的累计、多维度的统计和大数据分析，对卫星网有关参数进行补充和调整，包括组网模式、载波数量、载波参数、端站配置、业务承载等。该规划管理一方面挖掘卫星通信网的技术潜力，一方面服务于市场需求和业务变化。

(3) 新建网络的技术参考和经验借鉴

经过一段时间的运行，一个卫通网经时间验证所具备的具体性能和功能以及系统能力将作为未来新建网络设计和建设的技术参照。

(4) 基于业务量的市场分析，服务于市场营销

市场管理规划是指根据用户的业务和使用要求，将一个卫星通信网可实现的技术性能和功能转化成可以为用户提供的某种业务，从而形成该卫星通信网的某个卫星通信服务产品。由于用户的需求不同，起初体现于与用户签署的差异性服务协议，即 SLA。随着用户量和业务量的变化，通过对业务类型的归纳、梳理和分析，形成某种卫星通信服务产品，进而形成该服务产品的价格体系。因此市场规划管理是基于技术和市场需求的营销策划，是实现一个卫星通信网运营管理经济价值的关键环节，也是一个卫星通信服务商赖以生存

的基础。

(5) 基于业务量的财务分析，服务于公司经营

用户量和业务量的变化最终会反映在公司合同收入的变化上，通过定期对合同收入和使用量的对比分析，为财务报表提供数据支撑，为公司管理层在市场方向、营销策略、经营计划等方面提供参考。

总之，规划管理将卫星网的技术运营管理和经营管理相结合，使一个卫星网的运营管理在技术运行、市场经营和公司运营上相互交互，良性运转。

附件一：主要卫星通信设备厂家

VSAT 系统

国外厂商：iDirect，Hughes，Comtech EFdata，Gilat，Viasat，PolarSat，ND SatCom

国内厂商：中国电科集团 54 所、南京熊猫汉达（国营第七一四厂）、广州海格、航天恒星（五〇三所）

天线

国外厂商：General Dynamics（Vertex），Andrew

国内厂商：中国电科集团 39 所和 54 所、无锡华信、北京先锋（Suman）、西安星展测控、北京爱科迪、陕西天翌

功放

国外厂商：CPI，Vertex，Comtech EFdata，Paradise Datacom，Advantech，Xicom

国内厂商：电信科学技术第一研究所、深圳华达微波

变频器

国外厂商：Miteq，Comtech EFdata

国内厂商：电信科学技术第一研究所、深圳华达微波

Modem

国外厂商：Comtech EFdata，Newtec

国内厂商：中国电科集团 54 所、南京熊猫汉达、广州海格、航天恒星（五〇三所）

LNA

国外厂商：General Dynamics（VertexRSI），Paradise Datacom

国内厂商：深圳华达微波

LNB：Norsat

ACU

国外厂商：General Dynamics（VertexRSI）

国内厂商：中国电科集团 39 所和 54 所

信标机：General Dynamics（VertexRSI）

卫星接收机：深圳同洲、四川九洲、四川长虹、海尔、高斯贝尔、哈雷、PBI

附件二：卫星地球站常见波导的技术参数

中国卫通拥有 S，C，Ku，DBS，Ka 频段的卫星转发器资源，相应的卫星地球站中使用的波导的技术参数见表 7－8。

表 7－8　常见波导技术参数

标准型号		频段	主模频率范围/GHz	衰减(dB/m)	
国标	EIA 标准			频率	理论值
BJ22	WR430	S 波段收发	1.72～2.61	2.06	0.009 70
BJ40	WR229	C 频段收	3.22～4.90	3.87	0.024 9
BJ70	WR137	C 频段发	5.38～8.17	6.46	0.057 6
BJ120	WR75	Ku 频段收发	9.84～15.0	11.8	0.133
BJ140	WR62	DBS 发	11.9～18.0	14.2	0.176
BJ220	WR42	Ka 频段收	17.6～26.7	21.1	0.370
BJ260	WR34	Ka 频段发	21.7～33.0	26.1	0.435
BJ320	WR28	Ka 频段发	26.3～40.0	31.6	0.583

缩略语

ABS－S（Advanced Broadcasting System via Satellite）：先进卫星广播系统

ACU（Antenna Control Unit）：天线控制单元

BUC（Block Up－Converter）：上变频功率放大器

CDMA（Code Division Multiple Access）：码分多址

DAMA（Demand Assigned Multiple Access）：按需分配

DVB（Digital Video Broadcasting）：数字视频广播

DVB－RCS（Digital Video Broadcasting－Return Channel via Satellite）：数字视频广播-卫星回传信道

DVB－S（Digital Video Broadcasting via Satellite）：卫星数字视频广播

EIRP（Equivalent Isotropically Radiated Power）：等效全向辐射功率

FDMA（Frequency Division Multiple Access）：频分多址

IDR（Intermediate Data Rate）：中等数据速率

IDU（Indoor Unit）：室内单元（主要包含基带和中频系统）

IRD（Integrated Receiver Decoder）：综合解码接收机

LNA（Low Noise Amplifier）：低噪声放大器

LNB（Low Noise Block）：低噪声下变频器

MCPC（Multiple Channels Per Carrier）：多路单载波

MF－TDMA（Multiple Frequency－Time Division Multiple Access）：多载波时分多址

MPEG（Moving Pictures Experts Group）：运动（活动）图像专家组

NMS（Network Management System）：网络管理系统

NOC（Network Operation Center）：业务运行中心

ODU（Outdoor Unit）：室外单元

PP（Protocol Processor）：协议处理器

QoS（Quality of Service）：服务质量

SCPC（Single Channel Per Carrier）：单路单载波

SDMA（SpaceDivision Multiple Access）：空分多址

SFD（Saturation Flux Density）：饱和通量密度

TDM（Time Division Multiplex）：时分复用

TDMA（Time Division Multiple Access）：时分多址

VSAT（Very Small Aperture Terminal）：甚小（天线）口径终端（站）

参 考 文 献

[1] 吕海寰，等. 卫星通信系统（修订本）[M]. 北京：人民邮电出版社，1994.

[2] 闵士权. 卫星通信系统工程设计与应用 [M]. 北京：电子工业出版社，2015.

[3] 杨运年. VSAT 卫星通信网 [M]. 北京：人民邮电出版社，1997.

[4] 国际电信联盟《无线电规则》.

[5]《中华人民共和国无线电频率划分规定（2014 版）》.

[6]《中华人民共和国无线电管理条例》(2016 年 11 月 11 日修订).

[7] 2009 年 3 月 1 日发布《建立卫星通信网和设置使用地球站管理规定》（中华人民共和国工业和信息化部令第 7 号).

[8] 2013 年 1 月 21 日发布《卫星固定业务通信网内设置使用移动平台地球站管理暂行办法》（工信部无 [2013] 29 号).

[9]《GB13615—2009 地球站电磁环境保护要求》.

[10]《YD/T1003—2015 卫星通信 VSAT 地球站电磁干扰的测量方法》.

[11]《GB/T13620—2009 卫星通信地球站与地面微波站之间协调区的确定和干扰计算方法》.

[12]《GB/T 7260.3—2003 不间断电源设备（UPS）第 3 部分确定性能的方法和试验要求》.

[13]《YD/T 1095—2008 通信用不间断电源（UPS）》.

[14]《YD 5098—2005 通信局（站）防雷与接地工程设计规范》.

[15]《YD/T 944—2007 通信电源设备的防雷技术要求和测试方法》.

[16]《YD/T 5175—2009 通信局（站）防雷与接地工程验收规范》.

[17]《YD 5050—2005 国内卫星通信地球站工程设计规范》.

[18]《YD/T 5017—2005 国内卫星通信地球站设备安装工程验收规范》.

[19]《YD/T 5028—2005 国内卫星通信小型地球站（VSAT）通信系统工程设计规范》.

[20]《YD/T 5040—2005 通信电源设备安装设计规范》.

[21]《GB 50689—2011 通信局（站）防雷与接地工程设计规范》.

[22]《GB 51120—2015 通信局（站）防雷与接地工程验收规范》.

[23]《YD/T 2721—2014 地球静止轨道卫星固定业务的链路计算方法》.

[24] IESS-308《Performance characteristics for intermediate data rate digital carries using convolutional encoding/viterbi encoding and QQPSK modulation（QQPSK/IDR）》.

[25] ETSI EN 300 421V. 1. 1. 2《Digital Video Broadcasting（DVB）; Framing structure, channelcoding and modulation for 11/12 GHz satellite services》.

[26] ETSI EN 301 210 V1. 1. 1（1999-03）《Digital Video Broadcasting（DVB）; Framing structure, channel coding and modulationfor Digital Satellite News Gathering（DSNG）and other contribution applications by satellite》.

[27] ETSI EN 302 307 V1. 3. 1（2013-03）《Digital Video Broadcasting（DVB）; Second generation framing structure, channel coding and modulation systems for Broadcasting, Interactive Services, News Gathering and other broadband satellite applications（DVB-S2）》.

第 8 章　卫星通信客户服务

8.1　客户服务理念与系统

8.1.1　客户、服务与服务营销

（1）客户

“企业的唯一目的就是创造客户”，这是管理学大师彼得·德鲁克的一句经典名言，它道出了企业经营的本质，即企业的存在和发展是围绕客户进行的。在企业经营管理过程中，“用户”和“客户”这两个词语经常混用，很少严格区别对待。它们的内涵既相似，又存在一定细微差别。相对来讲，“用户”更为普通、宽泛一点，而“客户”则更为特定一点。“用户”或许已经在消费企业的产品和服务，或许只是有这个可能，而“客户”则一定正在消费企业的产品。因此，在营销、服务范围内，“客户”使用的更加频繁。客服服务、客户服务管理、客户服务管理系统都已经成为约定俗成的专用学术名词。

企业的存在和发展是建立在资本、设施、员工、客户等基础资源之上的。客户本身所具有的有限性及其价值等特性决定了它是企业的战略资源。随着市场经济的不断完善和全球一体化程度的不断加深，企业经营理念先后经历了“产值中心论”“销售中心论”“利润中心论”“客户中心论”“客户满意中心论”等五个阶段，客户在市场中的地位愈发突出，在交易中的主导权越来越大，市场竞争也随之由产品竞争、技术竞争扩展到客户竞争。目前，“以客户为中心”已经成为一个基本的企业经营理念和战略。

（2）服务

服务是指为他人做事，并使他人从中受益的一种有偿或无偿的活动。在经济学意义上，服务是与实体产品相对应的事物。服务也常常被泛称为产品，它同样具有可交易性、可盈利性。

服务可以从产业和企业两个层面来看待。在产业层面上，整个产业可以分为制造业和服务业两大部分。例如，手机、汽车等属于实体产品，由制造业产出，而通信（传递信息）、运输（传递物质）等属于服务，由服务业产出，它们的区别如表 8－1 所示。

表 8－1　制造业与服务业的区别

制造业	服务业
产品是有形的、耐用的	产品无形、不可触、不耐用
产出可存储	产出不可存储
生产和消费分离	生产和消费同步

续表

制造业	服务业
客户与生产系统极少接触	客户与服务系统接触频繁
响应客户需求周期较长	响应客户需求周期很短
可服务于地区、全国乃至国际市场	主要服务于有限区域范围内
设施规模较大	设施规模较小
质量易于度量	质量不易定量
客户获得的是拥有权	客户获得的是使用权

在企业层面上，服务是企业经营管理活动中的重要表现形式和组成部分。企业的服务活动主要是围绕客户展开的，贯穿于售前、售后各个环节，主要包括质量保证、业务研讨、现场支援、订单跟踪、用户关怀、请求响应、合同履行、维护保障等活动。服务主要由客户服务部门承担，同时也涉及市场和营销等部分。在此，我们称前者为小客服，后者为大客服。

随着市场经济的日益完善、竞争程度的不断加强、互联网和移动互联网应用的不断深入，实体产品和服务之间、制造业和服务业之间的差别越来越小。为了获得新客户、留住老客户，服务在企业经营管理中的地位越来越突出，服务的广度、深度、时间跨度及其对企业经营兴衰的影响越来越大。

(3) 服务营销

服务营销出现于 20 世纪 80 年代。服务营销是企业在充分认识满足客户需求的前提下，在营销过程中所采取的一系列服务客户的活动。

服务营销包括服务产品营销和客户服务营销两大类型，它们的目标都是达到客户满意和客户忠诚，最终实现营销绩效的改进和企业的长期成长。

服务营销组合包括 7 个要素，即服务产品（Product）、服务定价（Price）、服务渠道或网点（Place）、服务沟通或促销（Promotion）、服务人员与顾客（People）、服务的有形展示（Physical Evidence）、服务过程（Process）。

在传统的营销方式下，客户购买了产品后就意味着一桩买卖的完成，虽然它也有产品的售后服务，但那只是一种解决产品售后维修的职能。按照服务营销观念的理解，客户购买了产品仅仅意味着销售工作的开始而不是结束，企业关心的不仅是产品的成功售出，更注重客户在享受企业通过产品所提供服务全过程的感受。这一点也可以从马斯洛的需求层次理论上理解：人最高的需求是尊重需求和自我实现需求，服务营销正是为客户提供了这种需求，而传统的营销方式只是提供了简单的满足消费者在生理或安全方面的需求。

随着社会的进步，人们收入的提高，客户需要的不仅仅是一个产品，更需要的是这种产品带来的特定或个性化的服务，从而有一种被尊重和自我价值实现的感觉，而这种感觉所带来的就是客户的忠诚度。

8.1.2 关系与客户关系

关系是指人与人之间、人与事物之间、事物与事物之间的相互联系。就客户服务、市场和营销范畴而言，客户关系的目的是为了促使企业交易成功而与其消费者、分销商、经销商、供应商等客户建立起长期的互利互信联系，它有利于企业以公平的价格、优质的产品、良好的服务与对方交易。

客户关系包括行为和感觉两个方面，两者缺一不可，相互影响。客户关系中的难点在于感觉，即客户的“情感指数”。企业在加强与客户的关系时，不仅需要考虑行为特性(物质因素)，还需要考虑客户的感觉等情感因素。

客户关系具有多样性、差异性、持续性、竞争性、双赢性、周期性等特征。它不仅仅可以为交易提供方便，节约交易成本，也可以为企业深入理解客户的需求和交流双方信息提供深度合作机会。

客户关系的生命周期包括关系建立、关系发展、关系维持及关系结束等几个阶段。客户关系具有时间跨度，客户良好的感觉需要企业慢慢培养和积累。在关系建立阶段，作为“追求方”的企业，需要作出较多的付出。只有到关系稳定后，企业才能开始获得回报。在这个阶段，企业最容易懈怠，以为大功告成，而忽略了维持客户关系的必要。

按照相互联系紧密程度大小，客户关系可以分为买卖关系、供应关系、合作伙伴、战略联盟四大类型。

(1) 买卖关系

一些企业与其客户之间的关系维持在买卖关系水平，客户将企业作为一个普通的卖主，销售被认为仅仅是一次公平交易，交易目的简单。企业与客户之间只有低层次的人员接触，企业在客户心目中知名度低，双方较少进行交易以外的沟通，客户信息极为有限。客户只是购买企业按其自身标准所生产的产品，维护关系的成本与关系创造的价值均极低。无论是企业损失客户还是客户丧失这一供货渠道，对双方业务并无太大影响。

(2) 供应关系

企业与客户的关系可以发展成为优先选择关系。处于此种关系水平的企业，销售团队与客户企业中的许多关键人物都有良好的关系，企业可以获得许多优先的甚至独占的机会，与客户之间信息的共享得到扩大，在同等条件下乃至竞争对手有一定优势的情况下，客户对企业仍有偏爱。

在此关系水平上，企业需要投入较多的资源维护客户关系，主要包括给予重点客户销售优惠政策、优先考虑其交付需求、建立团队，加强双方人员交流等。此阶段关系价值的创造主要局限于双方接触障碍的消除、交易成本的下降等“降成本”方面，企业对客户信息的利用主要表现在战术层面，企业通过对客户让渡部分价值来达到交易长期化之目的，可以说是一种通过价值向客户倾斜来换取长期获取价值的模式，是一种“不平等”关系，客户由于优惠、关系友好而不愿意离开供应商，但其离开供应商并不影响其竞争能力，关系的核心是价值在供应商与客户之间的分配比例和分配方式。

（3）合作伙伴

当双方的关系存在于企业的最高管理者之间，企业与客户交易长期化，双方就产品与服务达成认知上的高度一致时，双方进入合作伙伴阶段。

在这个阶段，企业深刻地了解客户的需求并进行客户导向的投资，双方人员共同探讨行动计划，企业对竞争对手形成了很高的进入壁垒。客户将这一关系视为垂直整合的关系，客户企业里的成员承认两个企业间的特殊关系，他们认识到企业的产品和服务对他们的意义，有着很强的忠诚度。在此关系水平上，价值由双方共同创造，共同分享，企业对客户成功地区别于其竞争对手、赢得竞争优势发挥重要作用。双方对关系的背弃均要付出巨大代价。企业对客户信息的利用表现在战略层面，关系的核心由价值的分配转变为新价值的创造。

（4）战略联盟

战略联盟是指双方有着正式或非正式的联盟关系，双方的目标和愿景高度一致，双方可能有相互的股权关系或成立合资企业。两个企业通过共同安排争取更大的市场份额与利润，竞争对手进入这一领域存在极大的难度。现代企业的竞争不再是企业与企业之间的竞争，而是一个供应链体系与另一个供应链体系之间的竞争，供应商与客户之间的关系是“内部关系外部化”的体现。

8.1.3　四代营销理论

客户服务、客户关系及其管理涉及 4P、4C、4R、4I 等相关现代营销理论。

（1）4P 理论

4P 理论即产品（Product）、价格（Price）、促销（Promotion）、渠道（Place）四要素，它由麦肯锡管理咨询公司于 1960 年提出。在传统经济时代，4P 理论曾经取得过卓越的功效。4P 理论是一种企业导向、由内向外的经营思维，本身带有传统销售的痕迹。随着新经济的产生和发展，客户在企业营销中的主体地位日益确立，4P 理论已不能满足企业经营发展的需要。

（2）4C 理论

1990 年以美国劳特朋（Lauterbom）为代表的营销专家认为：企业从事营销活动必须以客户为中心，而不是以企业为中心。为此，他们提出了 4C 理论。即消费者（Consumer）、成本（Cost）、沟通（Communication）、便利性（Convenience）。可见，4C 理论的经营思维与 4P 理论刚好相反，它强调由外向内看待营销。在网络经济环境下，由于网络的及时性、互动性和普及性，企业与客户之间的联系更加密切和方便。贴近市场的 4C 理论比 4P 理论对企业的经营活动更具有指导意义。

（3）4R 理论

在竞争日益激烈的市场环境下，4C 理论依然存在不足。这主要表现在以下几个方面：1）4C 理论以用户为导向，着重寻找和满足客户需求，对于市场竞争和竞争对手认识不足；2）4C 理论过于迁就用户，长期下去，企业会付出较大的成本，从而影响可持续发展；3）4C 理论没有提出满足客户需求的可操作性问题，如集成解决方案，迅速反应等；4）4C 理论被动适应客户需求的色彩较重，缺少对经营环境、差异化产品和服务的主动创造。

针对 4C 理论的局限性，2001 年，美国学者舒尔茨（Schultz）进一步提出了 4R 理论，即关联（Relevancy）、反应（Response）、关系（Relationship）、回报（Return）。

4R 理论属于关系营销理论，它将企业的经营活动提升到宏观和社会层面来考虑，强调企业应与利益相关者建立、巩固和发展长期的合作、协调和互利关系，形成一种事业和命运共同体。

（4）4I 理论

随着网络经济时代的到来，网络整合营销和 4I 理论应运而生。它们分别是：趣味（Interesting）、利益（Interests）、互动（Interaction）、个性（Individuality）。

4P、4C、4R、4I 理论体系的发展是一个逐步扩展、深化的过程，主要表现为对客户、人性、商业生态、可持续发展的高度关注。它们为企业的市场、营销和服务提供了框架性的思想蓝图。

8.1.4 马斯洛需求理论

市场、营销、服务、客户关系管理（CRM）等企业经营活动都是围绕客户进行的，其前提是需要深刻理解人的需求。

马斯洛需求层次理论（见图 8－1）是人本主义科学的理论之一，由美国心理学家亚伯拉罕·马斯洛于 1943 年在论文《人类激励理论》中所提出。马斯洛理论把人的需求分成生理需求（Physiological needs，如呼吸、水、食物、睡眠等）、安全需求（Safety needs，如人身安全、健康保障、资源所有性、财产所有性、道德保障、工作职位保障、家庭安全等）、爱和归属感（Love and belonging，如友情、爱情等）、尊重（Esteem，如自我尊重、信心、成就、对他人尊重、被他人尊重等）和自我实现（Self－actualization，如道德、创造力、自觉性、问题解决能力、公正度、接受现实能力等）五类，它们依次由较低层次到较高层次排列。在自我实现需求之后，还有自我超越需求（Self－Transcendence needs），但通常不作为马斯洛需求层次理论中必要的层次，大多数会将自我超越合并至自我实现需求当中。

五种需求可以分为两级，其中生理上的需求、安全上的需求和感情上的需求都属于低一级的需求，这些需求通过外部条件就可以满足；而尊重的需求和自我实现的需求是高级需求，他们是通过内部因素才能满足的，而且一个人对尊重和自我实现的需求是无止境的。同一时期，一个人可能有几种需求，但每一时期总有一种需求占支配地位，对行为起决定作用。任何一种需求都不会因为更高层次需求的发展而消失。各层次的需求相互依赖和重叠，高层次的需求发展后，低层次的需求仍然存在，只是对行为影响的程度大大减小。一般来说，人的某一层次需求相对满足了，就会向高一层次发展，追求更高一层次的需求就成为驱使行为的动力。

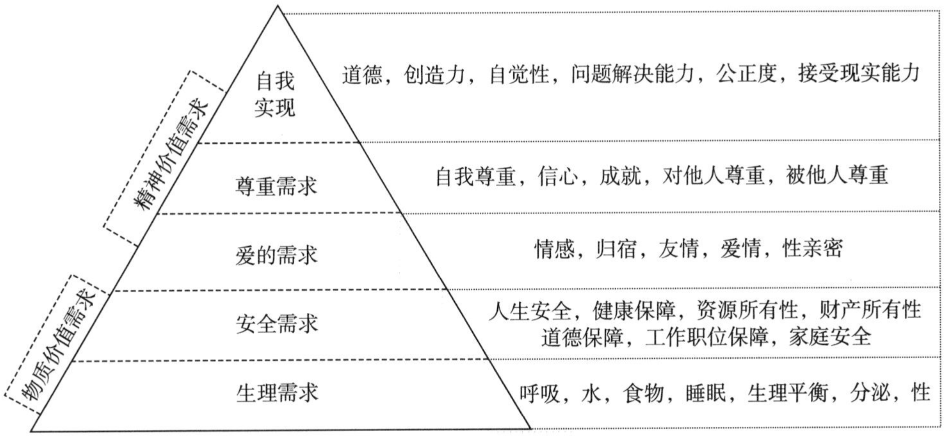

图 8-1　马斯洛需求层次示意图

马斯洛需求理论认为，人的五种需求像阶梯一样从低到高，按层次逐级递升。某层需求获得满足后，另一层需求才出现。在多种需求未获满足前，首先满足迫切需求。该需求满足后，后面的需求才显示出其激励作用。相应的，获得基本满足的需求就不再是一股激励力量。

从企业经营营销和服务的角度来看，每一个需求层次上的客户对产品和服务的要求都不一样，即不同的产品和服务满足不同的需求层次。企业需要将营销和服务方法建立在客户需求的基础之上考虑，不同的需求也即产生不同的营销和服务手段来满足。同样，不同的营销和服务手段可以创造不同层次的客户需求。

8.1.5　客户满意度与客户忠诚度

（1）客户满意度

客户满意、客户忠诚理论于 20 世纪 90 年代后期被引入 CRM 领域。市场营销、CRM 的重要目的以及客户服务的主要目的是让客户满意，让客户忠诚，而客户满意度、客户忠诚度则是分别对客户满意、客户忠诚的度量指标。

客户满意度是客户通过对产品或服务的可感知效果或结果与他的期望值相比较所形成的愉悦或失望的感觉状态。客户满意度是一个相对的概念，是客户期望值与客户体验的匹配程度。换言之，客户满意度是客户通过对一种产品、服务可感知的效果与其期望值相比较后得出的指数，它与客户感知成正比，与客户期望成反比。客户满意度等于或接近 1 时，表示客户比较满意；小于 1 时，表示不太满意或不满意；等于 0 时，表示客户的期望完全没有实现。

客户满意度具有主观性、层次性、动态性和比较性。主观性表明，客户满意是建立在其对产品或服务的体验上的，尽管感受对象是客观的，但是结论却是主观的。它与自身条件和市场环境都密切相关。层次性表明，人的需要有多个层次，处于不同层次的人对产品或服务的评价标准不一样。动态性表明，客户消费过程是一个逐步认知的过程，期间自身认知、市场环境、产品或服务质量都在变化，因此，客户满意度必然会随时变化。比较性是说，客户对产品或服务的属性并不熟悉，而是习惯于将购买的产品或服务与其他同类产品或服务进行比较，这决定客户满意度具有相对性。

为度量客户满意度，需要借助某种指数模型。其中，美国客户满意度指数模型（ACSI）较为经典，如图 8－2 所示。

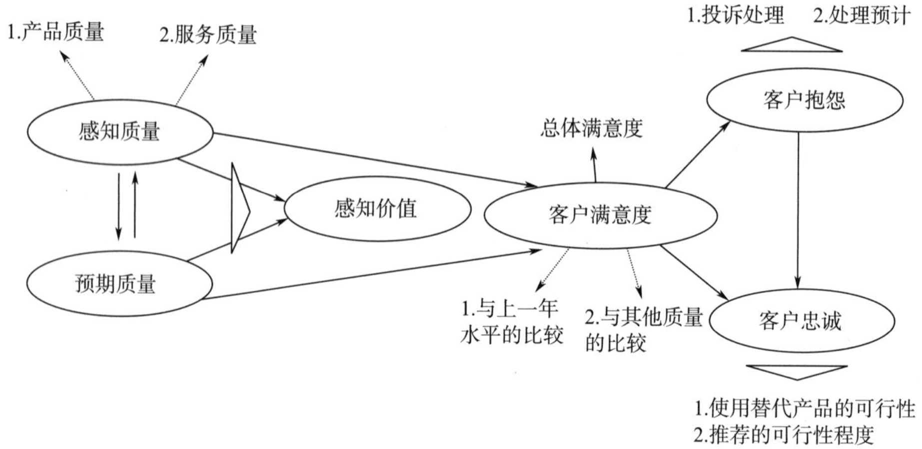

图 8－2　美国客户满意度指数模型

ACSI 模型中把客户消费体验过程分成了三部分。其中，预期质量、感知质量与感知价值为客户满意度的前提变量，是影响满意度的原因；抱怨与忠诚度是客户满意度的结果变量。可见，提高满意度，可减少抱怨，提高忠诚度。要提高客户的感知质量，就要提高产品和服务质量。

（2）客户忠诚度

客户忠诚度指的是，当客户对企业提供的产品或服务形成依附性偏好时，会对企业产生高度认同和满意，产生对企业的产品和服务重复购买的行为趋向，这种趋向会成为企业销售收入增长的重要推动力。国内外研究表明，企业的大部分销售收入均来自于一小部分的忠诚客户。客户忠诚可以分为垄断忠诚、亲缘忠诚、利益忠诚、惰性忠诚、信赖忠诚、潜在忠诚等类型。垄断忠诚源于企业对于产品或服务的垄断；亲缘忠诚源于企业雇员及其亲属对于企业的感情认同；利益认同源于企业给与客户的价格优惠等政策激励；惰性认同来源于客户对方便的考虑或自身的惰性，信赖认同来源于对企业及其产品和服务的信赖，这类客户及其忠诚是企业最渴求的对象；潜在忠诚客户已经拥有但尚未表现出来的忠诚。

企业经营实践和管理研究表明，获得一个新客户的成本要大于维系一个老客户的成本，而一个新客户的贡献通常要远小于一个老客户的贡献。因此，通过市场细分、产品和服务创新、客户关怀等方式，提高客户满意度，进而提供客户忠诚度，对企业的可持续发展意义极大。

8.1.6　客户价值与企业竞争优势

(1) 客户价值

客户满意和客户忠诚背后的驱动因素是客户价值。客户价值又被称为客户让渡价值，是指客户期望从某一特定的产品或服务中获得的一组利益与其在评估、获得和使用该产品和服务时引起的预计费用之差。该组价值是由企业创造并交付给客户的，价值的感受主体是客户。

现代消费行为的研究表明，客户在进行购买决策时，常常是围绕他们能够获得的两个基本利益而展开的。一个是由产品和服务本身为客户提供的实际功效和使用价值等核心利益，另一个是购买中的服务态度、购买和使用的便利性、安全性、品牌形象、信誉等给客户所带来的附加价值和利益。近年来，由于市场竞争程度的加剧，实现产品的差别化越来越困难，因而通过全方位的客户服务、客户关怀等来满足客户需求，提高客户价值和利益，便成为企业新的战略选择。

现代营销之父科特勒（Kotler）认为，企业创造的客户价值或客户让渡价值（CDV）来源于客户获得的总价值或利益（TCV）与其所花费的总成本（TCC）之差，即 CDV=TCV－TCC。

显然，要使客户让渡价值（CDV）最大化，就要努力提高客户总价值（TCV），降低客户总成本（TCC），见图 8－3 所示。

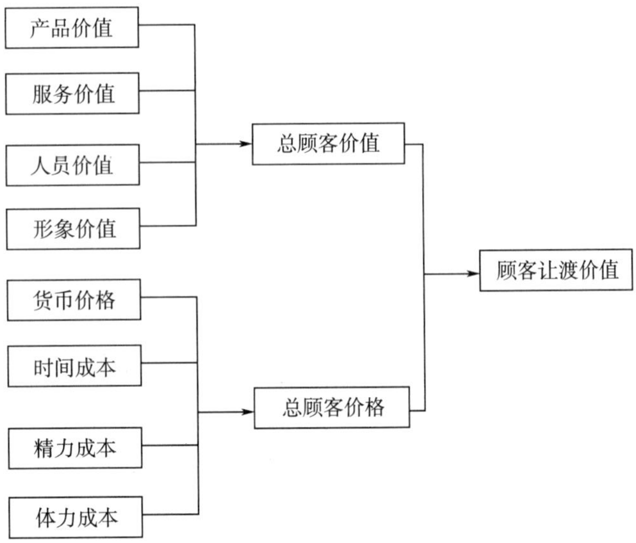

图 8－3　客户让渡价值关系图

(2) 企业竞争优势

从企业经营战略层面来讲，客户满意和忠诚的获得、客户价值的创造都是为了建立企业的竞争优势，以实现可持续发展。管理大师波特（Porter）认为，企业竞争优势主要有三个来源，即低成本、差异化和专注，这又被称为企业的三大竞争战略。

企业竞争优势具有来源、表征和绩效三个层次。其中，资源、能力等构成了竞争优势的来源，客户价值构成了竞争优势的表征，而绩效则是竞争优势的结果。从竞争优势来源到竞争优势表征和竞争优势结果，构成了一个完整的企业竞争优势因果关系和循环链，见图 8－4 所示。

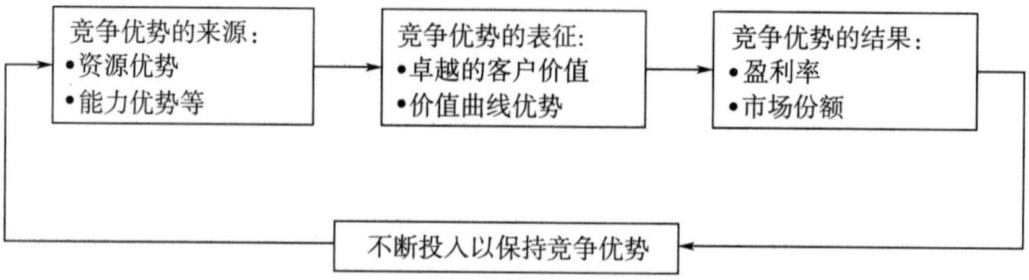

图 8－4　企业竞争优势因果关系和循环链

为了展现客户价值与企业竞争优势的内在逻辑关系，需要借助 Peteraf 和 Barney 的竞争优势 V（alue）－P（rice）－C（ost）模型，如图 8－5 所示。

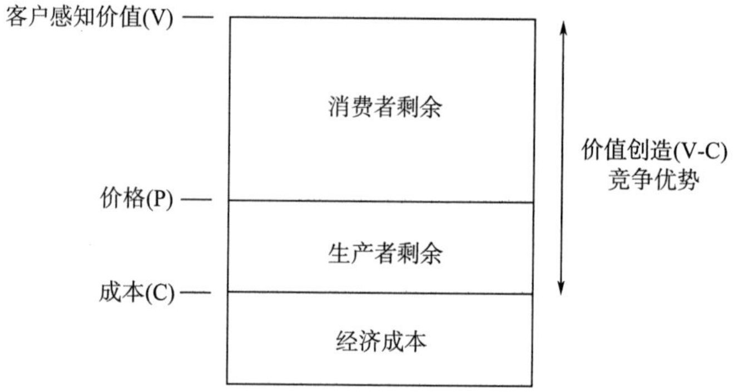

图 8－5　Peteraf 和 Barney（2003）竞争优势 V－P－C 模型

这个 V－P－C 模型将消费者剩余/客户价值（V－P）、市场者剩余/企业利润（P－C）和企业竞争优势（V－C）统一在一个框架内。由此可见，企业要获得竞争优势，就要努力创造客户感知价值，降低经营成本，这样才能够通过足够多的消费者剩余/客户价值来吸引客户，同时获得属于自己的生产者剩余/企业利润。客户感知价值越高、经营成本越低，企业的产品和服务价格的调节空间就越大，竞争优势就越大。

8.1.7　“小”客服与客户服务中心

在企业内部，狭义上的客服是与市场、营销概念相对等的活动和部门，客服的职能主要是由客户服务中心来完成。客户服务中心既是一个部门组织，又是一个技术平台。在互联网环境下，客户服务中心主要表现为呼叫中心。

不同行业的客户服务中心职能不尽相同，但是一般都包括客户反馈、客户关怀、解决方案、客户满意度调查等。客户反馈是直接与客户进行沟通的环节，能够反映企业产品及服务存在的问题，同时，可以让管理者第一时间获知未解决的客户请求。客户关怀能够帮助企业提高客户满意度，巩固老客户，开发新客户。解决方案使企业所有员工都可以立刻给客户提交最为满意的答案。客户满意度调查则可以使高层管理者随时获知本公司客户服务的真实水平。

客户服务中心利用电话、手机、传真、自动语音、网络、视频等多种信息技术手段，为客户提供各类售前、售后服务，形成企业与客户沟通的组织平台，如图 8-6 所示。

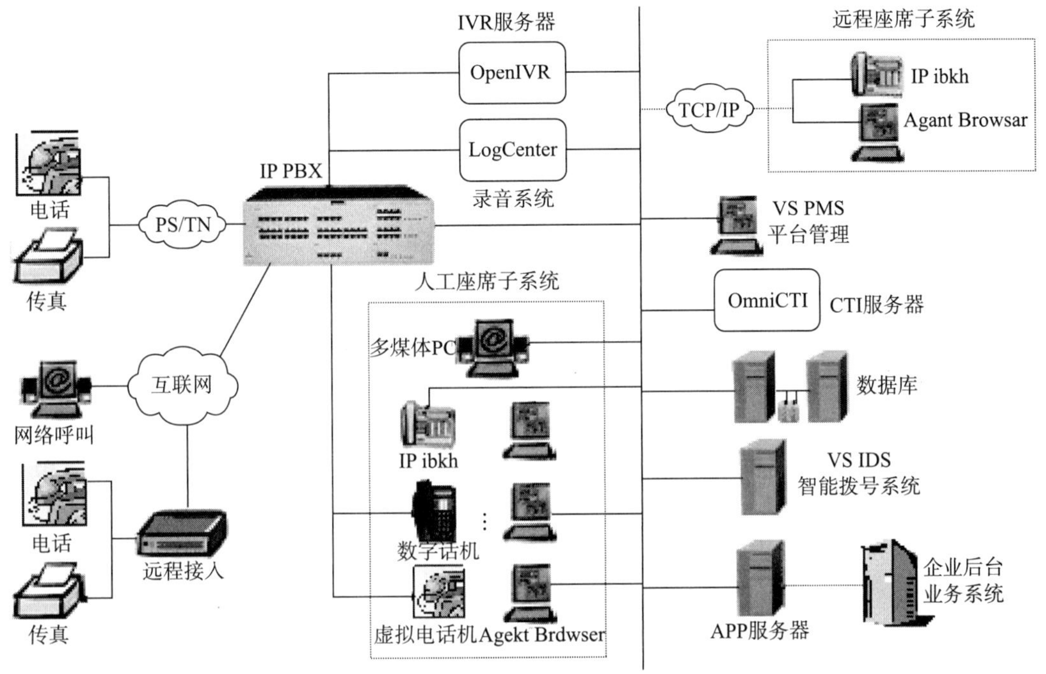

图 8-6　客户服务中心架构图

客户服务中心的技术基础是 CTI（计算机电话集成）。从 20 世纪 50 年代泛美航空公司首次应用呼叫中心为客户提供机票预订业务以来，已经先后出现了五代客户服务中心，它们分别是：第一代人工电话系统、第二代交互式自动语音应答系统、第三代 CTI 技术处理系统、第四代客户互动中心、第五代全业务融合平台。目前，客户服务中心正在朝着云计算、多媒体、虚拟化、利润中心的方向发展。

客户服务中心的主要功能是管理企业营销渠道和客户关系，它重在提高客户满意度。同时，客户服务中心也是一个能够用于开拓市场、促进企业营销、产生营收技术的组织平台。它既是成本中心，又是利润中心。

8.1.8　“大”客服与 CRM

（1）CRM 的目的

由于市场竞争日益加剧的缘故，客户服务的重要性日益提高，传统的“小”客服已经具有很大的局限性，现实市场要求在市场、营销等经营活动中必须强化客户服务成分。也就是说，客户服务必须要涵盖传统客服、市场、销售等相关活动和部门，我们称之为

"大"客服。

显然，一般的客户服务中心或呼叫中心已经不能承载"大"客服的使命，"大"客服必须要由 CRM 来承载。其理由是，CRM 是企业确定最佳客户，满足他们的需求，并使其忠诚于企业，从而提高企业盈利能力的重要工具，它通过向企业的销售、市场、服务等部门和人员提供全面及个性化的客户资料，强化企业跟踪服务和分析能力，使他们能够协同建立和维护一系列客户以及商业伙伴之间卓有成效的"一对一"关系，从而使企业得以提供更快捷和更周到的优质服务，提高客户满意度，吸引和保持更多的客户，从而增加营业额，并通过信息共享和优化商业流程，有效降低企业经营成本。

（2）CRM 的层面

客户服务中心只是 CRM 的功能之一。与客户服务中心主要包含组织和系统两个层面不同，CRM 则包含战略与理念、流程与机制、系统与解决方案三个层面。

首先，CRM 是一种先进的企业管理理念和策略。其核心思想是将客户和客户关系视为企业的重要资源，要求企业在经营过程中始终坚持以客户为中心，选择和管理高价值客户，通过深入的客户分析和完善的客户服务来满足客户需求，创造客户价值，提高客户满意度、忠诚度和企业经营效益。

其次，CRM 是一类新的企业管理模式和运营机制。它贯穿于企业市场营销、销售、客户服务三大业务环节。基于优化的企业组织体系和业务流程，一系列获取、保持和增加可获利客户的方法和过程，以及全面和个性化的客户资料，这些业务部门能够协同建立和维护卓有成效的客户关系，向客户提供快捷和周到的优质服务。

第三，CRM 是一套完整的信息管理和应用解决方案。它将现代商业理念与电话、互联网、移动互联网、电子商务、数据挖掘、数据仓库等信息技术紧密结合在一起，为企业市场营销、销售、客户服务及战略决策等活动提供了一个高效的运作平台。

由此可见，CRM 是管理理念、管理模式和信息技术的结合体，它以信息技术为手段，通过对"以客户为中心"的业务流程的重新组合和设计，形成一个自动化的解决方案，以提高客户的满意度和忠诚度，最终实现企业经营效益的提高和利润的增长。

（3）CRM 的作用

CRM 的作用主要体现在以下几个方面：

一是效率提高。借助于信息网络技术，CRM 可以提高市场营销、销售、客户服务等业务处理流程的自动化程度，实现企业范围内的信息共享，提高企业员工的工作能力和服务质量，加快企业的运转速度，降低企业运作成本。

二是市场拓展。通过网络营销、电子商务等新的经营手段，CRM 可以扩大企业经营活动范围，帮助营销人员发现目标客户群，进行精准的市场投放和目标客户跟踪，从而及时和准确地把握市场机会，有效地占领市场份额。

三是客户保留。CRM 有助于整合营销和服务渠道，增强客户响应能力，提供更个性化、专业化和主动化的服务，提升企业形象，提高客户感知价值以及客户满意度和忠诚度，帮助企业留住更多老客户，吸引更多新客户。

四是决策支持。利用数据仓库和数据挖掘技术，CRM 可以准确掌握客户需求信息，进而为企业的客户划分、产品选型和功能设计、合同谈判、信用政策等决策提供有力地支持。

五是管理创新。CRM 是企业内部管理体系的基本要素，是践行客户导向理念的重要保证。通过 CRM 系统反馈的信息，企业可以快速检验内部管理体系的科学性和合理性，及时调配组织资源、调整政策和制度、优化业务流程。

六是文化变革。CRM 有利于强化企业管理人员和员工对于客户关怀、服务质量、工作效率、协同配合、资源整合、流程优化、战略联盟、商业生态等理念的认知，进而形成以客户为中心的企业文化。

（4）CRM 的体系

CRM 理念的落实、流程的实施需要 CRM 系统来支撑。其建设目的是对电话、互联网、现场访问等客户沟通渠道进行有机整合，对企业市场营销、销售、客服三部分业务活动提供信息化和模块化的功能支撑，对产品、客户、销售等数据进行挖掘处理，为企业经营管理、战略决策提供支持。典型的 CRM 体系结构主要由市场、渠道、活动、功能和数据等层面构成，如图 8－7 所示。

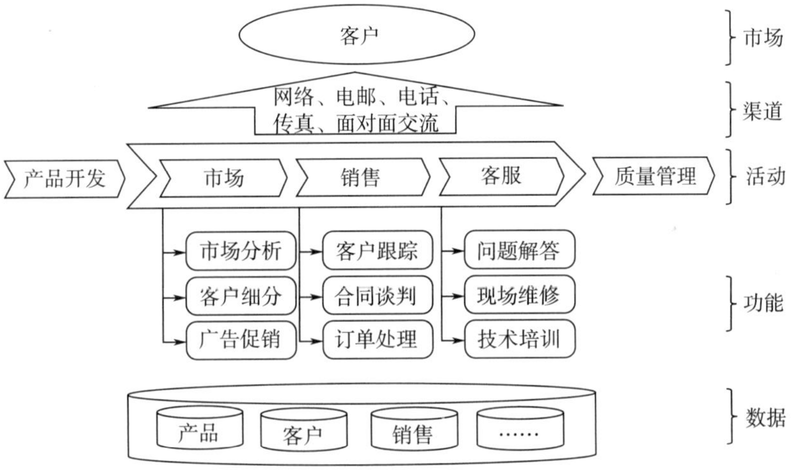

图 8－7　CRM 系统体系结构

企业与客户之间的交互有电话、互联网、现场访问等多种途径，市场、销售、客服等活动开展是建立在市场分析、客户跟踪、问题解答等系统功能之上，而这些功能的实现是建立在数据库系统之上。作为解决方案的 CRM 系统成了包括互联网、电子商务、多媒体技术、数据仓库、数据挖掘、专家系统、人工智能、呼叫中心等当今最新的信息技术，落实以客户为中心的管理理念，实现了信息共享、业务协同、流程优化、商务智能、科学决策。

（5）CRM 系统的类型

目前，CRM 系统主要有操作型、分析型、协作型两大类型。

操作型 CRM 系统的设计目标是让市场、销售、客服等部门的业务人员在日常工作中能够共享客户资源，减少信息流动滞留点，从而力争把一个企业变成单一的“虚拟个人”，让客户感觉公司是一个绝对的整体。

分析型 CRM 系统并不与客户直接打交道，而是主要分析系统中的各种数据，更准确地把握客户需求，进而为企业的经营决策、商业智能提供可靠的、量化的依据。它需要用到许多先进的数据管理和分析工具，如数据仓库与联机分析处理（OLAP）、数据挖掘与商务智能等。

协作型 CRM 系统由企业客服人员与客户共同参与，如服务中心人员通过电话指导客户维修设备，他们之间是协作关系，而操作型、分析型则是企业员工单方面作业。

（6）CRM 系统的组成

CRM 系统分类是相对的，只是实际应用中的对某种功能和应用的突出和偏重而已。CRM 系统的核心功能是识别客户、获取客户、维护客户关系、保护客户利益、留住客户，一个完整的 CRM 系统应包括操作、协作、分析和决策三个部分，如图 8-8 所示。实际上，在大数据、智能化时代，CRM 系统的分析功能将日益突出。

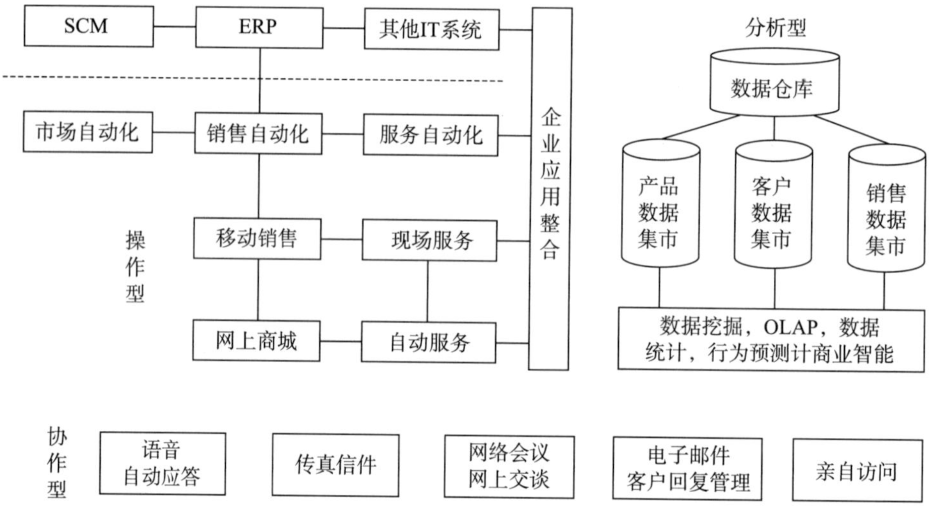

图 8-8　CRM 系统系统组成

8.2　电信客户服务与 CRM

8.2.1　客户服务

（1）客服中心的服务种类

客服中心在电信运营商的整个客服体系中处于承前启后的位置，客服中心的有效运作对电信运营商前后端的协调联动、服务质量的保障、营销服务能力的增强等起着不可或缺的作用。电信运营客服中心主要是以电话接入（自动/人工服务）、网上接入（电信营业厅或门户网站）为基础，辅以其他多种通信方式，为客户提供各类服务。此外，客服中心还为其他渠道提供服务支持，对接口部门/机构（以下简称接口部门）的后续服务过程进行监视。电信运营客服中心对外对内客户提供的主要服务包括：

1）为公众提供业务受理、业务咨询和业务查询、客户投诉（建议）和障碍申告受理。

2）为其他营销服务渠道，如电信营业厅、专有客户（大客、商客等，下同）服务部门不能即时为客户解决的疑难问题、客户投诉等提供后续服务。

3）在本企业为客户装、移机后，或客户的投诉（建议）受理处理后，或障碍申告受理处理后，对相关客户进行服务回访，了解客户对装、移机服务以及处理结果的满意程度。

4）根据本企业电话营销方案，组织实施业务市场调查、新业务推介等电话主动营销活动。

5）对接口部门的后续服务提供过程实施监视。

（2）客户服务的过程控制

客服中心的客户服务过程主要包括前台客服人员的即时服务，以及后台客服人员或接口部门工作人员的后续服务两个环节。要有效提升客服中心的服务水平和服务质量，应加强对服务过程的控制。

①即时服务的过程控制

对于客服中心的即时服务而言，服务结果及其质量在服务提供过程中同时形成和实现，过程质量即是即时服务结果的质量。要保证即时服务结果达到或维持所要求的质量，必须对即时服务提供这一特殊过程的主要影响因素进行“事先控制”。客服中心应从人员、设施、环境、信息等角度加强管理，以使即时服务提供过程处于受控状态。

第一是人员控制。客服人员上岗前需要接受职业技能培训，掌握相关电信业务和计算机基础知识、话务专业及客服知识等，熟悉客服中心的服务规范、各类服务流程和常规操作理论，通过技能培训考核，持证上岗。

第二是设施控制。客服中心需要按照客服系统的设计、规划配备相应的软、硬件设备，依据电信运营企业的生产和服务系统、设备的维护管理规定，做好系统维护管理工作，保障软件、硬件设备的能力满足预期的服务提供要求。

第三是环境控制。客服系统与其他支撑系统必须严格按照相关业务、技术规范建立并固化接口关系，确认即时服务接口流程，接口能力与客服需求相适应，才能保证客服中心即时服务的提供。

第四是信息控制。库内信息是服务的结果，也是服务的条件。信息的时效性和准确性严重影响即时服务的质量。为保障即时服务结果的质量，必须对入库信息的筛选、信息的分类整理、编辑、审核、加载等环节加强控制，建立健全的服务信息内容审核机制、知识积累机制，不断优化和扩展知识库内容，以保证为即时服务提供丰富的客户服务信息。

②延时服务的过程控制

客服中心的延时服务，是由客服中心与接口部门协调合作、共同提供的。服务提供过程中涉及的环节、部门较多，应对延时服务提供过程各关键环节加以控制，切实做到以客服中心受理客户需求为起点、客户服务中心向客户回复处理结果为终点的全程闭环管理。客服中心在延时服务提供过程中对以下关键环节加强管理，使延时服务的提供过程有效受控。

第一是人员自控。前台客服人员要明确自己的工作职责，对客户服务需求受理的过程质量负责。

第二是信息审核。后台客服人员需要对前台受理的服务需求进行审核。

第三是过程监视。客服中心要对接口部门的后续服务提供过程实行过程监视，督促接口部门按时回单反馈处理结果，对异常过程（超出预警服务时限）进行干预。

第四是回复审核。客服中心向客户回复处理结果前，需要对处理结果的符合性进行审核。客服中心与接口部门之间审核制度的建立，是客服中心延时服务质量保持与提升的有效举措。

（3）客户服务的管理体系

客户服务贯穿于电信运营中的营销、管控、支撑等各个层面。做好客户服务工作，不仅需要前台提升服务质量，更需要后台的支撑。客户需求和市场环境的变化要求电信运营商必须以客户为中心、以企业整个运营流程为主线，构建一个“始于客户需求，终于客户满意”的服务管理体系。这一管理体系主要由服务战略、标准规范、服务流程、后台支撑系统、保障措施几个层次构成。

服务战略主要有三种不同形式：高质量、高成本的服务战略；低质量、低成本的服务战略；差异化的服务战略。电信运营商需要根据行业特点、产品类型，尤其是客户需求等因素，来制定服务战略。了解客户需求的方法是：1）分析客户通信行为数据，挖掘客户需求；2）采取电话、拜访、会议等访谈形式，与政企、家庭、个人等主要客户群定期交流；3）采取研讨会、联谊会等形式，与主要客户群互动；4）与公司销售人员、后台人员和客户服务人员分享所有相关信息。

电信运营商的服务管理主要包括对外、对内两个部分。为了加强服务管理，不论是对外部客户的服务，还是对内部客户的服务，都必须做到标准化、规范化。例如，家庭/个人客户服务标准可以划分为快捷服务（时限类）、便捷服务（功能类）和关怀服务（回馈类）等类型。

电信运营商服务流程中的最大问题就是流程不统一，分段、分散。为此，要建立集中、贯通和主动的客户服务流程，严格规范服务流程的协同性，减少服务流程的流转环节，实现服务流程应从前端到后端有效衔接，简化一线人员操作界面，避免相同的事情在不同的系统重复处理，增强对客户主动关怀及服务质量分析的能力。

信息支撑和网络支撑为主的后台支撑系统用于保证全面服务质量管理体系的执行。信息支撑系统主要包含营账、计费、客服等系统，以获得多方面的服务管理信息支撑。网络支撑主要应包含企业所有网络的建设、接入、传输等支撑。只有通过这样的后台支撑系统，才能保证各种信息交互操作和信息流程，实现前后台协同服务的高效率和高质量。

要保障全面服务管理体系的实施，一是要理顺各级、各部门的岗位流程，明晰各部门之间的服务关系，并逐级落实，严格执行；二是增强全员服务意识，营造强有力的服务文化，在全公司形成一个人人自觉为客户服务的意识，以便快速、高质量地响应客户；三是在公司内部应建立起完善的服务培训机制，对服务人员开展系统性、及时性和针对性的培训；四是建立服务质量持续改进机制，保证服务质量的持续提升。

(4) 客户服务的发展趋势

近年来，由于行业内部竞争以及互联网企业冲击的缘故，电信运营客户服务的方式和理念正在发生如下变化。

一是网络化、移动化。电信运营商不断进行服务渠道创新，在完善网上掌上厅、在线客服、微博客服等渠道建设的基础上，将互联网及移动互联网上的媒体型业务，如即时通信、综合生活信息门户、手机客户端、移动社区等逐步纳入电子渠道体系，构建社交媒体型互助服务渠道，并以此作为客户服务的主渠道。

二是智能化。目前，智能手机普及率越来越高。语音识别和语义识别等智能技术可以让移动互联网上的服务更加便捷和人性化。语音输入是最自然的人机交互形式，客户不再需要用手在狭小的触摸屏上点击，只要用自然语言就可以输入。语音识别和语义识别技术可以应用到客服热线等传统渠道。通过语音和语义识别技术搭建的 IVR 系统可以具备非常准确的自然语言处理能力，高效处理语音输入，同时提供更加灵活的对话方式。语音识别系统还可以保证客户享受到一致的服务，避免因客服人员技能水平和服务水平的不一致带来的差异。

三是大数据化。与互联网企业相比，电信运营商拥有更为丰富的网络、业务和客户数据资源优势。基于这些数据，运营商可以利用大数据分析技术，识别客户行为习惯和偏好，挖掘个体客户需求和群体共性需求，从而为客户提供个性化、差异化的服务内容，提高客户粘性和忠诚度，真正实现精细化服务。

8.2.2　CRM

(1) CRM 对电信运营商的意义

在渠道层面，CRM 可以帮助电信运营商整合其多样化的客户渠道。由于电信服务市场拓展的需要，运营商与客户的接触渠道呈现出多样化的趋势。除了传统的营业窗口外，市场营销部门、客户服务部门、呼叫中心、互联网等其他沟通渠道同样成为运营商与客户之间交互的重要途径。CRM 在渠道层面可以有效地帮助运营商整合以前分散的与客户交互的各种渠道，最终实现客户信息的高效收集和最大程度的共享，使得客户与运营商之间建立起一个统一的沟通界面，从而强化与客户沟通的效果，提升客户的满意度。

在操作层面，CRM 可以帮助运营商实现营销、销售、服务等关键业务环节的流程自动化，真正做到利用 IT 技术手段提高运营商的运作效率，同时降低运作成本的目的。通过实施操作层面的 CRM，运营商可以顺利地建立起一套以客户为中心的运作流程及管理制度，同时有助于培养员工的服务意识。此外，基于对客户资料的全面掌握和管理，销售的成功率和效率将会提高，运营商可以为客户提供更个性化、专业化和主动化的服务，CRM 还帮助运营商更好地进行营销策划。

在分析层面，CRM能够帮助运营商将大量分散的客户信息转变为宝贵的客户知识。通过建立数据仓库、运用数据挖掘、商业智能等技术手段，对大量复杂的客户信息进行分析，从而帮助运营商更好地了解客户的消费模式。此外，通过对客户进行分类（如根据客户对企业的当前贡献与潜在贡献，寻找对电信运营商最为重要的大客户），从而能针对客户的实际需求，制订相应的营销战略，开发出相应的产品或服务。

（2）CRM系统建设和运行中的问题

早在2004年，我国三大运营商就开始建设CRM系统。这些CMR系统大都是之前建设的综合管理、网管计费、客户服务和办公自动化等信息化系统的自然升级。其中，BOSS（业务支撑运营系统）和“呼叫中心”分别对应CRM系统的后台和前台。由于CRM解决方案是从呼叫中心或运营商管理系统供应商转型而来的，在应用过程中存在许多困难，在发展初期并未真正有效地运行起来。其主要问题如下。

一是思想认识不到位。例如，认为CRM就是利用一种软件对客户进行管理，实际上，软件和系统只是实现客户关系管理的手段而已。将客户关系管理等同于呼叫中心，实际上，呼叫中心只是CRM系统的一个组成部分、一个信息沟通渠道。认为CRM就是一对一营销，实际上，CRM可以实现前端互动营销与客户服务、客户支持、客户追踪、客户挖掘和客户自助等多种目的，可以在吸引并留住客户的同时与商业伙伴和供应商保持良好的关系。

二是基础架构不健全。电信行业数据量大、业务复杂多变，CRM建设复杂程度较高。CRM系统建设不仅要有以前IT系统建设的模块化思路，更重要的是还必须用结构化的思维模式去思考整个系统的建设。由于我国运营商没有经历国外那样的电信行业业务流程重组、组织结构调整等过程，这就注定了CRM建设过程中需要理顺大量的业务流程，同时系统建设缺乏前瞻性规划，不同部门之间多重系统并行独立运作，信息共享程度低。

三是信息管理不规范。由于没有建立科学的客户成本核算和潜在价值预测模型，不能很好的量化客户资料信息管理。运营商最大的优势就是掌握了大量的客户信息，拥有了比较全面的与企业经营有关的内部数据资料和外部数据资料，但是运营商并不能有效地将这些数据进行科学提炼、加工和集成，从而无法挖掘出对企业管理决策者有用的信息，为管理者决策提供有力的支持。

四是服务体系不明确。运营营缺乏专业的CRM手段和策略，没有明确的商务规则、规范制度及支撑体系。如在客户通信线路发生故障时，没有及时对集团客户的通信保障顺利工作流程确证，造成了客户经理无法及时地找到维护人员实施维修，从而影响了客户满意度；又如公司对客户的回访没有规律，没有科学的系统化，缺乏针对集团客户的回访制度，导致回访工作起不到维系客户利益的作用。

五是服务方式不完善。例如，集团客户和运营商联系的渠道单一，只有客户经理，一旦联系不上他，集团客户的各种业务不能得到及时的处理，出现不满意的服务也不能及时向公司反馈。集团公司没有统一的服务标准，造成了各分公司在服务过程中做法不一，提供不统一的服务内容，引起了部分客户的反感。服务流程设计不科学，当客户经理无法自已解决客户的咨询的问题时，其在短时内无法找到相关支持部门和人员，只能一级一级地向上汇报，工作效率下降。

（3）CRM 系统建设的对策

CRM 建设是一个系统工程，其应用涉及企业经营观念、组织结构、业务流程、产品质量、信息技术、客户价值等各个方面。电信运营 CRM 的主要对策如下。

一是转变管理理念。CRM 要真正发挥有效作用，要求运营企业人员转变思想观念、思维方式，将客户视为一种稀缺资源，将 CRM 视为一种企业战略，树立以客户为中心的服务意识和文化风尚，与客户结成利益共同体，在经营目标上把客户满意作为判断工作的标准之一。

二是优化组织机构。以客户为中心要求运营企业建立灵活的组织机构、高效的人员队伍、统一的服务界面，以快速地调配企业资源，对客户，特别是对大客户需求做出响应。由于电信服务与互联网等信息技术密切相关，必须加强客服人员信息技术和服务管理综合培训。

三是再造业务流程。运营商应从业务流程角度分析公司的市场营销、销售、客服现状，尤其要站在客户的立场上体验其购前、购中、购后的感受，发现导致客户不满的原因。再造业务流程要以客户需求作为流程的中心，重新整合企业流程和业务操作方法，使企业各部门的行动保持一致性，向客户提供高效的"一站式"服务。

四是整合营销渠道。电信运营的服务渠道包括客户经理、代理商、电话专线、网站、自助终端、营业厅等多种形式。这些服务资源需要统筹规划，服务内容和形式需要统一标准，从而向客户提供及时、高质量的服务。

五是改善网络质量。网络质量是客户满意的前提，在客户选择网络供应商时起着至关重要的作用。运营企业要努力改善网络质量，改进业务监测方法，增强网络稳定性，优化信号覆盖范围和性能指标，从而做到保留老客户，不断发展新客户。

六是细分目标客户。对目标市场与客户进行细化是运营商提供针对性服务的前提。按照价值大小，客户可以分为大客户、普通客户；按照生命周期，客户可以分为潜在客户、稳定客户、衰退客户。通过客户细分，运营企业能够充分掌握客户的状况和行为，针对不同客户群体的特点，实施差异、高效的营销策略和客户服务。

七是共享信息资源。分散于运营商不同部门的产品、客户、销售等信息通常较为零散，表达方式也可能是不一致的。为了实现信息资源共享，需要对这些信息进行集中、整理、集成到主题导向的 CRM 系统中央数据仓库之中，并通过数据挖掘和数据分析，以进行价值发掘。

八是提供特色服务。通信领域的同质化竞争必然要求运营商借助 CRM 系统的分析功能，不断发展特色业务，提供特色服务，如系统设计与集成服务、设备托管服务、网络代维服务、技术培训服务、咨询和资讯服务等。

九是开发信息技术。移动通信和智能手机代表信息技术的主要发展方向和 CRM 系统应用开发的主要方向。移动商务使得原有 CRM 系统上的客户资源管理、销售管理、客户服务管理、日常事务管理等功能可以平稳迁移到智能手机上。通过移动 CRM 系统，运营商可以随时随地与客户沟通。另外，基于智能手机的微博、微信、视频等均可作为客户信息收集的便捷渠道。

8.3 卫星通信客户服务体系与内容

卫星通信是电信的重要组成部分。卫星通信既有一般电信的基本特点，也有自己独特的服务体系与内容。卫星运营商的业务种类通常包括卫星转发器服务和卫星通信应用服务两大类。在卫星转发器服务方面，主要包括转发器租赁，具体可以细分为买断、长期租赁和临时租赁等。在卫星通信应用服务方面，主要包括卫星固定通信、卫星移动通信、卫星电视直播、VSAT 网络管理、卫星主站托管等。本节以中国卫通本部所经营的转发器租赁业务为例，介绍卫星运营商典型的客户服务体系与内容。

8.3.1 客服组织

中国卫通是中国国内最大的卫星运营商，目前拥有 16 颗在轨民用通信卫星，信号覆盖中国全境、澳大利亚、东南亚、南亚、中东以及欧洲、非洲等地区。中国卫通力求以完善的基础设施、可靠的测控管理、优秀的专业化团队、出色的系统集成和 7×24 h 全天候高品质服务能力，为广大客户提供安全、稳定的卫星通信服务。

客户服务是中国卫通运营服务体系的重要组成部分。中国卫通客户服务系统建设和运行的主要目标是，协助客户设计规划好卫星网络技术方案，规范业务入网流程，保证合格的地球站能够及时进入卫星网络运行，预防不合格地球站入网造成干扰，及时发现和迅速处理客户的卫星通信链路异常或干扰，确保卫星转发器及客户网络的运行质量。为实现这样的目标，首先要进行自身组织落实，同时需要得到相关部门和组织的协同配合，以建立完善的服务组织体系，为客户提供系统、完整的服务。

中国卫通空间段业务客户服务组织体系见图 8－9 所示。

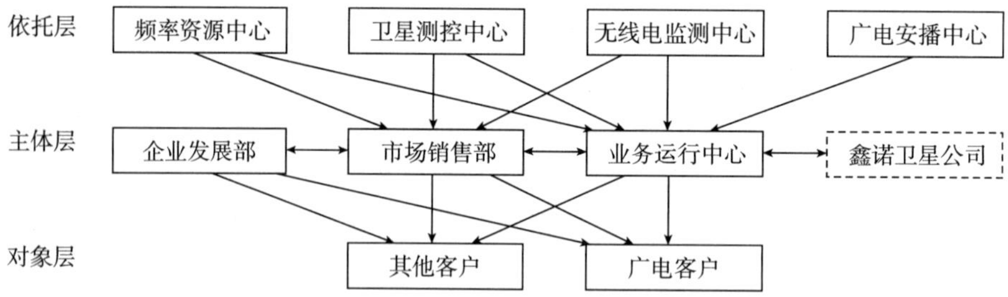

图 8－9 中国卫通空间段业务客户服务组织体系

市场销售部和业务运行中心是中国卫通转发器租赁业务客户服务的两大主体部门。市场销售部为客户提供前期技术咨询，与客户签订转发器租赁合同；业务运行中心协助客户入网、开通，进行日常网络管理。在客户服务过程中，市场销售部和业务运行中心需要密切配合。总的来讲，市场销售部主要承担售前阶段和商务范围的客户服务工作，而业务运行中心主要承担售前、售后两个阶段的技术性客户服务工作。此外，企业发展部也参与客户投诉处理和客户满意度调查等工作。

卫星测控中心与卫星频率轨道资源中心、国家无线电监测中心和广电总局安播指挥中心则是中国卫通客户服务的四大依托单位。卫星测控中心对卫星星体进行管理，确保卫星工作在预定的轨道，并保持良好的工作状态；卫星频率轨道资源中心负责频率轨道资源申请协调，以及邻星干扰处理；无线电监测中心对卫星干扰源进行定位、排查，保护客户频率的合法使用；广电安播中心对广播电视信号进行质量监测，对相关转发器的工作状态进行监测，对异常进行告警，协调广电客户及时处理异常问题。

在客户服务过程中，卫星测控中心主要向市场销售部和业务运行中心提供卫星应急处置和卫星运行与质量等信息；卫星频率轨道资源中心向市场销售部和业务运行中心提供邻星干扰纠纷处理指导意见；国家无线电监测中心则向业务运行中心提供频率干扰和电磁环境等信息；广电安播中心向业务运行中心提供广电节目受干扰、节目中断等信息。

由于安全播出在卫星广播电视业务中具有突出的政治地位，所以广电客户需要作为特殊的客户服务对象来对待。

8.3.2　客服项目

对于卫星运营商而言，客户服务主要指服务部门为使客户卫星通信系统能够顺利进入卫星运营商在轨卫星网络，并且能够长期稳定运行所做的一系列服务工作。卫星转发器长期租赁业务的客服通常包括网络传输计划审核、地球站性能验证测试、载波入网开通测试、业务故障处理和空间段干扰排查等主要环节。以中国卫通为例，转发器长期租赁业务的客户服务又可以细分为方案设计、资质申请、工程设计、设备采购、工程实施、入网验证、开通测试、业务监测、日凌预报、应急管理、质量报告、客户走访、业务咨询、技术培训、参观体验等具体内容，它们的内涵如下：

1）方案设计主要是为客户提供卫星线路传输或组网原理性方案，主要包括卫星选择、波束选择、频率配置、链路计算、传输体制、设备选型等内容。

2）资质申请是利用中国卫通的专业优势帮助客户申请无线电台站等资质。虽然这并非必须的服务项目，但可以为客户提供很多便利，让客户更加满意。

3）工程设计是为客户卫星通信系统工程实施而准备的，对前期原理性方案的具体化，包括系统参数、设备型号、场地环境以及投资预算的确定和优化。

4）设备采购是转发器租赁业务的延伸，是向客户提供一站式服务的一部分。

5）工程实施是帮助客户部署、安装调试卫星通信系统，为后面的入网验证、开通测试和正式运行创造必要条件。

6）入网验证是检验客户卫星通信终端设备是否符合中国卫通的入网规范和要求，入网测试通过后，业务运行中心向客户发放入网测试合格证明。

7）开通测试保证客户卫星通信业务及时开通运行，并与已运行卫星网络之间达到最佳的兼容效果。

8）业务监测是转发器售后服务最基本的常态化服务项目，主要包括载波信号监测、干扰源排查等内容，其确保客户卫星通信系统规范、稳定、高质量地运行。

9）日凌预报是针对固定卫星通信运行中每年周期性发生的日凌现象，对客户提供的预先告知服务，目的是让客户做好提前准备，尽可能减少业务和经济损失。

10）应急管理是针对卫星平台和转发器异常、载波干扰、以及应急通信等特殊情况，向客户提供频率、转发器、卫星等层次的及时协调处置、配置和恢复等服务。

11）质量报告是定期向客户提供卫星测控中心统计的有关卫星平台和转发器运行状态情况，质量报告也是日后建设其他卫星项目时确定卫星发射保险费用的依据。

12）客户走访是技术或商务人员定期或不定期主动访问客户，以了解客户卫星通信应用和满意度情况。

13）业务咨询是向现有或潜在客户提供卫星通信技术、工程、政策等信息服务。

14）技术培训是定期或不定期地向客户提供卫星通信技术、应用、管理等知识，帮助客户提高卫星通信应用水平。

15）参观体验是向客户提供参加行业会展、卫星发射等相关大型活动的，以提高客户对于卫星通信业务能力的信任度和公司实力的忠诚度。

在时序上，转发器长期租赁业务客户服务可以分为售前服务和售后服务；在性质上，转发器长期租赁业务客户服务可以分为技术性服务和商务性服务。根据这两个维度，可以将转发器长期租赁业务客户服务分为四个类别，见表 8-2 所示。

表 8-2　客服类别表

	技术性服务	商务性服务
售前服务	方案设计、工程设计	资质申请
售后服务	工程实施、入网验证、开通测试、业务监测、日凌预报、应急管理、业务咨询、技术培训	设备采购、质量报告、客户走访、参观体验

由表 8-2 可见，大部分卫星转发器长期租赁业务客户服务都发生在售后。由此可知，卫星通信客户服务是一个持续的过程。实际上，许多客户服务都需要营销人员和技术专家相互配合才能完成，如应急管理、业务咨询、技术培训等。

8.3.3　客服流程

所有的卫星通信客服项目都是建立在特定的业务流程之上。中国卫通针对卫星转发器长期租赁业务的各个阶段制定了相应的客服流程，以确保客户服务得到有序地开展。具体流程如下。

（1）售前阶段

1）客户向市场销售部提出转发器租用申请和业务传输计划。

2）由市场销售部门牵头、业务运行中心技术支撑，与客户一起协商商务条款和技术方案，并最终形成合同文本。

3）待合同批准生效后，市场销售部将有关的链路计算和客户技术信息移交业务运行中心，准备开通客户业务。

（2）售后阶段

①入网验证

1）业务运行中心首先检验客户设备是否已获得公司认可的入网认证（入网测试合格证明、型号认证或批量认证），检验通过则可直接进入开通测试；

2）如需进行地球站入网测试，业务运行中心与客户协商测试计划，并按计划执行入网测试。

3）测试通过后，业务运行中心向客户发放入网测试合格证明。

②开通测试

业务运行中心协助客户在正式开通前完成开通测试，使得客户业务和公司空间网络之间达到最好的兼容效果。测试内容主要包括地球站极化调整和功率标定。

③运行管理

1）业务运行中心将合同里规定的链路计算、客户技术信息、入网测试结果和开通测试结果等收集，建立客户技术档案。

2）在整个合同期内，业务运行中心负责为客户提供业务监测、日凌预报、应急管理等售后服务。

3）客户如需延长、中止合同，或者需要对业务进行超出合同规定的非正常运行的调整，则与市场销售部门联系。

具体技术要求、测试方法等见第 6 章相关内容。

8.3.4　临时业务客户服务

在卫星通信运营行业，转发器临时租赁是另一种重要的业务形式，临时业务可以快捷、灵活地满足广大客户的卫星转发器租赁需求。

临时业务涉及众多领域，包括重要会议直播和转播、时事新闻现场报道、国内外体育赛事直播转播、专题节目和综艺节目传输、重大应急事件现场报道、证券股评直播报道等。由此可见，临时业务常常伴随着重大活动或突发事件，它要求卫星通信运营商必须做到以下几点：

1）响应及时。临时业务专职经理保持 24 h 移动电话待命，为临时获知的突发事件和固定时间的转播计划安排卫星信道。

2）服务专业。严格遵循临时业务管理流程，确保对客户进行专业和规范的指导和支持。

3）方案灵活。充分了解客户对转发器临时租赁业务的个性需求，为客户量身定做适合的解决方案和服务套餐。

4）安全可靠。对临时信道传输实行全过程监控，确保安全可靠。

中国卫通作为中国国内最大的卫星通信运营商，需要经常提供临时业务服务。在卫星转发器临时租用之前，中国卫通需要根据客户的使用时间及带宽要求，协调当时的卫星转发器及频率资源，以及时为客户提供卫星转发器临时租赁服务。

对于初次使用转发器临时租赁业务的客户，中国卫通与对待长期客户一样，协助其制定完善的技术方案，要求客户地球站及传输载波特性满足相关要求，并配合客户完成地球站入网验证测试等工作。以后再次使用时，则可采用快速流程，以向客户提供快速服务。

根据卫星转发器临时业务的特点，中国卫通制定了专门的简易客户服务流程，如图 8-10 所示。

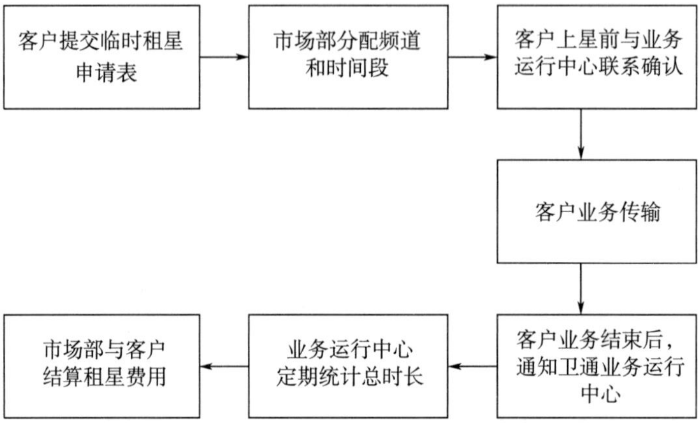

图 8-10　中国卫通临时业务服务简易流程图

参考文献

[1] 杨路明．客户关系管理理论与实务［M］．北京：中国工信出版集团，电子工业出版社，2004.

[2] 梁筱冰．论电信客服中心的过程管控与服务提升［J］．广东通信技术，2006（11）.

[3] 王海鹏．中国电信客户服务管理体系架构研究［J］．生产力研究，2010（2）.

[4] 苏更殊，黄礼莲．提升中国电信客户服务能力的分析和思考［J］．电信技术，2010（7）.

[5] 谢俐倞，胡善冰．电信运营商客户服务创新方向探讨［J］．世界电信，2013（10）.

[6] 姚琨，陈正奇，曾松涛，袁旭．运营商如何提升客户服务价值［J］．通信企业管理，2014（12）.

[7] 黄河，彭伟刚．互联网客户服务体系探索与实践［J］．江苏通信，2013（6）.

[8] 袁进．客户服务的未来（下）［J］．上海质量，2013（9）.

[9] 袁进．客户服务的未来（下）［J］．上海质量，2013（10）.

[10] 王连月，于可伟，万鹏．中国电信服务企业客户关系管理建设的研究［J］．商场现代化，2008（2）.

[11] 赫连志巍，贾文涛．我国电信运营商客户关系管理分析［J］．产业与科技论坛，2008（10）.

[12] 沈君来．客户关系管理（CRM）在通信行业中的应用浅析［J］．企业导报，2011（15）.

[13] 王建明，吴钢，张阳．日本电信企业创新客户服务［J］．中国电信业，2015（1）.

[14] 曹立群．电信客户关系管理系统的研究与实现［J］．广东通信技术，2008（7）.

[15] 康翠波．浅谈通信企业客户关系管理［J］．企业研究，2011（8）.

[16] 中国电信企业服务规范和服务标准．中国电信集团有限公司.

[17] 广播电视安全播出业务监测保障管理办法．中国卫通集团股份有限公司.

[18] 通信业务工程师岗位作业指导书．中国卫通集团股份有限公司.

[19] 鑫诺公司技术服务手册．鑫诺卫星通信有限公司．